Kognitive Künstliche Intelligenz

Marco Ragni · Ute Schmid

# Kognitive Künstliche Intelligenz

Springer

Marco Ragni
Professur Prädiktive Verhaltensanalyse
Technische Universität Chemnitz
Chemnitz, Deutschland

Ute Schmid
Kognitive Systeme
Otto-Friedrich-Universität Bamberg
Bamberg, Deutschland

ISBN 978-3-662-69497-8 ISBN 978-3-662-69498-5 (eBook)
https://doi.org/10.1007/978-3-662-69498-5

Die Deutsche Nationalbibliothek verzeichnet diese Publikation in der Deutschen Nationalbibliografie; detaillierte bibliografische Daten sind im Internet über http://dnb.d-nb.de abrufbar.



Planung/Lektorat: Marion Krämer
Springer ist ein Imprint der eingetragenen Gesellschaft Springer-Verlag GmbH, DE und ist ein Teil von Springer Nature.
Die Anschrift der Gesellschaft ist: Heidelberger Platz 3, 14197 Berlin, Germany

# Vorwort

Das vorliegende Buch basiert auf dem 1996 erschienenen Werk *Kognitive Modellierung: Eine Einführung in logische und algorithmische Grundlagen* von Ute Schmid und Martin Kindsmüller. Ziel des Buches war es, Studierenden und Forschenden aus dem Bereich Kognitionspsychologie eine Einführung in zentrale Methoden der Künstlichen Intelligenz zu geben. Im Gegensatz zu Standardlehrbüchern zur Künstlichen Intelligenz werden die Themen so eingeführt, dass keine Vorkenntnisse im Bereich Informatik notwendig sind. Alle Themen werden zudem mit expliziten Bezügen zur kognitionswissenschaftlichen Forschung motiviert, und es wird besonderes Augenmerk auf viele klassische Grundlagenartikel gelegt, ohne die die aktuelle Entwicklung kaum verständlich wäre. Das Buch erschien im letzten der sogenannten KI-Winter – also in einer Zeit, in der kaum Interesse an Künstlicher Intelligenz (KI) außerhalb der engeren Forschungsgemeinschaft bestand. Dies hat sich mit dem Aufkommen neuer Ansätze, insbesondere *Deep Learning* und *Generative KI*, schlagartig geändert. Das Thema KI erfährt eine nie dagewesene Aufmerksamkeit und wird in nahezu allen wissenschaftlichen Disziplinen diskutiert, so auch in der Psychologie. Zunehmend werden Methoden der KI in vielen Bereichen angewendet – in der Psychologie als Ergänzung zu statistischen Methoden, zur Modellierung kognitiver Prozesse oder als Untersuchungsgegenstand.

Entsprechend war es an der Zeit, das oben genannte Buch in gründlich überarbeiteter und deutlich aktualisierter Form neu aufzulegen. Anders als 1996 ist die Bezeichnung „Künstliche Intelligenz“ nun wieder salonfähig und muss nicht hinter der Bezeichnung „Kognitive Modellierung“ versteckt werden. Die Initiative für das vorliegende Buch *Kognitive Künstliche Intelligenz* kam von Marco Ragni, der die Überarbeitung des ursprünglichen Werkes, bei dem Ute Schmid Erstautorin war, maßgeblich umgesetzt hat. Beide Autoren hoffen, dass dieses Buch Studierenden, Forschenden sowie Praktikerinnen und Praktikern einen hilfreichen Einstieg in Themen und Methoden der Künstlichen Intelligenz bietet.

Wir bedanken uns bei Christopher von Bülow für die kritische Durchsicht und finale Editierung des Manuskripts. Dominik Bär danken wir herzlich für die vielfältige Unterstützung, einschließlich der Bildbearbeitung. Ebenso sind wir Sara Todorovikj und Milena Stella Jans für ihre Unterstützung bei der Bildbearbeitung verbunden. Unser Dank geht besonders auch an unsere Lektorin beim Springer-Verlag, Marion Krämer, für ihre Geduld und Unterstützung.

**Marco Ragni**
**Ute Schmid**
Juli 2025

Zusätzliche Online-Materialien inkl. Dozentenfoliensatz zu diesem Buch finden Sie auf: ▶ https://www.lehrbuch-psychologie.springernature.com

# Inhaltsverzeichnis

## II Kognition und Modellierung



## III Ausgewählte Anwendungen

# Einführung


M. Ragni, U. Schmid, *Kognitive Künstliche Intelligenz*, https://doi.org/10.1007/978-3-662-69498-5_1

Kognitive Künstliche Intelligenz (KKI) ist eine junge interdisziplinäre Wissenschaft, die sich mit natürlichen wie künstlichen, konkreten wie abstrakten kognitiven Prozessen auseinandersetzt und prädiktive[1] sowie erklärbare algorithmische Modelle[2] für diese entwickelt.

Sie stellt die formale Nachbardisziplin zur Kognitionswissenschaft dar, die ihrerseits von Kognitionspsychologie, Neurowissenschaft, Linguistik und analytischer Philosophie inspiriert ist. Kognition beim Menschen bezeichnet dabei alle mentalen, d. h. geistigen, Prozesse, die für die Verarbeitung von Information relevant sind. Dies umfasst deren Erwerb (durch Wahrnehmungsprozesse und Aufmerksamkeit), ihre spezifische mentale Repräsentation (z. B. im menschlichen Arbeitsgedächtnis), das Schlussfolgern (also die Verarbeitung der repräsentierten Information), das Anpassen vorhandenen Wissens (durch Lernen), die Verknüpfung von Informationen (Analogie), das Gewinnen von Einsichten bei neuen Aufgabenstellungen (Problemlösen) und die Kommunikation mit der Umwelt (z. B. Sprache; Kluwe 2000). Die Kognitionswissenschaft beschreibt menschliche kognitive Prozesse durch Modelle über menschliche Informationsverarbeitung (vgl. schon Strube 1993). Somit bildet die Kognitionswissenschaft einen wichtigen Baustein der KKI. Zugleich geht die KKI über die Kognitionswissenschaft hinaus, indem sie die kognitiven Konzepte nicht nur als Grundlage von KI betrachtet, sondern beobachtete kognitive Prozesse formalisiert und systematisch weiterentwickelt. Wesentliche Forschungsthemen beider Nachbardisziplinen sind alltägliche Ausprägungen von Intelligenz wie Wahrnehmung, Denken, Problemlösen, Sprache, Wissensorganisation und Lernen.

Kognitive Künstliche Intelligenz setzt eine interdisziplinäre Zusammenarbeit voraus, bei der gleichzeitig die einzelnen Disziplinen ihre spezifischen Schwerpunkte und Forschungsmethoden beibehalten. Die Verzahnung der von den verschiedenen Disziplinen verwendeten Methoden bringt ein mächtigeres Instrumentarium zur Erforschung kognitiver Prozesse hervor, als es jede Einzeldisziplin liefern könnte. Auch die Theoriebildung in den genannten Disziplinen ist häufig kognitiv orientiert. So sind viele kognitive Theorien ursprünglich von klassischen Ansätzen der KI beeinflusst, und die Ergebnisse kognitionspsychologischer Arbeiten beeinflussten und beeinflussen die Entwicklung der Künstliche-Intelligenz-Forschung.

Die interdisziplinäre Verankerung der KKI in Forschungsarbeiten macht sich zwangsläufig in der Lehre an der Universität bemerkbar. Beispielsweise werden bereits in einführenden Lehrbüchern zur kognitiven Psychologie (z. B. Anderson 2007b) Ansätze vorgestellt, die ihre Wurzeln in der KI haben oder von Arbeiten aus der KI beeinflusst sind. Insbesondere gilt dies für die Themen Wissensrepräsentation und Problemlösen. Der informatische Hintergrund dieser Ansätze wird zwar häufig erwähnt, die formalen Methoden, auf denen sie basieren, werden jedoch meist nicht eingeführt.

Ziel dieses Buches ist es, Prinzipien, Intuitionen, Ansätze und formale Methoden der KI zu vermitteln, die sich zur Modellierung kognitiver Prozesse als erfolgreich herausgestellt haben. Dabei haben wir uns bemüht, den Stoff so aufzubereiten, dass er auch von Lesern ohne Vorkenntnisse in Mathematik und Informatik nachvollzogen werden kann.

---

1 Prädiktive Modelle leiten aus vergangenen Beobachtungen Muster ab, um zukünftige Entwicklungen oder Verhalten vorherzusagen.

2 Erklärbare algorithmische Modelle (auch manchmal erklärbare KI) zielen darauf ab, die Funktionsweise komplexer KI-Modelle – insbesondere solcher, die nicht von Natur aus leicht verständlich sind (wie tiefes Lernen) – verständlich zu machen. Dadurch kann man als Mensch besser nachvollziehen, warum ein Modell bestimmte Entscheidungen trifft.

Es werden zunächst die wissenschaftstheoretischen und philosophischen Grundlagen der KKI dargestellt (▶ Kap. 2).

Danach ist das Buch in drei Teile gegliedert: Im ersten Teil des Buches werden formale Grundlagen für psychologische und kognitive Modellvorstellungen zur Repräsentation von deklarativem Wissen vermittelt. Hier beziehen wir uns vor allem auf den Ansatz der semantischen Netze, gehen aber auch kurz auf den schematheoretischen Ansatz ein. Beide Ansätze haben ihr Fundament in der formalen Logik. Als Grundlage für das Verständnis logischer Formalisierung führen wir zunächst wesentliche Konzepte der Mengenlehre ein (▶ Kap. 3). Wir erklären, wie hierarchische semantische Netze durch mengentheoretische Konzepte beschrieben werden können. In ▶ Kap. 4 und 5 stellen wir die Syntax der Aussagen- und der Prädikatenlogik vor und zeigen die Anwendbarkeit logischer Schlussregeln. Wir veranschaulichen dann, wie durch Überführung natürlichsprachiger Sätze in die Syntax der Aussagenlogik semantische Netze konstruiert werden können. Die wichtigste Methode zum Schlussfolgern aus gegebenem Wissen ist der Theorembeweis. Diesen Ansatz stellen wir in ▶ Kap. 6 dar. Die Prädikatenlogik ist die wesentliche Grundlage für die Programmiersprache Prolog (▶ Kap. 7). Wir führen Prolog beispielhaft anhand der Implementation eines semantischen Netzes ein.

Der zweite Teil des Buches dient der Vermittlung der Grundlagen für die kognitive Modellierung von Problemlösefertigkeiten. Hier stellen wir zunächst die Grundbegriffe der theoretischen Informatik dar; insbesondere führen wir Algorithmen und formale Sprachen ein (▶ Kap. 8). Viele Ansätze zur Modellierung menschlicher Denk- und Problemlöseprozesse basieren auf diesen Grundlagen. Im nächsten Kapitel (▶ Kap. 9) stellen wir dar, wie Probleme repräsentiert werden können, und zeigen, dass Problemlösen als Suche in einem „Problemraum“ beschrieben werden kann. Wir stellen zwei grundlegende Suchverfahren vor (▶ Kap. 10), die dann in ▶ Kap. 11 zu heuristischen Suchverfahren erweitert werden. Heuristische Suchverfahren sind ein zentraler Bestandteil von Produktionssystemen, die wir in ▶ Kap. 12 einführen. Zum Abschluss des zweiten Teils werden wir uns mit dem Lernen von Regeln (▶ Kap. 13) beschäftigen sowie eine kurze Einführung in den Bereich der neuronalen Netze geben (▶ Kap. 14).

Ziel des dritten Teils ist es, die Anwendung der vermittelten Grundlagen in verschiedenen Forschungsbereichen aufzuzeigen. Exemplarisch stellen wir die Bereiche Lernen und Expertise (▶ Kap. 15 und 16), Sprachverarbeitung (▶ Kap. 17 und 18) sowie Textverstehen (▶ Kap. 19 und 20) dar. Das Buch schließt mit einem kurzen Ausblick und einer Einschätzung des Potentials und der Grenzen der dargestellten Ansätze zur Modellierung kognitiver Prozesse (▶ Kap. 21) und greift damit die in ▶ Kap. 2 dargestellten Themen wieder auf.

Wir legen vor allem Wert auf eine umfassende und verständliche Einführung der formalen Grundlagen. Aus diesem Grund stellen wir nicht nur die aktuellen Ansätze vor, sondern beziehen uns wann immer möglich auf die „Klassiker“, welche oftmals viele Entwicklungen vorweggenommen haben. Am Ende jedes Kapitels geben wir Hinweise auf weiterführende Arbeiten. Deutsche Übersetzungen von Fachtermini verwenden wir immer, wenn die entsprechenden Begriffe in der deutschsprachigen Literatur gebräuchlich sind. Wo dies nicht der Fall ist, geben wir den englischen Begriffen den Vorzug, auch wenn dadurch unschöne Kombinationen aus englischen und deutschen Worten entstehen. Wir fokussieren auf die Darstellung symbolischer Ansätze, gehen aber auch auf die Prinzipien der Modellierung mit neuronalen Netzen ein.

Wir gehen in mehreren Kapiteln auf die Umsetzung der dargestellten Formalismen in Computerprogrammen ein. Da es uns nicht als sinnvoll erscheint, die Einführung formaler

Konzepte durch die Erläuterung technischer Begriffe zu unterbrechen, führen wir die Definitionen informatischer Konzepte in einem Glossar auf.

Unser Anliegen ist, dass nach Lektüre dieses Buches Spezialliteratur zur kognitiven Modellierung sowie Lehrbücher zur Künstlichen Intelligenz ohne große Verständnisprobleme gelesen werden können. Das Buch ist so aufgebaut, dass die in Teil I und II dargestellten Inhalte in einer einsemestrigen Lehrveranstaltung vermittelt werden können. Die in Teil III dargestellten Themen sollen Anregungen für die Auseinandersetzung mit speziellen Forschungsgebieten der Kognitionswissenschaft geben. Hier empfiehlt es sich unserer Meinung nach, spezielle Veranstaltungen zu konzipieren, die über die von uns dargestellten Inhalte hinausgehen.

# Was ist Kognitive Künstliche Intelligenz?

**Inhaltsverzeichnis**




M. Ragni, U. Schmid, *Kognitive Künstliche Intelligenz*, https://doi.org/10.1007/978-3-662-69498-5_2

„Kognitive Künstliche Intelligenz“ ist ein Sammelbegriff, unter dem die Forschung zu kognitiven Strukturen, Prozessen und wissensbasierten technischen Systemen zusammengefasst wird. Klassische Forschungsthemen sind Wahrnehmung, Denken, Problemlösen, Sprache, Wissensorganisation und Lernen. Disziplinen, in denen Fragestellungen aus diesen Bereichen bearbeitet werden, sind insbesondere Künstliche Intelligenz, kognitive Psychologie, Neurowissenschaften, Linguistik und Philosophie.

Zentrales Forschungsanliegen der Künstlichen Intelligenz ist der Entwurf von Algorithmen, die komplexe Probleme aus den oben genannten Bereichen bewältigen können. In der kognitiven Psychologie werden Modelle menschlicher Kognition aufgestellt und empirisch überprüft. Die Neurowissenschaften beschäftigen sich mit Aufbau und Funktionsweise von Nervensystemen, insbesondere des Gehirns, und erforschen diese empirisch. Die Linguistik wiederum definiert normative und deskriptive Modelle über die Regularitäten sprachlicher Strukturen. Und in der Philosophie werden Grundlagen und Grenzen des Denkens und Verhaltens analysiert.

Kognitive Strukturen und Prozesse werden in jeder Disziplin mit deren eigenen Zielsetzungen und Methoden erforscht. Zum Teil haben sich bereits so starke interdisziplinäre Anknüpfungspunkte zwischen je zwei Disziplinen ausgebildet, dass sich Forschungsgebiete wie Neuropsychologie, Neuroinformatik, Computerlinguistik und Psycholinguistik herausgebildet haben.

In diesem Buch wird insbesondere die Interaktion von kognitiver Psychologie und Künstlicher Intelligenz behandelt. Der Schnittbereich dieser beiden Disziplinen ist die Modellierung kognitiver Prozesse. Sowohl kognitive Psychologie als auch Künstliche Intelligenz sind von ihrem Ursprung her stark interdisziplinär orientiert. Die Wende der Psychologie in den 50er-Jahren des vergangenen Jahrhunderts vom Behaviorismus hin zum Paradigma der Kognitionsforschung wurde unter anderem durch das Aufkommen der Kommunikations- und Informationstheorie (Shannon 1948) und der Kybernetik (Wiener et al. 2019) sowie von den Arbeiten des Linguisten Chomsky eingeleitet. Kommunikationstheorie, Informationstheorie und Kybernetik bildeten gleichzeitig wesentliche Grundlagen für die in den 60er-Jahren des 20. Jahrhunderts entstehende Informatik.

Als sich entwickelnde Teildisziplin der Informatik entstand die Künstliche Intelligenz. So wurde der Begriff „artificial intelligence“ (deutsch: Künstliche Intelligenz, kurz KI) erstmalig 1956 auf einer Computer-Konferenz[1] verwendet. Zu den „Gründervätern“ der KI gehörten neben Alan Turing, John McCarthy und Marvin Minsky auch Forscher wie Allen Newell und Herbert A. Simon, die die kognitive Psychologie entscheidend mitgeprägt haben.

Das gemeinsame Interesse der KI und der kognitiven Psychologie an der Modellierung menschlicher Kognition führte jedoch nicht zum Aufgehen beider Disziplinen in der Kognitionsforschung (Schmalhofer und Wetter 1988). Die kognitive Psychologie hat primär das Ziel, menschliche Informationsverarbeitungsprozesse zu erforschen. Eine wesentliche Methode, sowohl zur Bildung als auch zur Prüfung von Hypothesen, ist dabei die empirische Untersuchung der kognitiven Leistungen des Menschen. Die Künstliche Intelligenz konzentriert sich darauf, effiziente Systeme zu entwickeln, die komplexe Aufgaben bewältigen können, die ursprünglich nur durch menschliche Intelligenz lösbar waren. Ein Beispiel dafür sind Expertensysteme, die bereits in den 1970er-Jahren entwickelt wurden, um menschliche Experten durch die Abbildung ihres Wissens und

1 „The Dartmouth Summer Research Project on Artificial Intelligence“, organisiert von McCarthy. Unter den Vortragenden waren neben McCarthy unter anderem Minsky und Newell.

ihrer Schlussfolgerungsmechanismen zu simulieren. Geht man dabei von der Annahme aus, dass menschliche Informationsverarbeitung effizient ist, so ist es für die Künstliche Intelligenz von Interesse, beim Entwurf ihrer Systeme Erkenntnisse über menschliche Informationsverarbeitungsprozesse zu berücksichtigen.

Andererseits unterliegt die psychologische Theoriebildung – wie alle wissenschaftlichen Theorien – den Kriterien der Konsistenz und Prüfbarkeit (Schneewind 1977). Konsistente Theoriebildung ist jedoch nur durch eine hinreichend präzise sprachliche Darstellung der Konzepte möglich. Natürlichsprachige Darstellungen von Theorien sind oftmals unpräzise (Westmeyer 1977): Einerseits werden in verschiedenen Theorien über denselben Gegenstand unterschiedliche Begriffe verwendet, andererseits können in verschiedenen Theorien unterschiedliche Ideen mit denselben Begriffen ausgedrückt werden. Dies macht die Theorien schwer miteinander vergleichbar. Oft ist es sogar schwierig, für eine einzige Theorie zu prüfen, ob die ihr zugrunde liegenden Annahmen widerspruchsfrei sind und ob alle Annahmen, die notwendig sind, um den behandelten Gegenstand zu beschreiben, auch tatsächlich explizit formuliert wurden. So lässt sich menschliches Vergessen in der sogenannten artikulatorischen Schleife (also dem Gedächtnissystem, welches uns hilft, verbale Information wie Telefonnummern uns zu merken) auf 144 verschiedene Arten implementieren (Lewandowsky und Farrell 2011).

Mit einer formalen Darstellung von Theorien können diese Probleme ausgeräumt werden (Konerding 1992). Unter Formalisierung versteht man, dass Theorien in einer formalen Sprache mit streng festgelegter Syntax und Semantik dargestellt werden. Alle Aussagen einer Theorie könnten zum Beispiel in der Syntax der Prädikatenlogik (► Kap. 5) formuliert werden. Zu jedem eingeführten Symbol in dieser Sprache muss zudem genau festgelegt werden, was es bezeichnen soll. Gleiche Symbole bezeichnen dann immer exakt gleiche Konzepte.

In den 70er-Jahren des 20. Jahrhunderts wurde im Rahmen der mathematischen Psychologie versucht, psychologische Theorien zu formalisieren (Krantz et al. 1974). Mathematische Modelle sind jedoch in den meisten Fällen statisch. Sie sind sehr gut dazu geeignet, Beziehungen zwischen vorliegenden Stimuli und resultierendem Verhalten formal abzubilden.

Eine die Mathematik ergänzende formale Sprache liefert das Berechnungsmodell der Informatik (► Kap. 8), bei dem Verarbeitungsprozesse im Vordergrund stehen. Die Betonung der Prozesskomponente in den Modellen der Informatik macht diese besonders gut geeignet, Eigenschaften der Informationsverarbeitung formal zu beschreiben. Die kognitionswissenschaftliche Theoriebildung sollte daher beide genannten Aspekte berücksichtigen: Theorien über kognitive Strukturen und Prozesse sollten präzise und mithilfe einer formalen Sprache formuliert sein. Gleichzeitig sollte in den Theorien der erfahrungswissenschaftliche Gegenstand, also die Aspekte menschlicher Kognition, über die in einer Theorie Aussagen getroffen werden, im Vordergrund stehen. Eine empirische Prüfung der Validität solcher Theorien ist also unverzichtbar.

Im Folgenden werden wir die Bezeichnungen „Kognitionswissenschaft“ (engl. *cognitive science*) und „Kognitionsforschung“ synonym verwenden. Gehen wir speziell auf psychologische Beiträge zur Kognitionsforschung ein, so sprechen wir von „kognitiver Psychologie“ oder „Kognitionspsychologie“.

## 2.1 Der Informationsverarbeitungsansatz

Grundlage der meisten kognitionspsychologischen Theorien ist der Informationsverarbeitungsansatz, der den menschlichen Geist als ein System beschreibt, das Informationen ähnlich einem Computer in verschiedenen Stufen verarbeitet. Dieser Ansatz geht davon aus, dass Informationen aufgenommen, gespeichert, transformiert und abgerufen werden, was zentrale kognitive Prozesse wie Wahrnehmung, Gedächtnis und Problemlösen umfasst (etwa Lindsay und Norman 1977; Anderson 2000). Ein zentraler Ansatz, auf dem spätere Theorien aufbauen, ist das Multispeichermodell von Atkinson und Shiffrin (1968), das deutliche Parallelen zur Computerarchitektur[2] aufweist (◘ Abb. 2.1).

Hier werden eingehende Informationen (**Stimuli**) in aufeinanderfolgenden Stufen verarbeitet, wobei diese Stufen sich wechselseitig beeinflussen können. Umweltinformationen werden zunächst für einen Sekundenbruchteil im sinnesspezifischen **sensorischen Speicher** gehalten. Ein Teil dieser Informationen gelangt ins **Arbeitsgedächtnis** (AG), wo physikalische Reize in symbolische Informationen umgewandelt werden. Die im Arbeitsgedächtnis repräsentierten Informationen stehen für aktuelle kognitive Prozesse zur Verfügung, jedoch ist dessen Kapazität begrenzt. Nur eine begrenzte Menge an Information kann gleichzeitig aktiv verarbeitet und genutzt werden, was die Effizienz der Informationsverarbeitung beeinflusst. Die restlichen Informationen werden vergessen, da das sensorische Gedächtnis nur eine sehr flüchtige Speicherung ermöglicht.

Das zentrale Papier hierzu („Magical Number Seven"; Miller 1956) hat eine weitere Schlüsselfigur, George Miller, geschrieben. In diesem Artikel wurde einer der ersten systematischen Versuche zur Modellierung der kognitiven Ressourcen des Arbeitsgedächtnisses beschrieben und zu einer Codierung im Arbeitsgedächtnis, dem Chunking, was sich z. B. in der Encodierung von Zahlen durch Muster abbilden lässt. Die Telefonnummer 2 4 6 1 3 5 können Sie sich leicht merken, denn es sind die ersten geraden Zahlen und dann die ersten ungeraden Zahlen. Die Rolle des Kurzzeitgedächtnisses wurde, wie oben erwähnt, durch das Arbeitsgedächtnis als ein Prozessmodell anstelle eines „statischen Speichers" abgelöst (Baddeley 2000). Dieses Modell ist noch viel näher an der Computermetapher (vgl. ◘ Abb. 2.2), in diesem Modell existieren eine Zentrale Exekutive (vergleichbar mit der CPU eines Computers), welche im Arbeitsgedächtnis die

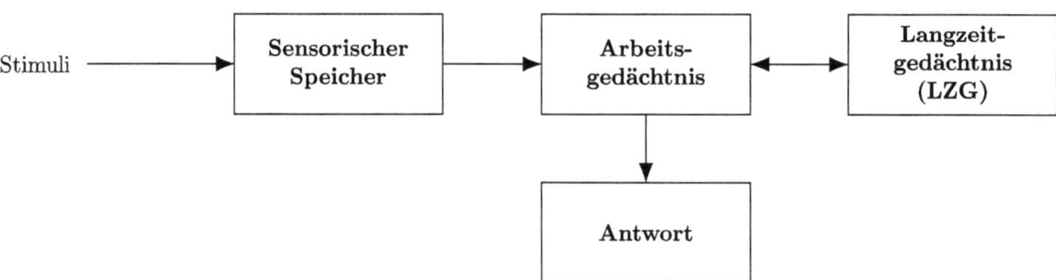


◘ **Abb. 2.1** Die stufenartige Verarbeitung von Informationen erfolgt nach dem Modell von Atkinson und Shiffrin (1968) über den sensorischen Speicher, das Kurzzeit- und das Langzeitgedächtnis. In diesem Modell wurde das Kurzzeitgedächtnis durch das heutige vorherrschende Arbeitsgedächtnis ersetzt (s. u.)

2 Mit „Computerarchitektur" ist hier speziell die Architektur des sogenannten Von-Neumann-Rechners gemeint. John von Neumann schlug 1946 ein Konzept zur Gestaltung eines universellen Rechners vor, an dem sich die meisten modernen Computer orientieren.

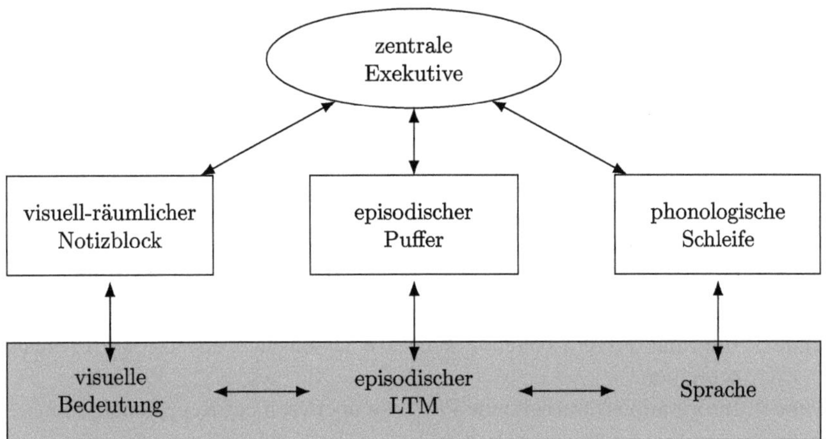


**Abb. 2.2** Die aktuelle Version des Mehrkomponenten-Arbeitsspeichermodells nach Baddeley (2000) umfasst die Zentrale Exekutive, den visuell-räumlichen Notizblock und die artikulatorische Schleife als Kernkomponenten des Arbeitsgedächtnisses. Baddeley ergänzte das Modell später um den episodischen Puffer. In grau sind Elemente des Langzeitgedächtnisses enthalten

Informationsverarbeitung steuert, und kleinere informationsspezifische Speicher, wie ein visuell-räumlicher Speicher und ein sprachbasierter Speicher, welcher zum Beispiel für das Merken von Zahlenfolgen eingesetzt wird, sowie ein episodischer Speicher, der visuelle und räumliche Informationen von Ereignissen inklusive von Erinnerungen aus dem Langzeitgedächtnis integrieren kann. Diese Aspekte könnten Sie an den RAM- oder Arbeitsspeicher eines Computers erinnern.

Zusätzlich zu Informationen, die über die Sinnesorgane ins Arbeitsgedächtnis gelangen, können dort auch aus dem **Langzeitgedächtnis** (LZG) aktivierte Informationen für die Verarbeitung bereitgehalten werden. Im Langzeitgedächtnis gespeicherte kognitive Strukturen wirken dabei auf die Kategorisierung und Wahrnehmung spezifischer sensorischer Reize ein. So sehen wir nicht alles, was das Auge wahrnimmt, sondern nur das, worauf wir unsere Aufmerksamkeit richten. Abhängig von aktuellen Zielen und weiteren Faktoren wird ein Teil der Informationen ins Langzeitgedächtnis übernommen (Lernen). Es wird angenommen, dass Wissen im Langzeitgedächtnis permanent gespeichert ist und Sie zum Beispiel an die Festplatte im Computer erinnern kann. „Vergessen“ ist dann auf ein Nichtauffinden von Information zurückzuführen, das nicht mit einem Löschen der Information gleichzusetzen ist. Zudem wird angenommen, dass Wissen im Langzeitgedächtnis nicht als unzusammenhängende Menge von Einzelinformationen, sondern strukturiert repräsentiert ist. Das Wissen im Langzeitgedächtnis wird häufig nach verschiedenen Aspekten unterschieden. Zum Beispiel unterscheidet Anderson (1996) zwischen der Repräsentation von Faktenwissen (deklaratives Wissen) und Regelwissen (prozedurales Wissen). In den folgenden Kapiteln werden verschiedene Konzeptionen für die Repräsentation von Wissen vorgestellt. Dabei liefern Annahmen und Erkenntnisse über die Charakteristika menschlicher Informationsverarbeitungsprozesse – wie zum Beispiel die beschränkte Kapazität des Arbeitsgedächtnisses – wichtige Randbedingungen für den Entwurf von Modellen.

## 2.2 Philosophische Grundlagen der Kognitionsforschung



In der Kognitionsforschung werden kognitive Prozesse als Informationsverarbeitungsprozesse beschrieben, was aber die Annahme eines grundlegenden erkenntnistheoretischen Paradigmas ist. Dieses Informationsverarbeitungsparadigma lässt sich wie folgt charakterisieren (siehe Stillings et al. 1998, zitiert nach Strube 1993, S. 304):

Annahme 1: Unterschiedliche kognitive Prozesse basieren auf gemeinsamen allgemeinen und grundlegenden Prinzipien.

Annahme 2: Kognition lässt sich unabhängig von ihrem materiellen Substrat, also der Neuronenaktivität, betrachten.

Annahme 3: Informationsverarbeitende Prozesse lassen sich als formale Prozesse beschreiben.

Annahme 4: Informationsverarbeitende Prozesse operieren auf Repräsentationen.

Eng damit verbunden ist die Annahme, dass sich dieses Informationsparadigma am besten durch einen Symbolverarbeitungsansatz modellieren lässt. Der oben bereits erwähnte KI-Forscher Allen Newell (1980) hat das in der „*physical symbol systems hypothesis*" explizit formuliert (siehe auch Newell und Simon 1976).[3] Die Hypothese besagt, dass alle kognitiven Prozesse nichts anderes als **Transformationen von physikalischen Symbolstrukturen** sind. Für unsere Betrachtungen genügt die abgeschwächte Hypothese, dass sich kognitive Prozesse als Transformationen von Symbolstrukturen **beschreiben** lassen.

Symbolstrukturen[4] und Regeln für ihre Transformation liefern die Basis für eine einheitliche Beschreibung kognitiver Prozesse (▶ Annahme 1). Symbolstrukturen werden durch Verknüpfung elementarer Symbole aufgebaut, wobei die Verknüpfung syntaktischen Regeln gehorcht. Eine einfache Symbolstruktur wäre die folgende:

- Elementare Symbole: $S = \{0, 1, \#\}$
- Symbolstrukturen $E$ können beispielsweise durch folgende syntaktische Regeln $R_i$ aus Symbolen aus $S$ aufgebaut werden:
  - $R_1$: $E \rightarrow \#$,
  - $R_2$: $E \rightarrow 0E$,
  - $R_3$: $E \rightarrow 1E$.

Dabei kann der Pfeil gelesen werden als „... wird ersetzt durch ...". Beispielsweise wird durch die zweite Regel das Symbol $E$ durch die beiden Symbole $0E$ ersetzt. Damit können längere Zeichenketten erzeugt werden. Die Anwendung dieser Regeln ermöglicht es zum Beispiel, folgende Strukturen zu erzeugen:

| | |
|---|---|
| $E \rightarrow \#$ | (Anwendung von $R_1$) |
| $E \rightarrow 0E \rightarrow 0\#$ | (Anwendung von $R_2$ und $R_1$) |
| $E \rightarrow 1E \rightarrow 10E \rightarrow 100E \rightarrow 100\#$ | (Anwendung von $R_3$, $R_2$, $R_2$ und $R_1$) |

Damit ist $E$ beschränkt auf beliebige (auch leere) Folgen aus den Ziffern 0 und 1, die mit dem Symbol # abgeschlossen sind. Das Symbol # kann als Zeichen für die leere Zeichenfolge/Symbolstruktur interpretiert werden. **Formale Sprachen**, die durch Symbolfolgen

3 In ▶ Kap. 12 werden wir auf die durch die „*Physical symbol systems*"-Hypothese ausgelöste philosophische Debatte eingehen.

4 In der theoretischen Informatik wird dies auch als Wort (endliche Symbolfolge) bezeichnet.

und syntaktische Regeln definiert sind, spielen nicht nur in der Theorie, sondern auch in der Praxis der Informatik eine zentrale Rolle. Im Kontext von Computern werden solche Sprachen verwendet, um alle Arten von Informationen zu verarbeiten. Da Computer nur mit elektrischen Zuständen arbeiten können, die zwei Zustände („an“ und „aus“) darstellen, erfolgt die Codierung von Informationen im sogenannten binären Zahlensystem, das nur die Symbole 0 und 1 kennt. Das bedeutet, dass wir, wenn wir beliebige Symbolstrukturen mit dem Computer verarbeiten wollen, eine Übersetzung aller Symbolstrukturen in binäre Symbolstrukturen benötigen. Wir demonstrieren im Folgenden, wie wir Dezimalzahlen auf binäre Zahlen abbilden können.

Im Dezimalsystem stehen uns die Ziffern 0 bis 9 zur Verfügung. Zahlen werden aus Summen von Zehnerpotenzen gebildet. So ergibt sich die Dezimalzahl 86 als

$$86_{10} = 8 \cdot 10^1 + 6 \cdot 10^0.$$

Die Einerstelle wird durch Multiplikation der Ziffer mit $1 = 10^0$ gebildet (für alle Zahlen $x$ gilt $x^0 = 1$). Die Zehnerstelle wird durch Multiplikation der Ziffer mit $10^1 = 10$ gebildet, die Hunderterstelle durch Multiplikation der Ziffer mit $10^2 = 100$ und so fort. Im binären Zahlensystem haben wir nur die Ziffern 0 und 1 zur Verfügung. Hier werden Zahlen aus Summen von Zweierpotenzen gebildet. So können wir die Dezimalzahl 86 durch

$$\begin{array}{ccccccccccccccc} 1 \cdot 2^6 & + & 0 \cdot 2^5 & + & 1 \cdot 2^4 & + & 0 \cdot 2^3 & + & 1 \cdot 2^2 & + & 1 \cdot 2^1 & + & 0 \cdot 2^0 & = & \\ 64 & + & 0 & + & 16 & + & 0 & + & 4 & + & 2 & + & 0 & = & 86_{10} \end{array}$$

als die Binärzahl 1010110 repräsentieren. Auch beliebige Zeichenfolgen, wie zum Beispiel Worte wie „Vogel“ oder „Hund“ lassen sich durch solche 0–1-Kombinationen ausdrücken. Im Computer werden solche Begriffe auf diese Art, im binären Zahlensystem, als Folge von ASCII-Zeichen (***A****merican* ***S****tandard* ***C****ode for* ***I****nformation* ***I****nterchange*) codiert: „V“ hat beispielsweise die ASCII-Code-Nummer 86; im binären Zahlensystem wird daraus 1010110. Im Folgenden verzichten wir meist auf diese schwer lesbare Darstellung und verwenden Worte oder Dezimalzahlen als Elementarsymbole.

Bisher haben wir gezeigt, wie aus elementaren Symbolen mithilfe von syntaktischen Regeln komplexere Symbolstrukturen aufgebaut werden können. Wir haben eine **Grammatik** angegeben, die den syntaktischen Aufbau von Symbolstrukturen festlegt. Verwenden wir als Elementarsymbole Worte, wie zum Beispiel

$$S = \{\text{Peter}, \text{Eva}, \text{lacht}, \text{tanzt}\},$$

und als Regeln

$$\begin{aligned} R_1&: \textit{Satz} \rightarrow \textit{Eigenname Verb},\\ R_2&: \textit{Eigenname} \rightarrow \text{Peter},\\ R_3&: \textit{Eigenname} \rightarrow \text{Eva},\\ R_4&: \textit{Verb} \rightarrow \text{lacht},\\ R_5&: \textit{Verb} \rightarrow \text{singt}, \end{aligned}$$

so können wir einfache Sätze wie „Peter lacht“ als Symbolstrukturen erzeugen. Um **Transformationen** von Symbolstrukturen zu beschreiben, benötigen wir weitere Regeln.

Diese Regeln müssen angeben, wie ein bestimmter Ausdruck $E$ einer Symbolstruktur durch neue Ausdrücke ersetzt werden kann. Es könnte zum Beispiel eine Regel für die Addition definiert werden, die für Ausdrücke der Form $x + y$ die Addition ausführt. Für $E = 17 + 11$ würde die Regel also das Ergebnis 28 liefern. Die Symbolstruktur $E$ wird durch Regelanwendung in eine neue Symbolstruktur, etwa $E' = 28$, transformiert. Regeln zur Symboltransformation liefern uns eine Möglichkeit, Informationsverarbeitungsprozesse wie etwa die Addition von Zahlen zu beschreiben. Umgangssprachlich formuliert könnte die Addition von zwei Zahlen, die aus je zwei Ziffern bestehen, durch folgende Regeln definiert werden:

$R_1$: Nimm von beiden Zahlen jeweils die hintere Ziffer und bilde ihre Summe und lösche die beiden Ziffern.

$R_2$: Notiere die letzte Ziffer der Summe als letzte Ziffer des Additionsergebnisses.

$R_3$: Besteht die Summe aus mehr als einer Ziffer, dann merke dir die noch nicht notierte Ziffer als Übertrag.

$R_4$: Nimm die vordere Ziffer der beiden Zahlen und, falls ein Übertrag existiert, den Übertrag, bilde ihre Summe und lösche die beiden Ziffern.

$R_5$: Notiere die letzte Ziffer der neuen Summe als vorletzte Ziffer des Additionsergebnisses.

$R_6$: Besteht die Summe aus mehr als einer Ziffer, dann notiere die noch nicht notierte Ziffer als vordere Ziffer des Additionsergebnisses.

In ► Kap. 8 und 9 werden wir eine spezielle Form von Transformationsregeln, sogenannte **Produktionsregeln**, einführen. Wie wir dort zeigen werden, eignen sich Produktionsregeln besonders gut zur Modellierung von Informationsverarbeitungsprozessen. Eine **Menge von Elementarsymbolen**, **Regeln zum Aufbau syntaktisch korrekter Symbolstrukturen** aus diesen Elementarsymbolen und **Regeln zu ihrer Transformation** definieren zusammen ein formales System zur Beschreibung von Informationsverarbeitungsprozessen, so wie es in Annahme 3 gefordert wird. Die Transformationsregeln operieren nicht auf konkreten Dingen der Welt, sondern auf Symbolstrukturen, die diese Dinge repräsentieren, so wie es in Annahme 4 gefordert wird.

Die zweite Annahme besagt, dass informationsverarbeitende Prozesse durch symbolische Codierungen beschrieben werden können, die unabhängig von der Materie (der „Hardware“) sind. In letzter Konsequenz heißt das auch, dass symbolische Codierungen Beschreibungen für die Informationsverarbeitungsprozesse verschiedener Systeme sind, egal ob diese Prozesse auf der „Maschine Gehirn“ oder dem Computer realisiert sind. Diese Auffassung wird nicht von allen Kognitionswissenschaftlern geteilt. Man kann durchaus moderatere Annahmen machen, wie zum Beispiel, dass Computersimulationen über Einzelaspekte menschlicher Denkprozesse Aufschluss geben können. Dabei ist es nicht notwendig, von einer Äquivalenz zwischen Computern und Menschen als symbolverarbeitende Systeme auszugehen, wohl aber von der Zulässigkeit, Informationsverarbeitungsprozesse unabhängig von den Prozessen des Gehirns zu beschreiben.

Die Annahme, dass geistige Prozesse unabhängig von ihrer materiellen Realisierung betrachtet werden können, liefert den Hintergrund für die **komputationale Theorie des Geistes**, eine wichtige Strömung der analytischen Philosophie. In dieser Theorie wird argumentiert, dass menschliche Denkprozesse auf **mentalen Repräsentationen** operieren. Diese Repräsentationen können als syntaktisch strukturierte Symbole beschrieben werden, die aus atomaren Elementen, den oben eingeführten Elementarsymbolen, aufgebaut sind. Die Bedeutung der Elementarsymbole wird dabei als gegeben vorausgesetzt. Ausgehend von diesen elementaren Bedeutungen lassen sich dann alle komplexeren Strukturen mithilfe von Regeln rein syntaktisch konstruieren. Fodor und Pylyshyn (1988) postulieren eine „Sprache des Geistes" („**Mentalesisch**"), die nach diesen Regeln aufgebaut ist. Allgemein zeichnen sich kognitive Prozesse im Sinne der komputationalen Theorie des Geistes durch folgende Eigenschaften aus (Pylyshyn 1984; Strube 1993, S. 306):

1. **Produktivität**: Aus einer endlichen Menge atomarer Elemente kann eine unendliche Anzahl komplexer mentaler Ausdrücke generiert werden. Diese Annahme entspricht der Argumentation von Chomsky (2014) über das Produzieren und Verstehen natürlicher Sprache (► Kap. 17).
2. **Systematizität**: Wird eine bestimmte Satzstruktur verstanden, so verstehen wir alle Sätze dieser Struktur: Wenn man „John liebt Anna" versteht, dann auch „Anna liebt John" oder „Peter liebt Inge."
3. **Kompositionalität**: Die Bedeutung komplexer Ausdrücke ergibt sich aus den Bedeutungen ihrer Bestandteile. Die Bedeutung von „Peter lacht" ergibt sich also aus der Bedeutung von „Peter" und der Bedeutung von „lacht" zusammen mit der syntaktischen Relation, die zwischen den beiden atomaren Elementen besteht.

Diese kurze Einführung in den philosophischen Hintergrund der Kognitionsforschung sollte verdeutlichen, dass die Entscheidung für bestimmte Modellierungsmethoden immer von theoretischen Vorannahmen beeinflusst ist. Die Gültigkeit dieser Vorannahmen kann nie belegt werden; man kann sie entweder akzeptieren oder nicht. Die in den folgenden Kapiteln dargestellten logischen und algorithmischen Ansätze basieren auf den dargestellten Annahmen.

## 2.3 Die Methode der kognitiven Modellierung

Die Integration mehrerer Wissenschaften in der Kognitionsforschung führt, vor allem auf methodischer Ebene, zu einer Ergänzung und Erweiterung von Ansätzen, die in den Einzeldisziplinen zur Modellierung menschlicher Informationsverarbeitungsprozesse verwendet werden. Nach Strube (1993) lassen sich dabei drei Methodengruppen unterscheiden:

1. **Theoretische Analyse kognitiver Prozesse mit dem Ziel der Formalisierung:** Diese Methodologie stammt aus den Geistes- und Formalwissenschaften (Philosophie, Linguistik, Logik) und dient vor allem zur Bestimmung von Regularitäten und Beschränkungen mentaler Prozesse.
2. **Modellierung kognitiver Prozesse durch Computersimulation:** Diese Methodologie stammt aus der Informatik (Künstliche Intelligenz, Algorithmik, formale Sprachen) und dient vor allem dem Entwurf von Prozessmodellen der Informationsverarbeitung.
3. **Empirische Untersuchung der Eigenschaften menschlicher kognitiver Prozesse:** Diese Methodologie stammt aus der Psychologie und dient neben den Ergebnissen der theoretischen Analysen als wesentliche Grundlage für den Entwurf von komputationalen Modellen.

Im Folgenden werden wir die Grundprinzipien der Computersimulation vorstellen. Von Seiten der Psychologie kann die Computersimulation als eine die Empirie ergänzende Forschungsmethode aufgefasst werden. Wie beim psychologischen Experiment (siehe Bortz 1984), können auch bei der Computersimulation zwei Vorgehensweisen unterschieden werden:

- **Hypothesengenerierend:** Ideen über mögliche Funktionsweisen menschlicher Informationsverarbeitung werden durch ein Computermodell beschrieben. Die Modellierung liefert dann den Ausgangspunkt für die Ableitung von (empirisch prüfbaren) Hypothesen.
- **Hypothesenprüfend:** Bestehende psychologische Theorien, die sich bereits zu einem gewissen Grad empirisch bewährt haben, können durch ihre Umsetzung in ein Computermodell präzisiert und logisch strukturiert werden. Zudem liefert die Umsetzung in eine Computersimulation den Nachweis der Konsistenz und Vollständigkeit der theoretischen Annahmen.

Für beide Aspekte der Computersimulation ist zu beachten, dass die Umsetzung von psychologischen Annahmen über Informationsverarbeitungsprozesse in ein Computerprogramm Freiheitsgrade enthält. Um ein Computerprogramm zu schreiben, das ein psychologisches Modell simuliert, müssen immer Zusatzannahmen getroffen werden (Cooper et al. 1996). Ein psychologisches Prozessmodell ist grundsätzlich immer durch verschiedene konkrete Computermodelle beschreibbar. Prinzipiell ist der Vergleich eines Computermodells mit dem informationsverarbeitenden System Mensch nur auf **funktionaler**, nicht aber auf **struktureller Ebene** möglich. D. h., das Computermodell verhält sich bei gegebenem Input ähnlich wie der Mensch; ob aber die interne Struktur, die zu diesem Verhalten führt, äquivalent ist, kann nicht entschieden werden (Searle 1980).

Als eine Methode zur Prüfung dieser funktionalen Äquivalenz wurde unter anderem der **Turing-Test** (Turing 1950) vorgeschlagen (◼ Abb. 2.3). Dabei wird ein Beurteiler gebeten, über Computerterminals mit zwei Systemen zu kommunizieren, von denen ei-

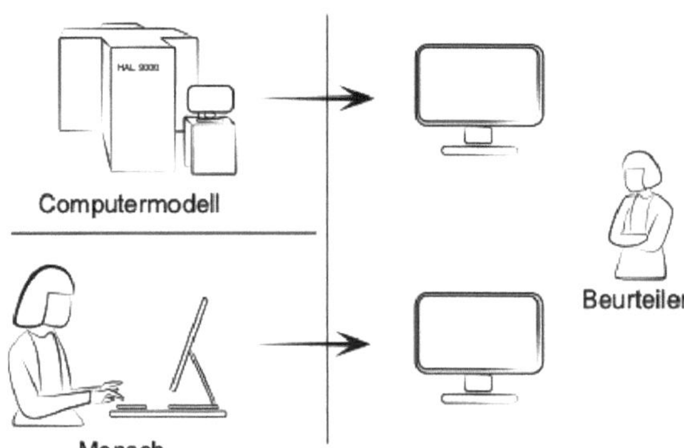


◼ **Abb. 2.3** Der Turing-Test illustriert eine Methode zur Bewertung der Fähigkeit eines Computers, menschliches Verhalten zu zeigen: Ein Beurteiler interagiert durch Fragen mit zwei anonymen Gesprächspartnern – einem Menschen und einem Computer, die beide nur durch eine Textkonsole auf jeweils einem Bildschirm kommunizieren. Der Beurteiler weiß nicht, welcher Bildschirm mit welchem Teilnehmer verbunden ist. Wenn der Computer so überzeugend agiert, dass ein beliebiger Beurteiler ihn nicht zuverlässig vom Menschen unterscheiden kann, gilt er als auf dem Niveau menschlicher Interaktion

nes ein Mensch ist, das andere ein Computerprogramm. Der Beurteiler weiß dabei nicht, welches der beiden Systeme der Mensch und welches das Computerprogramm ist. Beide Systeme reagieren über ihren jeweiligen Monitor auf die Eingaben des Beurteilers, welcher die Aufgabe hat, zu entscheiden, welche Antworten von einem Menschen getroffen werden. Kann der Beurteiler nicht entscheiden, welche Reaktionen vom Menschen und welche vom Computermodell gegeben werden, so hat das Computermodell den Test bestanden. Diese Art der Überprüfung kann jedoch zu völlig ungerechtfertigten Urteilen führen.

Besonders deutlich wird das an einem berühmten Gedankenexperiment von Searle (1980), dem sogenannten chinesischen Zimmer:

> In einem Zimmer sitzt ein Mensch, der die chinesische Sprache nicht beherrscht. Er erhält Karten mit chinesischen Zeichen und eine Menge von Regeln, die festlegen, auf welche Zeichen er mit welchen anderen Zeichen reagieren soll. Ein Beurteiler, der die chinesische Sprache spricht, schiebt nun Karten mit chinesischen Schriftzeichen unter der Tür durch, der Mensch konsultiert seine Regeln und schiebt Karten zurück.

Der Beurteiler muss dabei zu dem Schluss kommen, dass der Mensch im Zimmer die chinesische Sprache beherrscht. Will man die Methode der Computersimulation sinnvoll zur Beschreibung menschlicher Informationsverarbeitung einsetzen, ist der Turing-Test nicht die angemessene Prüfmethode für die psychologische Adäquatheit eines Modells. Ein alternatives Vorgehen wäre folgendes: Ausgehend von vorliegenden Erkenntnissen über menschliche Gedächtnis- und Denkleistungen wird ein Prozessmodell für einen eingeschränkten Phänomenbereich entwickelt. Dieses Prozessmodell wird als Computermodell präzisiert. Dabei werden Kernannahmen identifiziert, die in empirisch prüfbare Hypothesen umgesetzt werden. Diese Hypothesen legen fest, wie sich bestimmte Zustände im kognitiven Prozess in beobachtbaren Größen, wie Fehler oder Reaktionszeiten, widerspiegeln. An die Stelle der globalen Zuschreibung von Eigenschaften, wie dies beim Turing-Test geschieht, tritt also eine detaillierte Analyse von kognitiven Prozessen.

## 2.4 Zur Vertiefung

In diesen Bereichen geben wir Ihnen Hinweise auf klassische Grundlagenartikel oder aktuelle Werke, in denen Sie mehr Informationen finden können.

### ▪▪ Einführung in Themen, Ansätze und Methoden der Kognitionsforschung

- Das folgende Buch ist ein Klassiker der Kognitionsforschung: Johnson-Laird, P. N. (1996). *Der Computer im Kopf: Formen und Verfahren der Erkenntnis*. dtv. Deutscher Taschenbuch Verlag.
- Ein aktueller Hintergrund zu menschlicher Kognition aus KI-Perspektive: Ragni, M. (2021). Kognition. In: Görz, G. and Schmid, U. and Braun, T., Hrsg. (eds.), *Handbuch der Künstlichen Intelligenz*, S. 227–278. De Gruyter Oldenbourg.

### ▪▪ Philosophischer Hintergrund

- In diesem Beitrag diskutiert Turing die Frage, ob Maschinen denken können: Turing, A. M. (1950). Computing Machinery and Intelligence. *Mind*, *59*, 433–460.

2

- In diesem Beitrag analysiert Searle die Frage von Turing im Kontext von Intentionalität und starker KI: Searle, J. R. (1980). Minds, brains, and programs. *Behavioral and Brain Sciences*, *3*(3), 417–424.
- McCarthy, J. (1979). Ascribing Mental Qualities to Machines. Report no. ADA071423, Stanford University California, Dept. of Computer Science. Aufsatz, der unter anderem Searles Kritik provozierte.
- In diesem Beitrag stellt Newell die *Physical symbol system*-These vor, die maßgeblich für kognitive Systeme in einer „situated cognition", also dass Kognition mit einer sozialen oder physischen Umwelt verbunden ist und durch den Kontext entsteht, geworden ist: Newell, A. (1980). Physical symbol systems. *Cognitive Science*, *4*(2), 135–183.
- Dennett, D. C. (1989). *The Intentional Stance*. MIT Press, Cambridge, MA. Auseinandersetzung mit dem bei Dreyfus und Searle angesprochenen Problem, wann man menschlichen/künstlichen Systemen Intentionalität zuschreiben kann.
- Rationalität spielt in vielen Entscheidungen eine Rolle. Aus diesem Grund werden wir uns im ersten Teil des Buches auch mit normativen Aspekten wie der Logik als Grundlage für korrekte Schlussfolgerungen beschäftigen. Im zweiten Teil des Buches geht es dann um den deskriptiven Teil, also wie sich menschliches Denken (und damit auch die menschliche Rationalität) beschreiben lässt. In diesem umfangreichen Werk lässt sich der Hintergrund der aktuellen Rationalitätsdebatte nachlesen: Knauff, M. und Spohn, W. (2021). *The Handbook of Rationality*. MIT Press.

# Wissensrepräsentation und Logik

Wichtige Themen der KKI sind Wissensrepräsentation, Denken, Problemlösen, Lernen, Sprachverarbeitung, Bildverstehen und Expertise. Dabei ist die Frage der Repräsentation von Wissen für alle Bereiche grundlegend.

Ein zentraler Ansatz zur Repräsentation von Begriffen und Fakten ist die Struktur der semantischen Netze. Die Grundlagen für den Formalismus der semantischen Netze liefern die Mengentheorie und die Logik. Die folgenden Kapitel stellen diese Grundlagen schrittweise dar. In ▶ Kap. 3 wird die Mengenlehre eingeführt und gezeigt, wie hierarchische semantische Netze mit Konzepten der Mengenlehre formalisierbar sind. In ▶ Kap. 4 und 5 führen wir die Grundlagen der Aussagen- und der Prädikatenlogik ein und stellen die Formalisierung semantischer Netze mit Mitteln der Prädikatenlogik dar. In ▶ Kap. 6 führen wir die Methode des Theorembeweisens ein, mit der automatisch Schlussfolgerungen aus logisch repräsentiertem Wissen gezogen werden können. Teil I schließt ab mit einer Einführung in die Grundkonzepte der Programmiersprache Prolog ▶ Kap. 7. Wir zeigen, wie die in ▶ Kap. 3 eingeführten hierarchischen semantischen Netze in ein ablauffähiges Programm umgesetzt werden können.

## Inhaltsverzeichnis

# Grundlagen der Wissensrepräsentation

Inhaltsverzeichnis




M. Ragni, U. Schmid, *Kognitive Künstliche Intelligenz*, https://doi.org/10.1007/978-3-662-69498-5_3

Menschen *wissen* vieles über die Welt. Diese etwas plakative Aussage entspricht unserer Alltagserfahrung. Allerdings stellt sich im Zeitalter von fake news die Frage, was „Wissen“ eigentlich ist, wie es im Gedächtnis des einzelnen Menschen oder eines Computers repräsentiert wird und welche Wissensarten sich unterscheiden lassen.



**► Beispiel 3.1**

Angenommen, wir kommen an einem Spielplatz vorbei und hören, wie ein Mädchen sagt: „Es gibt in unserem Sonnensystem 11 Planeten.“ Offenbar ist dieser Satz objektiv betrachtet entweder wahr oder falsch. Er ist wahr, wenn unser Sonnensystem 11 Planeten hat, und falsch, wenn unser Sonnensystem mehr oder weniger als 11 Planeten hat. Wir wissen, dass die Astronomie aktuell nur 8 Himmelskörper als Planeten unseres Sonnensystems anerkennt. Dennoch könnte es aber sein, dass das Mädchen *überzeugt* davon ist, dass unser Sonnensystem 11 Planeten hat. In diesem Fall würden wir sagen, dass das Mädchen etwas Falsches glaubt, aber nicht, dass es etwas weiß, da Wissen in der Regel nur zutrifft, wenn das Geglaubte auch wahr ist. ◄

In der Informatik werden die Begriffe Überzeugung und Wissen nicht immer trennscharf verwendet. So wird manchmal mit Wissen (engl. *knowledge*) auch einfach die Menge abgespeicherter Daten bezeichnet, die dann natürlich wahr oder falsch sein können. In der Psychologie wird ebenfalls manchmal einfach von Wissen gesprochen und damit sowohl die objektive Wahrheit als auch die subjektive Überzeugung des individuellen Menschen gemeint.

**Definition 3.1 (Wissen und Überzeugung)**

In der kognitiven Psychologie und der Künstlichen Intelligenz wird unter dem Begriff Wissen auch manchmal das bezeichnet, was eine Person oder ein Agent für *wahr hält*, also eine Überzeugung (engl. *belief*). (Strube 1993, S. 326)

Aus Gründen der Vereinfachung werden wir hier den Begriff des Wissens nutzen, auch wenn damit vor allem die individuellen Überzeugungen eines Menschen gemeint sind. Wie lässt sich Wissen nun im Sinne des Informationsverarbeitungsparadigmas verstehen (vgl. ► Kap. 2)? Die Grundlage dieses Paradigmas ist es, dass Informationsverarbeitungsprozesse als Transformationen von Symbolstrukturen beschreibbar sind. Diese Symbolstrukturen sind Repräsentationen von Überzeugungen im Gedächtnis, also Wissensrepräsentationen.

#### Hintergrund

Die kognitive Psychologie unterscheidet unter dem Begriff „Wissen“ sowohl Faktenwissen (engl. *knowing that*) als auch prozedurales Wissen (engl. *knowing how*).

- **Faktenwissen**, oft auch als **deklaratives Wissen** bezeichnet, beinhaltet Aussagen, die wahr oder falsch sein können: „China liegt in Asien“, „Hunde sind Säugetiere“, „Die Währung von England ist das Pfund.“ Innerhalb des Faktenwissens wird zwischen **semantischem** (begrifflichem) und **episodischem** Wissen unterschieden (vgl. Tulving 1972). Die genannten Beispiele gehören zum semantischen Wissen. Unter episodischem Wissen wird Wissen über individuelle Erfahrungen verstanden, also zum Beispiel, wenn Hannah weiß, dass sie gestern auf Netflix „Star Trek“ gesehen hat. Faktenwissen kann auch **unscharf** sein. So wissen wir beispielsweise, dass es Anfang November meistens regnet oder dass Wohnungen in Berlin kaum unter €300 gemietet werden können.
- **Prozedurales Wissen** umfasst Handlungswissen, also das Wissen, wie ich ein konkretes Problem lösen kann, z. B. „Wenn ich Tee kochen will, muss ich Wasser heiß machen“ oder „Wenn ich ein Problem nicht abstrakt lösen kann, versuche ich es zunächst an einem konkreten Beispiel.“ Außerdem wird dazu auch heuristisches Wissen gezählt, welches nicht konkret, sondern allgemein und flexibel ist. Heuristisches Wissen

umfasst grobe Faustregeln oder intuitiuve Strategien, die auf verschiedene Situationen angewandt werden können, wie zum Beispiel die Möglichkeit, den kürzesten Weg von $A$ nach $B$ durch die Nähe von Wegen zur Luftlinie zwischen $A$ und $B$ abzuschätzen.

Um Wissen so zu repräsentieren, dass es von einem Computer verarbeitet werden kann, wurden verschiedene Ansätze der **Wissensrepräsentation** vorgeschlagen. Als Methoden der Wissensrepräsentation werden meistens Logik, hierarchische und nichthierarchische semantische Netze, Schemata, Skripts, Produktionsregeln und analoge Repräsentationen angeführt (Barr et al. 1981, Kap. 3). Um diese verschiedenen Repräsentationsformalismen zu vergleichen, kann man verschiedene Kriterien verwenden, wie wir im Folgenden aufzeigen.

Ein für die Psychologie relevantes Kriterium ist das der psychologischen Adäquatheit, d. h. dass die gewählte beschreibende Repräsentation sich so verhält wie die tatsächliche mentale Repräsentation. Es ist jedoch kaum möglich, Repräsentationsannahmen so zu operationalisieren, dass Beweise für die Adäquatheit eines Repräsentationsformalismus gewonnen werden können. Eine abgeschwächte Möglichkeit zur Prüfung der Adäquatheit wäre die psychologische Plausibilität, d. h., ist der Repräsentationsformalismus einfach kognitiv verarbeitbar und hilft die Repräsentation, Informationsverarbeitungsprozesse vorherzusagen (Larkin und Simon 1987)? Drei allgegenwärtige Prozesse der Wissensverarbeitung (s. ► Kap. 1) sind:
- der Erwerb neuen Wissens,
- der Abruf von Wissen,
- das Schlussfolgern und Problemlösen auf der Grundlage von Wissen.

In diesem Kapitel beschäftigen wir uns mit der Repräsentation von explizit gegebenem Wissen. Auf Mechanismen (► Kap. 4, Logik), wie sich aus implizitem Wissen zum Beispiel durch Schlussfolgerungen explizites Wissen generieren lässt, wird im nächsten Kapitel eingegangen.

Im Folgenden wird ein kurzer Überblick über verschiedene Repräsentationsformate gegeben. Die **Logik** ist ein grundlegendes Werkzeug zum Schlussfolgern: D. h., wenn eine bestimmte Menge von Fakten gegeben ist, können mithilfe logischer Schlussregeln Folgerungen aus diesen Fakten gezogen werden. So kann etwa aus den Fakten „Alle Menschen sind sterblich“ und „Sokrates ist ein Mensch“ geschlossen werden, dass Sokrates sterblich ist. Die verwendete Schlussregel ist ein **Syllogismus**. Die genannten Fakten bilden die *Prämissen* des Syllogismus, der daraus abgeleitete Fakt heißt *Konklusion*. Umgangssprachlich können wir den Schluss folgendermaßen formulieren: „WENN alle Menschen sterblich sind UND Sokrates ein Mensch ist, DANN ist Sokrates sterblich.“ In den Symbolen der **Prädikatenlogik** (► Kap. 5) kann der Schluss folgendermaßen dargestellt werden:

$$\forall x\big(\text{mensch}(x) \rightarrow \text{sterblich}(x)\big)$$
$$\text{mensch(sokrates)}$$
$$\text{sterblich(sokrates)}$$

Ein rein logischer Kalkül liefert keine Möglichkeit, Wissen strukturiert zu repräsentieren. Eine solche Möglichkeit bilden semantische Netze und häufig verwendete Spezialformen wie hierarchische Netze und das Schemakonzept (engl. *frame*), auf die in ► Abschn. 3.2 eingegangen wird.

## 3.1 Begriffliches Wissen

Ein Aspekt menschlichen Wissens ist, dass es in Begriffen strukturiert ist. Begriffliches Wissen kann hierarchisch organisiert sein. So wissen wir beispielsweise, dass Hunde und Katzen Säugetiere sind, dass Säugetiere Tiere sind und dass sich Tiere bewegen können. Wir fassen Sorten von Dingen zu umfassenderen Sorten. Wir nennen das „eine Menge bilden". Solche Mengen von Dingen lassen sich wiederum zu größeren Mengen zusammenfassen. Die Menge aller Katzen etwa ist eine Teilmenge aller Säugetiere. Mengen und Operationen auf Mengen bilden also eine wichtige Grundlage zur Beschreibung und Kategorisierung unserer Ontologie, d. h. der Dinge, die wir annehmen.

**Definition 3.2 (Menge)**

Eine **Menge** ist eine Gesamtheit von Dingen oder abstrakten Einheiten, die wir als **Elemente** dieser Menge bezeichnen. Ist ein Objekt $e$ Element der Menge $\mathbb{M}$, so schreiben wir $e \in \mathbb{M}$; ist $e$ kein Element von $\mathbb{M}$, so schreiben wir $e \notin \mathbb{M}$. Eine Menge ist gerade durch ihre Elemente bestimmt: Wenn $\mathbb{M}$ und $\mathbb{N}$ genau dieselbe Elemente haben, dann ist $\mathbb{M} = \mathbb{N}$.

So ist zum Beispiel $\mathbb{M} = \{\text{Stuhl}, \text{Schrank}, \text{Tisch}\}$ eine Menge. Es gilt Stuhl $\in \mathbb{M}$ und Palme $\notin \mathbb{M}$. Bei der Darstellung einer Menge ist die Reihenfolge der Elemente beliebig, auch mögliche Wiederholungen von Elementen ändern nichts an der Menge. Es gilt also

$$\{\text{Stuhl}, \text{Schrank}, \text{Tisch}\} = \{\text{Tisch}, \text{Schrank}, \text{Stuhl}\} = \{\text{Tisch}, \text{Schrank}, \text{Tisch}, \text{Stuhl}\}.$$

Es ist Konvention, die jeweils sparsamste Schreibweise der Menge zu notieren, hier also zum Beispiel $\{\text{Tisch}, \text{Schrank}, \text{Stuhl}\}$ oder $\{\text{Stuhl}, \text{Tisch}, \text{Schrank}\}$. Eine einelementige Menge ist nicht dasselbe wie ihr eines Element. Es gilt Stuhl $\in \{\text{Stuhl}\}$, aber nicht Stuhl $= \{\text{Stuhl}\}$. Mengen können ineinander verschachtelt sein. Es gibt also Mengen, deren Elemente wieder Mengen sind. Die Menge $\mathbb{M} = \{\{a, b\}\}$ besitzt genau ein Element, nämlich die Menge $\{a, b\}$. Es gilt: $\{a, b\} \in \mathbb{M}$ und $a \notin \mathbb{M}$, $b \notin \mathbb{M}$. Wichtige Operationen auf Mengen sind die Vereinigung ($\cup$), der Schnitt ($\cap$) und die Mengendifferenz ($\setminus\mathbb{A}$) zweier Mengen.

**Vereinigung zweier Mengen** Die Vereinigung von zwei Mengen $\mathbb{M}$ und $\mathbb{N}$, geschrieben $\mathbb{M} \cup \mathbb{N}$, ist die Menge aller Elemente, die zu $\mathbb{M}$ oder $\mathbb{N}$ gehören, also $\mathbb{M} \cup \mathbb{N} = \{e \mid e \in \mathbb{M} \text{ oder } e \in \mathbb{N}\}$. So können zum Beispiel die Menge der Küchenmöbel und die Menge der Wohnzimmermöbel zu einer Menge vereinigt werden: Möbel = Küchenmöbel $\cup$ Wohnzimmermöbel. Das ist natürlich nur vereinfachend gemeint; Schlafzimmermöbel sind natürlich auch Möbel usw. Wichtig bei der Vereinigung zweier Mengen ist, dass Elemente, die in beiden Mengen vorkommen, in der Vereinigungsmenge nur einmal vorhanden sind. Wenn also $\mathbb{A} = \{a, b, c, d\}$ und $\mathbb{B} = \{c, d, e, f\}$, dann ist $\mathbb{A} \cup \mathbb{B} = \{a, b, c, d, e, f\}$. Eine grafische Veranschaulichung der Vereinigung gibt ◘ Abb. 3.1a.

**Schnitt zweier Mengen** Der Schnitt oder Durchschnitt zweier Mengen $\mathbb{M}$ und $\mathbb{N}$, geschrieben $\mathbb{M} \cap \mathbb{N}$ (die Schnittmenge), ist die Menge aller Elemente, die sowohl zu $\mathbb{M}$ als auch zu $\mathbb{N}$ gehören, also $\mathbb{M} \cap \mathbb{N} = \{e \mid e \in \mathbb{M} \text{ und } e \in \mathbb{N}\}$. Zwei Mengen, die keine gemeinsamen Elemente besitzen, heißen disjunkt. Zwei Mengen sind also disjunkt,

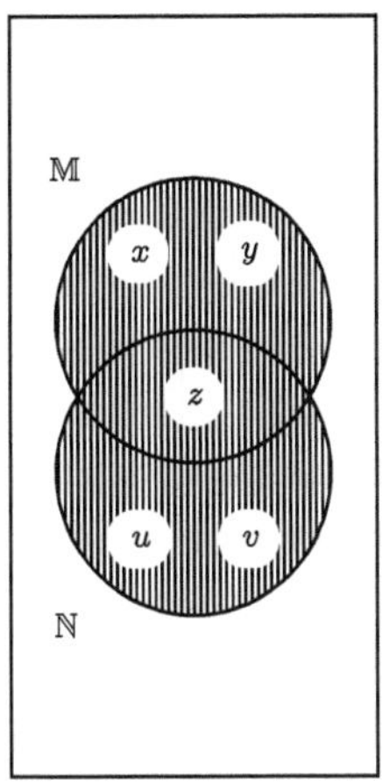


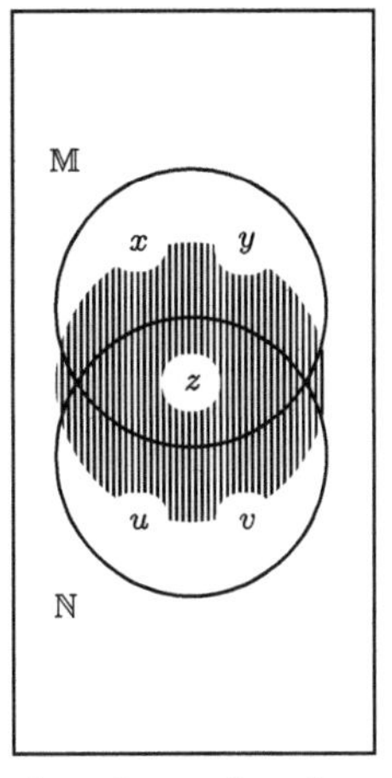


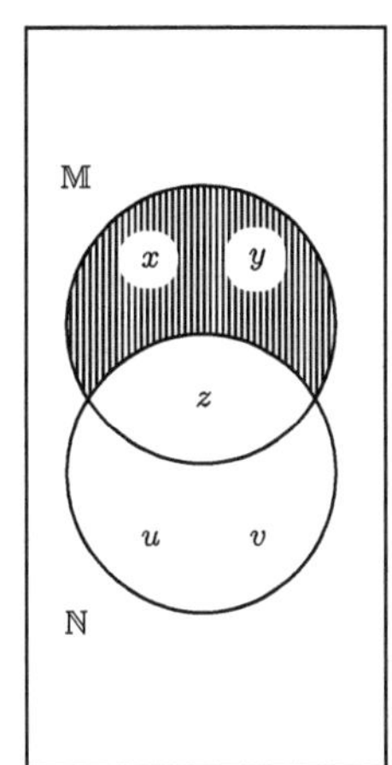


**a** $\mathbb{M} \cup \mathbb{N} = \{x, y, z\} \cup \{u, v, z\} = \{x, y, u, v, z\}$

**b** $\mathbb{M} \cap \mathbb{N} = \{x, y, z\} \cap \{u, v, z\} = \{z\}$

**c** $\mathbb{M} \setminus \mathbb{N} = \{x, y, z\} \setminus \{u, v, z\} = \{x, y\}$

**Abb. 3.1** Mengen und die Operationen darauf lassen sich durch Venn-Diagramme repräsentieren. So gehören oben zur Menge $M$ die Elemente $x$, $y$, $z$ und zur Menge $\mathbb{N}$ die Elemente $u$, $v$, $z$. Werden die beiden Mengen vereinigt zu $\mathbb{M} \cup \mathbb{N}$, erhält man die schraffierte Menge in Abbildung (a), beim Schnitt $\mathbb{M} \cap \mathbb{N}$ die schraffierte Menge in Abbildung (b) und bei der Differenzbildung $\mathbb{M} \setminus \mathbb{N}$ die schraffierte Menge in Abbildung (c)

wenn $\mathbb{M} \cap \mathbb{N} = \varnothing$ ist (wobei $\varnothing$ die leere Menge ist: die Menge, die überhaupt keine Elemente hat). Für $\mathbb{A} = \{a, b, c, d\}$ und $\mathbb{B} = \{c, d, e, f\}$ ist $\mathbb{A} \cap \mathbb{B} = \{c, d\}$. Eine grafische Veranschaulichung der Schnitt-Operation gibt Abb. 3.1b.

**Die Mengendifferenz** Das **absolute Komplement** einer Menge meint alle Elemente, die außerhalb dieser Menge liegen, und wird mit $\setminus\mathbb{A}$ notiert. Das absolute Komplement kann man dann angeben, wenn man nicht nur weiß, was zu einer Menge gehört, sondern auch weiß, was es alles außerhalb dieser Menge gibt. Ist unsere Gesamtmenge beispielsweise die Menge aller Tiere und $\mathbb{A}$ die Menge aller Katzen, so ist $\setminus\mathbb{A}$ die Menge aller Tiere, die *keine* Katzen sind. Das **relative Komplement** zweier Mengen $\mathbb{A}$ und $\mathbb{B}$, auch Differenzmenge genannt, ist die Menge aller Elemente, die zu $\mathbb{A}$, aber nicht zu $\mathbb{B}$ gehören, und wird als $\mathbb{A} \setminus \mathbb{B}$ oder $\mathbb{A} - \mathbb{B}$ notiert (lies „$\mathbb{A}$ ohne $\mathbb{B}$“). Eine grafische Veranschaulichung der Differenzmengenoperation gibt Abb. 3.1c.

Die Zugehörigkeit zu einer Menge und Mengenoperationen können grafisch in einem sogenannten **Venn-Diagramm** veranschaulicht werden (siehe Abb. 3.1).

Eine Menge $\mathbb{A}$ kann Teil einer anderen Menge $\mathbb{B}$ sein, nicht in dem Sinne, dass $\mathbb{A}$ ein Element von $\mathbb{B}$ wäre, sondern weil alle Elemente von $\mathbb{A}$ auch Elemente von $\mathbb{B}$ sind. Diese Beziehung heißt Inklusion oder Teilmengenbeziehung und wird mit $\subset$ oder $\subseteq$ notiert. Dabei heißt $\subsetneq$ **„echte Teilmenge“**; $\mathbb{A} \subset \mathbb{B}$ bedeutet, dass $\mathbb{A}$ nur einen Teil der Elemente von $\mathbb{B}$ umfasst (es gibt mindestens eine Element von $\mathbb{B}$, das nicht Element von $\mathbb{A}$ ist). Bei $\mathbb{A} \subseteq \mathbb{B}$ kann $\mathbb{A}$ auch alle Elemente von $\mathbb{B}$ umfassen. In diesem Fall gilt $\mathbb{A} \subseteq \mathbb{B}$ und $\mathbb{B} \subseteq \mathbb{A}$, und es folgt $\mathbb{A} = \mathbb{B}$. Für die leere Menge gilt: $\varnothing \subseteq \mathbb{M}$, egal was die Menge $\mathbb{M}$ ist.

Die Menge aller Möbel kann zum Beispiel die Küchenmöbel als Teilmenge enthalten: Küchenmöbel $\subseteq$ Möbel. Eine grafische Veranschaulichung der Teilmengenbeziehung ist in Abb. 3.2b gegeben.

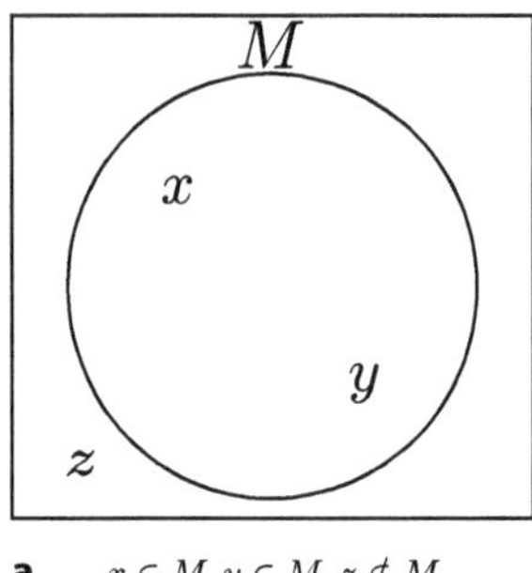


**a** $x \in M, y \in M, z \notin M$

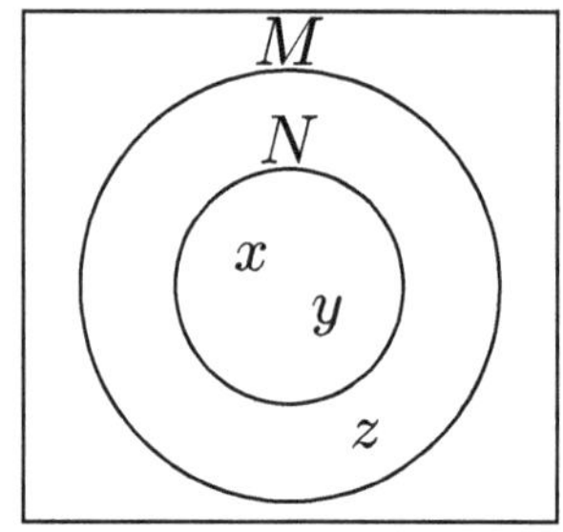


**b** $N \subset M$, hier echte Teilmenge

**Abb. 3.2** Venn-Diagramme für (a) Menge–Element-Beziehung und (b) Teilmengenbeziehung

**Hintergrund: Endliche und unendliche Mengen**

Mengen können unterschiedlich viele Elemente haben. So kann man die Menge der Teilnehmer eines Seminars alle aufzählen, während man die Menge der natürlichen Zahlen $\mathbb{N} = \{1, 2, 3, 4, 5, 6, \ldots\}$ nicht vollständig aufschreiben kann. Die Menge der Teilnehmer des Seminars ist endlich, die Menge der natürlichen Zahlen unendlich. Bei den unendlichen Mengen wird noch unterschieden, ob sie **abzählbar** oder **überabzählbar** unendlich sind. Die Menge der natürlichen Zahlen kann durch die Vorschrift „addiere 1 zum letzten Element" konstruiert werden; sie ist abzählbar unendlich. Bei den reellen Zahlen ist es nicht möglich, eine solche Konstruktionsvorschrift für aufeinanderfolgende Zahlen anzugeben. Zwischen zwei Elementen (zum Beispiel 0 und 0,1) liegen jeweils wieder unendlich viele Elemente (zum Beispiel 0,01, 0,001, …). Die Menge der reellen Zahlen ist überabzählbar unendlich, das bedeutet, dass diese echt größer ist als die Menge der natürlichen oder der rationalen Zahlen. Unendliche Mengen können durch Angabe eines Teils ihrer Elemente, zum Beispiel $\mathbb{N} = \{1, 2, 3, 4, 5, 6, \ldots\}$, dargestellt werden. Dies ist aber nur sinnvoll, wenn man annehmen kann, dass ein Betrachter das Bildungsgesetz der Menge versteht. Ansonsten gibt man das Bildungsgesetz der Menge besser explizit an. Allgemein wird ein Mengenbildungsgesetz folgendermaßen angegeben: $\mathbb{M} = \{e \mid E(e)\}$, d. h., „$\mathbb{M}$ ist die Menge aller $e$, die die Eigenschaft $E$ haben." Zum Beispiel: Frauen $= \{e \mid e$ ist weiblich$\}$. Es kann sein, dass man Bildungsgesetze definiert, für die es keine Objekte gibt. Dann ist die definierte Menge leer. Die leere Menge wird als $\{\}$ oder $\varnothing$ notiert. So ist zum Beispiel $\mathbb{X} = \{x \mid x$ ist Säugetier und $x$ hat Kiemen$\}$ die leere Menge.

Wie wir gesehen haben, kommt es bei Mengen nicht darauf an, in welcher Reihenfolge man die Elemente notiert und ob man dabei manche wiederholt. In der Künstlichen Intelligenz gibt es zwei Konzepte, die dieses Prinzip ergänzen: Listen und Tupel. Bei **Listen**[1] ist die Reihenfolge der Elemente hingegen relevant. Elemente, die mehrfach in der Liste vorkommen, bleiben erhalten, auch wenn sie denselben Namen haben. Im Gegensatz zu Mengen werden Listen mit runden Klammern notiert. Es gilt also (Stuhl, Schrank, Tisch) $\neq$ (Tisch, Schrank, Stuhl) $\neq$ (Tisch, Schrank, Tisch, Stuhl, Stuhl). Listen mit einer fest vorgegebenen Anzahl von Elementen werden als **Tupel** bezeichnet. 2-Tupel, also Tupel mit genau zwei Komponenten, werden auch „geordnete Paare" genannt, und 3-Tupel nennt man „Tripel". Der Unterschied zwischen Tupeln und Listen besteht darin, dass Tupel eine feste Anzahl von Elementen haben und unveränderlich sind, während Listen veränderlich sind und ihre Länge dynamisch angepasst werden kann.

1 Eine Einkaufsliste ist ein anschauliches Beispiel für eine Liste: Die Reihenfolge der Elemente kann eine Rolle spielen, beispielsweise wenn sie in der Reihenfolge der Geschäfte angeordnet ist, in denen man etwas besorgen möchte.

**Hintergrund: Rechengesetze für Mengen**

Die eingeführten Grundoperationen ermöglichen es, mit Mengen zu rechnen. Die Rechengesetze, die im Folgenden vorgestellt werden, können mit Venn-Diagrammen nachgewiesen werden, was man zur Übung tun kann. Für Mengen $\mathbb{A}$, $\mathbb{B}$, $\mathbb{M}$ gilt:

1. Wenn $\mathbb{A} \subseteq \mathbb{B}$ und $\mathbb{B} \subseteq \mathbb{M}$, dann $\mathbb{A} \subseteq \mathbb{M}$. (Transitivität der Teilmengenbeziehung)
2. $\mathbb{A} \cup \mathbb{B} = \mathbb{B} \cup \mathbb{A}$ und $\mathbb{A} \cap \mathbb{B} = \mathbb{B} \cap \mathbb{A}$. (Kommutativität von Vereinigung und Schnitt)
3. $(\mathbb{A} \cup \mathbb{B}) \cup \mathbb{M} = \mathbb{A} \cup (\mathbb{B} \cup \mathbb{M})$ und $(\mathbb{A} \cap \mathbb{B}) \cap \mathbb{M} = \mathbb{A} \cap (\mathbb{B} \cap \mathbb{M})$. (Assoziativität von Vereinigung und Schnitt)
4. $\mathbb{A} \cup \varnothing = \mathbb{A}$ und $\mathbb{A} \cap \varnothing = \varnothing$. (neutrales Element)
5. $(\mathbb{A} \cup \mathbb{B}) \cap \mathbb{M} = (\mathbb{A} \cap \mathbb{M}) \cup (\mathbb{B} \cap \mathbb{M})$ und $(\mathbb{A} \cap \mathbb{B}) \cup \mathbb{M} = (\mathbb{A} \cup \mathbb{M}) \cap (\mathbb{B} \cup \mathbb{M})$. (Distributivität)
6. $\mathbb{A} \subseteq \mathbb{A} \cup \mathbb{B}$ und $\mathbb{B} \subseteq \mathbb{A} \cup \mathbb{B}$. Wenn $\mathbb{A} \subseteq \mathbb{M}$ und $\mathbb{B} \subseteq \mathbb{M}$, dann $\mathbb{A} \cup \mathbb{B} \subseteq \mathbb{M}$.
7. $\mathbb{A} \cap \mathbb{B} \subseteq \mathbb{A}$ und $\mathbb{A} \cap \mathbb{B} \subseteq \mathbb{B}$. Wenn $\mathbb{M} \subseteq \mathbb{A}$ und $\mathbb{M} \subseteq B$, dann $\mathbb{M} \subseteq \mathbb{A} \cap \mathbb{B}$.
8. $\mathbb{M} \setminus (\mathbb{A} \cup \mathbb{B}) = (\mathbb{M} \setminus \mathbb{A}) \cap (\mathbb{M} \setminus \mathbb{B})$ und $\mathbb{M} \setminus (\mathbb{A} \cap \mathbb{B}) = (\mathbb{M} \setminus \mathbb{A}) \cup (\mathbb{M} \setminus B)$. (Regeln von De Morgan)

## 3.2 Strukturiertes Wissen: semantische Netze

Es ist psychologisch plausibel (und in Experimenten zu semantischen Netzen und im Rahmen des Schemaansatzes immer wieder belegt, z. B. Wender 1988), dass Menschen Wissen in strukturierter Form repräsentieren, ihr Wissen also organisiert ist. Zur organisierten Repräsentation von begrifflichem Wissen werden semantische Netze verwendet. Ein semantisches Netz besteht allgemein aus „Knoten“ und „Kanten“, wobei eine Kante immer zwei (eventuell denselben) Knoten verbindet. Eine solche Struktur wird als **(gerichteter) Graph** bezeichnet (▶ Abschn. 9.1). Knoten repräsentieren dabei Begriffe und Eigenschaften, Kanten geben Beziehungen zwischen zwei Knoten an. In hierarchischen semantischen Netzen, mit denen wir uns im Folgenden beschäftigen wollen, existieren zwei Arten von Kanten:

- Kanten, die eine Beziehung zwischen Begriffen angeben. Diese werden durch *isa*-Kanten repräsentiert; der Name ist abgeleitet vom Englischen *is a* („ist ein“).
- Kanten, die einem Begriff eine Eigenschaft zuordnen. Diese werden durch sogenannte *hasprop*-Kanten repräsentiert; der Name ist vom Englischen *has property* („hat [die] Eigenschaft“) abgeleitet.

Zur Veranschaulichung zeigt ◘ Abb. 3.3 einen Ausschnitt des Netzwerkmodells von Collins und Quillian (1969). In diesem Netz wird die hierarchische Struktur eines Ausschnitts unseres begrifflichen Wissens repräsentiert. Die einem Begriff zugeordneten Eigenschaften gelten auch für alle dem Begriff untergeordneten Knoten und müssen damit nur einmal gespeichert werden.

Um für einen Begriff zu entscheiden, ob ihm eine bestimmte Eigenschaft zukommt, wird ausgehend von diesem Begriff (Knoten) gesucht, ob er durch *hasprop*-Kanten direkt oder indirekt mit dem Knoten dieser Eigenschaft verbunden ist. Soll etwa geprüft werden, ob ein Hund atmet, wird ausgehend von dem Knoten, der den Begriff „Hund“ repräsentiert, zunächst die mit diesem Knoten verbundene *hasprop*-Kante („kann bellen“) betrachtet. Wird die Eigenschaft dort nicht gefunden, so wird eine *isa*-Ebene höher, am Säugetier-Knoten, weiter gesucht. Die Eigenschaft „atmet“ ist dem Begriff Tier zugeordnet, dem Säugetiere und damit auch Hunde untergeordnet sind. Verfolgt man also den Weg vom Knoten „Hund“ bis zum Knoten „Tier“ entlang der *isa*-Kanten, so kann die Frage, ob ein Hund atmet, positiv beantwortet werden. Collins und Quillian konnten in Experimenten zumindest teilweise belegen, dass die Antwortzeiten für die Entscheidung, ob eine Eigenschaft für einen Begriff gilt, um so länger werden, je mehr *isa*-Kanten zwi-

3

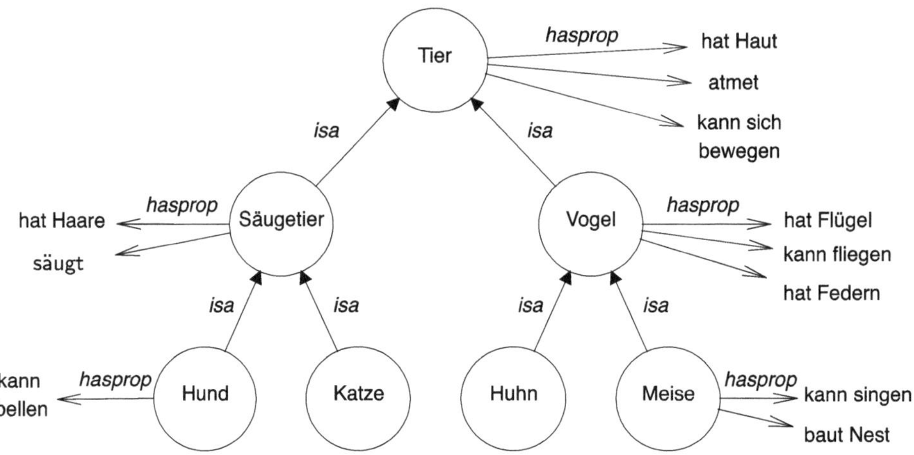


**Abb. 3.3** Ein semantisches Netzwerk über Tierarten, mit einigen zugehörigen Eigenschaften (repräsentiert durch *hasprop*)

schen dem entsprechenden Begriff und dem Oberbegriff, dem die gefragte Eigenschaft zugeordnet ist, liegen (z. B. Anderson 2020, S. 127).

Betrachten wir nun zunächst die *isa*-Kanten genauer. Bei der *isa*-Relation wird zusätzlich zwischen Teilmengenbeziehungen (**Inklusionen**) und Zugehörigkeit (**Instanzen**) unterschieden. Bei der Inklusion handelt es sich um eine Beziehung zwischen zwei Mengen: Hunde $\subseteq$ Säugetiere. Bei der Instanziierung handelt es sich dagegen darum, dass ein Objekt Element einer Menge ist (bzw. unter den entsprechenden Begriff fällt): meinHundTobi $\in$ Hunde. Zur Vereinfachung werden im Folgenden nur die Teilmengenbeziehungen weiter betrachtet. Die Inklusion ist eine **Relation**, genauer: eine **Ordnungsrelation**. Diese mathematischen Begriffe sollen zunächst erläutert werden.

**Definition 3.3 (Mengenrelation)**

Das kartesische Produkt zweier Mengen $\mathbb{M}$ und $\mathbb{N}$ ist definiert als die Menge aller geordneten Paare $(x, y)$ mit $x \in \mathbb{M}$ und $y \in \mathbb{N}$, also $\mathbb{M} \times \mathbb{N} = \{(x, y) \mid x \in \mathbb{M} \text{ und } y \in \mathbb{N}\}$. Dabei kann auch $\mathbb{M} = \mathbb{N}$ sein. Eine **Relation** $\mathcal{R}$ zwischen den Mengen $\mathbb{M}$ und $\mathbb{N}$ ist eine Teilmenge des kartesischen Produkts $\mathbb{M} \times \mathbb{N}$, also $\mathcal{R} \subseteq \mathbb{M} \times \mathbb{N}$.

Relationen sind spezielle Mengen, nämlich solche, deren Elemente geordnete Paare sind. In der obigen Definition wurde eine Relation über zwei Mengen definiert. Dies ist ein Spezialfall einer Relation, eine sogenannte zweistellige Relation. Allgemein können Relationen über eine beliebige Anzahl von Mengen definiert werden. Eine $n$-stellige Relation ist dann eine Menge von $n$-Tupeln. Zum Beispiel ist

$$\mathcal{R} \subseteq \mathbb{L} \times \mathbb{M} \times \mathbb{N} = \{(x, y, z) \mid x \in \mathbb{L} \text{ und } y \in \mathbb{M} \text{ und } z \in \mathbb{N}\}$$

eine dreistellige Relation, also eine Menge von 3-Tupeln. Zur Veranschaulichung kann man sich eine Datenbank eines Arbeitgebers in der Bauwirtschaft vorstellen, in der es eine Menge von Namen, spezifischen Berufsbezeichnungen und Arbeitsorten gibt. Eine Relation wären dann alle Maurer, die bei diesem Unternehmen beschäftigt sind. Auch **Funktionen**, wie zum Beispiel $f(x) = x^2$, können als Mengen von Tupeln, also als Relationen, aufgefasst werden. Die Beispielfunktion ist eine zweistellige Relation, die auf der Menge der natürlichen Zahlen definiert sein soll: $S = \{(0,0),(1,1),(2,4),(3,9),(4,16),\ldots\} \subset \mathbb{N} \times \mathbb{N}$. Damit eine zweistellige Relation als Funktion gelten darf, muss sie spezielle Eigenschaften – Linkstotalität und Rechtseindeutigkeit – erfüllen. Beide Eigenschaften beziehen sich auf das Verhältnis von Eingabewerten zu Ausgabewerten bzw. von Argumente- zu Wertebereich. Bei Rechtseindeutigkeit darf jedem Element des Argumentebereichs höchstens ein Element des Wertebereichs zugeordnet werden. Wenn jedem Element des Argumentebereichs ein Element des Wertebereichs zugeordnet wird, spricht man von Linkstotalität.

**► Beispiel 3.2**

Angenommen, es sei $\mathbb{M}$ = (Tier, Säugetier, Hund, Katze).

- Dann ist das kartesische Produkt $\mathbb{M} \times \mathbb{M} = \{$(Tier, Tier), (Tier, Säugetier), (Tier, Hund), (Tier, Katze), (Säugetier, Tier), (Säugetier, Säugetier), (Säugetier, Hund), (Säugetier, Katze), (Hund, Tier), (Hund, Säugetier), (Hund, Hund), (Hund, Katze), (Katze, Tier), (Katze, Säugetier), (Katze, Hund), (Katze, Katze)$\}$.
- Eine Relation auf $\mathbb{M} \times \mathbb{M}$ wäre zum Beispiel: $\mathcal{R}^* = \{$(Tier, Tier), (Säugetier, Tier), (Hund, Tier), (Katze, Tier), (Säugetier, Säugetier), (Hund, Säugetier), (Katze, Säugetier), (Hund, Hund), (Katze, Katze)$\}$. ◄

Für alle $(x, y) \in \mathcal{R}^*$ gilt: „Jedes $x$ ist ein $y$." Die Relation $\mathcal{R}^*$ liefert uns die Paare aus $\mathbb{M}$, die in der Unterbegriff–Oberbegriff-Beziehung stehen.

Relationen können verschiedene besondere Eigenschaften aufweisen. Bestimmte Relationstypen zeichnen sich durch das Vorhandensein bestimmter Eigenschaften aus. Wir betrachten zunächst mögliche Eigenschaften von Relationen.

**Eigenschaften von Relationen**

Eine zweistellige Relation $\mathcal{R}$ auf $\mathbb{M}^2$ heißt

**reflexiv** – wenn gilt: Für alle $x \in \mathbb{M}$ ist $(x, x) \in \mathcal{R}$. Die in Bsp. 3.2 angegebene Relation $\mathcal{R}^*$ ist also reflexiv, weil sie alle Paare, die identische Elemente aus $\mathbb{M}$ enthalten, enthält. Eine Relation, die kein Paar $(x, x)$ enthält, heißt **irreflexiv**.

**symmetrisch** – wenn aus $(x, y) \in \mathcal{R}$ folgt, dass $(y, x) \in \mathcal{R}$. Die Relation $\mathcal{R}^*$ aus Bsp. 3.2 ist also nicht symmetrisch; sie enthält zum Beispiel (Hund, Tier), aber nicht (Tier, Hund).

**asymmetrisch** – wenn aus $(x, y) \in \mathcal{R}$ folgt, dass $(y, x) \notin \mathcal{R}$ ist. $\mathcal{R}^*$ aus Bsp. 3.2 ist nicht asymmetrisch: Für Paare $(x, y)$, bei denen $x$ und $y$ identisch sind, etwa für $x = y =$ Hund, gilt automatisch, dass auch $(y, x) \in \mathcal{R}$.

**antisymmetrisch** – wenn aus $(x, y) \in \mathcal{R}$ und $(y, x) \in \mathcal{R}$ folgt, dass $x = y$ ist. $\mathcal{R}^*$ ist also antisymmetrisch: Für Paare $(x, y) \in \mathcal{R}^*$ und $(y, x) \in \mathcal{R}^*$ gilt $x = y$.

**transitiv** – wenn aus $(x, y) \in \mathcal{R}$ und $(y, z) \in \mathcal{R}$ folgt, dass auch $(x, z) \in \mathcal{R}$ ist. $\mathcal{R}^*$ ist transitiv: Es ist zum Beispiel (Hund, Säugetier) und (Säugetier, Tier) und damit auch (Hund, Tier) in $\mathcal{R}^*$.

3

**Wichtige Arten von Relationen**
- Eine **Ordnungsrelation** $\mathcal{R}$ in $\mathbb{M}$ ist reflexiv, antisymmetrisch und transitiv. Die Inklusion oder Teilmengenbeziehung $\subseteq$ auf einer Menge $\mathbb{M}$ beispielsweise ist eine Ordnungsrelation.
- **Äquivalenzrelationen** sind reflexiv, symmetrisch und transitiv.

Die Angabe von Begriffen zusammen mit einer Inklusionsrelation führt aufgrund der Ordnungseigenschaften der Inklusion zu einer sparsamen Darstellung hierarchischer Klassenbeziehungen und ist damit eine formale Möglichkeit, das **Prinzip der kognitiven Ökonomie** zu realisieren. In ◘ Abb. 3.3 haben wir *isa*-Kanten zwischen Tier und Vogel sowie zwischen Vogel und Meise, aber nicht zwischen Tier und Meise. Dass die Meise ein Tier ist, muss nicht explizit (über eine weitere *isa*-Kante) dargestellt werden, sondern ergibt sich aus der Transitivität der Inklusionsrelation.

Gegeben die Repräsentation einer Inklusionsrelation über einer Menge von Begriffen, können neue Relationen (wie die *hasprop*-Relation) mit geringem Aufwand behandelt werden. Collins und Quillian (1968) realisierten in ihrer Semantisches-Netz-Architektur neben der Inklusion auch das Konzept der **Merkmalsvererbung** als zweite Komponente einer kognitiv ökonomischen Repräsentation von Konzepten. Merkmalsvererbung bedeutet, dass die Eigenschaften eines Konzepts auch für alle Unterbegriffe gelten. Weil „hat Haut" für alle Tiere gilt, gilt es auch für alle Teilmengen wie Säugetiere, Vögel, Hunde, Katzen, Meisen und Hühner usw. Auch die *hasprop*-Kanten stehen prinzipiell für transitive Relationen. Wir verdeutlichen uns das, indem wir für *hasprop* das umgangssprachliche „hat" verwenden: (Mensch hat Hand) und (Hand hat Finger) $\rightarrow$ (Mensch hat Finger). Diese Eigenschaft der *hasprop*-Relation wurde im obigen Beispielnetz nicht zur Modellierung verwendet. Stattdessen wurde die Eigenschaft verwendet, dass die *hasprop*-Relation bezüglich der Inklusionsrelation vererblich ist. Betrachten wir die Merkmalsvererbung nun formal:

#### ▪ ▪ Vererbungseigenschaften der *hasprop*-Relation

Seien $\mathbb{A}$, $\mathbb{B}$ und $\mathbb{C}$ Objektklassen und $\mathbb{X}$, $\mathbb{Y}$ und $\mathbb{Z}$ Eigenschaften, so gilt:

$(R_1)$ Verallgemeinerung von *hasprop* bezüglich *isa*:

$$\text{Wenn } \mathbb{A} \textit{ hasprop } \mathbb{X} \text{ und } \mathbb{X} \textit{ isa } \mathbb{Y}, \text{ dann } \mathbb{A} \textit{ hasprop } \mathbb{Y}.$$

$(R_2)$ Vererbung von *hasprop* bezüglich *isa*:

$$\text{Wenn } \mathbb{A} \textit{ isa } \mathbb{B} \text{ und } \mathbb{B} \textit{ hasprop } \mathbb{X}, \text{ dann } \mathbb{A} \textit{ hasprop } \mathbb{X}.$$

Wir wollen uns die Schlussfolgerungsprozesse, die anhand der Eigenschaften der Inklusions- und der *hasprop*-Relation möglich sind, an einem Beispiel (Tanimoto 1990, S. 134) veranschaulichen.

**► Beispiel 3.3**

Gegeben sind folgende Fakten (vgl. ◘ Abb. 3.4):

| | |
|---|---|
| Ein Steinbutt ist ein Fisch. | Ein Tier hat ein Herz. |
| Ein Fisch ist ein Tier. | Ein Organ hat Gewebe. |
| Ein Herz ist ein Organ. | Gewebe hat Zellen. |

Im Folgenden notieren wir den transitiven Abschluss der *isa*-Relation als *isa**, den transitiven Abschluss von *hasprop* als *hasprop**, die Verallgemeinerung von *hasprop* bezüglich *isa* als $R_1$ und die Vererbung der Eigenschaften von *hasprop* bezüglich *isa* mit $R_2$. Wie gelangen wir von den obigen Fakten zu dem Schluss „Ein Steinbutt hat Zellen"?

*hasprop**: (Organ *hasprop* Gewebe) & (Gewebe *hasprop* Zellen)
→ (Organ *hasprop* Zellen)
$R_1$: (Tier *hasprop* Herz) & (Herz *isa* Organ) → (Tier *hasprop* Organ)
*hasprop**: (Tier *hasprop* Organ) & (Organ *hasprop* Zellen)
→ (Tier *hasprop* Zellen)
$R_2$: (Fisch *isa* Tier) & (Tier *hasprop* Zellen) → (Fisch *hasprop* Zellen)
$R_2$: (Steinbutt *isa* Fisch) & (Fisch *hasprop* Zellen)
→ (Steinbutt *hasprop* Zellen) ◄

Die *isa*- und *hasprop*-Relationen liefern uns also bereits ein nützliches Werkzeug, um Wissen auf ökonomische Weise zu repräsentieren. Im Laufe der nächsten Kapitel werden wir auch auf nichthierarchische semantische Netze eingehen. Solche Netze stellen eine auf der mathematischen Logik basierende Verallgemeinerung des hierarchischen Ansatzes dar. Die Verallgemeinerung besteht im Wesentlichen in der Hinzunahme weiterer Relationsarten.

Semantische Netze beinhalten ein prinzipielles Problem, das beim aufmerksamen Lesen sicher schon aufgefallen ist: Aufgrund der Eigenschaft der Merkmalsvererbung ist

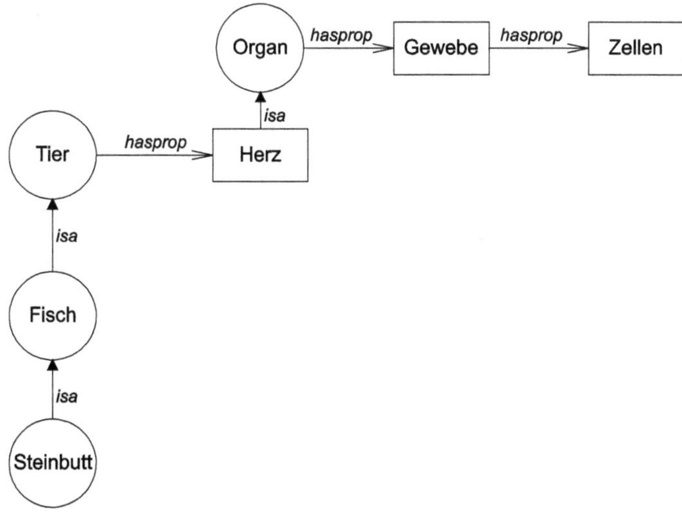


◘ **Abb. 3.4** Schematische Darstellung des semantischen Netzes in Bsp. 3.3

es nicht unmittelbar möglich, **Ausnahmen sinnvoll zu behandeln**. In unserem obigen Beispielnetz haben wir das Konzept Huhn als Unterkonzept zu Vogel eingeführt. Dem Konzept Vogel haben wir die Eigenschaft „kann fliegen" zugeordnet. Mit den uns zur Verfügung stehenden Schlussregeln würden wir nun folgern können: „Ein Huhn kann fliegen." Wir haben in semantischen Netzen keine Möglichkeit, solche Ausnahmen sinnvoll zu behandeln. Eine Möglichkeit zur Ausnahmebehandlung, die im Rahmen des Schemaansatzes eingeführt wird, ist das ***default*-Konzept**.

In den nächsten Kapiteln werden wir uns weiter mit semantischen Netzen befassen. Dennoch soll an dieser Stelle noch kurz auf den Schemaansatz eingegangen werden. Der **Schemaansatz** wurde 1932 von Bartlett (Bartlett 1995) vorgeschlagen, um zu beschreiben, dass Menschen neues Wissen häufig in Bezug auf bereits im Gedächtnis gespeichertes Wissen verarbeiten. Minsky (1997) hat diese Idee formal konkretisiert. Ein Schema (engl. *frame*) ist eine intern strukturierte Darstellung eines Konzepts oder einer Situation. Die Konzept- und Eigenschaftsknoten eines Netzwerks können gemeinsam in einer Schemastruktur abgebildet werden:

**Vogel-Schema**

| | |
|---|---|
| Körperbedeckung | : Federn |
| Fortbewegung | : Fliegen |
| Behausung | : Nest |
| Anzahl der Nachkommen | : 1 … 6 |

Eigenschaften werden hier nicht als *hasprop*-Relationen, sondern als interne Struktur eines Konzepts „Vogel" betrachtet. Diese interne Struktur wird im allgemeinen Fall (also wenn es einen beliebigen Vogel gibt) zunächst durch **Leerstellen** (engl. *slots*) repräsentiert, die durch bestimmte Werte oder Wertebereiche belegt werden können. Dies kann im obigen Beispiel die Anzahl des Nachwuchses betreffen, der mit eine Zahl aus dem Bereich 1 bis 6 spezifiziert werden kann. Für eine konkrete Vogelart können die Wertebereiche eingeschränkt werden, zum Beispiel beim Strauß auf 1 bis 2 und beim Spatz auf 3 bis 6. Zudem können bestimmte Belegungen als **Standardannahmen** (engl. *defaults*) fungieren, die prototypische Eigenschaften von Konzepten abbilden (Rosch 1973). So ist im obigen Vogel-Schema als Fortbewegung der *default*-Wert „Fliegen" eingetragen. Für konkrete Vögel, die als Ausnahme bekannt sind (zum Beispiel Hühner), wird dieser *default* durch die Huhn-spezifische Fortbewegungsart ersetzt. D. h., Unterkonzepte erben eine Eigenschaft nur dann, wenn die entsprechende Leerstelle bei ihnen nicht bereits durch einen konkreten Wert belegt ist. Schemata können also, wie semantische Netze, durch **hierarchischen Strukturen** organisiert sein: So kann das Vogel-Schema mit untergeordneten Meisen- und Huhn-Schemata verbunden sein. Konzepte können auch durch Leerstellen ohne Wertebelegung definiert werden. Für konkrete Ausprägungen eines Konzepts werden diese Leerstellen **instanziiert**. Ein Urlaub-Schema kann

**Beispiel eines Urlaub-Schemas**

| | |
|---|---|
| Ort | : |
| Zeitpunkt | : |
| Anreise | : |
| Hauptsächliche Tätigkeit | : |
| Kosten | : |

mit Werten des letzten eigenen Urlaubs instanziiert werden:

**Mein-Urlaub-2024-Schema**

| | |
|---|---|
| Ort | : Rom |
| Zeitpunkt | : 03.–10. März |
| Anreise | : Zug |
| Hauptsächliche Tätigkeit | : Sightseeing |
| Kosten | : €1650 |

Schemata der beschriebenen Art können, wie hierarchische semantische Netze, zur Repräsentation von Faktenwissen verwendet werden. Die Inklusions- und Vererbungseigenschaften können von semantischen Netzen auf Schemahierarchien übertragen werden. Aber es kommen einige psychologisch plausible Änderungen und Erweiterungen des Netzwerkansatzes hinzu: Typische Eigenschaften werden als *defaults* behandelt, die bei untergeordneten Konzepten überschrieben werden können. Schemata mit nicht belegten Leerstellen können als Rahmen zur strukturierten Integration neuer Information ins Gedächtnis verwendet werden. Schemata über zeitliche Abläufe werden *scripts* genannt.

**Exkurs: Interne Repräsentationen beim Menschen**

Als analoge Repräsentationen werden solche Wissensrepräsentationen bezeichnet, bei denen bestimmte physikalische Eigenschaften der repräsentierten Information erhalten bleiben. Eine Art analoger Repräsentation sind Vorstellungsbilder (engl. *mental images*) (Kosslyn et al. 2006). In mentalen Bildern bleiben Eigenschaften der Wahrnehmungserfahrung erhalten, wie etwa Größe, Farbe und Lage von Objekten. Eine weitere Art analoger Repräsentation sind mentale Modelle (engl. *mental models*), die nur das wesentliche repräsentieren – also ikonisch sind (Johnson-Laird 2008). In diesem Ansatz wird davon ausgegangen, dass beispielsweise sprachliche Beschreibungen von Szenen räumlich repräsentiert werden, ohne gleich bildhaften Charakter zu haben. Auf den letztgenannten Ansatz gehen wir in ► Kap. 19 ein.

Semantische Netze und Schemata werden vor allem zur Repräsentation von Fakten und Begriffen, also deklarativem Wissen, verwendet. Die zentrale Methode zur Modellierung *prozeduralen* Wissens, also Handlungswissens, sind Produktionsregeln. Produktionsregeln werden ausführlicher in ► Kap. 12 im Zusammenhang mit Modellen zum Problemlösen dargestellt. Die Repräsentation von Wissen reicht aber nicht aus; es ist essentiell zu wissen, wie implizit gegebenes Wissen abgeleitet werden kann. Dafür sind beispielsweise Methoden der Logik sinnvoll. Diese lernen wir im nächsten Kapitel kennen.

## 3.3 Zur Vertiefung

### ▪▪ Mengenlehre

- Dies ist die Originalarbeit von Cantor über die Mengenlehre: Cantor, G. (2013). Grundlagen einer allgemeinen Mannichfaltigkeitslehre, Leipzig 1883. In: E. Zermelo, Hrsg., *Gesammelte Abhandlungen mathematischen und philosophischen Inhalts*. Springer ebooks.

### ▪▪ Grundlagen zu hierarchischen semantischen Netzen und Schemata

- Brachman, R. J. (1983). What IS-A is and isn't: An analysis of taxonomic links in semantic networks. *Computer*, *16*(10), 30–36.
- Minsky, M. (1997). A Framework for Representing Knowledge. In: J. Haugeland, Hrsg., *Mind Design II: Philosophy, Psychology, and Artificial Intelligence*, S. 111–142. MIT Press.
- Wender, K. F. (1988). Semantische Netzwerke als Bestandteil gedächtnispsychologischer Theorien. In: H. Mandl and H. Spada, Hrsg. (eds.), *Wissenspsychologie*, S. 81–100. Psychologie Verlags Union, München.

### ▪▪ Psychologische Ansätze zu semantischen Netzen

- Anderson, J. R. (2014). *Human Associative Memory*. Psychology Press, Hoboken.
- Kintsch, W. (2014). *The Representation of Meaning in Memory*. Psychology Library Editions: Memory. Psychology Press.
- Norman, D. A. und Rumelhart, D. E. (1975). *Explorations in Cognition*. W. H. Freeman & Company.

# Aussagenlogik

## Inhaltsverzeichnis




M. Ragni, U. Schmid, *Kognitive Künstliche Intelligenz*, https://doi.org/10.1007/978-3-662-69498-5_4

Im letzten Kapitel wurde dargestellt, wie hierarchische semantische Netze mithilfe der Inklusions- und der Vererbungsrelation definiert werden können, und wie aufgrund der Transitivität dieser Relationen Schlussfolgerungen gezogen werden können. Um allgemeine semantische Netze modellieren zu können, also solche, die auch andere Relationen zwischen Konzeptknoten zulassen, müssen wir uns im Folgenden mit Logik befassen.

Dabei soll zunächst ein Eindruck davon vermittelt werden, was eine Logik überhaupt ist (► Abschn. 4.1). Danach werden die Syntax (► Abschn. 4.2) und die Semantik der Aussagenlogik (► Abschn. 4.3) eingeführt. In ► Abschn. 4.4 wird die aussagenlogische Äquivalenz zwischen Aussagen definiert, und in ► Abschn. 4.5 werden die Schlussregeln vorgestellt.



**Was ist Logik?**

Allgemein ist eine Logik ein System aus Regeln zur formalen Bildung von Ausdrücken (Aussagen oder Formeln) zusammen mit Regeln zur Ableitung neuer Ausdrücke (Schlussregeln, Kalkül). Ziele der Logik sind unter anderem,

- ein System zur formalisierten Darstellung von Wissen und
- Regeln zur korrekten Ableitung von Folgerungen aus diesem Wissen

zur Verfügung zu stellen. Damit ist die Logik die Lehre vom korrekten Beweisen und als solche das Fundament der Mathematik.

Die klassische Logik geht auf **Aristoteles** zurück. Aristoteles wollte eine formale Wissenschaft des Wissens und Denkens begründen. Zentral für die aristotelische Logik sind **Syllogismen** als Idealformen korrekter Schlüsse. Syllogismen sind Regeln, mit denen ausgehend von als wahr vorausgesetzten Prämissen wahre Schlussfolgerungen gezogen werden können. Mit einer mengentheoretischen Prüfung der Korrektheit syllogistischer Schlüsse haben wir uns bereits in ► Kap. 3 befasst.

Die aristotelische Logik blieb in der Philosophie und Mathematik fast ohne Änderungen bis zum Ende des 19. Jahrhunderts erhalten. Danach erfolgte eine stärkere **Mathematisierung der Logik** durch Arbeiten von Boole, Frege, Tarski, Russell, Hilbert und anderen. In diesen Arbeiten wurde unter anderem immer wieder das Problem der semantischen Fundierung eines formalen logischen Systems deutlich. Um die Korrektheit logischer Schlüsse zu überprüfen, ist es erforderlich, den im logischen System formulierten Aussagen Bedeutungen zuzuordnen. Eine wichtige Erkenntnis in diesem Zusammenhang ist, dass **Wahrheit ein metalogisches Phänomen** ist. Das bedeutet, dass logische Schlüsse zwar wahrheits*erhaltend* sind, aber keine Gewähr für die Wahrheit der verwendeten Aussagen geben. Verwenden wir als Prämissen:

*Kontrollierbare Systeme sind ungefährlich,*

*Atomkraftwerke sind kontrollierbare Systeme,*

so können wir folgern:

*Atomkraftwerke sind ungefährlich.*

Dabei wurde eine zulässige syllogistische Schlussregel verwendet. Dennoch haben wir dadurch nicht bewiesen, dass Atomkraftwerke tatsächlich ungefährlich sind, da die Folgerung eben nur dann wahr sein muss, wenn die Prämissen wahr sind. Ob aber die

Prämissen wahr sind, kann im Allgemeinen nicht innerhalb eines logischen Systems beurteilt werden.

Andere wichtige Eigenschaften von Aussagen können dagegen innerhalb eines logischen Systems beurteilt werden. Wir werden sehen, dass wir prüfen können, ob Aussagen **allgemeingültig** sind, d. h., ob sie unabhängig von der Wahrheit der Aussagen aus denen sie bestehen gelten. Zudem können wir prüfen, ob Aussagen **widerspruchsfrei** sind, d. h. ob sie für mindestens eine mögliche Wahrheitswertbelegung wahr sind.

In diesem Kapitel werden die Grundlagen der Logik eingeführt. Zu Problemen der logischen Formalisierung ist weiterführende Literatur in ► Abschn. 4.6 aufgelistet.

## 4.1 Grundlagen

Die Aussagenlogik ist eine der einfachsten Logiken. Sie hat ihren Namen daher, dass bei ihr die kleinsten bedeutungstragenden Elemente ganze **Aussagen** sind. Eine Aussage ist zum Beispiel: „Es ist Herbst." Aussagen beschreiben also Sachverhalte, die zutreffen können oder auch nicht. Damit können Aussagen *wahr* oder *falsch* sein. Wenn ich im Januar sage: „Es ist Herbst", habe ich eine falsche Aussage gemacht; wenn ich es im November sage, ist die Aussage wahr.

Aussagen können durch bestimmte Verknüpfungen zu komplexeren Aussagen zusammengesetzt werden. Solche Verknüpfungen sind zum Beispiel *und*, *oder*, *nicht*, *impliziert*, *bi-impliziert*. Der Fachbegriff für diese Verknüpfungen lautet **Junktor**. Ich kann also sagen: „Es ist Herbst *und* es regnet heute", „Es ist Herbst *oder* es ist Winter", „Es ist *nicht* Herbst", „*Wenn* es Herbst ist, *dann* fallen die Blätter von den Bäumen", „Es ist Herbst *genau dann, wenn* die Blätter von den Bäumen fallen." Bei der Implikation (*wenn $A$, dann $B$*) kann von der ersten Aussage auf die zweite geschlossen werden: Wenn wir wissen, dass Herbst ist, dann können wir schließen, dass Blätter von den Bäumen fallen. Bei der Bi-Implikation (*$A$ genau dann, wenn $B$*) sind Schlüsse in beide Richtungen möglich: Aus der Tatsache, dass Herbst ist, kann geschlossen werden, dass Blätter von den Bäumen fallen, und aus der Tatsache, dass Blätter von den Bäumen fallen, kann geschlossen werden, dass Herbst ist.

## 4.2 Syntax der Aussagenlogik

Im Folgenden führen wir die Syntax der Aussagenlogik (also das Regelwerk, nach dem Aussagen gebildet werden dürfen) formal ein. Für die elementaren (also die einfachsten) Aussagen setzen wir nun allgemein Aussagesymbole. So kann zum Beispiel die Aussage „Es ist Herbst" durch das Symbol $H$ und die Aussage „Der Gärtner ist der Mörder" durch $G$ symbolisiert werden. Es gibt zwei Aussagekonstanten, die immer den gleichen Wahrheitswert haben: „wahr" und „falsch" und diese werden durch 1 bzw. 0 repräsentiert. Die Menge aller mit den syntaktischen Regeln der Aussagenlogik bildbaren Ausdrücke nennen wir **Formeln**.

4

**Aussagenlogische Formeln lassen sich wie folgt konstruieren**

1. Aussagesymbole oder Aussagevariablen ($A$, $B$, $C$, …) und Aussagekonstanten (1, 0) sind Formeln (sogenannte **atomare** Formeln).
2. Sind nun $\psi$ (sprich: Psi) und $\phi$ (sprich: Phi) Formeln, so sind auch folgende (geklammerte) Ausdrücke Formeln:

| Symbol | Name | Umgangssprachliche Formulierung |
|---|---|---|
| $(\neg\psi)$ | Negation | „Nicht $\psi$" |
| $(\psi \wedge \phi)$ | Konjunktion | „$\psi$ und $\phi$" |
| $(\psi \vee \phi)$ | Disjunktion | „$\psi$ oder $\phi$" |
| $(\psi \veebar \phi)$ | Exklusive Disjunktion | „Entweder $\psi$ oder $\phi$" |
| $(\psi \rightarrow \phi)$ | Implikation | „Wenn $\psi$, dann $\phi$", „$\psi$ impliziert $\phi$" |
| $(\psi \leftrightarrow \phi)$ | Bi-Implikation | „$\psi$ genau dann, wenn $\phi$" |

3. Alle aussagenlogischen Formeln sind entweder atomare Formeln oder mittels der Junktoren aus 2. konstruiert.

Die Konstruktion aussagenlogischer Formeln folgt einer **induktiven Definition**: Der erste Schritt bezieht sich auf die kleinsten, nicht weiter zerlegbaren Grundelemente. Durch die Voraussetzung „$\psi$ und $\phi$ sind Formeln", die sich auf atomare wie auf komplexe Formeln beziehen kann, können zunehmend komplexere Ausdrücke gebaut werden: Aus den Formeln $(A \vee B)$ und $C$ kann zum Beispiel die Formel $\big((A \vee B) \rightarrow C\big)$ gebaut werden. Durch Hinzunahme eines weiteren Aussagesymbols $D$ kann daraus $\Big(\big((A \vee B) \rightarrow C\big) \leftrightarrow D\Big)$ gebildet werden. Eine mögliche Bedeutung dieser komplexen Formel wäre: „Wenn es regnet ($A$) oder kalt ist ($B$), dann ist Herbst ($C$), gilt genau dann, wenn wir in Deutschland sind ($D$)." Die dritte Aussage, nämlich dass sich alle aussagenlogischen Formeln so konstruieren lassen, erscheint auf den ersten Blick simpel, ist aber unbedingt notwendig. Damit legen wir fest, dass alle Gebilde, die *nicht* nach den Regeln 1. und 2. gebildet werden können, auch nicht zur Menge der aussagenlogischen Formeln gehören. Wir garantieren mit der dritten Bedingung, dass man alle aussagenlogische Formeln durch wiederholte Anwendung der Regeln 1 und 2 bekommen kann.

**Konvention**

Ähnlich wie bei den Rechenoperationen auf natürlichen Zahlen („Punktrechnung vor Strichrechnung"), kann man den Junktoren verschiedene **Bindungsstärken** geben:

$\neg$ bindet stärker als $\wedge$, $\vee$ und $\veebar$;
$\wedge$, $\vee$ und $\veebar$ binden stärker als $\rightarrow$ und $\leftrightarrow$.

Durch diese Konvention ist es möglich, die Klammern aus obiger Definition durch die Bindungsstärke einzusparen. Will man Formelelemente anders kombinieren, als es durch die

Bindungsstärken vorgegeben ist, kann das durch Klammern ausgedrückt werden. Klammern können auch verwendet werden, um die Lesbarkeit von Formeln zu verbessern.

## 4.3 Semantik der Aussagenlogik

Der Wahrheitswert einer aussagenlogischen Formel ergibt sich aus den Wahrheitswerten ihrer Teilformeln. Für die einfachen Verknüpfungen von Aussagen geben wir Wahrheitstafeln an, die bei der Prüfung des Wahrheitswerts komplexerer Aussagen verwendet werden können.

**Wahrheitstafel für verschiedene logische Verknüpfungen**

| $A$ | $B$ | $\neg A$ | $A \wedge B$ | $A \vee B$ | $A \veebar B$ | $A \rightarrow B$ | $A \leftrightarrow B$ |
|---|---|---|---|---|---|---|---|
| 1 | 1 | 0 | 1 | 1 | 0 | 1 | 1 |
| 1 | 0 | 0 | 0 | 1 | 1 | 0 | 0 |
| 0 | 1 | 1 | 0 | 1 | 1 | 1 | 0 |
| 0 | 0 | 1 | 0 | 0 | 0 | 1 | 1 |

In den ersten beiden Spalten haben wir alle möglichen Kombinationen von Wahrheitswerten („1" für wahr und „0" für falsch) für die Aussagesymbole $A$ und $B$ angegeben, in den darauf folgenden Spalten die resultierenden Wahrheitswerte für Verknüpfungen von $A$ und $B$. Der Grund, warum wir die Wahrheitswerte als „0" und „1" notieren (anstelle von „w" oder „$\top$" bzw. „f" oder „$\bot$"), ist, dass man in der sogenannten Schaltkreisalgebra (auch „boolesche Algebra" genannt) mit Wahrheitswerten rechnen kann. So lassen sich beispielsweise die Konjunktion ($\wedge$) und die Disjunktion ($\vee$) durch die Multiplikation bzw. die Addition beschreiben. Schauen wir uns das im Folgenden an:

- Die **Negation** einer Aussage $A$ ($\neg A$) „dreht deren Wahrheitswert um". D. h., wahre Aussagen (also 1) werden falsch (also 0) und falsche (also 0) wahr (also 1).
- Die Aussage **„*A* und *B*"** ($A \wedge B$) ist nur dann wahr, wenn $A$ wahr ist und zugleich $B$ wahr ist.
- Die Aussage **„*A* oder *B*"** ($A \vee B$) dagegen ist bereits dann wahr, wenn mindestens eine der beiden Aussagen $A$ und $B$ wahr ist, d. h. wenn $A$ oder $B$ oder beide wahr sind.
- Die Aussage **„entweder *A* oder *B*"** ($A \veebar B$) ist wahr, wenn $A$ wahr ist und wenn $B$ wahr ist, nicht jedoch, wenn $A$ und $B$ *beide* wahr sind. Diese Verknüpfung wird auch **„exklusives oder"** (**XOR**) genannt.
- Die Aussage **„*A* impliziert *B*"** ($A \rightarrow B$) ist nur dann falsch, wenn die Prämisse wahr und die Konklusion falsch ist. Für falsche Prämissen gilt das Motto „Aus Falschem kann man alles folgern."
- Die Aussage **„*A* genau dann, wenn *B*"** ($A \leftrightarrow B$) gilt, wenn sie denselben Wahrheitswert haben.

Die Wahrheitstafel liefert uns die Möglichkeit, die **Gültigkeit** aussagenlogischer Formeln zu prüfen. Dabei gehen wir von folgendem Grundgedanken aus, welcher als *tertium non datur* bekannt ist: Jede Aussage ist in der Welt, die wir damit beschreiben wollen, entweder wahr oder falsch. Zudem gilt nach dem *Satz vom Widerspruch*, dass ein Aussage nie sowohl wahr als auch falsch oder weder wahr noch falsch sein kann. Die klassische Logik beruht auf dieser Zweiwertigkeit.



Die Zuordnung von Wahrheitswerten zu Aussagesymbolen heißt **Belegung**. Die Belegung einer Aussage mit einem Wahrheitswert stellt den Bezug dieser Aussage zu einer möglichen Welt her. Innerhalb der Logik selbst ist nicht festgelegt, ob eine bestimmte Elementaraussage wahr oder falsch ist. Der zweite Schritt der Interpretation, die Bestimmung der Wahrheitswerte komplexer Formeln auf der Basis einer Belegung der Aussagesymbole, ist dagegen innerhalb des logischen Systems definiert.

Die Formeln haben zunächst keine Bedeutung und keinen Wahrheitswert. Diese werden erst durch eine **Interpretationsfunktion** $I$ zugewiesen, indem jeder Aussagevariable ein Wahrheitswert zugewiesen wird; daraus ergeben sich dann nach der definierenden Wahrheitstafel auch die Wahrheitswerte aller zusammengesetzten Formeln. Aus diesem Grund ist eine Interpretationsfunktion eine Abbildung $I$ auf allen Formeln, welche die Menge der Formeln auf die Menge der Wahrheitswerte $\{0, 1\}$ abbildet. Aus diesem Grund nennt man Interpretationsfunktionen auch Wahrheitswertefunktionen. Die Interpretation einer logischen Formel liefert uns deren Bedeutung unter dieser Interpretation (**Semantik**).

Die Grundlage für die Interpretation von Formeln liefert die Wahrheitstafel, in der wir die Semantik der Junktoren festgelegt haben. Betrachten wir beispielsweise die aussagenlogische Formel $A \rightarrow B$: Wir haben festgelegt, dass eine Aussage „*A impliziert B*" nur dann falsch ist, wenn $A$ wahr und $B$ falsch ist; andernfalls ist sie wahr. Stellen wir uns vor, dass $A$ bedeutet: „Thomas ist schön" und $B$ bedeutet „Thomas ist gut." Falls es nun vorkommen sollte, dass wir auf Thomas treffen, der schön ist ($A$ ist wahr, also $I(A) = 1$), Thomas aber nicht gut ist ($B$ ist falsch, also $I(B) = 0$), so liefert uns die Interpretationsfunktion $I$ für diesen Fall den Wahrheitswert falsch:

$$I(A \rightarrow B) = \big(I(A)\ \textit{impliziert}\ I(B)\big) = (1\ \textit{impliziert}\ 0) = 0.$$

Wenn wir die Interpretation von Junktoren betrachten, notieren wir nicht das entsprechende Symbol (wie zum Beispiel „$\rightarrow$"), sondern die umgangssprachliche Bezeichnung (zum Beispiel „*impliziert*"). Häufig verzichten wir auf die explizite Angabe der Interpretationsfunktion und notieren „*syntaktische Formel* = *Wahrheitswert*". Wir notieren also 1, wenn eine Formel wahr ist, und 0, wenn sie falsch ist. Die Wahrheitswerte wahr und falsch werden durch $I(1) = 1$ und $I(0) = 0$ interpretiert. Wir können nun folgende **semantische Eigenschaften von aussagenlogischen Formeln** definieren:

- Eine Formel $\phi$ ist **gültig** unter der Interpretation $I$, wenn $C$ für eine bestimmte Belegung der Aussagesymbole wahr ist. So ist für Formeln $A$, $B$ mit $I(A) = 1$ und $I(B) = 0$ die Formel $A \vee B$ **gültig unter** $I$. Analog ist $A \vee B$ für $I(A) = 0$ und $I(B) = 0$ **ungültig unter** $I$.
- Ist eine Formel für *alle* Belegungen gültig, so heißt sie **allgemeingültig** oder eine **Tautologie**. Wie die folgende Tabelle zeigt, ist die Formel $(A \vee \neg A)$ allgemeingültig. Es gilt also unter allen Belegungen $(A \vee \neg A) = 1$.

**Eine einfache Tautologie**

| $A$ | $\neg A$ | $A \vee \neg A$ |
|---|---|---|
| 1 | 0 | 1 |
| 0 | 1 | 1 |

Inhaltlich besagt $(A \vee \neg A)$: es gilt „$A$ oder nicht $A$."

Eine Formel, die unter allen Belegungen ungültig ist, heißt **kontradiktorisch** oder widersprüchlich. So ist die Formel $(A \wedge \neg A)$ kontradiktorisch:

**Eine einfache kontradiktorische Formel**

| $A$ | $\neg A$ | $A \wedge \neg A$ |
|---|---|---|
| 1 | 0 | 0 |
| 0 | 1 | 0 |

Eine Formel, die unter mindestens einer Wahrheitswertbelegung gültig ist, heißt **erfüllbar**. Die Formel $(A \rightarrow \neg A)$ ist erfüllbar:

**Eine einfache erfüllbare Formel**

| $A$ | $\neg A$ | $A \rightarrow \neg A$ |
|---|---|---|
| 1 | 0 | 0 |
| 0 | 1 | 1 |

## 4.4 Äquivalenz aussagenlogischer Formeln

Durch die Interpretation von Formeln ordnen wir ihnen semantische Eigenschaften zu. Zwei Formeln „bedeuten dasselbe", wenn sie unter allen Belegungen den gleichen Wahrheitswert haben. Dies gilt zum Beispiel für die Formeln $A \rightarrow B$ und $\neg A \vee B$. Denn $A \rightarrow B$ ist genau dann falsch, wenn $A = 1$ und $B = 0$ ist. In diesem Fall ist aber auch $\neg A \vee B$ falsch, da die Negation von $A$ dessen Wahrheitswert umdreht und also sowohl $\neg A = 0$ als auch $B = 0$ ist. Für alle anderen Belegungen sind beide Formeln wahr. Zwei Formeln $\phi$ und $\psi$ (wir schreiben hier $\phi$ und $\psi$ für zwei beliebige, also auch zusammengesetzte Formeln), die für alle Belegungen denselben Wahrheitswert aufweisen, heißen **logisch äquivalent**. Um zu verdeutlichen, dass die semantische Äquivalenz von Formeln gemeint ist, wird hierfür häufig „$\phi \equiv \psi$" notiert.

Formeln, deren Äquivalenz wir bewiesen haben, können wir verwenden, um syntaktische Umformungen vorzunehmen. Wenn wir etwa statt $A \rightarrow B$ die Formel $\neg A \vee B$ schreiben, so ändert sich nicht die Semantik der Formel, sondern die syntaktische Form.

4

**Wichtige Gesetze der Aussagenlogik**
**Allgemeingültige Aussagen und Äquivalenzbeziehungen zwischen Formeln**

1. $\neg\neg A \equiv A$ — Auflösen der doppelten Negation
2. $(A \to B) \equiv \neg A \vee B$ — Auflösen der Implikation
3. Verknüpfungen mit den Wahrheitswerten 1 (für *wahr*) und 0 (für *falsch*):
   a) $A \wedge 1 \equiv A$; $A \wedge 0 \equiv 0$; $A \vee 1 \equiv 1$; $A \vee 0 \equiv A$
   b) $(A \to 1) \equiv 1$; $(A \to 0) \equiv \neg A$; $(1 \to A) \equiv A$; $(0 \to A) \equiv 0$
   c) $(A \equiv 1) \equiv A$; $(A \equiv 0) \equiv \neg A$
   d) $\neg 1 \equiv 0$; $\neg 0 \equiv 1$
4. Kommutativität, Assoziativität und Distributivität
   a) $A \wedge B \equiv B \wedge A$; $A \vee B \equiv B \vee A$ — Kommutativität (KG)
   b) $(A \wedge B) \wedge C \equiv A \wedge (B \wedge C)$; — Assoziativität 1 (AG1)
      $(A \vee B) \vee C \equiv A \vee (B \vee C)$ — Assoziativität 2 (AG2)
   c) $A \wedge (B \vee C) \equiv (A \wedge B) \vee (A \wedge C)$; — Distributivität 1 (DG1)
      $A \vee (B \wedge C) \equiv (A \vee B) \wedge (A \vee C)$ — Distributivität 2 (DG2)
   d) $A \wedge A \equiv A$; $A \vee A \equiv A$ — Idempotenz (ID)
5. $(A \to B) \equiv (\neg B \to \neg A)$ — Kontraposition
6. $\neg(A \wedge B) \equiv \neg A \vee \neg B$; — Regel von De Morgan 1 (DM1)
   $\neg(A \vee B) \equiv \neg A \wedge \neg B$ — Regel von De Morgan 2 (DM1)
7. $A \vee \neg A \equiv 1$ — Tautologie (tertium non datur)
8. $A \wedge \neg A \equiv 0$ — Kontradiktion

## 4.5 Schlussregeln

Eine besondere Klasse von syntaktischen Umformungsregeln sind die sogenannten **Schlussregeln**. Schlussregeln werden dazu benötigt, aus einer gegebenen Menge von Formeln neue Formeln **abzuleiten**, also logische Folgerung zu modellieren, sodass, wann immer die ursprünglichen Formeln wahr sind, auch die abgeleiteten Formeln wahr sein müssen. Bei syllogistischen Schlüssen leiten wir beispielsweise aus zwei Formeln (Prämissen) eine neue Formel (Konklusion) ab. In der Aussagenlogik kann die **Korrektheit** von Schlussregeln wieder mit Wahrheitstafeln bewiesen werden. Eine Schlussregel ist korrekt, wenn sie für beliebige Belegungen mit Wahrheitswerten wahr ist, genau, wenn unter jeder Wahrheitswertbelegung, die alle Prämissen wahr macht, auch die Konklusion wahr ist. Nun können wir die Gültigkeit des Schlusses

Wenn Tweety ein Vogel ist, kann Tweety fliegen. (Prämisse 1)

Wenn Tweety fliegen kann, dann kann Tweety abstürzen. (Prämisse 2)

Also: Wenn Tweety ein Vogel ist, dann kann Tweety abstürzen. (Konklusion)

mithilfe der Aussagenlogik formalisieren und auf Korrektheit prüfen. Wir notieren die Aussage „Tweety ist ein Vogel“ mit dem Symbol $V$, die Aussage „Tweety kann fliegen“ mit dem Symbol $F$ und „Tweety kann abstürzen“ mit $A$.

Logische Ableitungen, die mithilfe von Schlussregeln geführt wurden, entsprechen der Implikation. Leiten wir aus den Formeln $\psi$ und $\phi$ die Formel $\rho$ ab, so gilt $\psi \wedge \phi \rightarrow \rho$. Will man zwischen der Implikation und dem Ergebnis einer Ableitung unterscheiden, so notiert man $\{\psi, \phi\} \vdash \rho$ (lies: „$\rho$ ist syntaktisch ableitbar aus $\psi$ und $\phi$"). In der Syntax der Aussagenlogik schreiben wir obigen Syllogismus als $\big((V \rightarrow F) \wedge (F \rightarrow A)\big) \rightarrow (V \rightarrow A)$. Diese Formel ist eine Tautologie, also ist die Schlussregel $\{V \rightarrow F,\ F \rightarrow A\} \vdash V \rightarrow A$ korrekt. Unten ist der (semantische) Beweis der Korrektheit dargestellt. Darin werden alle möglichen Kombinationen von Wahrheitswerten betrachtet, mit denen die Elementaraussagen $V$, $F$ und $A$ belegt werden können. Danach sind die Wahrheitswerte der einzelnen Verknüpfungen angegeben. Die letzte Spalte zeigt, dass die Gesamtaussage unabhängig von der Belegung der elementaren Aussagen immer wahr ist.

**Semantischer Beweis der Schlussfolgerung „Ein Vogel kann abstürzen"**

| $V$ | $F$ | $A$ | $X = (V \rightarrow F)$ | $Y = (F \rightarrow A)$ | $Z = (V \rightarrow A)$ | $U = (X \wedge Y)$ | $U \rightarrow Z$ |
|---|---|---|---|---|---|---|---|
| 1 | 1 | 1 | 1 | 1 | 1 | 1 | 1 |
| 1 | 1 | 0 | 1 | 0 | 0 | 0 | 1 |
| 1 | 0 | 1 | 0 | 1 | 1 | 0 | 1 |
| 1 | 0 | 0 | 0 | 1 | 0 | 0 | 1 |
| 0 | 1 | 1 | 1 | 1 | 1 | 1 | 1 |
| 0 | 1 | 0 | 1 | 0 | 1 | 0 | 1 |
| 0 | 0 | 1 | 1 | 1 | 1 | 1 | 1 |
| 0 | 0 | 0 | 1 | 1 | 1 | 1 | 1 |

Die Transitivität (► Abschn. 3.2) der Implikation ist also allgemeingültig, denn jede mögliche Zuweisung von Wahrheitswerten (0, 1) zu den Symbolen $V$, $F$, $A$ ergibt in der letzten Spalte oben den Wahrheitswert wahr (1). Diese Schlussregel wird transitiver Schluss genannt.

**Wichtige Schlussregeln**

**Transitiver Schluss** – $X \rightarrow Y,\ Y \rightarrow Z \vdash X \rightarrow Z$

„Wenn es regnet, wird die Straße nass. Wenn die Straße nass ist, wird die Straße rutschig. Dann: Wenn es regnet, dann wird die Straße rutschig." Diese Regel gibt an, dass die Implikation transitiv ist.

**Modus ponens** – $X \rightarrow Y,\ X \vdash Y$

„Wenn es heute schneit, dann fällt die Schule aus; es schneit heute. Also: Die Schule fällt aus." D. h., wenn ich eine Implikation kenne und weiß, dass die Prämisse wahr ist, dann ist auch die Konklusion wahr.

**Modus tollens** – $X \rightarrow Y,\ \neg Y \vdash \neg X$

„Wenn es schneit, fällt die Schule aus; und heute fällt die Schule nicht aus. Also schneit es nicht." D. h., wenn ich eine Implikation kenne und weiß, dass die Konklusion falsch ist, dann kann ich schließen, dass die Prämisse falsch ist.

**Disjunktiver Syllogismus** – $X \vdash X \vee Y$
„Ich besitze ein Fahrrad. Also besitze ich ein Fahrrad oder ich bin die Kaiserin von China." D. h., wenn eine Aussage wahr ist, ist eine Disjunktion mit einer beliebigen anderen Aussage auch immer wahr.

**Resolution** – $X \vee Y, \neg X \vee Z \vdash Y \vee Z$
„Herbert wird reich oder Herbert wird glücklich; und Herbert wird nicht reich oder Herbert wird berühmt. Also wird Herbert glücklich oder Herbert wird berühmt." Auf diese Schlussregel gehen wir in ► Abschn. 6.4 ausführlich ein.



**► Beispiel 4.1**

Eine im Alltag häufig verwendete Schlussregel, die auf den ersten Blick dem Modus ponens sehr ähnlich ist, ist logisch nicht korrekt:

| Umgangssprachliche Formulierung | Logische Formulierung |
|---|---|
| Regel: Wenn es regnet, dann ist die Straße nass. | $(R \rightarrow N)$ |
| Beobachtung: Die Straße ist nass. | $N$ |
| Folgerung: Also regnet es. | $R$ |

Es ist zwar meistens so, dass man aus der Nässe der Straße darauf schließen kann, dass es regnet, aber eben nicht, wenn zum Beispiel jemand die Straße mit einem Schlauch abgespritzt hat oder wenn der Regen gerade aufgehört hat. Damit fällt uns auf, dass sich logische von menschlichen Schlussfolgerungen systematisch unterscheiden können. Logische Schlussfolgerungen sind immer wahr, unabhängig vom Kontext. ◄

Alle korrekten Schlussregeln können wir zum „Rechnen" in der Aussagenlogik verwenden. Haben wir einmal mittels Wahrheitstafeln gezeigt, dass eine Regel korrekt ist, können wir die Regel im Folgenden rein syntaktisch anwenden, um logische Formeln in andere logische Formeln zu transformieren. Wenn man die Semantik von Schlussregeln betrachtet, so wird nicht von (syntaktischem) Ableiten, sondern von **logischem Folgern** gesprochen. Eine Formel $\rho$ folgt logisch aus den Formeln $\phi$ und $\psi$, wenn alle Belegungen, unter denen $\phi$ und $\psi$ wahr sind, auch $\rho$ wahr machen. Dies ist gleichbedeutend damit, dass $\phi \wedge \psi \rightarrow \rho$ eine Tautologie ist. Solche logische Folgerungen werden häufig durch ein Ableitungszeichen $\vdash$ notiert, d. h. $\phi \wedge \psi \vdash \rho$.

In der Aussagenlogik sind die atomaren Elemente Aussagen, die wir nicht weiter zerlegen können. Es ist aber häufig sinnvoll, in Aussagen „hineinzuschauen", also die Objekte einer Aussage selbst zu beschreiben. In dem folgenden Beispiel „Wenn Hunde Säugetiere sind und Säugetiere Tiere sind, dann sind Hunde Tiere." reichen Aussagevariablen und Aussagenlogik nicht aus. Diese Schlussfolgerungen benötigen „Quantifizierungen" über die Mengen „Hunde",„Säugetiere" und „Tiere". Erst dann kann die Schlussfolgerung, die Modus Barbara bezeichnet wird, angewandt werden. Diese Möglichkeit bietet uns die Prädikatenlogik (► Kap. 5).

## 4.6 Zur Vertiefung

### Einführungen in Aussagen- und Prädikatenlogik

- Eine gut lesbare Einführung in die Logik nicht nur für Mathematiker und Informatiker: Ebbinghaus, H. D., Flum, J., und Thomas, W. (2018). *Einführung in die mathematische Logik.* Springer. Neben einer formalen Einführung wird im Buch auch gezeigt, dass es gar nicht aller Junktoren bedarf, sondern dass beispielsweise die Negation $\neg$ und die Disjunktion $\vee$ ausreichen, um eine zu jeder aussagenlogischen Formel äquivalente Formel zu generieren.
- Der zentrale Begriff der Logik ist Wahrheit und welche Operationen erlauben, die Wahrheit von Aussagen zu erhalten. Ein Klassiker der Logik ist: Tarski, A. (1936). Der Wahrheitsbegriff in den formalisierten Sprachen. *Studia Philosophica, 1*, 261–405.
- Grenzen und Probleme der Logik: Hofstadter, D. R. (2006). *Gödel, Escher, Bach: ein Endloses Geflochtenes Band.* Klett-Cotta.

### Logiken, die menschliches Denken beschreiben können

- Ein informatives Buch über komputationale Logik und menschliches Denken: Kowalski, R. (2011). *Computational Logic and Human Thinking: How to be Artificially Intelligent.* Cambridge University Press.
- Stenning, K. und Van Lambalgen, M. (2012). *Human Reasoning and Cognitive Science.* MIT Press.
- Die Theorie mentaler Modelle für Aussagenlogik Johnson-Laird, P. N., Byrne, R. M. J., und Khemlani, S. S. (2023). Human verifications: Computable with truth values outside logic. *Proceedings of the National Academy of Sciences of the United States of America, 120*(40), e2310488120, und ein Programmiercode in LISP ▶ https://modeltheory.org/programs/mSentential-v15.lisp

### Modellierung semantischer Netze mit Aussagen- und Prädikatenlogik

- Lusti, M. (1990). *Wissensbasierte Systeme: Algorithmen, Datenstrukturen und Werkzeuge.* Spektrum Akademischer Verlag (Kapitel 9).

# Prädikatenlogik

Inhaltsverzeichnis




M. Ragni, U. Schmid, *Kognitive Künstliche Intelligenz*, https://doi.org/10.1007/978-3-662-69498-5_5

In der Aussagenlogik ist „Der Apfel ist rot“ eine Aussage, die wir zum Beispiel mit dem Aussagesymbol $A$ notieren können. In den Aussagen der Prädikatenlogik werden Objekten Prädikate (Ausdrücke für Eigenschaften) zugeschrieben. Wir können also schreiben: *rot*(*Apfel*) und drücken damit aus: „Der Apfel ist rot.“ Der Ausdruck *rot* ist hier das **Prädikat** und *Apfel* eine **Individuenkonstante**. Konstanten können als Elemente aus einem gegebenen **Individuenbereich** (engl. *domain*) interpretiert werden. So könnten wir zum Beispiel den Individuenbereich *Obst* vorgeben, der als Elemente *Apfel*, *Banane*, *Erdbeere* und so weiter enthält. Ein Individuenbereich ist also eine Menge von Objekten. Zusätzlich zu den Konstanten können wir **Individuenvariablen** wie z. B. ein $x$ einführen. Diese Variablen können wir nutzen, um über ein beliebiges bzw. nicht festgelegtes Element der Menge zu sprechen. So steht die Variable $x \in Obst$ für ein Element aus der Menge Obst und wir können damit auch formulieren, dass es essbar ist: $essbar(x)$.

Prädikate haben eine sogenannte **Stelligkeit**, die die Zahl der Argumente festlegt. Die Prädikate *rot* und *essbar* sind einstellig; man spricht sie jeweils einzelnen Objekten zu. Das Prädikat *schenken* ist hingegen dreistellig; als Argumente verlangt es einen Schenker, einen Beschenkten und ein Geschenk. Also können wir zum Beispiel „Peter schenkt Maria ein Buch“ ausdrücken als:

$$schenken(Peter, Maria, Buch).$$

Prädikate bilden zusammen mit der jeweils passenden Anzahl von Argumenten (Individuenkonstanten, Individuenvariablen oder anderen Termen) die **atomaren Formeln** der Prädikatenlogik. Aus diesen atomaren Formeln kann man dann ähnlich wie in der Aussagenlogik komplexere Formeln bilden. Wie in der Aussagenlogik können Formeln wahr oder falsch sein.

Als Argumente von Prädikaten haben wir bisher Konstanten und Variablen betrachtet. Zudem können wir in der Prädikatenlogik **Funktionen** definieren. Eine Funktion hat ebenfalls eine bestimmte Stelligkeit. Wir können zum Beispiel für den Individuenbereich *Lebewesen* die einstellige Funktion *vatervon* definieren. Während Prädikate als Ergebnis einen Wahrheitswert liefern, liefern Funktionen als Ergebnis wieder ein Element aus dem Individuenbereich: *vatervon*(*Rudi*) könnte zum Beispiel als Ergebnis *Uli* liefern. Funktionen können nicht nur Variablen oder Konstanten, sondern weitere Funktionsausdrücke als Argumente enthalten. So liefert *vatervon*(*vatervon*(*Rudi*)) den Großvater von Rudi. Wir werten Funktionsausdrücke „von innen nach außen“ aus, zum Beispiel:

$$vatervon\big(vatervon(Rudi)\big) = vatervon(Uli) = Klaus.$$

Konstanten wie *Uli* können als spezielle Funktionen aufgefasst werden, nämlich als nullstellige: solche, die keine Argumente haben. Variablen und null- bis $n$-stellige Funktionsausdrücke wie $f(x, y, a)$, heißen **(prädikatenlogische) Terme**. Prädikate erhalten Terme als Argumente. Damit können wir auch komplexe Sätze wie „Der Vater von Rudi schenkt der Mutter von Eva ein Buch“ formal darstellen:

$$schenken\big(vatervon(Rudi),\ muttervon(Eva),\ Buch\big).$$

Wie aussagenlogische Formeln können auch prädikatenlogische Formeln mit Junktoren verknüpft werden. Dabei können wir dieselben Junktoren verwenden wie in der

Aussagenlogik. Zusätzlich zu den Junktoren haben wir in der Prädikatenlogik **Quantoren** zur Verfügung.

Alle Menschen sind sterblich.

Sokrates ist ein Mensch.

Also: Sokrates ist sterblich. (Konklusion)

Die wichtigsten Quantoren sind „für alle" ($\forall$, **Allquantor**) und „es existiert" ($\exists$, **Existenzquantor**). Quantoren quantifizieren Elemente einer Menge, auf die sie sich mittels Variablen beziehen. Die Aussage „Alle Menschen sind sterblich" können wir mithilfe des Allquantors als prädikatenlogische Formel schreiben:

$$\forall x\big(mensch(x) \rightarrow sterblich(x)\big)$$

(lies: „Für alle $x$ gilt, wenn $x$ ein *Mensch* ist, dann ist $x$ *sterblich*"). Die Aussage „Es gibt spannende Bücher" (oder auch „Manche Bücher sind spannend" oder „Mindestens ein Buch ist spannend") können wir unter Verwendung des Existenzquantors formulieren:

$$\exists x\big(buch(x) \wedge spannend(x)\big)$$

(lies: „Es existiert ein $x$, für das gilt, $x$ ist ein *Buch* und $x$ ist *spannend*"). Ist eine Variable allquantifiziert, so fordern wir, dass die Aussage, die über sie getroffen wird, für alle Elemente des Individuenbereichs gelten muss. Ist unser Individuenbereich beispielsweise die Menge aller Menschen, so darf es keinen Menschen geben, der unsterblich ist, sonst ist die Formel $\forall x\big(mensch(x) \rightarrow sterblich(x)\big)$ falsch. Für existenzquantifizierte Variablen genügt es dagegen, dass die in der Formel ausgedrückte Eigenschaft auf mindestens ein Element des Individuenbereichs zutrifft.

## 5.1 Syntax der Prädikatenlogik

Im Folgenden definieren wir die Syntax für Ausdrücke der Prädikatenlogik. Um die syntaktischen Strukturen von den Sachverhalten zu unterscheiden, die wir dadurch repräsentieren, sprechen wir von Funktionssymbolen und Prädikatsymbolen im Gegensatz zu Funktionen und Prädikaten, die wir interpretieren, d. h. auf einer Diskursdomäne definieren. Das Prädikatsymbol *mensch* ist zunächst bedeutungsfrei. Das bedeutet, wir unterscheiden den Namen des Symbols von seiner Interpretation. Wir könnten das Symbol als „ist rosarot" oder als „ist ein Mensch" interpretieren. Üblicherweise wählen wir Symbole so, dass sie bereits darauf hinweisen, welche Bedeutung wir ihnen zuordnen wollen.

**Ein Alphabet der Prädikatenlogik**
besteht aus
1. einer abzählbar unendlichen Menge $V$ von Variablen, d. h. $V = \{x, y, z, \ldots\}$,
2. einer endlichen oder abzählbar unendlichen Menge $F$ von Funktionssymbolen,
3. einer endlichen oder abzählbar unendlichen Menge $P$ von Prädikatsymbol,
4. der Menge der Junktoren $\wedge$, $\vee$, $\rightarrow$, $\leftrightarrow$ und $\neg$ sowie
5. der Menge von Quantoren $\{\forall, \exists\}$.

**Terme der Prädikatenlogik**

1. Jedes Variablensymbol $x, y, z, \ldots$ ist ein Term.
2. Jedes Konstantensymbol $c$ ist ein Term. Konstantensymbole sind auch 0-stellige Funktionssymbole.
3. Jedes $n$-stellige Funktionssymbol $f$, angewendet auf $n$ Terme als Argumente $t_1, t_2, \ldots, t_n$ ist ein Term $f(t_1, t_2, \ldots, t_n)$.

5

**Prädikatenlogische Formeln**

1. Atomare Formeln:
   - Für zwei Terme $t_1, t_2$ ist $t_1 \equiv t_2$ eine atomare Formel.
   - Ein $n$-stelliges Prädikatsymbol $P$, angewendet auf $n$ Terme als Argumente $t_1, t_2, \ldots, t_n$, ist eine (atomare) Formel der Prädikatenlogik $P(t_1, t_2, \ldots, t_n)$.
2. Sind $\psi$ und $\phi$ Formeln der Prädikatenlogik, so sind auch alle Verknüpfungen von $\psi$ und $\phi$ durch Junktoren Formeln der Prädikatenlogik: $\psi \wedge \phi$, $\psi \vee \phi$, $\psi \rightarrow \phi$, $\psi \leftrightarrow \phi$ und $\neg\psi$.
3. Ist $\psi$ eine Formel der Prädikatenlogik, so sind auch alle Quantifikationen von $\psi$ Formeln der Prädikatenlogik:
   $\forall x\ \psi$ Allquantor: „Für alle $x$ gilt $\psi$."
   $\exists x\ \psi$ Existenzquantor: „Es existiert ein $x$, sodass $\psi$ gilt."
4. Jede prädikatenlogische Formel lässt sich durch Anwendung der Regeln 1.–3. generieren.

## Anmerkungen zur Prädikatenlogik

- Die **Aussagenlogik** ist die Teilmenge der Prädikatenlogik, bei der als Terme nur Konstanten (also nullstellige Prädikate, also Prädikatkonstanten) zugelassen sind. Semantische Netze basieren auf solchen aussagenlogischen Repräsentationsformalismen.
- Hier wurde die Prädikatenlogik erster Stufe definiert. Die Prädikatenlogik zweiter Stufe enthält zusätzlich zu Objektvariablen auch Funktions- und Prädikatenvariablen, die ebenfalls quantifiziert sein können.

Klammerkonventionen für Verknüpfungen von Formeln können wir aus der Aussagenlogik übernehmen. Zusätzlich müssen wir bei der Prädikatenlogik den **Geltungsbereich von Quantoren** festlegen. In der Formel $\forall x\big(P(x) \rightarrow Q(x)\big)$ ist der Geltungsbereich des Allquantors die Formel $\big(P(x) \rightarrow Q(x)\big)$. Eine quantifiziert vorkommende Variable heißt **gebundene Variable**, eine nichtquantifizierte Variable heißt eine **freie Variable**. Eine Formel kann gleichzeitig freie und gebundene Vorkommen derselben Variable enthalten: $P(y) \wedge (\forall y\ Q(y))$. In $\exists x\big(P(x) \wedge Q(x, y)\big)$ ist $x$ gebunden und $y$ frei, da kein Quantor über $y$ quantifiziert.

## 5.2 Semantik von prädikatenlogischen Formeln

Wir wollen nun, analog zur Aussagenlogik, auch für prädikatenlogische Formeln den Begriff der Gültigkeit betrachten. In der Aussagenlogik haben wir Formeln durch Wahrheitswerte interpretiert. In der Prädikatenlogik interpretieren wir Formeln über einer nichtleeren Menge $D$ (der *domain*, Individuenbereich) und geben eine Interpretationsfunktion $I$ an, die allen Bestandteilen prädikatenlogischer Formeln Werte zuordnet. Ein **Modell** einer prädikatenlogischen Formel ist ein Individuenbereich zusammen mit einer Interpretationsfunktion, unter der die Formel wahr ist.

Stellen wir uns zur Veranschaulichung ein Modell vor, das folgenden Ausschnitt der antiken Welt repräsentiert. Als Individuenbereich betrachten wir

$$D = \{Platon, Aristoteles, Alexander\}.$$

Es soll gelten, dass Aristoteles und Platon Philosophen sind. Das Vorbild von Aristoteles ist Platon, und das Vorbild von Alexander ist Aristoteles. Platon ist sein eigenes Vorbild. Außerdem bewundern manche von ihnen jemanden: Alexander bewundert Aristoteles und Platon, Aristoteles bewundert ebenfalls Platon, und Platon bewundert sich selbst.

Wir können nun die Formel

$$\forall x\big(P(f(x)) \to Q\big(x, f(x)\big)\big)$$

interpretieren, indem wir das Funktionszeichen $f$ interpretieren als „das Vorbild von“, das Prädikat $P$ als „ist ein Philosoph“ und das Prädikat $Q$ als „bewundert“. Dann bedeutet diese Aussage: „Für alle $x$: Wenn das Vorbild von $x$ ein Philosoph ist (also $P(f(x))$), dann bewundert $x$ sein Vorbild (also $Q(x, f(x))$).“

Präziser ausgedrückt interpretieren wir das Funktionssymbol $f$ als diejenige Funktion $I(f)$, die jedem Individuum sein Vorbild zuordnet:

$$I(f)(d) = \begin{cases} Platon, & \text{falls } d = Platon, \\ Platon, & \text{falls } d = Aristoteles, \\ Aristoteles, & \text{falls } d = Alexander. \end{cases}$$

Das Prädikatsymbol $P$ interpretieren wir als „ist ein Philosoph“, also:

$$I(P) = \{Aristoteles, Platon\},$$

und $Q$ als die Beziehung „bewundert“, also:

$$I(Q) = \big\{(Platon, Platon), (Aristoteles, Platon), (Alexander, Aristoteles), \\ (Alexander, Platon)\big\}.$$

Durch den Allquantor in der Formel wird gefordert, dass die Implikation „Wenn das Vorbild von $x$ ein Philosoph ist, dann bewundert $x$ sein Vorbild“ für alle Individuen $x$ des Individuenbereichs zutreffen muss; andernfalls ist die Formel falsch.

5

### Induktive Definition der Interpretationsfunktion

1. **Variablen:** Jeder Variable $v$ wird durch eine Variablenbelegung $b$ ein Element $b(v)$ aus dem Individuenbereich $D$ zugeordnet.
   **Beispiel:** Die Variablen $x$ und $y$ können z. B. als *Alexander* bzw. *Platon* interpretiert werden, d. h. $b(x) = \mathit{Alexander}$ und $b(y) = \mathit{Platon}$.
2. **Funktionssymbole:** Jedem $n$-stelligen Funktionssymbol wird durch die Interpretation $I$ eine $n$-stellige Funktion auf dem Individuenbereich zugeordnet.
   **Beispiel:** Die einstellige Funktion $I(f) = \mathit{vorbild\text{-}von}$ ordnet jeder Person ihr Vorbild zu:

   $$\begin{aligned} \mathit{vorbild\text{-}von}(\mathit{Platon}) &= \mathit{Platon}, \\ \mathit{vorbild\text{-}von}(\mathit{Aristoteles}) &= \mathit{Platon}, \\ \mathit{vorbild\text{-}von}(\mathit{Alexander}) &= \mathit{Aristoteles}. \end{aligned}$$

3. **Prädikatsymbole:** Jedem $n$-stelligen Prädikatsymbol wird durch $I$ eine $n$-stellige Relation auf dem Individuenbereich $D$ zugeordnet. Eine Relation ist eine Menge von Tupeln, für die das Prädikat gilt.
   **Beispiel:** Das einstellige Prädikat $I(P) = \mathit{ist\text{-}philosoph}$ ist definiert als die Menge

   $$\mathit{ist\text{-}philosoph} = \{\mathit{Platon}, \mathit{Aristoteles}\}.$$

   Das zweistellige Prädikat $I(Q) = \mathit{bewundert}$ ist definiert als die Menge

   $$\mathit{bewundert} = \big\{(\mathit{Platon}, \mathit{Platon}), (\mathit{Aristoteles}, \mathit{Platon}), (\mathit{Alexander}, \mathit{Aristoteles}), \\ (\mathit{Alexander}, \mathit{Platon})\big\}.$$

   Um nun die Wahrheit logischer Formeln zu ermitteln, gehen wir folgendermaßen vor:
4. **Wahrheitswert von atomaren Formeln:** Eine atomare Formel wie $R(t_1, t_2, \dots, t_n)$ ist genau dann wahr, wenn das Tupel aus den Interpretationen der Terme $t_1, t_2, \dots, t_n$ in der zugehörigen Relation $I(R)$ enthalten ist.
   **Beispiel:**
   - $P\big(f(x)\big)$ ist wahr, wenn das Vorbild von $x$, also $I(f)\big(b(x)\big)$, ein Philosoph ist. Also ist $P(x)$ wahr für $b(x) = \mathit{Platon}$ und $b(x) = \mathit{Aristoteles}$, und falsch für $b(x) = \mathit{Alexander}$.
   - $Q\big(x, f(x)\big)$ ist wahr, wenn das Paar $\big(b(x), I(f)(b(x))\big)$ in der Relation *bewundert* enthalten ist.
   - Für $b(x) = \mathit{Platon}$ gilt:
     - $I(f)\big(b(x)\big) = \mathit{vorbild\text{-}von}(\mathit{Platon}) = \mathit{Platon}$.
     - Prüfung: Ist (*Platon*, *Platon*) in *bewundert* enthalten? Ja, also ist $Q\big(x, f(x)\big)$ wahr.
5. **Junktoren:** Die Bedeutung der logischen Verknüpfungen (Junktoren) ist wie in der Aussagenlogik definiert. Zum Beispiel ist die Implikation $P(x) \rightarrow Q\big(x, f(x)\big)$ genau dann falsch, wenn $P(x)$ wahr ist und $Q\big(x, f(x)\big)$ falsch ist; in allen anderen Fällen ist sie wahr.

6. **Quantoren:**
   - Die Aussage $\forall x\ P(f(x))$ ist wahr, wenn $P(f(x))$ für alle möglichen Belegungen von $x$ (d. h. für alle Elemente von $D$) wahr ist.
   - Die Aussage $\exists x\ P(f(x))$ ist wahr, wenn es mindestens eine Belegung von $x$ gibt, für die $P(f(x))$ wahr ist.

**Beispiel:** In unserem Beispiel prüfen wir die Formel $\forall x(P(f(x)) \to Q(x, f(x)))$. Die Implikation muss für alle $b(x)$ aus dem Individuenbereich $D$ wahr sein.

- Für $b(x) = \mathit{Platon}$:
  - $I(f)(b(x)) = \mathit{vorbild\text{-}von}(\mathit{Platon}) = \mathit{Platon}$.
  - $P(f(x))$ ist wahr, da *Platon* ein Philosoph ist.
  - Prüfung: Ist $(\mathit{Platon}, \mathit{Platon})$ in *bewundert* enthalten? Ja, also ist $Q(x, f(x))$ wahr.
- Für $b(x) = \mathit{Aristoteles}$:
  - $P(x)$ ist wahr, da *Aristoteles* ein Philosoph ist.
  - $I(f)(b(x)) = \mathit{vorbild\text{-}von}(\mathit{Aristoteles}) = \mathit{Platon}$.
  - Prüfung: Ist $(\mathit{Aristoteles}, \mathit{Platon})$ in *bewundert* enthalten? Ja, also ist $Q(x, f(x))$ wahr.
- Für $b(x) = \mathit{Alexander}$:
  - $I(f)(b(x)) = \mathit{vorbild\text{-}von}(\mathit{Alexander}) = \mathit{Aristoteles}$.
  - $P(f(x))$ ist wahr, da *Aristoteles* ein Philosoph ist.
  - Prüfung: Ist $(\mathit{Alexander}, \mathit{Aristoteles})$ in *bewundert* enthalten? Ja, also ist $Q(x, f(x))$ wahr.

Wir haben also eine Interpretation gefunden, für die die Formel $\forall x(P(x) \to Q(x, f(x)))$ wahr ist.

**Wichtig**

Die Interpretation von prädikatenlogischen Formeln in einem Modell ermöglicht uns, ihre Gültigkeit festzustellen.

Eine Formel $A$ heißt **erfüllbar**, wenn es eine Interpretation und eine Variablenbelegung gibt, unter denen $A$ wahr ist. Die Formel $A$ heißt **allgemeingültig**, wenn $A$ für *alle* Interpretationen und *alle* Variablenbelegungen wahr ist.

Wie in der Aussagenlogik kann die logische Äquivalenz von Formeln (ohne freie Variablen) definiert werden. Dann kann man sagen: Aussagen $A$ und $B$ sind **logisch äquivalent** genau dann, wenn $A \leftrightarrow B$ logisch wahr ist, und das ist der Fall genau dann, wenn $A$ und $B$ immer denselben Wahrheitswert haben, egal welche Interpretation betrachtet wird, das bedeutet also, wenn sie dieselben Modelle besitzen. Besitzt eine Formel genau dann ein Modell, wenn auch die andere Formel ein Modell besitzt, so heißen die Formeln **erfüllbarkeitsäquivalent** (siehe z. B. Schöning 1995, S. 66 ff.). Im Vergleich zur Äquivalenz stellt die Erfüllbarkeitsäquivalenz nur einen losen Zusammenhang zwischen zwei Formeln dar. Der Abschnitt zu den Gesetzen der Aussagenlogik auf Seite 40 gibt die wichtigsten Äquivalenzbeziehungen an.

**Wichtige Gesetze der Prädikatenlogik**

1. Austauschbarkeit von Variablennamen
   $\forall x\, \phi(x) \leftrightarrow \forall y\, \phi(y)$
   $\exists x\, \phi(x) \leftrightarrow \exists y\, \phi(y)$
2. Negation von Quantoren
   $\neg\exists x\, \phi(x) \leftrightarrow \forall x\, \neg\phi(x)$
   $\neg\forall x\, \phi(x) \leftrightarrow \exists x\, \neg\phi(x)$
3. Distributivität des Allquantors über Konjunktion
   $\forall x\big(\phi(x) \wedge \psi(x)\big) \leftrightarrow \forall x\, \phi(x) \wedge \forall x\, \psi(x)$
4. Distributivität des Existenzquantors über Disjunktion
   $\exists x\big(\phi(x) \vee \psi(x)\big) \leftrightarrow \exists x\, \phi(x) \vee \exists x\, \psi(x)$



Des Weiteren gelten die Gesetze der Aussagenlogik auch in der Prädikatenlogik. Die in der Aussagenlogik definierten **Schlussregeln** lassen sich ebenfalls auf die Prädikatenlogik übertragen.

## 5.3 Formalisierung semantischer Netze

Im letzten Kapitel wurden hierarchische semantische Netze als Spezialfall semantischer Netze eingeführt. Die beiden verwendeten Relationen *isa* und *hasprop* können wir nun als zweistellige Prädikate formalisieren. Wir können für das semantische Netz über Tiere (◘ Abb. 3.3) schreiben:

*isa(Säugetier, Tier)*, *hasprop(Tier, Atmung)*,
*isa(Vogel, Tier)*, *hasprop(Tier, Haut)*,
*isa(Hund, Säugetier)*, *hasprop(Hund, Bellen)*,
*isa(Katze, Säugetier)*, *hasprop(Vogel, Federn)*
usw.

Die *isa*-Relation und die *hasprop*-Relation werden zu Prädikaten. Nun wollen wir die Vererbung von allgemeinen Eigenschaften *hasprop* auf alle Teilmengen der Oberkategorie formulieren können. Dies gelingt uns, indem wir für alle Elemente, auf die eine Eigenschaft zutrifft (z. B. Säugetiere oder Vogel in der Menge Tier), eine Allquantifizierung einführen. D. h., wir können zum Beispiel sagen:

$$\forall x\big(isa(x, Tier) \rightarrow hasprop(x, Atmung)\big).$$

Semantische Netze wurden ursprünglich entwickelt, um die Bedeutung natürlichsprachiger Sätze in Form von Objekten und deren Beziehungen zueinander zu beschreiben. Wir erinnern uns, dass im zweiten Kapitel postuliert wurde, dass Denkprozesse mit einer formal fundierten Sprache des Geistes beschrieben werden können. Die logische Formalisierung der Bedeutung sprachlicher Ausdrücke liefert uns also eine Möglichkeit, Denkprozesse zu beschreiben.

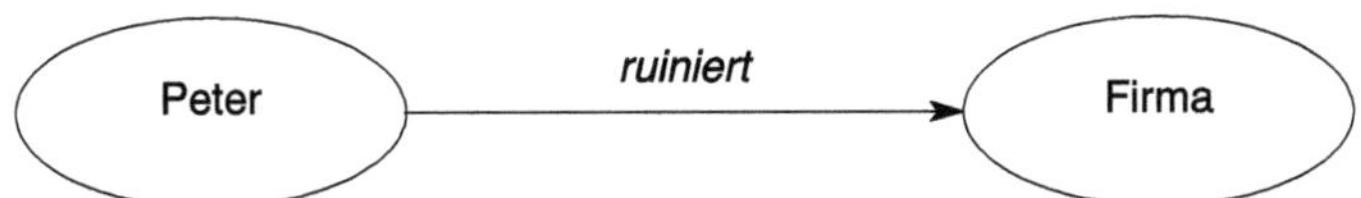


**Abb. 5.1** Eine grafische Repräsentation von „Peter ruiniert die Firma." Die Knoten repräsentieren Peter und die Firma, die Kante dazwischen die Relation „ruiniert"

Im Folgenden wollen wir uns mit der logischen Formalisierung natürlichsprachiger Sätze befassen. Der Satz „Peter ruiniert die Firma" kann als folgende Formel repräsentiert werden:

$$ruiniert(Peter, Firma)$$

Dabei ist *ruiniert* ein Prädikat, das zwei Argumente erwartet: eine Person und ein Objekt oder eine Person. Abb. 5.1 zeigt diese Formel als semantisches Netz in Form eines einfachen Graphen, wo die Kante die *ruiniert*-Beziehung ausdrückt. Netze die mit *isa* und *hasprop* bezeichnet sind, haben beliebige Prädikatnamen als Kantenbezeichner zur Verfügung. Im Folgenden wollen wir schrittweise ein Vorgehen definieren, mit dem wir aus natürlichsprachigen Sätzen semantische Netze gewinnen. Der erste Schritt ist dabei die **prädikatenlogische Formalisierung** natürlichsprachiger Sätze. Dieser Schritt kann nicht eindeutig formal beschrieben werden. Hier müssen wir uns auf unsere Intuition verlassen. Um zu einer Modellierung in einem semantischen Netz zu gelangen, führen wir zunächst einen Zwischenschritt durch, bei dem Gruppen von Prädikaten in sogenannte **Begriffsgraphen** überführt werden. Danach überführen wir diese Begriffsgraphen in semantische Netze. Wir demonstrieren das Verfahren nach Lusti (1990):

### Beispiel des Verfahrens

1. Gegebenes Wissen in natürlichsprachiger Form:

   Fritz studiert Geschichte in Basel.
   Anna studiert ebenfalls Geschichte in Basel.

2. Intuitive Übersetzung in prädikatenlogische Formeln:

   $$studiert(Fritz, Geschichte, Basel) \wedge studiert(Anna, Geschichte, Basel)$$

3. **Umwandlung aller Prädikate in binäre (zweistellige) Prädikate:**
   Wir möchten das dreistellige Prädikat $studiert(x, y, z)$ in mehrere zweistellige Prädikate umwandeln. Dazu führen wir für jede Instanz der Beziehung ein neues (abstraktes) Objekt ein (hier: $Studium_1$ und $Studium_2$), das als Stellvertreter für die betreffenden Tripel dient. Diese Objekte werden dann über neue zweistellige Prädikate $Q_i$, wobei $i$ der Stelligkeit des ursprünglichen Prädikats entspricht (hier: *name*, *fach*, *ort*), mit den ursprünglichen Informationen verknüpft.
   Die Umwandlung funktioniert wie folgt:

- Das erste Argument eines Prädikats $Q_i$ gibt dabei stets den Prädikatnamen von $P$ an. Dieser verbindet alle Argumente von $P$. Die neu zu definierenden Prädikate müssen sich im ersten Argument also alle auf das Ereignis beziehen, dass Fritz studiert.
- Das zweite Argument von $Q_i$ ist jeweils das $i$-te Argument von $P$.

Das bedeutet also konkret:

- Das Prädikat $Q_1$ beschreibt, dass der Name desjenigen, der studiert, Fritz ist.
- Das Prädikat $Q_2$ beschreibt, dass das Fach, das studiert wird, Geschichte ist.
- Das Prädikat $Q_3$ beschreibt, dass der Ort, an dem das Studium durchgeführt wird, Basel ist.

Das Prädikat *studiert(Fritz, Geschichte, Basel)* wird also in folgende Prädikate umgewandelt:

- $name(Studium_1, Fritz)$
- $fach(Studium_1, Geschichte)$
- $ort(Studium_1, Basel)$

Um das neue Wissen in einem semantischen Netz in Beziehung zu bereits vorhandenem Faktenwissen zu bringen, kann ein weiteres Prädikat eingeführt werden, das das neue Wissen als Instanz allgemeiner Vorgänge oder Klassen beschreibt. Als Prädikat $Q_4$ kann beispielsweise die *isa*-Relation verwendet werden. Die *isa*-Relation kennzeichnet das erste Argument der Prädikate $Q_i$ (das verbindende Ereignis *Studium*) als Element oder Teilmenge einer größeren Klasse. Aus

$$studiert(Fritz, Geschichte, Basel)$$

wird dann der Ausdruck

$$name(Studium_1, Fritz) \wedge ort(Studium_1, Basel) \wedge fach(Studium_1, Geschichte) \\ \wedge\, isa(Studium_1, Universitätsstudium).$$

Wir haben statt „*Studium*" geschrieben: „$Studium_1$", um es als konkrete Instanz eines Universitätsstudiums zu kennzeichnen. Es handelt sich ja nicht um irgendein Studium, sondern um das Studium, das eine konkrete Person *Fritz* durchführt. Die vier binären Prädikate lassen sich als Kanten eines Graphen notieren (◼ Abb. 5.2, für Anna gelten die gleichen Prädikate $Q_1, \ldots Q_4$).

4. Bildung eines Begriffsgraphen:
Wenn wir nun die Knoten mit gleichen Bezeichnungen (hier *Studium*1) zu einem Knoten zusammenfassen, erhalten wir ein $n+1$-stelliges Prädikat, das auch als Begriffsgraph bezeichnet wird. Auf dieselbe Weise können wir das Wissen, dass *Anna* in *Basel Geschichte* studiert, als Begriffsgraph notieren.
5. Integration von Begriffsgraphen in einem semantischen Netz:
Wenn wir nun auch über die Begriffsgraphen hinweg alle redundanten Knoten identifizieren, so erhalten wir ein semantisches Netz, dass das gesamte zur Modellierung verwendete Wissen in kompakter Form darstellt (◼ Abb. 5.3).

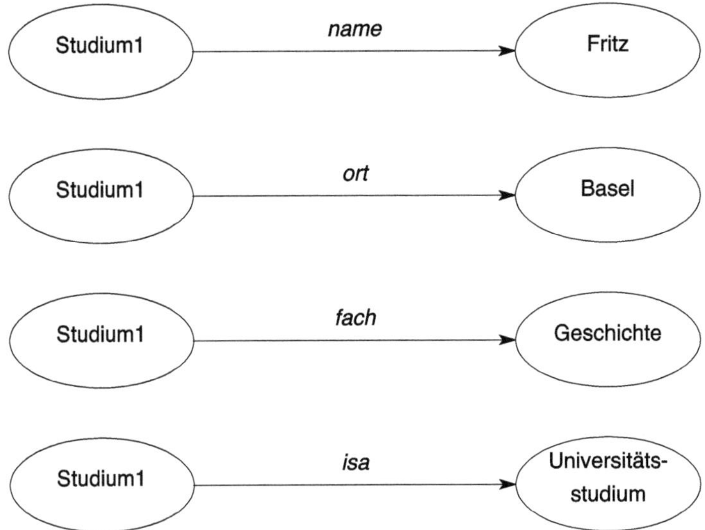


**Abb. 5.2** Darstellung der vier binären Prädikate als Graph

Semantische Netze werden in Psychologie und KI zur Repräsentation von Faktenwissen verwendet. Wichtige Realisierungen semantischer Netze stammen von Anderson (2014), Kintsch (2014), Norman und Rumelhart (1975) und Quillian (1968).

Ein Repräsentationsformalismus besteht immer aus einer Struktur zusammen mit Prozessen, die auf dieser Struktur arbeiten. In der kognitiven Modellierung geht es darum, zu untersuchen, wie sich solche Repräsentationen nutzen lassen, um Gedächtnisprozesse abbilden zu können. Wichtige Gedächtnisprozesse sind das Speichern neuer Informationen (*storage*), der Abruf von Informationen (*retrieval*) sowie Schlussfolgerungsprozesse (*reasoning*). Wenn wir nun aus dem im semantischen Netz repräsentierten Wissen

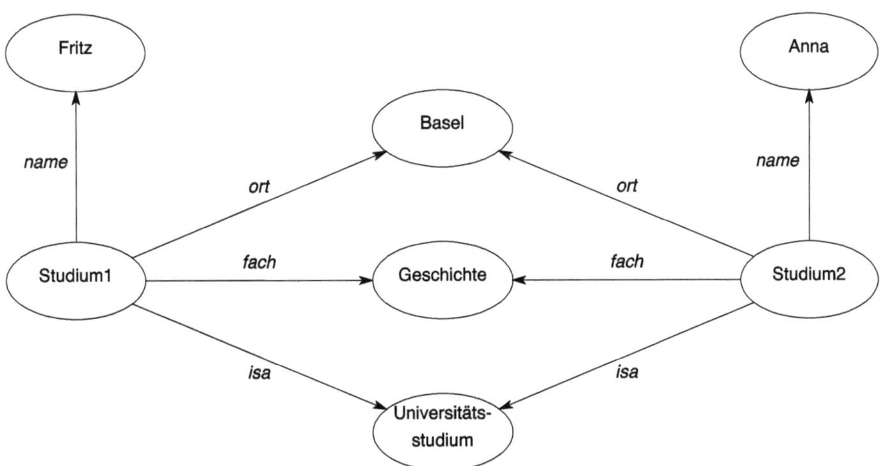


**Abb. 5.3** Integration der Begriffsgraphen von Anna und Fritz zu einem semantischen Netz

Schlussfolgerungen ziehen wollen („das Netz denken lassen"), so können wir dies im einfachsten Fall mit den Schlussmethoden der Logik tun. Wir verwenden dann wieder die prädikatenlogischen Formeln. Mit Schlussverfahren der Prädikatenlogik befassen wir uns in ▶ Kap. 6.

**Hintergrund**

Eine alternative Möglichkeit, Gedächtnis- und Denkprozesse zu modellieren, liefern sogenannte **Aktivationsausbreitungsnetze** (Collins und Smith 1988; Anderson 2007a). In Aktivationsausbreitungsnetzen werden die Knoten und Kanten zusätzlich zur darin codierten semantischen Information mit Zahlenwerten versehen. Die Zahlenwerte repräsentieren die Verfügbarkeit der semantischen Informationen: Je höher der Wert an einer Kante, desto wahrscheinlicher erfolgt der Übergang vom Ausgangsknoten zum Zielknoten. Ein größerer Wert an einem Knoten weist auf eine höhere Aktivität des Knotens hin. Dies stellt eine Grundprinzip in der Verarbeitung neuronaler Netze dar (▶ Kap. 14). Im ACT-R-Gedächtnismodell von Anderson (2007a) wird folgendes Aktivationsausbreitungsmodell (▶ Kap. 12) verwendet:

5

1. Jeder Knoten $i$ im Netz ist mit einem Stärkewert $s_i$ assoziiert, der seine grundsätzliche Aktivation beschreibt. Wird ein Knoten durch einen externen Stimulus oder durch die Aktivation eines benachbarten Knotens aktiviert, breitet sich diese Aktivation entlang der Kanten des Netzwerks aus. Eine Kante zwischen zwei Knoten $i$ und $j$ erhält ihren Stärkewert $r_{ij}$, indem die Stärke $s_j$ des Zielknotens relativiert wird durch die Summe der Stärkewerte $s_k$ aller anderen mit dem Ausgangsknoten $i$ verbundenen Knoten $k$ (wobei $k \neq j$):

$$r_{ij} = \frac{s_j}{\sum_{k \neq j} s_k}.$$

   Die Aktivation, die von einem Knoten ausgeht, wird proportional zu diesen Verbindungsstärken weitergegeben und schwächt sich mit der Entfernung vom Ausgangsknoten ab. Knoten, die von mehreren anderen Knoten aktiviert werden, summieren die Aktivationen abhängig von den eingehenden Kanten. So wird im Netzwerk modelliert, wie stark Informationen miteinander assoziiert sind. Beispielsweise sollte die Kante zwischen den Knoten *Katze* und *Maus* einen höheren Stärkewert haben als die Kante zwischen *Tannenbaum* und *Flugzeug*, da bei der Aktivation des Konzepts *Katze* die Assoziation zu *Maus* stärker ist und eine höhere Aktivation verursacht.
2. Zu jedem Zeitpunkt $t$ hat jeder Knoten $i$ einen assoziierten aktuellen Wert, der seine momentane Aktivation $a_i(t)$ angibt (*activation*). Die Höhe der Aktivationswerte beschreibt, welche Informationen derzeit im Arbeitsgedächtnis, also aktuell verfügbar, sind.
3. Jeder Knoten $i$ (wenn er aktiviert worden ist) aktiviert seinerseits alle von ihm aus direkt zugänglichen Knoten, in einem Maße, das von der Stärke seiner eigenen Aktivation und der Stärke der jeweiligen Verbindungskante abhängt (Aktivationsausbreitung, *spread of activation*). Je aktiver ein Knoten ist, desto mehr Aktivation gibt er weiter, und je stärker eine Verbindung zwischen zwei Knoten ist, desto mehr Aktivation fließt dem Zielknoten zu.
4. Wird ein Knoten über mehrere Zeitpunkte nicht aktiviert, so sinkt sein Aktivationswert ab (*decay*).

In diesem Kapitel haben wir die Logik dazu verwendet, natürlichsprachige Ausdrücke zu formalisieren. Im nächsten Kapitel werden wir dann Möglichkeiten kennenlernen, um zum Beispiel Fragen zu beantworten oder auf der Grundlage einer Menge von Informationen über die Gültigkeit von Behauptungen zu entscheiden.

## 5.4 Zur Vertiefung

Die Einführungen in Aussagen- und Prädikatenlogik, die in der Vertiefung zu ▶ Kap. 4 genannt werden, gelten auch hier.

#### Psychologische Literatur zum menschlichen Denken


- Johnson-Laird, P. N. (1983). *Mental Models: Towards a Cognitive Science of Language, Inference, and Consciousness*. Harvard University Press.
- Johnson-Laird, P. N. (2008). *How We Reason*. Oxford University Press.
- Khemlani, S. und Johnson-Laird, P. N. (2012). Theories of the syllogism: A meta-analysis. *Psychological Bulletin, 138*(3), 427–457.


#### Natürliche Sprache und Logik


- Lusti, M. (1990). *Wissensbasierte Systeme: Algorithmen, Datenstrukturen und Werkzeuge*. Spektrum Akademischer Verlag, insb. Kapitel 9.

# Schlussfolgern und Beweisen

Inhaltsverzeichnis




M. Ragni, U. Schmid, *Kognitive Künstliche Intelligenz*, https://doi.org/10.1007/978-3-662-69498-5_6

In den letzten beiden Kapiteln haben wir die Aussagen- und Prädikatenlogik kennengelernt und gezeigt, wie natürlichsprachige Aussagen in logische Formeln übersetzt werden. Bei der Informationsverarbeitung geht es darum, aus einer Liste von Annahmen implizites Wissen abzuleiten. Frühe KI-Forschung sah das **maschinelle Beweisen** als zentral an, um die menschliche Fähigkeit zum formalen Beweis zu automatisieren und sogar neue mathematische Gesetze zu entdecken (Newell et al. 1957, nach Haugeland 1989). Schon bald wird das Theorembeweisen nicht mehr als kognitives Modell betrachtet (Winston 1992, Kap. 13), bleibt aber eine prozedurale Grundlage moderner Ansätze zum logischen Schließen, wie etwa in Expertensystemen (▶ Kap. 15). Das Resolutionsverfahren, eine zentrale Methode des Theorembeweisens, bildet die Basis der logischen Programmiersprache Prolog (▶ Kap. 7), die neben PYTHON und LISP in der KI und der kognitiven Modellierung verwendet wird.



Dieses Kapitel stellt einen Formalismus vor, der es ermöglicht, auf rein syntaktischer Ebene (deduktive) Schlussfolgerungen aus prädikatenlogischen Formeln zu ziehen. Im Theorembeweisen in der KI wird häufig der **Widerspruchsbeweis** verwendet. Dabei wird gezeigt, dass die Negation einer Aussage $\neg\phi$ im Widerspruch zu den Axiomen steht, wodurch $\phi$ als wahr folgt. Eine so bewiesene Aussage nennt man **Theorem**. Theorembeweise basieren auf mehreren Schritten, die wir einführen: Zunächst werden alle prädikatenlogischen Formeln in die **pränexe Normalform** überführt (▶ Abschn. 6.2). Diese Normalform ordnet zunächst alle Quantoren an den Anfang der Formel, die dann in konjunktiver Normalform vorliegt. Aus dieser Normalform entstehen logische Formeln, sogenannte **Klauseln** (▶ Abschn. 6.2), die die Basis für das **Unifikations-** und **Resolutionsverfahren** bilden (▶ Abschn. 6.3) und (▶ Abschn. 6.4), zentrale Bestandteile des automatischen **Theorembeweisens** (▶ Abschn. 6.5).

## 6.1 Wozu beweisen?

Eine Regel zum Ziehen von Schlussfolgerungen ist die **Resolution**:

$$\frac{(P \vee Q), (\neg P \vee Q)}{Q}.$$

Diese Schreibweise bedeutet: Angenommen, es gilt $(P \vee Q) \wedge (\neg P \vee Q)$, dies sind die Axiome. Dann kann der Ausdruck $P$, der in der einen Disjunktion positiv und in der anderen negiert vorkommt, aufgrund des Distributivgesetzes aus der Formel entfernt werden und so kann $Q$ gefolgert werden. Bestehen die Axiome nur aus den Formeln $P$ und $\neg P$, so haben wir einen Widerspruch aufgedeckt. Es gilt: $P \wedge \neg P$ ist unerfüllbar.

Damit die Resolutionsregel angewendet werden kann, müssen logische Ausdrücke in eine Form gebracht werden, die der linken Seite der Regel entspricht, also aus konjunktiv verknüpften Disjunktionen besteht. Wenn eine logische Formel in dieser Form vorliegt, sagen wir, sie ist in **konjunktiver Normalform** (▶ Abschn. 6.2).

Die Resolutionsregel kann auch für prädikatenlogische Ausdrücke verwendet werden. Prädikatenlogische Ausdrücke sind über Terme definiert. Damit genügt es nicht mehr, einen Ausdruck zu identifizieren, der einmal negativ und einmal positiv vorkommt. Die beiden Ausdrücke müssen identisch sein oder identisch gemacht werden können. Das „Identisch-Machen" von Ausdrücken heißt **Unifikation** (▶ Abschn. 6.3). Beispielsweise sind die Ausdrücke *klingone*(*worf*) und *klingone*(*khan*) nicht unifizierbar: Einmal wird über das Individuum Worf und einmal über das Individuum Khan gesprochen. Die Ausdrücke *klingone*(*worf*) und *klingone*($x$) sind dagegen unifizierbar, da die Variable $x$ durch die Konstante *worf* ersetzt werden kann. Um das Resolutionsverfahren auf prädikatenlogische Formeln anwenden zu können, verwenden wir daher die Technik der Unifikation.

Um ein Computerprogramm erstellen zu können, das Theoreme beweisen kann, müssen wir einen **Algorithmus** angeben, der beschreibt, wie Unifikation und Resolution rein mechanisch ausgeführt werden können. Robinson (1965) hat einen solchen entwickelt. Der Algorithmus arbeitet jedoch nicht unmittelbar auf konjunktiven Normalformen, sondern auf sogenannten Klauseln. Wie konjunktive Normalformen in Klauselform gebracht werden können, beschreiben wir im folgenden Abschnitt.

Im letzten Kapitel wurde dargestellt, dass nur Schlussregeln, für die bewiesen ist, dass sie korrekt sind, zum syntaktischen Ableiten verwendet werden dürfen. Im Rahmen der Aussagenlogik haben wir gezeigt, wie die **Korrektheit** logischer Schlüsse mithilfe von Wahrheitstafeln nachgewiesen werden kann. Allgemein ist eine Schlussregel dann korrekt, wenn es unmöglich ist, dass alle Prämissen wahr sind, die abgeleitete Konklusion aber falsch ist.

Eine zweite Eigenschaft, die eine Menge von Schlussregeln aufweisen muss, ist die **Vollständigkeit**. Eine Menge von Schlussregeln ist vollständig, wenn alles, was aus der gegebenen Menge an Formeln logisch folgt, auch innerhalb dieses Systems abgeleitet werden kann. Die Resolutionsregel etwa ist korrekt und ermöglicht in einem bestimmten Kalkül die **widerlegungsvollständige** Ableitung von Widersprüchen. Widerlegungsvollständigkeit ist eine schwächere Eigenschaft als Vollständigkeit. Mit der Resolutionsregel können zwar nicht alle Formeln, die logisch folgen, tatsächlich abgeleitet werden, es werden jedoch alle Widersprüche in Formelmengen gefunden.

Man kann zeigen, dass folgende Aussagen gleichbedeutend sind:

- Die Formel $G$ folgt aus der Formelmenge $F = \{F_1, F_2, \ldots, F_n\}$: $F \models G$.
- $F_1 \wedge F_2 \wedge \ldots \wedge F_n \rightarrow G$ ist allgemeingültig (eine Tautologie).
- $F_1 \wedge F_2 \wedge \ldots \wedge F_n \wedge \neg G$ ist unerfüllbar (eine Kontradiktion).

Um also zu beweisen, dass eine Formel aus einer Formelmenge folgt, kann entweder gezeigt werden, dass die Formelmenge $F$ die Formel $G$ impliziert, oder aber, dass das Hinzufügen der negierten Formel zu der Formelmenge zu einem Widerspruch führt. Da die Resolutionsregel nicht vollständig, sondern nur widerlegungsvollständig ist, werden Beweise mit dieser Regel nach dem letztgenannten Prinzip geführt (► Abschn. 6.4).

Um mit der Resolutionsmethode Theoreme zu beweisen, müssen folgende Schritte durchgeführt werden:

1. Übersetzung natürlichsprachiger Aussagen in prädikatenlogische Formeln,
2. Umformung der Formeln in die pränexe Normalform,
3. Umformung der pränexen Normalformen in Klauselform,
4. Anwendung von Unifikation und Resolution.

## 6.2 Standardisierte logische Darstellungen

Wir haben bereits gesehen, dass es möglich ist, beliebige aussagenlogische Formeln mithilfe von Umformungsregeln (siehe Gesetze der Aussagenlogik auf S. 40) in äquivalente Formeln umzuwandeln, die nur noch Konjunktionen und Negationen enthalten. Ein ähnliches Verfahren ist auch für prädikatenlogische Ausdrücke möglich und wird **Äquivalenzumformung** genannt.

Um besser mit prädikatenlogischen Formeln arbeiten zu können, wurden sogenannte **Normalformen** für logische Formeln festgelegt. Die beiden wichtigsten Normalformen sind die **disjunktive Normalform** (**DNF**) und die **konjunktive Normalform** (**KNF**). Alle prädikatenlogischen Formeln lassen sich in diesen Normalformen formulieren. Eine weitere spezielle Form für prädikatenlogische Formeln ist die **Klauselform** (**KF**), die aus der konjunktiven Normalform erzeugt werden kann. Um die Strukturen der beiden Normalformen und die Klauselform definieren zu können, benötigen wir die Begriffe „Atom" und „Literal":

6

**Normalformen für Atome und Literale**

1. Eine Formel, die aus einem $n$-stelligen Prädikat und darin eingesetzten Termen besteht, wird als **Atom(-formel)** bezeichnet; vgl. das Beispiel des zweistelligen Prädikats *ruiniert*(*Peter*, *Firma*) aus ► Abschn. 5.3.
2. Eine Formel, die nur aus einem Atom oder einem negierten Atom (also einem Negationszeichen vor einem Atom) besteht, wird **Literal** genannt.

Disjunktive und konjunktive Normalform sind folgendermaßen definiert:

**Disjunktive Normalform (DNF)** – Eine disjunktive Normalform ist eine Disjunktion von Konjunktionen von Literalen $L_{ij}$. Der Index $i$ dient zur Aufzählung der Disjunktionsglieder, der Index $j$ zur Aufzählung der in einem Disjunktionsglied enthaltenen Konjunktionsglieder. Beispiel für eine Formel in DNF:

$$\big(\underbrace{P_1(x_1)}_{L_{11}} \wedge \underbrace{P_2(x_2)}_{L_{12}}\big) \vee \big(\underbrace{P_3(x_3)}_{L_{21}} \wedge \underbrace{P_4(x_4)}_{L_{22}}\big) \vee \ldots$$

**Konjunktive Normalform (KNF)** – Eine konjunktive Normalform besteht aus einer Konjunktion von Disjunktionen von Literalen. Sie wird wie folgt notiert. Beispiel für eine Formel in KNF: $\big(P_1(x_1) \vee P_2(x_2)\big) \wedge \big(P_3(x_3) \vee P_4(x_4)\big) \wedge \ldots$
Ein einzelnes Literal $P(x)$ ist immer in Normalform. Eine Formel der Form $P_1(x_1) \vee P_2(x_2) \vee \ldots$ ist sowohl eine disjunktive Normalform, bei der die konjunktiv verknüpften Glieder aus nur je einem Literal bestehen, als auch eine konjunktive Normalform mit nur einer Disjunktion als einzigem Konjunktionsglied.

**Klauselform (KF)** – Die Klauselform besteht aus einer Menge von Disjunktionen.
Die Klauselform ist leicht aus der konjunktiven Normalform ableitbar: Die Konjunktionen der KNF werden gelöscht und die einzelnen Disjunktionen als Elemente einer Menge dargestellt. Nehmen wir als Beispiel die oben aufgeführte KNF und überführen sie in Klauselform:

$$\big(P_1(x_1) \vee P_2(x_2)\big) \wedge \big(P_3(x_3) \vee P_4(x_4)\big) \wedge \ldots \quad \text{(KNF)},$$
$$\big\{P_1(x_1) \vee P_2(x_2), P_3(x_3) \vee P_4(x_4), \ldots\big\} \quad \text{(KF)}.$$

Wir wissen nun, wie man eine Formel in konjunktiver Normalform auf Klauselform bringt. Im Folgenden wollen wir darstellen, wie man eine beliebige Formel in eine konjunktive Normalform überführt. In der Literatur sind eine ganze Reihe verschiedener Algorithmen zur Umwandlung von Formeln in konjunktive Normalform genannt. Wir werden uns an einem Vorschlag von Nilsson (2014) (► Kap. 4) orientieren. Die Umformung einer Formel in Normalform wird durch die Anwendung von Regeln zur Äquivalenzumformung durchgeführt, wie wir sie in ► Kap. 4 mit den Gesetzen der Aussagenlogik (S. 40) und in ► Kap. 5 mit den Gesetzen zur Prädikatenlogik (S. 52) eingeführt haben.

**Hintergrund: Normalisierung von Formeln**

$P$, $Q$ und $R$ sollen für beliebige prädikatenlogische Formeln stehen.

**Auflösen von Implikationen und Äquivalenzen** – Beispiele:

$$P \rightarrow Q \equiv \neg P \vee Q,$$
$$P \leftrightarrow Q \equiv (P \rightarrow Q) \wedge (Q \rightarrow P).$$

**Negation nach innen ziehen** – Beispiele:

$$\neg(\neg P) \equiv P,$$
$$\neg(P \wedge Q) \equiv \neg P \vee \neg Q,$$
$$\neg(P \vee Q) \equiv \neg P \wedge \neg Q,$$
$$\neg\forall x\, P(x) \equiv \exists x\, \neg P(x),$$
$$\neg\exists x\, P(x) \equiv \forall x\, \neg P(x).$$

**Variablen standardisieren** – Dies geschieht so, dass niemals zwei Quantoren dieselbe Variable verwenden. Jede durch einen Quantor gebundene Variable wird bei Bedarf überall in der Teilformel, auf die sich der Quantor bezieht, durch eine neue und noch nicht verwendete Variable ersetzt. Dies ist möglich, weil die Variablennamen lediglich eine Platzhalterfunktion haben. Betrachten wir ein Beispiel:

$$\forall x\, P(x) \vee \forall x\, Q(x) \equiv \forall x\, P(x) \vee \forall y\, Q(y).$$

**Skolemisieren (Existenzquantoren beseitigen)**

Eine durch einen Existenzquantor gebundene Variable $x$ wird durch eine Funktion $f(x)$ ersetzt, die für den gewünschten Wert steht. Dabei ist auf den Geltungsbereich („Skopus") der Quantoren zu achten. Ein Quantor $Q_1$ befindet sich in einer gegebenen Formel im Geltungsbereich eines Quantors $Q_2$, wenn in der Formel der Quantor $Q_1$ dem Quantor $Q_2$ folgt und diese nicht durch Klammerung getrennt sind. Es können sich jedoch durchaus noch weitere Quantoren zwischen $Q_1$ und $Q_2$ befinden. Folgende Beispiele veranschaulichen den Geltungsbereich von Quantoren:

| | |
|---|---|
| $\forall x\big(P(x) \wedge \exists y\, Q(x, y)\big)$ | $\exists y$ ist im Geltungsbereich von $\forall x$; |
| $\big(\forall x\, P(x)\big) \wedge \big(\exists y\, R(y)\big)$ | $\exists y$ ist nicht im Geltungsbereich von $\forall x$. |

Liegt ein Existenzquantor nicht im Geltungsbereich eines Allquantors, so wird die existenzquantifizierte Variable in der Formel durch eine Konstante aus dem Individuenbereich ersetzt. Befindet er sich hingegen im Geltungsbereich von Allquantoren, so wird die zugehörige Variable durch eine sogenannte Skolemfunktion ersetzt. Die Skolemfunktion ist hier eine Funktion **aller** allquantifizierten Variablen, in deren Geltungsbereich der Existenzquantor liegt. Der Existenzquantor fällt durch die Skolemisierung weg.

**Beispiele**

1. $\exists x\, klingone(x)$ wird zu $klingone(c)$
   Der Existenzquantor befindet sich hier nicht im Geltungsbereich eines Allquantors, also wird die an ihn gebundene Variable durch eine neue Konstante ersetzt. Diese Umformung ist zulässig, da die Behauptung, dass ein Klingone existiert, genau dann wahr ist, wenn ein konkreter Klingone existiert. In ▶ Kap. 5 haben wir dargestellt, dass die Semantik prädikatenlogischer Formeln durch die Interpretation der syntaktischen Symbole in einem Modell festgelegt wird. Ein Prädikat, das für eine existenzquantifizierte Variable definiert ist, muss für mindestens ein Element aus dem Individuenbereich gelten. So könnten wir *klingone* als das Prädikat „ist ein Klingone" interpretieren. Für den Individuenbereich der Besatzung des Raumschiffs Enterprise können wir die Konstante $c$ durch das Individuum *worf* interpretieren.
2. Die Aussage $\forall x\, \exists y \big(klingone(x) \wedge bek\ddot{a}mpft(x, y)\big)$ wird zu $\forall x \big(klingone(x) \wedge bek\ddot{a}mpft\big(x, f(x)\big)\big)$.
   Der Existenzquantor befindet sich hier im Geltungsbereich eines Allquantors. Die existenzquantifizierte Variable $y$ wird durch eine Funktionsterm $f(x)$ ersetzt, die in Abhängigkeit von der allquantifizierten Variable $x$ einen Wert liefert. Ein Modell für diese Formel ist auf dem Individuenbereich der Klingonen definierbar. Bei der semantischen Interpretation wird die allquantifizierte Variable auf alle Individuen abgebildet. Die Funktion $f(x)$ ordnet jedem Individuum $x$ ein Individuum zu, das von $x$ bekämpft wird.

Die Skolemisierung ist eine **erfüllbarkeitsäquivalente Umformung** (▶ Abschn. 4.2). Zur Unterscheidung von Äquivalenz und Erfüllbarkeitsäquivalenz notieren wir anstelle von $\equiv$ das Symbol $\equiv_e$.

**Pränexform bilden** – (Allquantoren bei skolemisierter NF nach vorne ziehen)
**Beispiel:** $\forall x\, P(x) \vee \forall y\, (Q(y) \wedge \forall z\, R(z, y)) \equiv \forall x\, \forall y\, \forall z \big(P(x) \vee Q(y) \wedge R(z, y)\big)$.

**Allquantoren wegfallen lassen** – Wichtig ist, dass dieser Schritt erst durchgeführt wird, **nachdem** die Skolemisierung vorgenommen wurde, da bei der Skolemisierung auf die Geltungsbereiche der Allquantoren geachtet werden muss.

**Umwandlung in konjunktive Normalform** – (mithilfe von Äquivalenzumformungen).
**Beispiel:** $(P \wedge Q) \vee R \equiv (P \vee R) \wedge (Q \vee R)$ (KNF).

**Aufspalten der KNF in einzelne Klauseln (siehe S. 62)** – **Beispiel:**
- $\big(P_1(x_1) \vee P_2(x_2)\big) \wedge \big(P_3(x_3) \vee P_4(x_4)\big)$ (KNF),
- $\big\{P_1(x_1) \vee P_2(x_2),\, P_3(x_3) \vee P_4(x_4)\big\}$ (KF).

**Standardisieren der Variablen** – so, dass zwei verschiedene Klauseln sich niemals auf die gleiche Variable beziehen.

**Beispiel**:
- $\{P_1(x_1) \vee P_2(x_2), P_3(x_3) \vee P_4(x_4)\}$ (KF),
- $\{P_1(x_1) \vee P_2(x_2), P_3(x_3) \vee P_4(x_4)\}$ (SKF)
  (SKF $\widehat{=}$ standardisierte Klauselform).

**▶ Beispiel 6.1**

Wir wollen diesen Algorithmus nun an einem etwas komplexeren Beispiel nachvollziehen. Betrachten wir einen Ausschnitt des Lebens auf dem Raumschiff Enterprise:

*Alle Humanoiden, die auf der Enterprise leben, sind friedfertig.*

*Data lernt einen Humanoiden kennen, der auf der Enterprise ist.*

Übersetzen wir diese natürlichsprachigen Sätze in Formeln der Prädikatenlogik:
1. $\forall x\big(\mathit{humanoid}(x) \wedge \mathit{aufEnterprise}(x) \rightarrow \mathit{friedfertig}(x)\big)$,
2. $\exists x\big(\mathit{humanoid}(x) \wedge \mathit{kennenlernen}(\mathit{Data}, x) \wedge \mathit{aufEnterprise}(x)\big)$.

Beide Sätze sollen gelten, also fordern wir, dass ihre Konjunktion wahr sein soll.

**Auflösen von Implikationen und Äquivalenzen** –
1. $\forall x\Big(\neg\big(\mathit{humanoid}(x) \wedge \mathit{aufEnterprise}(x)\big) \vee \mathit{friedfertig}(x)\Big)$,
2. $\exists x\big(\mathit{humanoid}(x) \wedge \mathit{kennenlernen}(\mathit{Data}, x) \wedge \mathit{aufEnterprise}(x)\big)$.

**Negation nach innen ziehen** –
1. $\forall x\big(\neg \mathit{humanoid}(x) \vee \neg \mathit{aufEnterprise}(x) \vee \mathit{friedfertig}(x)\big)$,
2. $\exists x\big(\mathit{humanoid}(x) \wedge \mathit{kennenlernen}(\mathit{Data}, x) \wedge \mathit{aufEnterprise}(x)\big)$.

**Variablen standardisieren, sodass jeder Quantor nur für eine Variable gilt** – (Ist bereits erfüllt.)

**Skolemisieren** – (Existenzquantoren beseitigen)
1. $\forall x\big(\neg \mathit{humanoid}(x) \vee \neg \mathit{aufEnterprise}(x) \vee \mathit{friedfertig}(x)\big)$,
2. $\mathit{humanoid}(c) \wedge \mathit{kennenlernen}(\mathit{Data}, c) \wedge \mathit{aufEnterprise}(c)$.

Die existenzquantifizierte Variable $x$ in Formel (2) wird durch die Konstante $c$ ersetzt. Bei der Interpretation der Formel wird $c$ durch ein festes Individuum ersetzt, das von Data kennengelernt wird.

**Pränexform bilden** – (Quantoren nach vorne ziehen) (Ist bereits erfüllt.)

**Allquantoren wegfallen lassen** –
1. $\neg \mathit{humanoid}(x) \vee \neg \mathit{aufEnterprise}(x) \vee \mathit{friedfertig}(x)$,
2. $\mathit{humanoid}(c) \wedge \mathit{kennenlernen}(\mathit{Data}, c) \wedge \mathit{aufEnterprise}(c)$.

**Umwandlung in konjunktive Normalform (KNF)** – mithilfe von Äquivalenzumformungen.
Formel (1) ist in konjunktiver Normalform, die aus nur einem disjunktiven Glied besteht. Formel (2) besteht aus drei konjunktiv verknüpften Gliedern, wobei jede dieser „Disjunktionen" aus nur einem Glied besteht.

**Aufspalten der KNF in einzelne Klauseln** –
1. $\{\neg humanoid(x) \vee \neg aufEnterprise(x) \vee friedfertig(x)\}$ (KF),
2. $\{humanoid(c),\ kennenlernen(Data, c),\ aufEnterprise(c)\}$ (KF).

**Standardisieren der Variablen** – dergestalt, dass zwei verschiedene Klauseln sich nicht auf die gleiche Variable beziehen. (Ist bereits erfüllt.)

Die beiden Klauselmengen können zu einer Menge

$$M = \{\neg humanoid(x) \vee \neg aufEnterprise(x) \vee friedfertig(x),\\ humanoid(c), kennenlernen(Data, c), aufEnterprise(c)\}$$

zusammengefasst werden. Diese Klauselmenge könnte nun als die Menge der Axiome, über die ein Theorem bewiesen wird, verwendet werden. Auch wenn die Konjunktionszeichen der konjunktiven Normalform gelöscht wurden, gilt weiterhin, dass alle Klauseln wahr sein sollen. ◄

6

## 6.3 Logische Transformationsverfahren

Der nächste Schritt zur Vorbereitung des Theorembeweisens ist die Unifikation. Um Unifikation einführen zu können, müssen wir erst definieren, was eine Substitution ist.

### Substitution

Die Substitution wird hier auf Termen definiert. Eine Substitution ist eine Ersetzung von Variablen durch Terme, also durch andere Variablen oder Konstanten oder Funktionen. Für die Substitution einer Variable $x$ durch einen Term $t$ schreiben wir $x/t$ und sagen „$x$ wird ersetzt durch $t$." Eine Menge von Substitutionen in einem Term notieren wir als $\sigma = \{x_1/t_1, \ldots, x_n/t_n\}$, die Anwendung dieser Substitutionen auf einen Term $t$ als $\sigma(t)$. Beispielsweise können folgende Substitutionen auf dem Term $f(x)$ durchgeführt werden:

| Substitution | Wirkung |
|---|---|
| $\sigma_1 = \{x/y\}$ | $\sigma_1(f(x)) = f(y)$ |
| $\sigma_2 = \{x/c\}$ | $\sigma_2(f(x)) = f(c)$ |
| $\sigma_3 = \{x/g(y)\}$ | $\sigma_3(f(x)) = f(g(y))$ |

### Unifikation und Unifikator

Eine Menge von Termen heißt **syntaktisch unifizierbar**, wenn es eine Substitution der Variablen gibt, sodass durch die Anwendung dieser Substitution auf die Terme syntaktisch identische Terme entstehen. Dieser Prozess der Ermittlung einer geeigneten Substitution wird als **Unifikation** bezeichnet. Die Substitutionsfunktion selbst, die die Variablen durch Terme ersetzt und so die syntaktische Gleichheit herstellt, nennt man den **Unifikator**.

Es ist wichtig, dass der Unifikator die kleinste und allgemeinste Substitution ist, die die Terme vereinheitlicht, um die größtmögliche Anwendbarkeit der abgeleiteten Schlussfolgerungen zu gestatten. Die Unifikation von Termen ist ein rein syntaktischer Prozess und damit automatisierbar. Wie bei der Klauselbildung sind auch für die Unifikation verschiedene Algorithmen zur Erzeugung eines Unifikators zu finden. Der erste Unifikationsalgorithmus ist in einer kurzen Arbeit von Robinson (1965) beschrieben. Dort wurden auch die Resolutionsmethode und das maschinelle Theorembeweisen zum ersten Mal vorgestellt. Diese Arbeit bildet eine wichtige Grundlage für das Gebiet des maschinellen Beweisens und der logischen Programmierung. Wir wollen auf die Einführung eines Algorithmus hier verzichten und belassen es dabei, uns die Prinzipien von Substitution und Unifikation an Beispielen zu verdeutlichen:

**► Beispiel 6.2**

Betrachten wir jeweils zwei Terme:

- $t_1 = f(x)$ und $t_2 = f(y)$
  Eine mögliche Substitution ist $\sigma = \{y/x\}$. Der Ergebnisterm dieser Substitution lautet $f(x)$. Eine gleichwertige Substitution wäre $\sigma' = \{x/y\}$. Der Ergebnisterm lautet dann $f(y)$.
- $t_1 = f(x)$ und $t_2 = f(a)$
  Hier gibt es nur eine gültige unifizierende Substitution: $\sigma = \{x/a\}$. Eine Variable kann durch eine Konstante ersetzt werden, aber nicht umgekehrt. Der Ergebnisterm lautet $f(a)$.
- $t_1 = f(x)$ und $t_2 = f(g(y))$
  Hier gibt es wieder nur eine gültige Substitution: $\sigma = \{x/g(y)\}$. Eine Variable kann durch eine Funktion ersetzt werden, aber nicht umgekehrt. Dabei ist zu beachten, dass der Name der Variable, die substituiert werden soll (also eingefügt wird), nicht in dem neuen Term vorkommt. Der Ergebnisterm lautet in diesem Fall $f(g(y))$.
- $t_1 = f(x)$ und $t_2 = g(y)$
  Da die beiden Terme unterschiedliche Funktionssymbole aufweisen, ist hier keine Unifikation möglich. ◄

Substitution und Unifikation sind Ersetzungsregeln auf der Ebene der Terme. Die in ► Abschn. 6.4 folgende Resolution arbeitet eine Ebene höher, nämlich auf Formeln. Da wir bei der Resolution auf Substitution und Unifikation angewiesen sind, erweitern wir diese auf die Ebene der Formeln. Wir vereinbaren, dass bei der Substitution und Unifikation von Formeln die Prädikatsymbole unverändert bleiben und nur die Terme innerhalb der Prädikate ersetzt werden. Die Anwendung einer Substitution oder Unifikation $\sigma$ auf eine Formel $F$ notieren wir als $\sigma(F)$.

## 6.4 Resolution – ein Schlussfolgerungsmechanismus

Die auf Robinson (1965) zurückgehende **Resolutionsmethode** stellt einen Formalismus dar, der es uns ermöglicht, für eine Klauselmenge zu entscheiden, ob diese Widersprüche enthält. Diese Klauselmenge wird im Zusammenhang mit der Resolutionsmethode auch als „Axiomensystem" bezeichnet. Mit den Regeln zur Umformung beliebiger prädikatenlogischer Formeln in eine Klauselmenge und der Resolutionsmethode haben wir einen Mechanismus, der automatisch entscheiden kann, ob eine Menge prädikatenlogischer Aussagen widersprüchlich ist. Den Nutzen dieser Möglichkeit werden wir in

► Abschn. 6.5 kennenlernen. Im Folgenden werden wir die Resolutionsmethode allgemein darstellen.

Die Resolution ist für Paare von Klauseln definiert. Die disjunktiv verknüpften Literale einer Klausel werden für die automatische Verarbeitung zur Vereinfachung als Mengen geschrieben:

$$\{P_1(x_1) \vee P_2(x_2) \vee P_3(x_3) \vee \ldots \vee P_n(x_n)\} \quad \text{Klausel } C,$$
$$\mathbb{C} = \{P_1(x_1),\ P_2(x_2),\ P_3(x_3),\ \ldots,\ P_n(x_n)\} \quad \text{Menge von Literalen.}$$

Bevor wir das Resolutionsverfahren formal einführen können, benötigen wir noch den Begriff der **Komplementarität** von Literalen:

**Definition 6.1 (Komplementarität)**

Zwei Literale heißen **komplementär**, wenn sie (1) dasselbe Prädikatsymbol besitzen und (2) unterschiedliche Vorzeichen haben, also eines der beiden die Negation des anderen ist.

Nun können wir die zentrale Idee der Resolution, die Bildung einer Resolvente für zwei Klauseln, definieren:

**Resolvente**

Seien $\mathbb{C}_1$, $\mathbb{C}_2$ und $\mathbb{R}$ Klauseln. $\mathbb{R}$ heißt **Resolvente** von $\mathbb{C}_1$ und $\mathbb{C}_2$, wenn ein Literal $L \in \mathbb{C}_1$ mit $\neg L \in \mathbb{C}_2$ existiert, dann heißt $\mathbb{R}$ mit:

$$\mathbb{R} := \mathbb{C}_1 \setminus \{L\} \cup \mathbb{C}_2 \setminus \{\neg L\}.$$

die Resolvente bezüglich $L$. $\mathbb{C} \setminus \{L\}$ bedeutet, dass das Literal $L$ aus der Klauselmenge $\mathbb{C}$ gelöscht wird. Für die Differenzbildung, siehe Komplement zweier Mengen auf S. 23. Die Resolvente ergibt sich also als Vereinigung der beiden Klauselmengen ohne die komplementären Literale.

Wir erinnern uns an die Definition der Resolutionsregel als Schlussregel der Aussagenlogik: $(P \vee Q) \wedge (\neg P \vee R) \vdash (Q \vee R)$. Die obige Definition realisiert dasselbe Schlussprinzip für Formeln der Prädikatenlogik. Die Disjunktion $P \vee Q$ entspricht der Klausel $\mathbb{C}_1$, die Disjunktion $\neg P \vee R$ der Klausel $\mathbb{C}_2$. Das Literal $L$, das in einer Klausel positiv und in der anderen Klausel negiert vorkommt, entspricht dem Aussagesymbol $P$. Die Resolvente entspricht der rechten Seite der Resolutionsregel: $L$ bzw. $P$ wird aus beiden Klauseln bzw. Disjunktionen gelöscht. Die verbleibenden Literale aus $\mathbb{C}_1$ und $\mathbb{C}_2$ werden zu einer Klausel vereinigt. Wie im aussagenlogischen Fall werden die verbleibenden Glieder der Disjunktionen zu einer neuen Disjunktion verknüpft. Zur Veranschaulichung der Resolventenbildung werden sogenannte Resolutionsdiagramme verwendet (◘ Abb. 6.1).

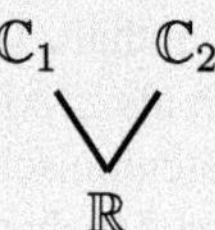


**◘ Abb. 6.1** Resolutionsdiagramm mit den Klauseln $\mathbb{C}_1$ und $\mathbb{C}_2$

Zur Definition der Resolventenbildung kann man allgemein sagen, es genügt, wenn es Literale $L$ und $L'$ gibt, sodass $L \in \mathbb{C}_1$ und $\neg L' \in \mathbb{C}_2$ ist, und $L$ und $L'$ *unifizierbar* sind. Die Substitution, die verwendet wird, um $L$ und $L'$ zu unifizieren, wird auf alle Literale der beiden Klauseln angewendet. Damit es durch die Substitution nicht zu Konfusionen der Variablennamen kommt, muss vorab dafür gesorgt werden, dass keine Variablen in beiden Klauseln vorkommen (siehe Standardisierung der Variablen auf S. 64).

Im Folgenden wollen wir das Vorgehen bei der Resolventenbildung veranschaulichen. In ◘ Abb. 6.2 sind drei Beispiele für Resolutionsdiagramme angegeben. Das Beispiel (a) werden wir im Folgenden ausführlich behandeln.

Angenommen wir haben die folgenden Formeln:

$$\forall x(\neg mensch(x) \rightarrow klingone(x)),$$
$$\forall y(klingone(y) \rightarrow kriegerisch(y)).$$

Die aus diesen Formeln bildbaren Klauseln entsprechen der Form in ◘ Abb. 6.2a:

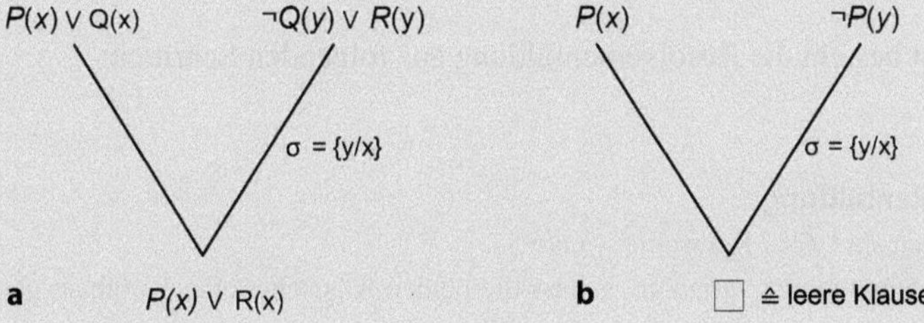


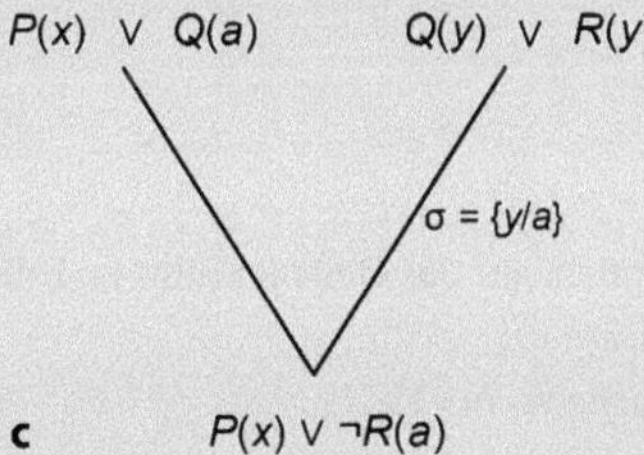


◘ **Abb. 6.2** Verdeutlichung der Resolution am Beispiel

| Formeln | Abbildung |
|---|---|
| $mensch(x) \vee klingone(x)$ | $P(x) \vee Q(x)$ |
| $\neg klingone(y) \vee kriegerisch(y)$ | $\neg Q(y) \vee R(y)$ |

Durch die Substitution $\sigma = \{y/x\}$ erreichen wir, dass die beiden komplementären Literale $klingone(x)$ und $\neg klingone(y)$ unifiziert werden. Die Substitution wird auf beide Klauseln angewendet. Die erste Klausel bleibt unverändert; die zweite lautet nun:

$\neg klingone(x) \vee kriegerisch(x)$.

Beide Aussagen sollen gelten, d. h., sie sind durch eine Konjunktion verknüpft. Es gilt also:

$\big(mensch(x) \vee klingone(x)\big) \wedge \big(\neg klingone(x) \vee kriegerisch(x)\big)$.

Für jedes $x$ muss entweder $klingone(x)$ oder $\neg klingone(x)$ gelten. Ist $klingone(x)$ wahr, so muss, um die Wahrheit der zweiten Klausel zu gewährleisten, $kriegerisch(x)$ wahr sein. Ist hingegen $\neg klingone(x)$ wahr, so muss zwingend $mensch(x)$ wahr sein, damit die Wahrheit der ersten Klausel gewährleistet ist. Also können wir aus den beiden Klauseln ableiten:



$mensch(x) \vee kriegerisch(x) \qquad P(x) \vee R(x)$

Insgesamt besteht die Resolventenbildung aus folgenden Schritten:

**Resolventenbildung**

1. Gegeben sind zwei Klauseln $\mathbb{C}_1$ und $\mathbb{C}_2$.
2. Umbenennung der Variablen, sodass die beiden Klauseln keine Variablen gemeinsam haben.
3. Identifikation komplementärer Literale $L_1$ und $L_2$ in $\mathbb{C}_1$ und $\mathbb{C}_2$.
4. Finden eines Unifikators für $L_1$ und $L_2$ und Anwendung des Unifikators auf die Klauseln.
5. Resolventenbildung.

Die Anwendung des Algorithmus auf das Beispiel führt zu folgenden Schritten:

1. $\mathbb{C}_1 = \big\{klingone(x), mensch(x)\big\}$,
   $\mathbb{C}_2 = \big\{\neg klingone(x), kriegerisch(x)\big\}$.
2. $\sigma = \{x/y\}$,
   $\mathbb{C}'_2 = \sigma(\mathbb{C}_2) = \big\{\neg klingone(y), kriegerisch(y)\big\}$.
3. $L_1 = klingone(x)$, $L_2 = \neg klingone(y)$.
4. Unifikator $\sigma = \{y/x\}$,
   $\sigma(\mathbb{C}_1) = \big\{klingone(x), mensch(x)\big\}$,
   $\sigma(\mathbb{C}'_2) = \big\{\neg klingone(x), kriegerisch(x)\big\}$.
5. $\mathbb{R} = \big\{mensch(x), kriegerisch(x)\big\}$.

Die leere Klausel $\square$ wird hergeleitet, wenn die beiden zu resolvierenden Klauseln genau aus den komplementären Literalen bestehen, die durch die Resolutionsregel gelöscht werden können (◻ Abb. 6.2b).

Betrachten wir ein anderes Beispiel. Angenommen, es seien nur die beiden folgenden Literale gegeben:

$$\mathbb{C}_1 = \{klingone(x)\},$$
$$\mathbb{C}_2 = \{\neg klingone(x)\}.$$

Wie im obigen Beispiel gilt auch hier, dass entweder $klingone(x)$ oder $\neg klingone(x)$ gelten muss, nie aber beides gleichzeitig gelten kann. D. h., wir haben einen Widerspruch gefunden. Eine Resolventenbildung, bei der eine Variable durch eine Konstante substituiert werden muss, ist in ◘ Abb. 6.2c dargestellt.

Ziel des Resolutionsverfahrens ist es, aus einer gegebenen Klauselmenge (also den $\mathbb{C}_1$ und $\mathbb{C}_2$) die leere Klausel $\Box$ abzuleiten, um **Widersprüche** in der Klauselmenge zu finden. Wenn eine widerspruchsfreie Klauselmenge (wir nennen ihre Elemente Axiome, s. o.) und eine Aussage (Theorem) gegeben sind, so können wir also prüfen, ob diese Aussage aus der Menge folgt, indem man zeigt, dass das Hinzufügen der Negation der zu beweisenden Aussage zu einem Widerspruch führt (▶ Abschn. 6.1). Die ursprüngliche Klauselmenge (die Axiome) selbst darf aus diesem Grund keine Widersprüche enthalten, da sich ansonsten bereits aus ihr ein Widerspruch herleiten lässt, der nicht auf der hinzugefügten Aussage (der Negation des zu beweisenden Theorems) beruht. Diese Idee des Widerspruchsbeweises wird nun beim Theorembeweisen angewendet.

## 6.5 Schlussfolgerungen über Faktenwissen

In diesem Abschnitt werden die Vorarbeiten aus den vorangegangenen Abschnitten in einen Algorithmus zum Theorembeweisen integriert, der das Ziehen von Schlussfolgerungen über Faktenwissen ermöglicht. Wir fassen alle Schritte in Alg. 6.1 zusammen. Um Mengen von Literalen (Klauseln) von Klauselmengen (Mengen von Mengen von Literalen) zu unterscheiden, notieren wir Klauselmengen als $\mathfrak{C}$. Es gilt also beispielsweise:

$$\mathfrak{C} = \{\mathbb{C}_1, \mathbb{C}_2\} = \Big\{\{klingone(x), mensch(x)\}, \{\neg klingone(x), kriegerisch(x)\}\Big\}.$$

**Algorithmus 6.1 (Theorembeweis)**

Eingabe: Gesicherte Aussagen (Axiome), zu beweisende Aussage (Theorem);
Ausgabe: Aussage bewiesen oder widerlegt oder keine Ausgabe.

1 Überführe alle gesicherten Aussagen $A_i$ über die Domäne in Klauselform. Es entsteht die Klauselmenge $\mathfrak{C}_1$.
2 Bilde die Negation der Aussage $A_k$, die bewiesen werden soll ($\neg A_k$).
3 Überführe $\neg A_k$ in Klauselform. Nenne die entstandene Klauselmenge $\mathfrak{C}_2$.
4 Bilde $\mathfrak{C} = \mathfrak{C}_1 \cup \mathfrak{C}_2$.
5 Standardisiere die Klauselmenge $\mathfrak{C}$.

```
  6    WIEDERHOLE
6.1        Unifiziere und resolviere mithilfe des Algorithmus auf
           S. 70 eine Klausel C aus 𝕮 mit einer Klausel C' aus 𝕮.
6.2        Füge die Resolvente der Klauselmenge 𝕮 hinzu.
  6    SOLANGE bis die leere Klausel hergeleitet werden konnte
       oder keine neue Klausel mehr abgeleitet werden kann.
  7    WENN die leere Klausel hergeleitet ist
7.a        DANN gib aus: "Aussage bewiesen."
7.b        SONST gib aus: "Aussage widerlegt."
```

*Eine allgemeine Beweismethode basiert auf der Resolution.*



Ein Problem bei diesem Algorithmus ist, dass Fälle vorstellbar sind, in denen die Schleife (6) nie terminiert (▶ Kap. 7). In diesem Fall kann die Maschine nicht entscheiden, ob das Verfahren noch einen Widerspruch ableiten kann oder ob es sich um „sinnlose" Iterationen handelt, die zu keinem Ziel führen. Ein menschlicher „Theorembeweiser" kann diese Entscheidung dagegen oft treffen. Die Lösung dieses Problems ist ein auch heute noch aktuelles Forschungsthema. Zumeist wird versucht, mithilfe von **Heuristiken** (▶ Kap. 11) und verschiedenen **Resolutionsstrategien** die bestehenden Verfahren zu verbessern. Die meisten Anstrengungen in dieser Richtung werden bei dem Versuch unternommen, die Intelligenz, die ein menschlicher Theorembeweiser bei der Auswahl der Klausel in Schritt (6.1) benutzt, in den Algorithmus zu integrieren.

**▶ Beispiel 6.3**

Betrachten wir nun ein Beispiel, das den gesamten Algorithmus des Theorembeweisens demonstriert. Als Ausgangspunkt liegen folgende gesicherte Aussagen über die Besatzungsmitglieder des Raumschiffs Enterprise vor:

1. Alle Besatzungsmitglieder waren auf der Sternenakademie.
2. Jeder, der auf der Sternenakademie war und klug ist, wird die Hauptdirektive einhalten.
3. Captain Picard ist Besatzungsmitglied.
4. Captain Picard ist klug.

Wird Captain Picard die Hauptdirektive einhalten?

**Prädikatenlogische Darstellung (Axiome)** –

1. $\forall x(\mathit{Besatzungsmitglied}(x) \rightarrow \mathit{Sternenakademie}(x))$,
2. $\forall x(\mathit{Sternenakademie}(x) \wedge \mathit{klug}(x) \rightarrow \mathit{Hauptdirektive}(x))$,
3. $\mathit{Besatzungsmitglied}(\mathit{Picard})$,
4. $\mathit{klug}(\mathit{Picard})$.

Zu beweisendes Theorem: $\mathit{Hauptdirektive}(\mathit{Picard})$.

Wir transformieren die Ausdrücke in Klauselform:

1. $\forall x(\mathit{Besatzungsmitglied}(x) \rightarrow \mathit{Sternenakademie}(x)) \equiv$
   $\forall x(\neg \mathit{Besatzungsmitglied}(x) \vee \mathit{Sternenakademie}(x)) \equiv$
   $\neg \mathit{Besatzungsmitglied}(x) \vee \mathit{Sternenakademie}(x)$.

2. $\forall x \big(Sternenakademie(x) \wedge klug(x) \rightarrow Hauptdirektive(x)\big) \equiv$
   $\forall x \Big(\neg\big(Sternenakademie(x) \wedge klug(x)\big) \vee Hauptdirektive(x)\Big) \equiv$
   $\forall x \big(\neg Sternenakademie(x) \vee \neg klug(x) \vee Hauptdirektive(x)\big) \equiv$
   $\neg Sternenakademie(x) \vee \neg klug(x) \vee Hauptdirektive(x).$
3. $Besatzungsmitglied(Picard).$
4. $klug(Picard).$

Gilt *Hauptdirektive*(*Picard*)?

Zu beweisen ist: *Hauptdirektive*(*Picard*), deshalb wird dessen Negation, also ¬*Hauptdirektive* (*Picard*), zur Axiomenmenge hinzugefügt:

1. $\neg Besatzungsmitglied(x) \vee Sternenakademie(x).$
2. $\neg Sternenakademie(y) \vee \neg klug(y) \vee Hauptdirektive(y).$
3. $Besatzungsmitglied(Picard).$
4. $klug(Picard) \wedge \neg Hauptdirektive(Picard)?$

Zur Darstellung des Vorgehens bei der Resolventenbildung wählen wir die Darstellung als Ableitungsbaum (→ ◘ Abb. 6.3). Um den Ableitungsbaum übersichtlicher zu gestalten, verwenden wir die folgenden Abkürzungen: *BM* für *Besatzungsmitglied*, *HD* für *Hauptdirektive* und *STA* für *Sternenakademie*. Wie ◘ Abb. 6.3 zeigt, können wir in endlich vielen Schritten die leere Klausel herleiten. Es konnte also durch rein mechanisches Ableiten gezeigt werden, dass die Aussage ¬*Hauptdirektive*(*Picard*) falsch ist und damit ihre Negation *Hauptdirektive*(*Picard*) wahr sein muss. Wir können somit davon ausgehen, dass Captain Picard die Hauptdirektive befolgt. ◄

Theorembeweisen ist ein allgemeiner Ansatz zum syntaktischen Schließen aus logischen Formeln. Schlussfolgerungen über semantischen Netzen können zum Beispiel als Theorembeweisverfahren implementiert werden (was wir im nächsten Kapitel zeigen werden). Diese Vorgehensweise ist jedoch nicht als kognitive Modellierung aufzufassen. Eine Eigenschaft, die das hier vorgestellte Theorembeweisverfahren von menschlichen Schlussfolgerungsprozessen unterscheidet, ist, dass Menschen ihre Schlüsse revidieren können, klassische Theorembeweiser aber nicht. Wird hier eine Aussage abgeleitet, so bleibt sie erhalten, auch wenn das System neue Informationen erhält. Menschliches Schlussfolgern ist zwar nicht immer logisch korrekt, dafür haben Menschen die Fähigkeit, ihre Wissensstrukturen zu modifizieren. So kann ich zum Beispiel meine Annahme dahingehend, dass alle Humanoiden an Bord der Enterprise friedfertig sind, revidieren, wenn ich erfahre, dass Romulaner an Bord sind. Ein Ansatz, der versucht, logische Schlüsse revidierbar zu machen, ist die sogenannte nichtmonotone Logik, auf die wir in ► Kap. 15 im Zusammenhang mit Expertensystemen eingehen werden.

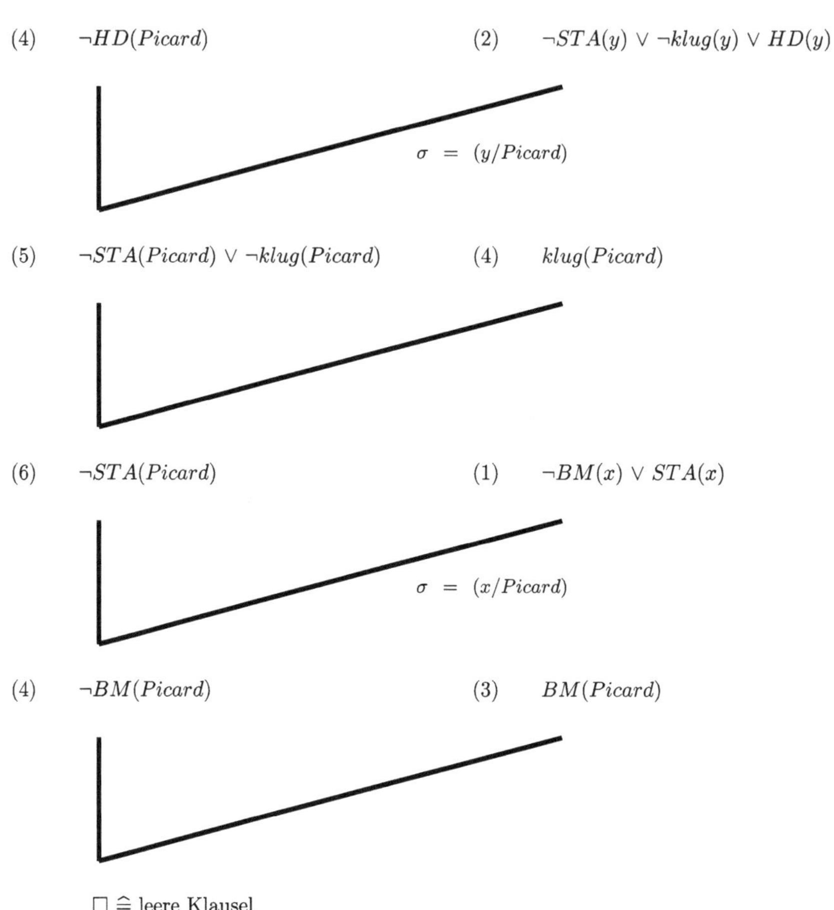


**Abb. 6.3** Darstellung der Resolventenbildung als Ableitungsbaum. Um den Ableitungsbaum übersichtlicher zu gestalten, verwenden wir die folgenden Abkürzungen: *BM* für *Besatzungsmitglied*, *HD* für *Hauptdirektive* und *STA* für *Sternenakademie*

## 6.6 Zur Vertiefung

### Originalliteratur

- Robinson, J. A. (1965). A machine-oriented logic based on the resolution principle. *Journal of the ACM*, *12*(1), 23–41.
- Robinson, J. (1979). *Logic: Form and Function – The Mechanization of Deductive Reasoning*. Edinburgh University Press.

# Logische Programmierung

Inhaltsverzeichnis




M. Ragni, U. Schmid, *Kognitive Künstliche Intelligenz*, https://doi.org/10.1007/978-3-662-69498-5_7

Im ersten Teil dieser Einführung haben wir uns mit dem Thema Wissensrepräsentation befasst und die mengentheoretischen und logischen Grundlagen für die Formalisierung semantischer Netze kennengelernt. Zum Abschluss dieses Teils soll nun dargestellt werden, auf welche Weise die eingeführten Methoden zur Implementierung semantischer Netze auf einem Computer verwendet werden können. Zu diesem Zweck wird die Programmiersprache **Prolog** eingeführt.

In ▶ Abschn. 7.1 wird eine kurze Einführung in grundlegende Begriffe der Programmierung gegeben. Danach wird am Beispiel der Implementation eines semantischen Netzes die **Syntax** von Prolog eingeführt (▶ Abschn. 7.2). Wir werden sehen, dass wir die in ▶ Kap. 3 definierten Regeln zur Merkmalsvererbung fast unmittelbar als Prolog-Programm schreiben können. Das Kapitel schließt mit der Darstellung der Beziehung von Prolog zur **Prädikatenlogik** und zum **Resolutionsverfahren** (▶ Abschn. 7.3).



## 7.1 Was ist Programmierung?

**Programmierung** meint den Vorgang der Erstellung eines Programms auf einem konkreten Computer in einer konkreten Programmiersprache. Jedem Computerprogramm liegt ein **Algorithmus** zugrunde. Ein Algorithmus ist eine Vorschrift, die angibt, wie Eingabedaten in Ausgabedaten überführt werden. Die Regeln zum schriftlichen Addieren bilden zum Beispiel einen Additionsalgorithmus. Wir wenden diese Regeln auf zwei Zahlen als Eingabedaten an und erhalten die Summe der Zahlen als Ausgabe. Im letzten Kapitel haben wir Algorithmen für Unifikation und Resolution kennengelernt. Auch im Alltag wenden wir häufig Algorithmen an. Eine Gebrauchsanleitung für eine Waschmaschine definiert zum Beispiel einen Algorithmus zur Überführung von schmutziger in saubere Wäsche:

#### ▪ ▪ Bedienung einer Waschmaschine

1. Wähle etwa 4 kg Wäsche aus, die gereinigt werden muss, wobei am besten solche Wäschestücke gewählt werden, die ähnliche Waschtemperaturen vertragen und ähnliche Farben haben.
2. Öffne die Trommel.
3. Packe die Wäsche in die Maschine.
4. Schließe die Trommel.
5. Öffne den Hahn, der die Wasserzufuhr regelt.
6. Gebe Waschmittel in das passende Fach
7. Wähle ein Waschprogramm aus.
8. Schalte die Maschine an.
9. Warte, bis die Maschine den Waschgang beendet hat.
10. Öffne die Trommel.
11. Entnimm die Wäsche.
12. Schließe den Hahn, der die Wasserzufuhr regelt.

Ein Algorithmus kann in verschiedenen Programmiersprachen realisiert werden. **Programmiersprachen** sind künstliche, formale Sprachen, in denen Algorithmen formuliert werden, damit diese von Computern ausgeführt werden können. Die Programmiersprachen, mit denen wir uns im Folgenden befassen, werden auch „Hochsprachen" (engl. *high-level languages*) genannt. Sie sind von maschinennahen Sprachen (z. B. Assembler) zu unterscheiden. In maschinennahen Sprachen werden Rechenoperationen als Manipulationen einzelner Speicherzellen (Register) beschrieben. Sie sind damit stark von der verwendeten Hardware abhängig. Hochsprachen dagegen abstrahieren von den konkreten technischen Eigenschaften des Computers. Sie sind mehr an den zu bearbeitenden Problemen orientiert und für Menschen einfacher lesbar. Spezielle Programme, sogenannte Compiler, können in Hochsprachen formulierte Programme automatisch in eine maschinennahe Sprache übersetzen. Erst diese übersetzten Programme sind vom Rechner ausführbar.

Wie natürliche Sprachen können Programmiersprachen durch ihre syntaktischen und semantischen Eigenschaften beschrieben werden. Die **Syntax** einer Programmiersprache besteht aus einer Menge vorgegebener Worte (Befehle) und aus Regeln, die angeben, auf welche Art diese Wörter kombiniert werden dürfen. Die **Semantik** einer Programmiersprache gibt an, was mit den Befehlen und Befehlsfolgen eines Programms gemeint ist. Zum einen ist es wichtig zu wissen, welchen Effekt es hat, wenn Befehle auf Eingabedaten angewendet werden. Diese Art, die Bedeutung eines Programms zu definieren, heißt **operationale Semantik**. Zum anderen kann die Bedeutung berechnungsunabhängig definiert werden, indem wir angeben, auf welche Art wir Befehle und ihre Verknüpfungen interpretieren. Dieser Aspekt der Bedeutung wird als **denotationale Semantik** bezeichnet. Bei der Definition der Prädikatenlogik haben wir eine Interpretationsfunktion definiert, die syntaktischen Formeln bedeutsame Ausdrücke in einem Modell zuordnet. Um die denotationale Semantik einer Programmiersprache zu definieren, geben wir eine Zuordnungsvorschrift von Befehlen der Programmiersprache zu uns bekannten Formalismen (z. B. die Prädikatenlogik) an. In ▶ Abschn. 7.3 werden wir beide Aspekte der Semantik von Prolog-Programmen darstellen.

Programmiersprachen lassen sich, wie natürliche Sprachen, in Sprachfamilien einteilen (siehe ◘ Abb. 7.1). Wichtige Programmierkonzepte sind der imperative und der deklarative Ansatz. Programmiersprachen des **imperativen Ansatzes** (lat. *imperare* = befehlen) ermöglichen es, die Abarbeitung eines Algorithmus als Sequenz von auszuführenden Einzelschritten (Befehlen) anzugeben. Bekannte imperative Sprachen sind BASIC, FORTRAN, Pascal, MODULA2 und C. **Deklarative Ansätze** geben dagegen nicht die Lösungsschritte für ein Problem, sondern die formale Definition des Problems an. Die

**Programmiersprachen:**

- Deklarativ:
  - Funktional
  - Logisch
    - PROLOG
- Imperativ

**Natürliche Sprachen:**

- Germanisch
  - Englisch
  - Deutsch
    - Hochdeutsch (Bairisch, Schwäbisch, ...)
- Romanisch

◘ **Abb. 7.1** Übersicht über die Einteilung von Programmier- und natürlichen Sprachen in Sprachfamilien. Eine wichtige Unterteilung der Programmiersprachen ist die in imperative und deklarative Ansätze

Auswertung der Problemdefinition durch einen sogenannten *Interpreter* liefert dann die Problemlösung. Innerhalb der deklarativen Sprachen gibt es zwei große Untergruppen, die auf unterschiedlichen Prinzipien basieren: funktionale und logische Sprachen. Eine weitere Klasse von Programmiersprachen sind die objektorientierten Sprachen. Diese organisieren den Code in Objekten, die Daten und Funktionen einkapseln, um die Struktur und das Verhalten zu definieren. Die bekanntesten Beispiele für objektorientierte Programmiersprachen sind Java, C++ und Python.

Eine in der KI zentrale Sprache ist Python; für statistische Analysen und maschinelles Lernen werden häufig die Sprache R und die logische Sprache Prolog sowie die funktionale Sprache LISP verwendet. Die letzteren Sprachen sind auf einem höheren Abstraktionsgrad angesiedelt als imperative Sprachen. Dadurch können komplexe Probleme mit wesentlich kürzeren und damit übersichtlicheren Programmen bearbeitet werden, als dies bei imperativen Sprachen der Fall ist.



## 7.2 Die Syntax von Prolog

In Prolog wird das zur Lösung eines Problems benötigte Wissen deklarativ, in Form logischer Formeln, notiert. Das Prolog-Interpreter versucht dann, die Problemlösung auf Grundlage des vorgegebenen Wissens durch einen logischen Beweis abzuleiten. Der dabei verwendete Beweismechanismus ist die Resolution (► Kap. 6).

Die Grundbausteine von Prolog stammen direkt aus der Prädikatenlogik: In Prolog gibt es **Terme** und **Aussagen**. Aussagen teilen sich in Fakten, Regeln und Anfragen. Wir wollen die Syntax von Prolog nicht abstrakt einführen, sondern im Folgenden schrittweise ein hierarchisches semantisches Netz (► Kap. 3) in Prolog implementieren. Bei der Auswahl der eingeführten Konzepte orientieren wir uns an Beckstein (1993).

### ■ Aussagen 1: Fakten

Fakten sind die einfachste Form von Aussagen. Mit Fakten beschreiben wir Eigenschaften von sowie Relationen zwischen konkreten Objekten. Damit entsprechen Fakten den in ► Kap. 3 eingeführten Prädikaten mit konstanten Argumenten. Im Folgenden geben wir die Fakten des semantischen Netzes aus ► Kap. 3 (■ Abb. 3.4) in Prolog-Notation an:

```
/* Fakten für das semantische Netz aus Kapitel 3 */
isa(fisch, tier).                    /* Inklusionsrelationen */
isa(steinbutt, fisch).
isa(herz, organ).
hasprop(tier, herz).                 /* Eigenschaftsrelationen */
hasprop(organ, gewebe).
hasprop(gewebe, zellen).
```

Wir notieren ein Fakt, indem wir zunächst einen Relationsnamen (Prädikat) notieren und dahinter in Klammern (getrennt durch Kommata) die Objekte, auf die das Prädikat angewendet wird. In der Syntax von Prolog werden Konstanten dadurch gekennzeichnet, dass sie klein geschrieben sind. Auch Relationsnamen müssen mit einem Kleinbuchstaben beginnen. Jede Prolog-Aussage wird durch einen Punkt abgeschlossen. Alles, was zwischen

/* und */ notiert ist, gehört nicht zum Prolog-Programm, sondern dient als Erläuterung und wird ein „Kommentar" genannt.

### ▪ Terme 1: atomare Terme

Fakten sind einfache Anweisungen. Die konstanten Argumente der Relationsnamen (Prädikatnamen) werden als **atomare Terme** (Atome, Grundterme) bezeichnet. Die abstrakte Form eines Fakts ist:

$$\langle \textit{Name für eine n-stellige Relation} \rangle(\text{atom}_1, \ldots, \text{atom}_n).$$

Neben vom Benutzer eingeführten Konstanten sind auch alle konkreten Zahlen sowie in Hochkommata eingeschlossene Zeichenketten Atome (Die atomaren Terme sind nicht mit den atomaren Formeln der Logik zu verwechseln!). Beispiele für atomare Terme sind: `tier`, `a`, `17`, `0` und `'hallo hallo'`.

### ▪ Aussagen 2: Anfragen

Anfragen sind Aussagen, mit denen wir Informationen vom Prolog-System abfragen. Mit Anfragen können wir prüfen, ob ein bestimmter Fakt im System bekannt ist oder welche Objekte in einer bestimmten Relation zueinander stehen. Jedes moderne Prolog-System hat eine interaktive Benutzeroberfläche, mit der man Anfragen stellen kann. Ein Fragezeichen „?-" auf dem Bildschirm zeigt an, dass das Prolog-System bereit ist, Eingaben zu erhalten. Im Folgenden werden beispielhaft einige Anfragen gestellt. Dabei sind alle fett markierten Zeichen Ausgaben des Systems – also Antworten auf die vom Benutzer gestellten Anfragen.

```
?- isa(fisch, tier).
yes
?- hasprop(tier, herz).
yes
?- isa(gummibaerchen, tier).
no
?- isa(X, tier).
X = fisch;
no
?- isa(X, tier), hasprop(X, herz).
X = fisch;
no
```

Die ersten drei Anfragen prüfen, ob konkrete Fakten in der Wissensbasis des Systems vorhanden sind. Das System bestätigt das Vorhandensein der ersten beiden Fakten, indem es mit *yes* antwortet. Es verneint aber die Kenntnis des dritten Fakts. In der vierten Anfrage wird eine Variable (x) verwendet. Man kann diese Anfrage formulieren als: „Nenne mir ein x aus deiner Wissensbasis, das ein Tier ist!" Das Prolog-System antwortet mit `X = fisch`. Die Eingabe eines Semikolons (;) durch den Benutzer fordert das Prolog-System auf, weitere Dinge auszugeben, die in Relation zu *tier* stehen. Da das System keine weitere Relation *isa(X, tier)* findet, antwortet es mit *no*. Die letzte Anfrage verknüpft zwei Aussagen. Sie kann gelesen werden als: „Gib ein x aus, das ein Tier ist und ein Herz hat!" Das Komma zwischen den beiden Aussagen realisiert also die logische „und"-Verknüpfung (Konjunktion) in Prolog.

- **Terme 2: Variablen**

Bei den Anfragen haben wir eine zweite Art von Termen kennengelernt: Neben den Konstanten können wir in Prolog auch Variablen verwenden. Variablen sind syntaktisch dadurch gekennzeichnet, dass sie mit einem Großbuchstaben oder einem Unterstrich _ beginnen. Die Variable, die nur aus einem Unterstrich besteht, nimmt eine Sonderstellung ein. Sie wird **anonyme Variable** genannt und dann als Platzhalter verwendet, wenn wir beliebige Werte für einen Ableitungsschritt zulassen wollen, diese Werte uns im weiteren Verlauf der Ableitung aber nicht mehr interessieren.

- **Aussagen 3: Regeln**

Regeln sind die komplexesten Aussagen in Prolog-Programmen. Die Syntax von Prolog-Regeln lautet abstrakt formuliert

*Kopf* :- *Rumpf*.



Der Kopf gibt dabei den Regelnamen zusammen mit Argumenten für die Regel an. Der Rumpf besteht aus einer Folge von Anweisungen. Zwei Regeln für die *isa*-Relation lauten:

```
is(A, B) :- isa(A, B). /* direkter Fall isa: R1 */
is(A, C) :- isa(A, B), /* Transitivität von */
is(B, C).              /* isa: R2 */
```

Die **erste Regel** `R1` gibt an, dass ein `A` ein `B` ist, wenn der Fakt `isa(A, B)` in der Wissensbasis vorhanden ist. Achtung: Der Regelname unterscheidet sich vom Namen der *isa*-Relation! Fakten über Inklusionsrelationen wurden mit `isa` notiert, die Regeln zum Umgang mit diesen Fakten werden mit `is` notiert. Wird in einer Anfrage der Regelname `is` verwendet, sucht das Prolog-System nach einer Anweisung (also einem Fakt, s. o.) mit diesem Namen in der Wissensbasis. Die Suche verläuft dabei von oben nach unten, d. h., es wird immer zuerst versucht, ob die erste Regel anwendbar ist. Erst wenn dies fehlschlägt, wird die zweite Regel verwendet.

Die **zweite Regel** `R2` definiert, dass die `isa`-Relation transitiv ist. Für diese Definition werden zwei Anweisungen konjunktiv verknüpft: Ein `A` ist ein `C`, wenn in der Wissensbasis der Fakt `isa(A, B)` vorhanden ist **und** ein `B` ein `C` ist (also der Fakt `isa(B, C)`). In der zweiten Regel taucht der Name der Regel im Rumpf wieder auf. Solche Anweisungsstrukturen heißen **rekursiv**. Eine Rekursion führt dazu, dass eine Anweisung sich selbst wieder aufruft. Dieses Prinzip wollen wir verdeutlichen, indem wir zeigen, wie die Anfrage

```
?- is(steinbutt, tier).
```

vom Prolog-System bearbeitet wird. Das Prolog-System findet den Regelnamen `is` zunächst bei der ersten Regel. Das System belegt die Variable `A` mit der Konstanten `steinbutt` und `B` mit der Konstanten `tier`. Die erste Regel ist wahr, wenn `isa(steinbutt, tier)` in der Wissensbasis vorhanden ist. Da dies nicht der Fall ist, wird nun mit Regel 2 versucht, wobei `A` mit `steinbutt` und `C` mit `tier` belegt wird:

```
is(steinbutt, tier) :- isa(steinbutt, B),
is(B, tier).
```

Die erste Anweisung im Rumpf führt dazu, dass in der Faktenbasis ein B gesucht wird, das in der isa-Relation zu steinbutt steht. B wird also mit der Konstanten fisch belegt:

```
is(steinbutt, tier) :- isa(steinbutt, fisch),
is(fisch, tier).
```

Die zweite Anweisung führt zu einem neuen Aufruf der is-Regel. Prolog findet wieder zunächst die erste is-Regel:

```
is(fisch, tier) :- isa(fisch, tier).
```

Diesmal findet das Prolog-System den Fakt isa(fisch, tier) in der Wissensbasis. Die Anfrage is(steinbutt, tier) kann also mit yes beantwortet werden.

Mit den ersten beiden Regeln haben wir die Eigenschaften der isa-Relation definiert. Es lässt sich auch die Transitivität der hasprop-Relation definieren. In ▶ Kap. 3 wurden neben der Transitivität der hasprop-Relation zwei Regeln angegeben, die hasprop bezüglich isa verallgemeinern. Die Transitivität von hasprop kann analog zur Transitivität von isa definiert werden. Um die Regelnamen von den Faktennamen zu unterscheiden, definieren wir die Regelnamen mit has:

```
has(A, X) :- hasprop(A, X).             /* direkter Fall has: R3 */
has(X, Z) :- hasprop(X, Y),             /* Transitivität von */
             has(Y, Z).                 /* has: R4 */
```

Die Regeln zur Beziehung zwischen der isa-Relation und der hasprop-Relation haben wir in ▶ Kap. 3 folgendermaßen definiert: Seien A und B Objektklassen und X und Y Eigenschaften.

1. Verallgemeinerung von hasprop bezüglich isa:
   Wenn X $\subseteq$ Y und A hasprop X, dann A hasprop Y.
2. Vererbung von hasprop bezüglich isa:
   Wenn A $\subseteq$ B und B hasprop X, dann A hasprop X.

In die Syntax von Prolog übersetzt, lauten diese Regeln:

```
has(A, X) :- hasprop(A, Y),                 /* (1) R5 */
is(Y, X).
has(A, X) :- isa(A, B),                     /* (2) R6 */
has(B, X).
```

Diese Regeln sind wieder rekursiv.

Wir wollen zur Veranschaulichung betrachten, wie Prolog die Anfrage

```
?- has(fisch, organ).
```

ableitet. Wieder werden die Regeln von oben nach unten durchprobiert.

```
has(fisch, organ) :- hasprop(fisch, organ).     /* R3 */
```

scheitert, weil dieser Fakt nicht in der Wissensbasis enthalten ist.

```
has(fisch, organ) :- hasprop(fisch, B),          /* R4 */
has(B, organ).
```

scheitert ebenfalls, weil es keine Konstante für `B` mit `hasprop(fisch, B)` in der Wissensbasis gibt.

```
has(fisch, organ) :- hasprop(fisch, Y),          /* R5 */
is(Y, organ).
```

scheitert aus demselben Grund. Versuchen wir Regel `R6`:

```
has(fisch, organ) :- isa(fisch, B),              /* R6 */
has(B, organ).
```



Aufgrund der Fakten in der Wissensbasis kann die Variable `B` durch die Konstante *tier* ersetzt werden:

```
has(fisch, organ) :- isa(fisch, tier), has(tier, organ).
```

Nun wird `has(tier, organ)` rekursiv aufgerufen. Wir beginnen wieder bei der ersten `has`-Regel `R3`.

```
has(tier, organ) :- hasprop(tier, organ).        /* R3 */
```

Die Regel scheitert. Die Regel `R4`

```
has(tier, organ) :- hasprop(tier, B),            /* R4 */
has(B, organ).
```

kann angewendet werden, wenn `B` durch `herz` ersetzt wird:

```
has(tier, organ) :- hasprop(tier, herz),
has(herz, organ).
```

Nun wird `has(herz, organ)` rekursiv weiter ausgewertet. Diese Auswertung scheitert jedoch letztendlich. Die Regel `R5`

```
has(tier, organ) :- hasprop(tier, Y),            /* R5 */
is(Y, organ).
```

kann schließlich erfolgreich angewendet werden:

```
has(tier, organ) :- hasprop(tier, herz),
is(herz, organ).
is(herz, organ) :- isa(herz, organ).             /* R1 */
```

Jetzt endlich erhalten wir die Antwort auf unsere Anfrage, und diese Antwort lautet yes.

Für die Anfrage

```
?- has(steinbutt, fluegel).
```

scheitert das Prolog-System, da dieser Fakt nicht aus der Wissensbasis ableitbar ist. Hier würde nach dem Scheitern aller Regelanwendungsversuche die Antwort no ausgegeben.

Das gesamte Prolog-Programm zur Implementation hierarchischer semantischer Netze sieht also folgendermaßen aus:

**▶ Beispiel 7.1 (Ein hierarchisches semantisches Netz in Prolog)**

```
/* ****************************************************** */
/* Beispiel-Implementation eines semantischen Netzes      */
/* in Standard-Prolog                                     */
/* ****************************************************** */
/* Explizite Kanten im Netz siehe Kapitel 3, Abbildung 3.4 */
   isa(fisch, tier).
   isa(steinbutt, fisch).
   isa(herz, organ).
   hasprop(tier, herz).
   hasprop(organ, gewebe).
   hasprop(gewebe, zellen).
/* ------------------------------------                   */
/* Ableitungsregeln im Netz                               */
/* A, B, C sind Konzepte;                                 */
/* X, Y, Z sind Eigenschaften                             */
/* ------------------------------------                   */
   is(A, B) :- isa(A, B).          /* direkter Fall isa: R1 */
   is(A, C) :- isa(A, B),          /* Transitivität von */
   is(B, C).                       /* isa: R2 */
   has(A, X) :- hasprop(A, X).     /* direkter Fall has: R3 */
   has(X, Z) :- hasprop(X, Y),     /* Transitivität von */
   has(Y, Z).                      /* has: R4 */
/* Verallgemeinerung und Vererbung von has bzgl. is:      */
   has(A, X) :- hasprop(A, Y),     /* (1) R5 */
   is(Y, X).
   has(A, X) :- isa(A, B),         /* (2) R6 */
   has(B, X).
/* ****************************************************** */ ◀
```

## 7.3 Prolog und Prädikatenlogik

Im letzten Abschnitt haben wir bereits gesehen, dass die Formel, die die Transitivität der `isa`-Relation ausdrückt, einfach in ein Prolog-Programm übersetzbar ist. Die Programmiersprache Prolog ermöglicht es also, mit prädikatenlogischen Formeln zu rechnen. Die Berechnung basiert dabei auf dem in ▶ Kap. 6 eingeführten Resolutionskalkül. Dieser arbeitet auf Klauselmengen. In Prolog ist die Form der zulässigen prädikatenlogischen Formeln noch weiter eingeschränkt, und zwar auf sogenannte **Horn-Klauseln**.

### Negative und definite Horn-Klauseln

7

Horn-Klauseln bestehen aus beliebig vielen negativen und maximal einem positiven Literal. Eine Horn-Klausel, die überhaupt kein positives Literal besitzt, heißt **negativ**. Eine Horn-Klausel, die ein positives Literal besitzt, heißt **definit**.

Im Folgenden betrachten wir zunächst die **denotationale Semantik** von Prolog-Programmen, indem wir angeben, welche Beziehung zwischen Prolog-Ausdrücken und Formeln der Prädikatenlogik besteht. Stellen wir dazu die Prolog-Notation und prädikatenlogische Klauselnotation einander direkt gegenüber (◘ Tab. 7.1).

Fakten sind definite Horn-Klauseln, die aus genau einem positiven Literal bestehen. Wir sehen in der Tabelle, dass der Fakt `isa(fisch, tier).` bis auf den abschließenden Punkt identisch mit dem Prädikat `isa(fisch, tier)` ist.

Regeln sind definite Horn-Klauseln, die aus einer Disjunktion von genau einem positiven Literal (Regelkopf) und beliebig vielen negativen Literalen (Regelrumpf) bestehen. Prolog-Regeln entsprechen einer Implikation: Die konjunktiv verknüpften Ausdrücke des Regelrumpfs sind die Prämissen, aus denen der Ausdruck im Regelkopf folgen muss. Das Symbol :- entspricht also einer Implikation von rechts nach links (Konklusion ← Bedingung). Die Regel

```
is(A, B) :- isa(A, B).
```

entspricht der prädikatenlogischen Formel

$$isa(A, B) \rightarrow is(A, B).$$

◘ **Tab. 7.1** Prolog versus Prädikatenlogik

| Ausdruck | Prolog | Prädikatenlogik |
|---|---|---|
| Fakt | $isa(fisch, tier).$ | $isa(fisch, tier)$ |
| | $isa(steinbutt, fisch).$ | $isa(steinbutt, fisch)$ |
| Regel | $is(A, B)$ :- $isa(A, B).$ | $is(A, B) \vee \neg isa(A, B)$ |
| | $is(A, C)$ :- $isa(A, B), is(B, C).$ | $is(A, C) \vee \neg isa(A, B) \vee \neg is(B, C)$ |
| Anfrage | ?- $is(steinbutt, tier).$ | $\neg is(steinbutt, tier)$ |
| | ?- $is(fisch, X).$ | $\neg is(fisch, X)$ |

Da die Groß/Klein-Schreibung bei logischen Ausdrücken irrelevant ist, behalten wir die Großschreibung der Variablen hier bei. Löst man die Implikation auf (▶ Abschn. 6.2), so ergibt sich die Horn-Klausel

$$\neg isa(A, B) \vee is(A, B).$$

Die Variablen der prädikatenlogischen Ausdrücke sind quantifiziert. Dabei gilt, dass Variablen, die im Kopf der Regel vorkommen, allquantifiziert sind und dass Variablen, die nur im Rumpf der Regel vorkommen, existenzquantifiziert sind. Für obige Formel gilt also:

$$\forall A\, \forall B\big[isa(A, B) \rightarrow is(A, B)\big] \quad \big(\equiv\ \forall A\, \forall B\big[\neg isa(A, B) \vee is(A, B)\big]\big).$$

Bei der Umwandlung in Klauselform (▶ Abschn. 6.2) werden die Allquantoren gestrichen. Die Regel

```
is(A, C) :- isa(A, B), is(B, C).
```

entspricht folgender Formel:

$$\forall A\, \forall C\Big(\exists B\big(isa(A, B) \wedge is(B, C)\big) \rightarrow is(A, C)\Big).$$

Diese Formel kann mithilfe der Rechengesetze aus ▶ Abschn. 4.3 folgendermaßen in Klauselform gebracht werden:

$$\begin{aligned} & \forall A\, \forall C\big[\neg\exists B\big(isa(A, B) \wedge is(B, C)\big) \vee is(A, C)\big] \\ \equiv\ & \forall A\, \forall C\big[\forall B\, \neg\big(isa(A, B) \wedge is(B, C)\big) \vee is(A, C)\big] \\ \equiv\ & \forall A\, \forall C\, \forall B\big[\neg\big(isa(A, B) \wedge is(B, C)\big) \vee is(A, C)\big] \\ \equiv\ & \forall A\, \forall C\, \forall B\big[\neg isa(A, B) \vee \neg is(B, C) \vee is(A, C)\big]. \end{aligned}$$

Die Allquantoren können dann gestrichen werden.

Anfragen sind negative Horn-Klauseln, die aus genau einem negativen Literal bestehen. Die Anfragen werden negiert, da das Prolog-System nach dem Resolutionsverfahren vorgeht (siehe unten). Um den Nachweis zu führen, dass eine Aussage aus einer Axiomenmenge folgt, genügt es zu zeigen, dass das Hinzufügen der negierten Aussage zu der Axiomenmenge zu einem Widerspruch führt. Anfragen sind existenzquantifiziert. Die Anfrage `is(fisch, X).` entspricht der Formel

$$\exists X\ is(fisch, X).$$

Diese Formel wird negiert:

$$\neg\exists X\ is(fisch, X) \equiv \forall X \neg is(fisch, X).$$

Die **operationale Semantik**, also die Art, in der in Prolog Programme abgearbeitet werden, basiert auf dem Resolutionskalkül (▶ Kap. 6). Das Prolog-Programm entspricht hier der Axiomenmenge. Die Anfrage entspricht dem zu beweisenden Theorem.

Nun wollen wir uns am Beispiel des Programms aus ◘ Tab. 7.1 ansehen, was aus Sicht der Prädikatenlogik bei einer Prolog-Anfrage passiert. Betrachten wir zunächst die Anfrage `is(steinbutt, tier)`. Wir versuchen mit der Resolutionsmethode, durch das Hinzufügen der negierten Anfrage zu dem als Klauselmenge repräsentierten Prolog-Programm einen Widerspruch herzuleiten. Eine Resolvente aus Anfrage und Klausel wird im darauffolgenden Ableitungsschritt als neue Anfrage verwendet (◘ Tab. 7.1).

## Übersichtsdarstellung der Ableitungsschritte

| | | |
|---|---|---|
| **Anfrage:** | $\neg is(steinbutt, tier)$ | |
| **Klausel 1:** | $is(A, C) \vee \neg isa(A, B) \vee \neg is(B, C)$ | $\sigma_1 = \{A/steinbutt,\ C/tier\}$ |
| **Neue Anfrage:** | $\neg isa(steinbutt, B) \vee \neg is(B, tier)$ | |
| **Klausel 2:** | $isa(steinbutt, fisch)$ | $\sigma_2 = \{B/fisch\}$ |
| **Neue Anfrage:** | $\neg is(fisch, tier)$ | |
| **Klausel 3:** | $is(A, B) \vee \neg isa(A, B)$ | $\sigma_3 = \{A/fisch,\ B/tier\}$ |
| **Neue Anfrage:** | $\neg isa(fisch, tier)$ | |
| **Klausel 4:** | $isa(fisch, tier)$ | |
| | $\square$ | |

7

Bei der Angabe der Ableitungsschritte haben wir jeweils die Klausel gewählt, die uns auf schnellstem Weg die Ableitung der leeren Klausel $\square$ ermöglicht. Das Prolog-System arbeitet die Klauseln in der Regel von oben nach unten ab. Führt eine Klausel nicht zum Ziel, so wird **Backtracking** angewendet: Bei jedem Resolutionsschritt wird die Klauselmenge nach der im Programm vorgegebenen Reihenfolge auf die aktuelle Anfrage angewendet, so lange, bis eine Klausel gefunden ist, mit der eine Resolvente gebildet werden kann. Wird keine solche Klausel gefunden, so wird der letzte Resolutionsschritt rückgängig gemacht und versucht, eine andere Klausel zur Resolventenbildung zu verwenden. Wenn alle Möglichkeiten ausprobiert wurden und die leere Klausel nicht hergeleitet werden konnte, gibt das System die Antwort `no` aus.

Bei Anfragen, die Variablen enthalten, gibt das Prolog-System den Wert aus, durch den die Variable während der Resolventenbildung substituiert wurde:

## Übersichtsdarstellung der Ableitungsschritte

| | | |
|---|---|---|
| **Anfrage:** | $\neg is(fisch, X)$ | |
| **Klausel 1:** | $is(A, B) \vee \neg isa(A, B)$ | $\sigma_1 = \{A/fisch,\ B/X\}$ |
| **Neue Anfrage:** | $\neg isa(fisch, X)$ | |
| **Klausel 2:** | $isa(fisch, tier)$ | $\sigma_2 = \{X/tier\}$ |
| | $\square$ | |

Das Prolog-System würde hier $X = tier$ ausgeben.

Zur vollständigen Automatisierung des Resolutionsverfahrens in Prolog muss noch der Umgang mit zwei Arten von **Indeterminismus** festgelegt werden. Erstens muss festgelegt werden, in welcher Reihenfolge die Literale einer Regel abgearbeitet werden sollen, und zweitens muss festgelegt werden, in welcher Reihenfolge die Klauseln (Fakten und Regeln) abgearbeitet werden sollen. Im ersten Fall ist die Reihenfolge prinzipiell beliebig (*don't-care indeterminism*). Es ist also egal, welches Literal zuerst betrachtet wird; das Lösungsverfahren führt in jedem Fall zur selben Lösung. In Prolog werden aus diesem Grunde die Literale einfach von links nach rechts durchlaufen. Bevor das nächste Literal untersucht wird, wird zuerst das aktuelle Literal einschließlich aller bei dessen Bearbeitung entstehenden Unteranfragen bearbeitet.

Die Reihenfolge der Klauselabarbeitung ist dagegen nicht beliebig (*don't-know indeterminism*). Die Reihenfolge der Klauselabarbeitung bestimmt, wie schnell und ob die leere Klausel abgeleitet werden kann. In Prolog wird dieses Problem dadurch gelöst, dass systematisch alle Klauseln in der im Programm vorgegebenen Reihenfolge (von oben nach unten) durchsucht werden. Als Suchverfahren wird Tiefensuche mit Backtracking (► Kap. 10) verwendet. Die Auswertungsstrategie von Prolog, durch die die beiden genannten Indeterminismen bewältigt werden, wird ***top-down-left-right-depth-first search*** genannt.

Diese Strategie bedingt, dass beim Erstellen von Prolog-Programmen darauf geachtet werden muss, in welcher Reihenfolge Fakten und Regeln angegeben werden. Hätten wir in Prog. 7.1 die Fakten erst am Ende des Programms angegeben, so müssten erst alle Regel-Klauseln betrachtet werden, bevor die einfache Anfrage `isa(fisch, tier)` mit `yes` beantwortet werden kann. Die Reihenfolge der Angabe von Fakten und Regeln bestimmt damit, wie effizient ein Programm abgearbeitet wird. Eine ungünstig gewählte Reihenfolge kann schlimmstenfalls sogar dazu führen, dass das System durch eine Rekursion immer komplexere Ausdrücke erzeugt und die Auswertung nicht beendet werden kann. Betrachten wir dazu den folgenden Programmausschnitt:

```
is(A, C) :- is(A, B),                          /* R1 */
isa(B, C).
is(A, B) :- isa(A, B).                         /* R2 */
```

Die Anfrage

```
?- is(steinbutt, tier)
```

führt zum schrittweisen Aufbau einer (theoretisch) unendlichen Struktur:

```
is(steinbutt, tier)
is(steinbutt, B), isa(B, tier)
is(steinbutt, B'), isa(B', B), isa(B, tier)
is(steinbutt, B"), isa(B", B'), isa(B', B), isa(B, tier) ...
```

Das Prolog-System reagiert auf solche Probleme mit einem Laufzeitfehler. Eine einfache Regel, um solche Probleme zu vermeiden, lautet: Die Rekursionsverankerung (`R2`) muss immer vor dem Rekursionsaufruf (`R1`) stehen.

## 7.4 Zur Vertiefung


**Originalliteratur**

- Clocksin, W. F. und Mellish, C. S. (2003). *Programming in Prolog: Using the ISO Standard*. Springer Science & Business Media, Berlin/Heidelberg.
- Kowalski, R. (1974). *Logic for Problem Solving*. Department of Computational Logic.
- Kowalski, R. (1979). Algorithm = logic + control. *Communications of the ACM*, *22*(7), 424–436.

**Lehrbücher**

- O'Keefe, R. A. (1990). *The Craft of Prolog: Logic Programming*. MIT Press.

# Kognition und Modellierung

In Teil I wurden die formalen Grundlagen zur Repräsentation von deklarativem Wissen eingeführt. Dabei haben wir dargestellt, wie Fakten und begriffliches Wissen repräsentiert und Schlussfolgerungen gezogen werden können. Kognitive Systeme sind nicht nur in der Lage, konzeptuelles Wissen zu verarbeiten. Eine weitere zentrale Leistung kognitiver Systeme ist es, Probleme zu lösen. Problemlösewissen wird häufig als „prozedurales Wissen"bezeichnet. Üblicherweise wird darunter hochautomatisiertes Regelwissen verstanden, das durch Übung (*learning by doing*) erworben wird (Anderson 2014, S. 18 ff.).

Teil II führt die formalen Grundlagen der Modellierung von prozeduralem Wissen ein. In ► Kap. 8 wird dargestellt, wie Problemlöseprozesse als Algorithmen beschrieben werden können. Hier werden zentrale Grundkonzepte der theoretischen Informatik eingeführt. ► Kap. 9 dreht sich um die Repräsentation von Problemen mithilfe verschiedener Datenstrukturen. In ► Kap. 10 werden grundlegende Suchstrategien vorgestellt sowie deren Komplexität behandelt. In ► Kap. 11 werden diese Suchstrategien zu heuristischen Verfahren erweitert. ► Kap. 12 beschäftigt sich mit der Einführung der für die kognitive Modellierung zentralen Architektur der Produktionssysteme. Neben allgemeinen Merkmalen und Mechanismen von Produktionssystemen stellen wir die Systeme GPS, SOAR und ACT-R vor, die von ihren Autoren als allgemeine Architekturen für kognitive Systeme vorgeschlagen wurden. In ► Kap. 13 wird das Thema des Konzepterwerbs aufgegriffen und sich mit Entscheidungen und Klassifizierungen beschäftigt. Abschließend für Teil II wird in ► Kap. 14 eine Einführung in den Aufbau und die Arbeitsweise von künstlichen Neuronen und dazugehörigen neuronalen Netzen gegeben.

Inhaltsverzeichnis

# Algorithmen und formale Sprachen

Inhaltsverzeichnis




M. Ragni, U. Schmid, *Kognitive Künstliche Intelligenz*, https://doi.org/10.1007/978-3-662-69498-5_8

In diesem Kapitel werden für uns relevante Grundlagen der **theoretischen Informatik** eingeführt. Wir wollen zunächst begründen, warum solche Kenntnisse für die Kognitive KI relevant sind: In ► Kap. 2 wurde argumentiert, dass menschliche Denk- und Schlussfolgerungsprozesse als Prozesse der Informationsverarbeitung beschrieben werden können. Das Verhalten informationsverarbeitender Systeme kann als Eingabe–Verarbeitung–Ausgabe-Abfolge dargestellt werden. Computerprogramme arbeiten ebenfalls nach diesem Prinzip: Eingaben werden durch Anweisungsfolgen in Ausgaben transformiert. Damit liefern Computerprogramme ein Werkzeug, menschliche Informationsverarbeitungsprozesse zu modellieren. Programmierkenntnisse ermöglichen uns, kognitive Modelle zu implementieren und so kognitive Prozesse zu simulieren. Implementierte Modelle können „ablaufen". Dadurch ermöglichen sie es, Prozessannahmen auf Konsistenz und Vollständigkeit zu prüfen.



Die Beherrschung einer Programmiersprache stellt eine wesentliche technische Grundlage für die Entwicklung kognitiver Modelle dar. Neben solchen technischen Kenntnissen sind auch Grundkenntnisse der theoretischen Informatik nützlich für kognitionswissenschaftliches Arbeiten: Die theoretische Informatik liefert Formalismen zur abstrakten Beschreibung und Bewertung von Computerprogrammen. Formale Analysen von Problembereichen und kognitiven Prozessen können wichtige Aufschlüsse über deren grundlegende Eigenschaften geben. Damit haben wir Möglichkeiten zur Hand, kognitive Modellierungen zu bewerten und zu vergleichen.

Im Folgenden werden wir **Algorithmen** als allgemeine Beschreibungsform für Problemlöseprozesse betrachten und grundlegende Eigenschaften von Algorithmen einführen (► Abschn. 8.1). Danach werden wir **Turing-Maschinen** (► Abschn. 8.2) und **formale Sprachen** (► Abschn. 8.3) als zwei wesentliche Formalismen zur Beschreibung von Algorithmen und Problemen beschreiben.

## 8.1 Problemlöseprozesse als Algorithmen

In ► Kap. 6 wurde der Begriff des Algorithmus informell eingeführt. Das Wort „Algorithmus" leitet sich von dem Namen des persisch-arabischen Mathematikers Ibn Mûsâ Al-Chwârismi ab.

Menschliche sowie maschinelle Problemlöseprozesse können durch Algorithmen beschrieben werden. Wenn ein Algorithmus mit menschlichen Problemlöseprozessen korrespondiert, so kann man ihn als kognitiv adäquates Modell auffassen. Die Korrespondenz wird über einen Vergleich von Modellverhalten und empirisch erfasstem menschlichen Verhalten ermittelt. Ein typisches Vergleichsmaß ist der Aufwand der Problemlösung: Längere Lösungszeiten bei menschlichen Problemlösern sollten mit höherer Anzahl von Regelanwendungen im Algorithmus korrespondieren.

## Algorithmus

Intuitiv definiert ist ein Algorithmus eine Verarbeitungsvorschrift, die angibt, wie Eingabedaten $E$ einer Domäne durch Anwendung einer endlichen Anzahl von wohldefinierten Operationen in Ausgabedaten $A$ einer gleichen oder anderen Domäne überführt werden. Die Verarbeitungsvorschrift muss so präzise formuliert sein, dass sie von einer Maschine ausgeführt werden kann. Aus diesem Grund liegt es nahe, einen Algorithmus abstrakt für eine Menge an zulässigen Inputs $E$ als eine Abbildung $f : E \to A$ mit bestimmten Eigenschaften zu beschreiben. Die zulässigen Inputs müssen definiert werden.

Im ► Abschn. 8.4 wird die sogenannte **Church–Turing-These** vorgestellt, die besagt: Jedes Problem, das durch einen Algorithmus beschreibbar ist, d. h. alles, was überhaupt im obigen intuitiven Sinne berechenbar ist, ist schon durch eine Turing-Maschine (oder äquivalent durch eine rekursive Funktion) berechenbar, d. h. die verschiedenen Charakterisierungen von „berechenbar" oder „Algorithmus" erfassen schon alle überhaupt möglichen Algorithmen im intuitiven Sinne. Da sich nach dieser These Turing-Maschinen aber aus Berechnungsperspektive mit Computern identifizieren lassen, gilt dies dann auch für die Berechenbarkeit auf Computern.

Betrachten wir ein bekanntes Beispiel für einen Algorithmus, nämlich wie man eine allgemeinste Rechenvorschrift finden kann, um für zwei beliebige natürliche Zahlen den größten gemeinsamen Teiler (ggT) zu finden.

Der griechische Mathematiker Euklid hat, um dieses Problem allgemein lösen zu können, einen Algorithmus vorgeschlagen. Bevor wir diesen betrachten können, machen wir eine Beobachtung: Zwei natürliche Zahlen $a$ und $b$, für die gilt $a > b$, können wie folgt geschrieben werden: $a = x \cdot b + rest$, wobei $x$ eine natürliche Zahl $\geq 1$ ist und $rest < b$.

**► Beispiel 8.1**

Zum Beispiel gilt: $13 = 4 \cdot 3 + 1$, $16 = 2 \cdot 6 + 4$ und $20 = 5 \cdot 4 + 0$. Diese Beziehung drückt das Prinzip der ganzzahligen Teilung aus: „13 ganzzahlig geteilt durch 3 ist 4 mit Rest 1." Die Funktion $a$ modulo $b$ (kurz: $a$ mod $b$) liefert für zwei Zahlen $a$ und $b$ den Restbetrag bei der ganzzahligen Teilung. So liefert 13 mod 3 also 1, da $13 = 4 \cdot 3 + 1$. ◄

Um nun den größten gemeinsamen Teiler zweier Zahlen zu finden, hat Euklid folgenden Algorithmus entwickelt:

**Algorithmus 8.1 (Berechnung des größten gemeinsamen Teilers)**

**Eingabe:** zwei natürliche Zahlen $a, b$
**Ausgabe:** der größte gemeinsame Teiler von $a$ und $b$ (ggT)

1 Berechne den Rest $r = a \bmod b$
2 **SOLANGE** der Rest ungleich 0 ist, **WIEDERHOLE:**
2.1 Setze $a := b$ und $b := r$.
2.2 Berechne den neuen Rest $R = a \bmod b$.
3 Gib den aktuellen Wert von $b$ als ggT aus.

**► Beispiel 8.2**

Den größten gemeinsamen Teiler für 16 und 6 können wir mit diesem Algorithmus über folgende Schritte berechnen:

| *a* | *b* | *rest* |
|---|---|---|
| 16 | 6 | 4 |
| 6 | 4 | 2 |
| 4 | 2 | 0 |

Der größte gemeinsame Teiler von 16 und 6 ist also 2. Es wird jeweils $a \bmod b$ berechnet und $b$ dann als neues $a$ und *rest* als neues $b$ verwendet. Dieser Prozess ist abgeschlossen, wenn *rest* gleich 0 ist. Der aktuelle Wert von $b$ ist dann der größte gemeinsame Teiler der ursprünglichen Werte von $a$ und $b$. ◄

Die Buchstaben $a$ und $b$ stehen hier als Platzhalter für beliebige natürliche Zahlen. Sie werden als „Parameter" oder „Variablen" des Algorithmus bezeichnet.

Der Algorithmus kann in verschiedenen Programmiersprachen implementiert werden. Alg. 8.2 zeigt eine Realisierung in PYTHON, Alg. 8.3 eine Realisierung in Prolog.

8

**Algorithmus 8.2 (Implementation des ggT-Algorithmus in Python mit WHILE-Schleife)**

```
def ggT_2():
  a = int(input("Bitte Zahl a eingeben: "))
  b = int(input("Bitte Zahl b eingeben: "))
  rest = a % b
  while rest != 0:
    a = b
    b = rest
    rest = a % b
  return b

# Funktionsaufruf mit Ausgabe
print("GGT ist ", ggT_2())
```

Python und Prolog sind Interpretersprachen, d. h. der Quell-Code wird schrittweise zur Laufzeit von einem Interpreter abgearbeitet (► Abschn. 7.2).

Im PYTHON-Programm werden drei Variablen verwendet: `a`, `b` und `rest`. Variablen können durch Eingabe über die Tastatur mit `input` oder durch Zuweisungen (`a = b`) mit konkreten Werten belegt werden. `While` ist ein sogenanntes Schleifen-Konstrukt. Die nach dem `while` gegebenen Anweisungen (hier in der nächsten Zeile eingerückt, wie `a = b`) werden immer wieder durchgeführt, solange die nach dem while-Ausdruck angegebene Bedingung (`rest != 0`) erfüllt ist. Die Funktion `%` (modulo) liefert den ganzzahligen Rest zweier Zahlen. Ohne die Syntax von PYTHON genauer zu erläutern, wollen wir uns die Arbeitsweise des Programms durch eine Handsimulation veranschaulichen.

## Handsimulation eines Algorithmus

Das Durchspielen der Arbeitsweise eines Programms mit festen Eingabewerten ist eine übliche Technik zur Veranschaulichung und heißt Handsimulation. Handsimulation von ggT für $a = 16$ und $b = 6$ (für Alg. 8.2):

1. *rest* := 16 mod 6;   (* *rest* = 16 − 12 = 4 *)
   a) $a := 6; b := 4;$
   b) *rest* := 6 mod 4;   (* *rest* = 6 − 4 = 2 *)
2. *rest* ist ungleich 0;
   a) $a := 4; b := 2;$
   b) *rest* := 4 mod 2;   (* *rest* = 4 − 4 = 0 *)
3. *rest* ist gleich 0;
4. Ausgabe von 2.

**Algorithmus 8.3 (Eine Implementation des ggT-Algorithmus in Prolog)**

```
ggt(A, 0, A).
ggt(A, B, G) :- R is A mod B, ggT(B, R, G).

:- initialization(main).

main :-
  ggt(16, 6, G),
  format("GGT von 16 und 6 ist: ~w~n", [G]),
  halt.
```

Die Wiederhole-Schleife wird hier durch Rekursion realisiert. Die Abbruchbedingung ist in der ersten Zeile codiert.

Handsimulation von *ggt* für $a = 16$ und $b = 6$ (Programm in Prolog):

$$\begin{aligned} ggt(16, 6, GGT) &= ggt(6, 4, GGT),\\ ggt(6, 4, GGT) &= ggt(4, 2, GGT),\\ ggt(4, 2, GGT) &= ggt(2, 0, GGT),\\ & \quad ggt(2, 0, 2). \end{aligned}$$

Alg. 8.2 und 8.3 zeigen, dass abstrakt formulierte Algorithmen (wie Alg. 8.1) in völlig unterschiedlichen Programmen realisiert werden können. Dies gilt nicht nur für Implementationen in unterschiedlichen Programmiersprachen wie PYTHON und Prolog, sondern auch innerhalb von Programmiersprachen. So hätten wir etwa im obigen PYTHON-Programm ebenfalls eine rekursive Lösung definieren können (→ Alg. 8.4):

**Algorithmus 8.4 (Implementation des ggT-Algorithmus in Python mit Rekursion)**

```
def calcGGT(z, n):
  if n == 0:
    return z
  else:
    hlp = z % n
    return calcGGT(n, hlp)

def ggT_3():
  a = int(input("Bitte Zahl a eingeben: "))
  b = int(input("Bitte Zahl b eingeben: "))
  ggt = calcGGT(a, b)
  print("GGT ist:", ggt)

# Funktionsaufruf
ggT_3()
```



Um Algorithmen vergleichen und bewerten zu können, sollten sie in einem einheitlichen Format dargestellt werden. Umgangssprachliche Beschreibungen sind zu unpräzise. Programmiersprachen sind, wie wir gesehen haben, zu spezifisch und damit zu restriktiv. In der Informatik gibt es mehrere abstrakte Formalismen, die zur formalen Darstellung von Algorithmen verwendet werden. Einer der bekanntesten Formalismen ist die **Turing-Maschine**, die wir in ► Abschn. 8.2 einführen.

Wir definieren einen Algorithmus im Folgenden basierend auf der Definition des Informatikers Knuth (1997b):

Ein Algorithmus ist eine endliche, präzise und wohlgeordnete Abfolge von Anweisungen zur Lösung eines bestimmten Problems oder zur Durchführung einer Berechnung. Jeder Schritt des Algorithmus ist eindeutig definiert und führt zu einem bestimmten Zustand oder Ergebnis. Ein Algorithmus hat die folgenden Eigenschaften:

1. **Finiteness (Endlichkeit)**: Ein Algorithmus muss nach einer endlichen Anzahl von Schritten garantiert enden. Er darf also nicht *unendlich lange laufen*.
2. **Definiteness (Eindeutigkeit)**: Jeder Schritt eines Algorithmus muss klar und präzise definiert sein. Es darf keine Mehrdeutigkeiten oder Unklarheiten in den Anweisungen geben.
3. **Input (Eingabe)**: Ein Algorithmus muss null oder mehr Eingaben akzeptieren, die zur Verarbeitung dienen. Die Eingaben kommen aus einem spezifizierten Bereich von Objekten.
4. **Output (Ausgabe)**: Ein Algorithmus hat eine oder mehrere Ausgaben, die mit der Lösung des Problems zusammenhängen.

5. **Effectiveness (Wirksamkeit)**: Jeder Schritt eines Algorithmus muss so einfach sein, dass er in einer endlichen Zeitspanne ausgeführt werden kann. Es müssen grundlegende, ausführbare Operationen sein, die von einem Computer oder einer Person (in endlicher Zeit mit Papier und Stift) realisierbar sind.

Ein Algorithmus terminiert, wenn er nach endlich vielen Rechenschritten ein Ergebnis ausgibt. Der euklidische Algorithmus terminiert dann, wenn die Variable *rest* für alle Eingaben von Zahlen $a$ und $b$ den Wert 0 erreicht, da dadurch die Schleife verlassen wird. Die Termination von Algorithmen ist nicht allgemein beweisbar. Dieses sogenannte **Halteproblem** gehört zu den unentscheidbaren Problemen (▶ Abschn. 10.3).

Darüber hinaus haben sich auch wünschenswerte Eigenschaften von Algorithmen herauskristallisiert. So lösen Algorithmen **Klassen von Problemen**. Der euklidische Algorithmus löst nicht nur das Problem, den größten gemeinsamen Teiler von 16 und 6 zu finden, sondern ist auf *alle* natürlichen Zahlen $a$ und $b$ anwendbar. Es lassen sich **deterministische und nichtdeterministische Algorithmen** unterscheiden. Ein Algorithmus heißt **deterministisch**, wenn er für gleiche Eingabewerte immer die gleichen Ausgabewerte liefert. Der euklidische Algorithmus ist also deterministisch: Er liefert bei Eingabe eines bestimmten Zahlenpaars immer dasselbe Ergebnis.

Algorithmen können **semantisch oder syntaktisch** korrekt oder inkorrekt sein. Ein Algorithmus ist syntaktisch korrekt, wenn er sprachkonform beschrieben ist, d. h. wenn die Regeln und Strukturen der verwendeten Programmiersprache (z. B. PYTHON, Prolog oder auch der Turing-Maschine) eingehalten werden. Ein syntaktisch korrekter Algorithmus läuft auf der Maschine ohne Abstürze aufgrund von Syntaxproblemen. Ein Algorithmus ist **semantisch korrekt**, wenn er die beabsichtigte Funktion erfüllt, d. h. wenn er bei allen zulässigen Eingaben das erwartete Ergebnis liefert. So wäre der euklidische Algorithmus inkorrekt, wenn er bei Eingabe der Zahlen 16 und 2 die Zahl 42 (Adams 1979) liefern würde. Uns soll es genügen, die Arbeitsweise von Algorithmen durch Handsimulationen zu überprüfen. Dies ist natürlich kein Korrektheitsbeweis. Es wird nur gewährleistet, dass der Algorithmus für die Eingaben, mit denen er getestet wurde, korrekt arbeitet.

Algorithmen können nach ihrem **Aufwand** kategorisiert werden. Löst ein Algorithmus ein Problem mit möglichst geringem Aufwand, so heißt er **effizient**. Der Aufwand ergibt sich abstrakt aus der Zahl der auszuführenden Operationen. Wie man den Aufwand von Algorithmen bestimmt, wird in ▶ Abschn. 8.4 dargestellt. Allgemein kann ein Algorithmus nicht effizienter sein, als es die Komplexität des Problems, das er lösen soll, vorgibt. Der euklidische Algorithmus zur Berechnung des größten gemeinsamen Teilers ist sicher effizienter als Alg. 7.1.

## 8.2 Algorithmen als Turing-Maschinen

Nachdem wir das Konzept des Algorithmus eingeführt und Eigenschaften von Algorithmen beschrieben haben, betrachten wir nun einen wichtigen Darstellungsformalismus für Algorithmen: die sogenannten Turing-Maschinen. Der britische Mathematiker Alan M.

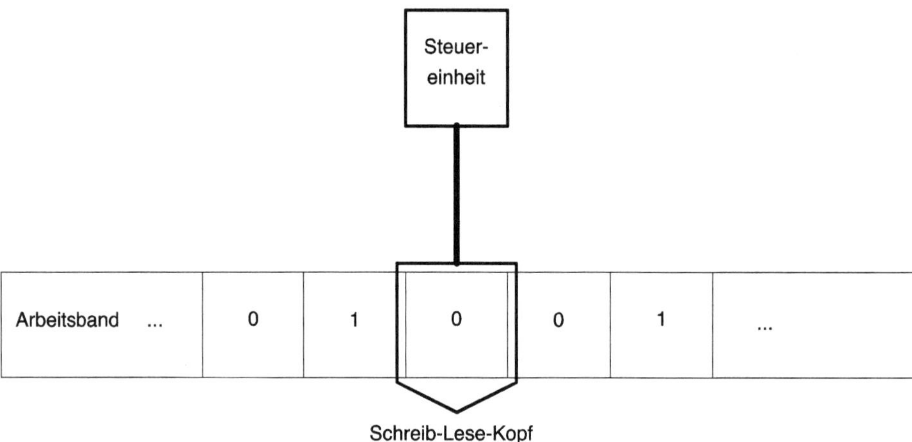


**Abb. 8.1** Eine Veranschaulichung einer Turing-Maschine. Auf dem Arbeitsband stehen die Zeichen 0 und 1. Diese werden durch den Schreib–Lese-Kopf verändert. Dieser wiederum wird von der Steuereinheit, die ein bestimmtes Programm abarbeitet, gesteuert



Turing hat diesen Formalismus 1936 als allgemeines Berechnungsmodell vorgeschlagen. Die Architektur einer Turing-Maschine ist in Abb. 8.1 veranschaulicht.

Eine Turing-Maschine besitzt ein Arbeitsband, das theoretisch unendlich lang ist und in einzelne Felder unterteilt ist. In jedem Feld dieses Bandes kann ein Zeichen stehen, oder das Feld ist leer. Der Schreib–Lese-Kopf liest jeweils den Inhalt desjenigen Feldes, auf dem er sich gerade befindet. Ein auf diesem Feld stehendes Zeichen kann beibehalten, durch ein anderes Zeichen überschrieben oder gelöscht werden. Danach kann der Schreib–Lese-Kopf um ein Feld nach rechts oder links bewegt werden. Die Aktionen des Schreib–Lese-Kopfes auf dem Arbeitsband werden von einer Steuereinheit geregelt. Die Steuereinheit wird durch eine endliche Menge von Zuständen zusammen mit einer Zustandsüberführungsfunktion definiert. Jeder Zustand der Steuereinheit legt fest, welche Aktion bei welchem Band-Inhalt durchgeführt werden soll und in welchen Zustand die Steuereinheit als Nächstes übergehen soll. Die Auswahl des neuen Zustands kann von der Information, die das Arbeitsband liefert, abhängen.

Abb. 8.1 dient zur Veranschaulichung. Turing-Maschinen sind virtuelle und keine konkreten Maschinen. D. h., sie existieren abstrakt auf dem Papier. Formal ist eine Turing-Maschine folgendermaßen definiert:

Eine **Turing-Maschine** $T$ besteht aus 6 Komponenten, die wir als 6-Tupel schreiben: $T = (\mathbb{I}, \mathbb{B}, \mathbb{Q}, \delta, q_0, \mathbb{F})$. Die einzelnen Zeichen $\mathbb{I}, \mathbb{B}, \ldots$ stehen dabei für verschiedene Elemente der Turing-Maschine. $\mathbb{B}$ ist das Bandalphabet, das zusätzliche Zeichen enthalten kann, die als Information für die Steuereinheit dienen. $\mathbb{I}$ ist das Eingabealphabet für das Band der Turing-Maschine, definiert als eine Menge von Zeichen, mit $\mathbb{I} \subseteq \mathbb{B}$. $\mathbb{Q}$ ist eine Menge von Zuständen $q_0, \ldots, q_n$ mit dem Zustand $q_0$ als Startzustand der Turing-Maschine. $\delta$ steht für die sogenannte Zustandsüberführungsfunktion, die die Arbeitsweise der Turing-Maschine steuert:

$$\delta\colon \mathbb{Q} \times \mathbb{B} \rightarrow \mathbb{Q} \times \mathbb{B} \times \{L, R, -\}.$$

Als Eingabe erhält $\delta$ den aktuellen Zustand und das aktuelle Zeichen auf dem Band. In Abhängigkeit von Zustand und Zeichen liefert es einen neuen Zustand, eine Anweisung zum Schreiben eines Zeichens auf das Band sowie eine Anweisung, in welche Richtung sich der Schreib–Lese-Kopf bewegen soll ($L$ = links, $R$ = rechts, $-$ = nicht bewegen). Die Funktion $\delta$ kann in einem **Zustandsübergangsgraphen** oder in einer **Zustandsüberführungstabelle** angegeben werden. $\mathbb{F}$ schließlich steht für eine Menge von Endzuständen mit $\mathbb{F} \subseteq \mathbb{Q}$. Wenn $T$ in einen Zustand aus $\mathbb{F}$ gerät, hält die Maschine an.

**► Beispiel 8.3**

Betrachten wir einen Algorithmus, der eine natürliche Zahl um eins erhöht (inkrementiert). Die Zahlen stellen wir im Binärcode dar, damit wir ein möglichst sparsames Bandalphabet haben. Die Zahl 10 wird im Binärcode als 1010 geschrieben ($1 \cdot 2^3 + 0 \cdot 2^2 + 1 \cdot 2^1 + 0 \cdot 2^0 = 10$). Die Zahl 11 lautet im Binärcode 1011. Die Addition $10 + 1$ lautet im Binärcode:

$$\begin{array}{rr} & 1010 \\ + & 0001 \\ \hline & 1011 \end{array}$$

Wir addieren, wie bei der üblichen schriftlichen Addition, die Spalten von rechts nach links. Wenn wir im Dezimalsystem addieren, müssen wir für Summen, die größer als 9 sind, einen Übertrag bilden. Beim Binärsystem gilt dies bereits für Summen größer als 1. Wenn wir zum Beispiel die Zahlen 11 und 1 addieren, so ergibt das

$$\begin{array}{rr} & 1011 \\ + & 0001 \\ \hline & 1100 \end{array}$$

Für die Spalte ganz rechts gilt: $1 + 1$ ergibt 2. Im Binärsystem ergibt die Addition zweier Einsen jedoch 0 und einen Übertrag von 1. Somit notieren wir als Ergebnis 0 und haben einen Übertrag von 1. In der nächsten Spalte ergibt sich 1 + 0 + Übertrag. Wieder notieren wir 0 und merken uns den Übertrag für die nächste Spalte. Dort addieren wir: 0 + 0 + Übertrag ist 1. Wir notieren die 1. In der ersten Spalte rechnen wir: $1 + 0$ ist 1. ◄

Diese Rechenvorschrift für die Addition von Binärzahlen können wir in folgender Turing-Maschine realisieren: Das Eingabealphabet $\mathbb{I}$ sei $\{0, 1\}$, das Bandalphabet $\mathbb{B} = \{0, 1, \_\}$ und die Zustandsmenge $\mathbb{Q} = \{q_0, q_1, q_2, q_3\}$ mit $q_3$ als einzigem Endzustand, also $\mathbb{F} = \{q_3\}$.

Die Zustandsübergänge beschreiben wir zunächst anschaulich, in einem sogenannten **Zustandsübergangsgraphen** (◘ Abb. 8.2). Dabei repräsentieren die Knoten die Zustände der Turing-Maschine. Die sie verbindenden Kanten geben an, wie man von einem

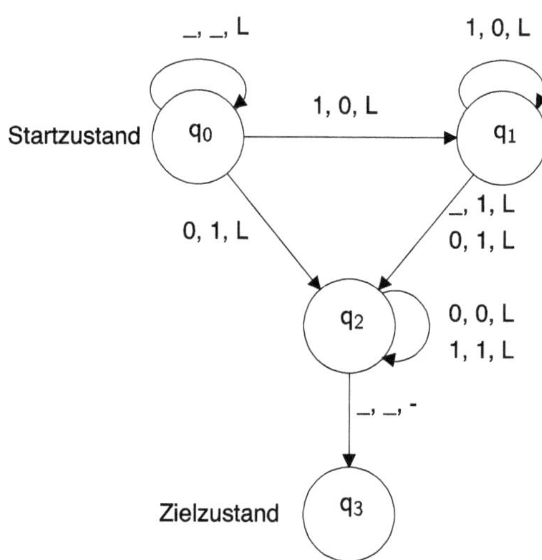


**Abb. 8.2** Ein Zustandsübergangsgraph für die Addition von Binärzahlen



Zustand zu einem anderen gelangt. An jeder Kante notieren wir an erster Stelle, welches Symbol gerade vom Schreib–Lese-Kopf gelesen werden muss, damit diese Kante beschritten wird. An zweiter Stelle notieren wir die Schreibaktion, die die Turing-Maschine ausführt, und an dritter Stelle notieren wir, in welche Richtung sich der Schreib–Lese-Kopf anschließend auf dem Band bewegt. In unserem Fall wird der Schreib–Lese-Kopf entweder nach links ($L$) bewegt oder, bei Betreten des Endzustands, gar nicht bewegt ($-$). Die Kanten stellen also dar, welche Aktionen durch die Zustandsüberführungsfunktion $\delta$ festgelegt sind.

Die Turing-Maschine arbeitet folgendermaßen: Das Band wird von rechts nach links gelesen. Die Abarbeitung beginnt im Startzustand $q_0$. Der Schreib–Lese-Kopf wird solange nach links bewegt, bis eine Ziffer (0 oder 1) auf dem Arbeitsband entdeckt wird. Ist die Ziffer 0, so wird sie mit 1 überschrieben. Die Turing-Maschine geht in den Zustand $q_2$ (der besagt: habe um 1 erhöht; kein Übertrag; suche das linke Ende der Zahl) über. In Zustand $q_2$ wird der Schreib–Lese-Kopf ans linke Ende der Binärzahl bewegt. Liest der Schreib–Lese-Kopf ein Leerzeichen, so hält die Turing-Maschine an und geht in den Endzustand $q_3$ über. Ist also die letzte (am weitesten rechts stehende) Ziffer der Binärzahl eine 0, so wird diese gelöscht und mit 1 überschrieben. Die Inkrementierung ist durchgeführt. Steht hingegen eine 1 am weitesten rechts auf dem Band, so wird diese im Zustand $q_0$ mit 0 überschrieben und die Turing-Maschine geht in den Zustand $q_1$ (Erhöhung durchgeführt; Übertrag 1) über. Ist die nächste Ziffer eine 0 oder steht der Schreib–Lese-Kopf nun auf keiner Ziffer mehr, so geht die Maschine in Zustand $q_2$ über und beendet den Additionsvorgang, nachdem der Schreib–Lese-Kopf ans linke Bandende gebracht wurde. Im kompliziertesten Fall (auf dem Band steht wieder eine 1) werden in Zustand $q_1$ so lange Einsen durch Nullen ersetzt, bis eine 0 gefunden wird, die dann schließlich durch eine 1 ersetzt wird.

▶ **Beispiel 8.4**

Betrachten wir die Arbeitsweise an drei Beispielen: Wir notieren dabei jeweils den Zustand der Turing-Maschine und daneben das Arbeitsband (linker Teil, aktuelles Zeichen, rechter Teil).

| **Beispiel 1:** | **Beispiel 2:** | **Beispiel 3:** |
|---|---|---|
| $q_0(1010, \_, \_)$ | $q_0(1011, \_, \_)$ | $q_0(1111, \_, \_)$ |
| $q_0(101, 0, \_)$ | $q_0(101, 1, \_)$ | $q_0(111, 1, \_)$ |
| $q_2(10, 1, 1)$ | $q_1(10, 1, 0)$ | $q_1(11, 1, 0)$ |
| $q_2(1, 0, 11)$ | $q_1(1, 0, 00)$ | $q_1(1, 1, 00)$ |
| $q_2(\_, 1, 011)$ | $q_2(\_, 1, 100)$ | $q_1(\_, 1, 000)$ |
| $q_2(\_, \_, 1011)$ | $q_2(\_, \_, 1100)$ | $q_1(\_, \_, 0000)$ |
| $q_3(\_, \_, 1011)$ | $q_3(\_, \_, 1100)$ | $q_2(\_, \_, 10000)$ |
| | | $q_3(\_, \_, 10000)$ |

◀

Die in unserem Beispiel definierte Turing-Maschine ist **deterministisch** und verfügt über ein einziges Arbeitsband. Es existieren auch Definitionen von **Mehrband-Turing-Maschinen**. So könnte man beispielsweise ein Arbeitsband für die Eingabe, eines für die Ausgabe und eines als „Zwischenspeicher" verwenden. Mehrband-Turing-Maschinen sind immer in Turing-Maschinen mit einem Band überführbar. Es ist lediglich manchmal übersichtlicher, mit mehreren Bändern zu arbeiten. **Nichtdeterministische Turing-Maschinen** sind solche, bei denen ausgehend von einem Zustand und einem aktuellen Zeichen verschiedene Nachfolgezustände möglich sind und die Maschine, einem Orakel gleich, alle möglichen Berechnungswege gleichzeitig verfolgt und in dem Moment erfolgreich stoppt, wenn einer dieser Wege eine akzeptierende Konfiguration erreicht. Eine nichtdeterministische Turing-Maschine ist nicht konstruierbar, aber man kann sich viele deterministische Turing-Maschinen vorstellen, die parallel alle Nachfolgezustände abarbeiten.

**Algorithmen sind Turing-Maschinen**

Turing-Maschinen sind **allgemeine Berechnungsmodelle**. Nach der Church–Turing-These (▶ Abschn. 10.3) kann jeder Algorithmus durch eine Turing-Maschine beschrieben werden.

Die Formulierung von Algorithmen als Turing-Maschinen ist jedoch, wie wir an dem einfachen Beispiel gesehen haben, sehr aufwendig. Ein allgemeines Berechnungsmodell wird nicht zur Formulierung von konkreten Algorithmen eingesetzt, sondern es beschreibt das Prinzip von Berechnungen auf universelle, abstrakte Weise.

Diese Idee wollen wir uns abschließend an folgendem Gedankengang veranschaulichen: Algorithmen werden durch die Zustandsüberführungsfunktion beschrieben. Mithilfe dieser Funktion werden auf dem Arbeitsband befindliche Eingaben in Ausgaben transformiert, die wieder auf dem Arbeitsband abgelegt werden. Die einen Algorithmus angebende Zustandsübergangstabelle kann nun als Eingabe in eine andere Turing-Maschine verwendet werden. So könnten wir die Tabelle aus dem obigen Beispiel zu einer Zeichenfolge zusammenbauen, indem wir alle Zeilen hintereinander schreiben. Das Eingabealphabet der neuen Turing-Maschine muss dann aus den Symbolen _, 0, 1, $L$, $q_0$, $q_1$, $q_2$ und $q_3$ bestehen. Die Zustandsüberführungsfunktion der neuen Turing-Maschine muss so definiert werden, dass sie den auf dem Arbeitsband stehenden Algorithmus korrekt abarbeitet. Die neue Turing-Maschine ist also eine Art Interpreter (► Kap. 7). Schließlich könnten wir auch die Zustandsüberführungsfunktion, die den Interpreter beschreibt, wieder als Zeichenkette notieren und hätten dann ein Modell für die Arbeitsweise von Interpretern, und so weiter. Auf diese Art können mit Turing-Maschinen tatsächlich alle Berechnungen, die zum Beispiel auf Von-Neumann-Rechnern ausführbar sind, modelliert werden.

## 8.3 Formale Sprachen

8

Die Eingabe in eine Turing-Maschine ist immer eine Zeichenkette (*string*). Zeichenketten lassen sich in ihren Regelmäßigkeiten formal beschreiben. Als Beschreibungsformalismen werden Grammatiken verwendet.

### ■ Grammatik

Eine Grammatik $G$ besteht aus vier Komponenten, die wir als Quadrupel $G=(\mathbb{V},\mathbb{T},\mathbb{P},S)$ schreiben. Die Menge $\mathbb{V}$ bezeichnet eine Menge von Variablensymbolen (**Nonterminalsymbole**) und $\mathbb{T}$ eine Menge von **Terminalsymbolen**. Die Menge der Terminalsymbole wird auch als das „Alphabet" von $G$ bezeichnet. Die Terminalsymbole sind die eigentlichen Zeichen der Sprache, die Nonterminalsymbole sind nur Variablen im Prozess (vgl. das Zeichen $Z$ im Bsp. 8.5). Für Terminalsymbole werden Kleinbuchstaben, Ziffern oder Worte genutzt, Variablensymbole werden mit Großbuchstaben notiert. $\mathbb{P}$ ist eine Menge von Grammatikregeln der Form $X_1 \ldots X_n \rightarrow Y_1 \ldots Y_m$. Dabei sind die $X_i$ und die $Y_i$ Elemente von $\mathbb{V} \cup \mathbb{T}$. $S \in V$ wird als Startsymbol bezeichnet.

Die Grammatikregeln $p \in \mathbb{P}$ geben an, wie Zeichenketten $X_1 \ldots X_n$ in Zeichenketten $Y_1 \ldots Y_n$ transformiert werden können. Dabei muss die Zeichenkette $X_1 \ldots X_n$ mindestens ein Variablensymbol enthalten. In $\mathbb{P}$ muss stets mindestens eine Regel enthalten sein, auf deren linker Seite das Startsymbol steht. In Teil I haben wir den Pfeil ($\rightarrow$) verwendet, um die logische Implikation zu notieren. Bei den Grammatikregeln hat der Pfeil eine andere Bedeutung, nämlich: „Ersetze den linken Ausdruck durch einen rechten Ausdruck." Mehrere Ersetzungen können durch ein | codiert werden:

$$S \rightarrow aS \mid bS \mid \varepsilon$$

Das bedeutet, dass das Symbol $S$ durch „$aS$", „$bS$" oder „$\varepsilon$" (das leere Wort) ersetzt werden kann. $S$ hat also drei mögliche Ableitungen: Entweder fügen wir ein „$a$" hinzu, ein „$b$" oder hören mit der Ableitung auf (durch das leere Wort).

Die Grammatikregeln werden nach Chomsky (1959) auch *rewrite rules* genannt und sind mit den **Produktionsregeln** verwandt, welche später in ► Kap. 12 eingeführt werden.

**▶ Beispiel 8.5 (Eine Grammatik für Binärzahlen)**

Die in Bsp. 8.3 (▶ Abschn. 8.2) als Eingabe verwendeten Binärzahlen sind Zeichenfolgen aus beliebig vielen Nullen und Einsen. Binärzahlen lassen sich durch folgende Grammatik erzeugen:

$$G = (\{S, Z\}, \{0, 1\}, \{p_1, p_2\}, S)$$

mit

$$p_1 = S \to Z \quad \text{und} \quad p_2 = Z \to 0Z \mid 1Z \mid 0 \mid 1.$$

Die senkrechten Striche „|“ in Regel $p_2$ codieren, wie oben eingeführt, dass eine Zeichenfolge $Z$ in $0Z$ oder in $1Z$ oder in 0 oder in 1 transformiert werden kann. Mit obiger Grammatik können wir beliebige Binärzahlen erzeugen, zum Beispiel:

| Binärzahl | Ersetzungen |
|---|---|
| 0 | $S \to Z, Z \to 0$ |
| 1 | $S \to Z, Z \to 1$ |
| 00 | $S \to Z, Z \to 0Z, 0Z \to 00$ |
| 01 | $S \to Z, Z \to 0Z, 0Z \to 01$ |
| 1101 | $S \to Z$,<br>$Z \to 1Z$,<br>$1Z \to 11Z$,<br>$11Z \to 110Z$,<br>$110Z \to 1101$ |

Die Ableitungsschritte können wir kürzer schreiben, wenn wir die durch Regelanwendung entstehende rechte Seite unmittelbar als neue linke Seite interpretieren:

$$S \to Z \to 1Z \to 11Z \to 110Z \to 1101.$$

Es wird stets zunächst die Regel, auf deren linker Seite das Startsymbol steht, angewendet (hier $p_1$). Danach kann beliebig oft Regel $p_2$ angewendet werden. Dabei wird $Z$ durch eine der Alternativen auf der rechten Seite ersetzt. Ersetzen wir $Z$ durch $0Z$ oder $1Z$, werden immer längere Ausdrücke erzeugt. Die Regelanwendung ist beendet, wenn nur noch Terminalsymbole in dem erzeugten Ausdruck vorhanden sind. Wir hätten die Grammatik auch einfacher definieren können, indem wir als einziges Nonterminalsymbol das Startsymbol verwenden. Wir benötigen dann nur eine Regel:

$$S \to 0S \mid 1S \mid 0 \mid 1.$$

Eine Grammatik gibt uns also die Regeln an, mit denen Zeichenketten produziert werden können. Damit ist gleichzeitig die Struktur dieser Zeichenketten beschrieben. ◀

## ■ Wort, Sprache und Kleene-Stern

Zeichenketten sind Folgen von Terminalsymbolen. Die Menge der von einer Grammatik erzeugbaren Zeichenketten ist eine **Sprache** $L$. Jede Zeichenkette $w \in L$ heißt ein **Wort** der Sprache $L$.

Wir können die Menge der Zeichenketten, die aus einer beliebig langen Folge von Terminalsymbolen bestehen, abkürzend notieren: Wenn $A$ eine Menge von Terminalsymbolen ist, dann soll $A^*$ die Menge aller (endlichen) Worte über $A$ bezeichnen. Auch das sogenannte leere Wort, die „Zeichenkette" der Länge 0 (die also kein einziges Symbol enthält), ist in $A^*$ enthalten. Da es verwirrend ist, „" zu schreiben, drücken wir das leere Wort durch $\varepsilon$ (Epsilon) aus. Will man die Menge der Worte auf nichtleere Zeichenfolgen einschränken, also das leere Wort ausschließen, so notiert man $A^+ = A^* \setminus \{\varepsilon\}$. Besteht $A$ etwa aus $\{0, 1\}$, so ist $A^* = \{\varepsilon, 0, 1, 00, 01, 10, 11, 000, 001, \ldots\}$ und $A^+ = \{0, 1, 00, 01, 10, 11, 000, 001, \ldots\}$.

Mit dieser Art von Grammatiken lassen sich nicht nur Strukturen von formalen Sprachen, sondern auch Regularitäten natürlicher Sprachen beschreiben.

8

**▶ Beispiel 8.6**

Ein Grammatikfragment für englischsprachige Sätze:

$$G = \Big(\{S, NP, VP, N, Det, V\},\ \{the, dog, cat, mouse, chased, caught, ate\},$$
$$\{p_1, p_2, p_3, p_4, p_5, p_6\},\ S\Big).$$

$p_1$: $S \rightarrow NP, VP$

$p_2$: $NP \rightarrow Det, N$

$p_3$: $VP \rightarrow V \mid V, NP$

$p_4$: $Det \rightarrow the$

$p_5$: $N \rightarrow dog \mid cat \mid mouse$

$p_6$: $V \rightarrow chased \mid caught \mid ate$

Mit dieser Grammatik kann unter anderem der Satz „*the dog chased the cat*" durch Ableitungsschritte erzeugt werden. Zur Darstellung der **Ableitungsschritte** für ein Wort einer Sprache verwendet man häufig sogenannte Ableitungsbäume.

Bäume werden im nächsten Kapitel formal definiert (▶ Abschn. 9.1). Hier sollen sie nur informell dargestellt werden. Die Ableitung von „*the dog chased the cat*" kann in dem in ◘ Abb. 8.3 dargestellten Ableitungsbaum veranschaulicht werden. Das oberste Element im Baum, die sogenannte Wurzel, ist das Startsymbol $S$. Dieses wird auf der nächsten Ebene durch *NP* und *VP* ersetzt. Man sagt, der Knoten $S$ wird „expandiert". Auf der nächsten Ebene werden alle Knoten der übergeordneten Ebene expandiert und so weiter, bis auf der letzten Ebene des Baumes nur noch Terminalsymbole stehen.

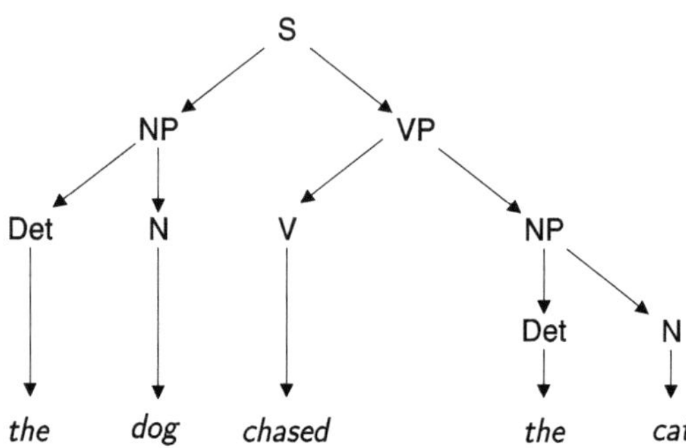


◘ **Abb. 8.3** Ableitungsbaum für den Satz „*the dog chased the cat*"

Natürlich können noch einige andere Sätze erzeugt werden, wie zum Beispiel „*the cat caught the mouse*“ oder „*the mouse ate*“. Aber Achtung, auch wenn die entstandenen Zeichenfolgen in unserem Verständnis Sätze sind, sind es formal betrachtet *Worte* der durch die Grammatik beschriebenen Sprache! ◀

Die Binärzahlen aus Bsp. 8.3 sind sogenannte **reguläre Ausdrücke**. Reguläre Ausdrücke sind mit der eingeschränktesten Grammatikform, den sogenannten rechtslinearen (bzw. linkslinearen) Grammatiken, beschreibbar. Der Linguist Noam Chomsky hat eine Hierarchie von Sprachtypen aufgestellt (◘ Tab. 8.1). Sprachen unterscheiden sich in ihrer Mächtigkeit, also danach, was mit ihnen ausdrückbar ist. Die geringste Mächtigkeit haben reguläre Sprachen. Die regulären Sprachen bilden eine echte Teilmenge der kontextfreien Sprachen. Auf der nächsten Ebene folgen die kontextsensitiven Sprachen und schließlich Sprachen, die durch Grammatiken ohne Einschränkung erzeugt werden können, die sogenannten aufzählbaren Sprachen.

Für das Englisch-Grammatikfragment haben wir eine kontextfreie Grammatik benutzt. Um dieselbe Menge von Sätzen im Deutschen generieren zu können, benötigen wir bereits eine kontextsensitive Grammatik. Das liegt daran, dass bei Substantiven im Deutschen der Genus im Artikel (*der, die, das*) codiert wird.

### ▪ Reguläre Sprachen, rechtslineare/linkslineare Grammatiken

Reguläre Sprachen sind solche, die durch rechts- oder linkslineare Grammatiken erzeugt werden können. Eine rechtslineare Grammatik hat nur Regeln der folgenden Form: $B \to aB \mid a$ mit $B \in \mathbb{V}$ und $a \in \mathbb{T}$. Eine linkslineare Grammatik hat nur Regeln der Form $B \to Ba \mid a$ mit $B \in \mathbb{V}$ und $a \in \mathbb{T}$. Zur Erzeugung der Binärzahlen in Bsp. 8.5 wurde eine rechtslineare Grammatik verwendet.

### ▪ Kontextfreie Sprachen/Grammatiken

Kontextfreie Sprachen sind solche, die durch kontextfreie Grammatiken erzeugt werden können. Eine kontextfreie Grammatik hat nur Regeln der Form $B \to w$, wo $B \in \mathbb{V}$ ist und $w$ ein Wort ist, das aus null bis beliebig vielen Symbolen aus $\mathbb{V} \cup \mathbb{T}$ besteht. Auf der linken Regelseite darf nur ein Nonterminalsymbol stehen, auf der rechten Seite dürfen beliebige Folgen aus Terminal- und Nonterminalsymbolen stehen. Zur Beschreibung des Grammatikfragments der englischen Sprache (→ Bsp. 8.6) haben wir eine solche kontextfreie Grammatik verwendet.

### ▪ Kontextsensitive Sprachen/Grammatiken

Kontextsensitive Sprachen sind solche, die durch kontextsensitive Grammatiken erzeugt werden können. Eine kontextsensitive Grammatik hat nur Regeln der folgenden Form: $v_1 A v_2 \to v_1 w v_2$, wo $v_1$ und $v_2$ Worte aus $\mathbb{V} \cup \mathbb{T}$ sind, $A \in \mathbb{V}$ ist und $w$ ein nichtleeres Wort aus $\mathbb{V} \cup \mathbb{T}$ ist. In einem Wort, das mindestens ein Nonterminalsymbol enthält, wird ein ausgezeichnetes Nonterminalsymbol $A$ durch ein Wort, das aus mindestens einem Symbol aus $\mathbb{V} \cup \mathbb{T}$ besteht, ersetzt. Die Worte $v_1$ und $v_2$ bilden den Kontext der Ersetzung.

Sprachen können formal nicht nur darüber beschrieben werden, durch welche Grammatik sie erzeugbar sind, sondern auch darüber, anhand welcher Art von Automat sie erkannt werden können. Turing-Maschinen erkennen alle aufzählbaren Sprachen. Die Chomsky-Hierarchie (Chomsky 1959) in ◘ Tab. 8.1 zeigt die Beziehung zwischen formalen Sprachen und Automaten, welche diese erkennen können.

**Tab. 8.1** Die Chomsky-Hierarchie, die die Beziehung zwischen Sprachen und Automaten, die sie identifizieren können, darstellt (Chomsky 1959)

| Typ | Formale Sprache | Automat |
|---|---|---|
| CH-0 | Aufzählbare Sprachen | Turing-Maschinen |
| CH-1 | Kontextsensitive Sprachen | Nichtdeterministische linear beschränkte Automaten |
| CH-2 | Kontextfreie Sprachen | Keller-Automaten |
| CH-3 | Reguläre Sprachen | Endliche Automaten |

Wie bei den Sprachtypen gilt auch bei den Automaten, dass die weniger mächtigen Formalismen eine Teilmenge der mächtigeren Formalismen bilden. Endliche Automaten können nur reguläre Sprachen erkennen. Turing-Maschinen können alle in Tab. 8.1 genannten Sprachen erkennen.



#### Backus–Naur-Form (BNF)

Die **Backus–Naur-Form**, kurz BNF, ist eine spezielle Beschreibungsform für kontextfreie Grammatiken, die zur Darstellung der Syntax von Programmiersprachen verwendet wird. Nonterminalsymbole werden in spitzen Klammern notiert. Dadurch können anstelle von einzelnen Großbuchstaben auch ganze Worte als Nonterminalsymbole verwendet werden, was die Darstellung übersichtlicher macht. Anstelle des Pfeils wird das Symbol ::= (gelesen „*becomes*") verwendet. Geschweifte Klammern bedeuten, dass der enthaltene Ausdruck gar nicht oder beliebig oft vorkommen kann.

**► Beispiel 8.7**

Ein Ausschnitt der Syntax von Prolog, dargestellt in Backus–Naur-Form:

```
<programm>  ::= {<fakt>} <anweisung> {<anweisung>}
<fakt>      ::= <name>(<konstante> {,<konstante>}).
<anweisung> ::= <kopf> :- <rumpf>.
<kopf>      ::= <name>(<parameter> {,<parameter>})
<rumpf>     ::= <ausdruck> {<junktor> <ausdruck>}
<ausdruck>  ::= <konstante> | <name>(<parameter> {,<parameter>}) |
                <ausdruck> <operator> <ausdruck>
<junktor>   ::= , | ;
<operator>  ::= + | - | mod
<konstante> ::= <ziffer>{<ziffer>} | <buchstabe>{<zeichen>}
<name>      ::= <buchstabe>{<zeichen>}

<parameter> ::= <Buchstabe>{<zeichen>}
<ziffer>    ::= 0 | 1 | 2 | 3 | 4 | 5 | 6 | 7 | 8 | 9
<buchstabe> ::= a | b | c | d | e | f | g | h | ... | x | y | z
<Buchstabe> ::= A | B | C | D | E | F | G | H | ... | X | Y | Z
<zeichen>   ::= <buchstabe> | <Buchstabe> | _
```
◄

Üblicherweise verzichtet man auf die Angabe der Trennsymbole (Klammern, Kommata, …).

## 8.4 Zur Vertiefung

**Einführung in Algorithmentheorie, Automatentheorie und formale Sprachen**

- Hopcroft, J. E., Ullman, J. D., und Motwani, R. (2002). *Einführung in die Automatentheorie, formale Sprachen und Komplexitätstheorie*, Band 2. Pearson Studium Deutschland.
- Knuth, D. E. (1997a). *The Art of Computer Programming: Fundamental Algorithms*. Addison-Wesley, 1. Auflage.
- Die Diskussion was ein Algorithmus letztlich ist, ist noch nicht abgeschlossen. In dem kurzen Beitrag von Vardi, M. Y. (2012). What is an algorithm? *Commun. ACM*, *55*(3), 5, wird der Dualismus zwischen der Definition von Maschinenmodellen und den rekursiven Funktionen diskutiert.

**Originalliteratur zum Thema Berechenbarkeit/Entscheidbarkeit**

- Church, A. (1936). An unsolvable problem of elementary number theory. *American Journal of Mathematics*, *58*(2), 345–363.
- Gödel, K. (1931). Über formal unentscheidbare Sätze der Principia Mathematica und verwandter Systeme I. *Monatshefte für Mathematik und Physik*, *38*(1), 173–198.
- Turing, A. M. (1937). On computable numbers, with an application to the Entscheidungsproblem. *Proceedings of the London Mathematical Society*, *2*(1), 230–265. Korrekturen in: *43*, 544–546.

# Problemrepräsentation

Inhaltsverzeichnis




M. Ragni, U. Schmid, *Kognitive Künstliche Intelligenz*, https://doi.org/10.1007/978-3-662-69498-5_9

Im letzten Kapitel wurden Algorithmen als allgemeines Konzept zur Beschreibung von Verfahren zur Lösung von Problemen eingeführt. In diesem Kapitel beschäftigen wir uns mit Problemlöseverfahren im engeren Sinne. Hierunter verstehen wir alle Ansätze, bei denen ein gegebener Ausgangszustand (das Problem) nicht unmittelbar in den gewünschten Endzustand (die Problemlösung) überführt werden kann, da die Transformationsvorschrift (also der Algorithmus), der diese Lösung ermöglicht, noch nicht bekannt ist und erst gefunden werden muss (► Abschn. 9.2). Dies geschieht typischerweise innerhalb einer spezifischen Problemdomäne, die den Rahmen des Problems, die beteiligten Variablen und die geltenden Regeln definiert. Ein klassisches Beispiel ist in der Mathematik das Finden einer allgemeinen Vorschrift zur Berechnung des größten gemeinsamen Teilers (► Abschn. 8.1). Dies hat Euklid gemacht – er hat das Problem, einen Algorithmus zu finden, der diese Berechnung ermöglicht, gelöst. Wenn der Algorithmus jedoch bekannt ist, wird kein Problem mehr gelöst, sondern eine Aufgabe innerhalb der definierten Domäne durch die Anwendung des Algorithmus bearbeitet.

Ein allgemeines Verfahren zur Lösung von Problemen ist die Darstellung von Problemlöseverfahren als Suche in Zustandsräumen. Um Zustandsräume formal einführen zu können, werden wir in ► Abschn. 9.1 zunächst Listen, Bäume und Graphen definieren. In ► Abschn. 9.2 wird dargestellt, wie Probleme als **Zustandsräume** repräsentiert werden können.

9

Wie wir in ► Abschn. 8.4 gesehen haben, gibt es Probleme, die so komplex sind, dass Algorithmen zu deren Lösung nicht effizient berechenbar sind. Die Anwendung grundlegender Suchalgorithmen auf Probleme, wie sie üblicherweise in der Denkpsychologie und in der Künstlichen Intelligenz untersucht werden, fällt häufig in die Klasse der nicht effizient berechenbaren Algorithmen. Sogenannte heuristische Suchverfahren (► Kap. 11) schaffen teilweise Abhilfe.

## 9.1 Listen, Bäume, Graphen

Eine Datenstruktur beschreibt die abstrakte Form der Informationen, auf denen ein Algorithmus arbeitet. In diesem Abschnitt werden drei zentrale Datenstrukturen eingeführt: Listen, Bäume und Graphen. Dabei werden wir verschiedene Formen der Definition von Datenstrukturen sowie unterschiedliche Arten der Repräsentation kennenlernen.

**Definition 9.1 (Liste)**

Eine Liste ist eine geordnete Folge von Elementen: $L = (e_1, e_2, \ldots, e_n)$, wobei $n \in \mathbb{N}$ die Anzahl der Elemente der Liste ist. Listen können auch mit eckigen Klammern notiert werden, also $[e_1, e_2, \ldots, e_n]$. Formal lässt sich eine Liste mithilfe von **Konstruktoren** über elementaren Werten definieren (z. B. in Backus–Naur-Form):

$$\langle liste \rangle ::= nil \mid cons \; \langle element \rangle \; \langle liste \rangle$$

Dabei bedeutet:

- *nil*: eine leere Liste,
- *cons*(*element*, *liste*): ein Konstruktor, der ein Element und eine weitere Liste zu einer neuen Liste kombiniert.

Die Definition beschreibt, dass eine Liste entweder leer ist (durch ‚nil' dargestellt) oder durch das ‚cons'-Konstrukt gebildet wird, das ein Element und eine weitere Liste kombiniert.

Die linke Seite der Definition beschreibt den Namen der Datenstruktur, in diesem Fall die *Liste*. Die rechte Seite gibt die Regeln an, nach denen Listen gebildet werden. Das Zeichen ::= wird gelesen als „ist definiert als". Eine Liste ist entweder leer (dargestellt durch *nil*) oder besteht aus einem Element, das mit einer weiteren Liste verknüpft ist (über den *cons*-Konstruktor).

Das Symbol | haben wir bereits bei den formalen Sprachen (▶ Abschn. 8.3) kennengelernt; es steht zwischen Alternativen („oder"). Der Ausdruck *nil* steht für die leere Liste, und *cons* ist der Konstruktor, der ein Element an den Anfang einer bestehenden Liste anfügt. Dabei kann *element* zum Beispiel eine Zahl, ein Buchstabe oder ein Wort sein.

Die Definition ist rekursiv, da die zu definierende Struktur *liste* sowohl auf der linken als auch auf der rechten Seite der Gleichung vorkommt, was bedeutet, dass Listen aus weiteren Listen bestehen können.

Eine Liste der Form (*Atkinson*, *Backus*, *Chomsky*) kann folgendermaßen durch die obige Definition erzeugt werden:

$$
\begin{aligned}
&\langle \mathit{liste} \rangle \\
\rightarrow\ &\big(\mathit{cons\ Atkinson}\ \langle \mathit{liste} \rangle\big) \\
\rightarrow\ &\big(\mathit{cons\ Atkinson}\ (\mathit{cons\ Backus}\ \langle \mathit{liste} \rangle)\big) \\
\rightarrow\ &\big(\mathit{cons\ Atkinson}\ \big(\mathit{cons\ Backus}\ (\mathit{cons\ Chomsky}\ \langle \mathit{liste} \rangle)\big)\big) \\
\rightarrow\ &\big(\mathit{cons\ Atkinson}\ \big(\mathit{cons\ Backus}\ (\mathit{cons\ Chomsky\ nil})\big)\big).
\end{aligned}
$$

Die rekursive Definition erlaubt es, beliebige Listen zu erzeugen. Grafisch kann eine Liste als Ableitungsbaum dargestellt werden, wie wir es bereits in ▶ Abschn. 8.3 kennengelernt haben (◘ Abb. 8.3). Dort wurde gezeigt, dass die durch eine Grammatik erzeugten Worte durch Ableitungsbäume darstellbar sind.

**Definition 9.2 (Bäume)**

Bäume sind folgendermaßen aufgebaut:

1. Der leere Baum (*nil*) ist ein Baum.
2. Ein einzelner Knoten $k$ ist ein Baum und somit Wurzel des Baumes.
3. Wenn $B_1, B_2, \ldots, B_n$ Bäume sind, dann ist auch $k(B_1, \ldots, B_n)$ ein Baum. In diesem Baum hängen an dem Knoten $k$ die Unterbäume $B_1$ bis $B_n$ und $k$ ist mit jedem Unterbaum durch eine Kante verbunden.

**Knoten** repräsentieren die elementaren Objekte im Baum. An einem Knoten können null oder endlich viele Bäume hängen. Diese Bäume sind wiederum nach dem gleichen Prinzip aufgebaut. Die Verbindungslinie zwischen zwei Knoten heißt **Kante**. Ein Baum, bei dem von jedem Knoten maximal zwei Kanten ausgehen, heißt **Binärbaum**. Bäume werden ausgehend von einem Knoten „nach unten" expandiert. **Expansion eines Knotens** heißt, dass an einen Knoten $n$ Kanten angebracht werden, an die neue Knoten angefügt sind. Diese Knoten heißen **Nachfolger** oder Kinder des betreffenden Knotens.

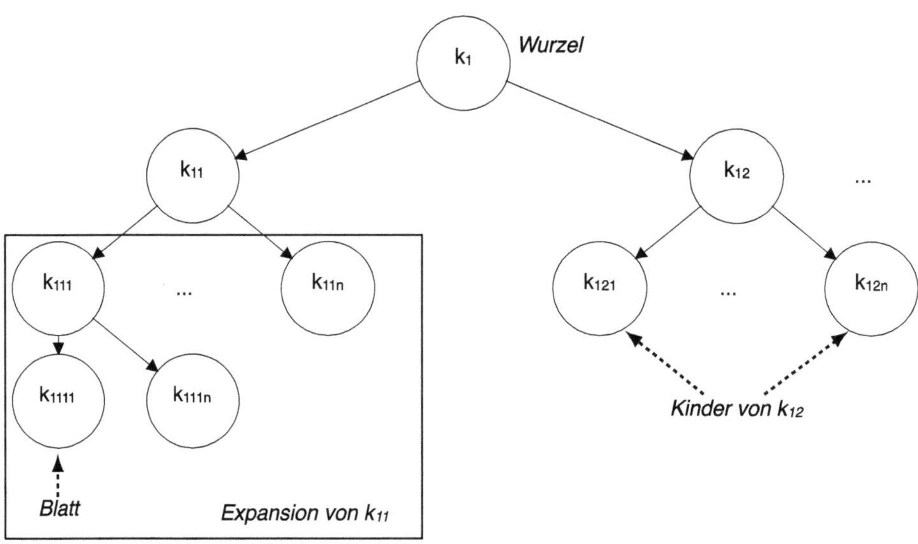


**Abb. 9.1** Veranschaulichung der Baumstruktur. Es gibt einen Wurzelknoten $k_1$, Blattknoten (z. B. $k_{1111}$) und innere Knoten (z. B. $k_{12}$). Bei einem Suchproblem werden die Knoten expandiert

9

Der Knoten, der expandiert wurde, heißt **Vorgänger** oder Elternknoten für diese Knoten. Der Knoten, welcher keinen Vorgänger hat, heißt **Wurzel** des Baumes. Knoten, die keine Nachfolger haben, heißen **Blätter** des Baumes. Alle genannten Konzepte sind in Abb. 9.1 veranschaulicht.

Listen sind weniger komplexe Datenstrukturen als Bäume. Sie können als Spezialfall von Bäumen dargestellt werden. Listen sind Bäume, bei denen jeder Knoten maximal einen Nachfolger hat. Umgekehrt können Bäume durch komplizierte Listenstrukturen dargestellt werden, durch Listen von Listen. Diese Art der Baumrepräsentation ist für Algorithmen auf Bäumen sehr zweckmäßig. In vielen Programmiersprachen, wie LISP oder PYTHON werden Bäume als Listen repräsentiert. In Def. 9.1 haben wir festgelegt, dass die Elemente von Listen elementare Datenobjekte wie Zahlen, Buchstaben oder Worte sein müssen. Nun wollen wir zulassen, dass Listen auch Listen als Elemente haben können. Zum Beispiel kann der Baum aus Abb. 8.3 als folgende Liste dargestellt werden: $\big(a\big(b(d\ e)c(fg(h\,i))\big)\big)$. Als Liste dargestellt hat ein Baum also die Form $\big(\langle knoten\rangle\ \langle nachfolgerliste\rangle\big)$. Der Knoten $a$ hat z. B. die Nachfolger $b$ und $c$. Die Nachfolgerliste von $a$ besteht aus der Konkatenation von zwei Knoten–Nachfolgerlisten-Paaren oder Elementen, d. h. $\big(\langle knoten\rangle\ \langle nachfolgerliste\rangle\big)$, d. h., $b$ ist ein Knoten und $(d\ e)$ seine Nachfolgerliste sowie $c$ ein Knoten und $(fg)$ seine Nachfolgerliste. Des Weiteren wird der Baum am Knoten $g$ weiter expandiert mit der Nachfolgerliste $(h\,i)$. Die Knoten $d$, $e$, $f$, $h$ und $i$ stellen Blätter des Baumes dar. Um nun Bäume formal als Listen von Listen zu definieren, greifen wir auf die Listen-Definition 9.1 zurück.

$$liste ::= nil \mid cons\ (element \mid liste)\ liste$$

Bäume können nach Definition also entweder leer sein (wenn es nicht einmal einen Wurzelknoten gibt), sie können aus einzelnen, isolierten Knoten bestehen (wo also die Wurzel zugleich schon das einzige Blatt ist) und sie können Knoten mit Nachfolgern beinhalten, die wiederum Nachfolger haben können. In der Informatik schreibt man dies formal (und rekursiv) als:

$$\langle liste \rangle ::= nil \mid cons\ \langle element \rangle\ \langle liste \rangle$$
$$\langle baum \rangle ::= nil \mid knoten \mid cons\ \langle knoten \rangle \langle liste(baum) \rangle .$$

Den Baum $(b(ef))$ können wir anhand dieser Definition folgendermaßen erzeugen:

$$\begin{aligned}
&baum\\
\to\ &(cons\ knoten\ liste(baum))\\
\to\ &(cons\ b\ liste(baum))\\
\to\ &(cons\ b\ (cons\ baum\ liste(baum)))\\
\to\ &(cons\ b\ (cons\ (cons\ knoten\ liste(baum))\ liste(baum)))\\
\to\ &(cons\ b\ (cons\ (cons\ e\ (cons\ baum\ liste(baum)))\ liste(baum)))\\
\to\ &(cons\ b\ (cons\ (cons\ e\ (cons\ knoten\ nil))\ liste(baum)))\\
\to\ &(cons\ b\ (cons\ (cons\ e\ (cons\ f\ nil))\ liste(baum)))\\
\to\ &(cons\ b\ (cons\ (cons\ e\ (cons\ f\ nil))\ nil)).
\end{aligned}$$

Die Verschachtelung von *cons*-Ausdrücken ermöglicht es also, Listen von Listen zu erzeugen.

Den untersten *cons*-Ausdruck können wir folgendermaßen lesen (von innen nach außen abgearbeitet):

$$\begin{gathered}
(cons\ b\ (cons\ (cons\ e\ (cons\ f\ nil))\ nil))\\
(f)\\
(e\ f)\\
((e\ f))\\
(b\ (e\ f))
\end{gathered}$$

Der ganze Baum $(a\ (b\ (ef)\ c\ d))$ wird durch folgende Liste repräsentiert:

$$(cons\ a\ (cons\ (cons\ b\ (cons\ (cons\ e\ (cons\ f\ nil))\ (cons\ c\ (cons\ d\ nil))))\ nil)).$$

Im Rest des Kapitels werden wir auf diese formale Darstellung von Bäumen verzichten und uns auf die grafische Repräsentation beschränken. Nun kommen wir zur komplexesten bisher behandelten Datenstruktur, den Graphen.

**Definition 9.3 (Gerichtete Graphen)**

Ein Graph $G$ ist definiert als ein Quadrupel $(\mathbb{V}, \mathbb{R}, \alpha, \omega)$ mit

$\mathbb{V}$: eine Menge, deren Elemente „Knoten“ (engl. *vertices*) genannt werden,
$\mathbb{R}$: eine Relation auf $\mathbb{V} \times \mathbb{V}$, deren Elemente $(v, v')$ „Kanten“ (engl. *edges*) heißen sollen,
$\alpha$: $\mathbb{R} \to \mathbb{V}$ eine Funktion, die jeweils den Ausgangsknoten $v$ einer Kante $(v, v')$ liefert,
$\omega$: $\mathbb{R} \to \mathbb{V}$ eine Funktion, die jeweils den Zielknoten $v'$ einer Kante $(v, v')$ liefert.

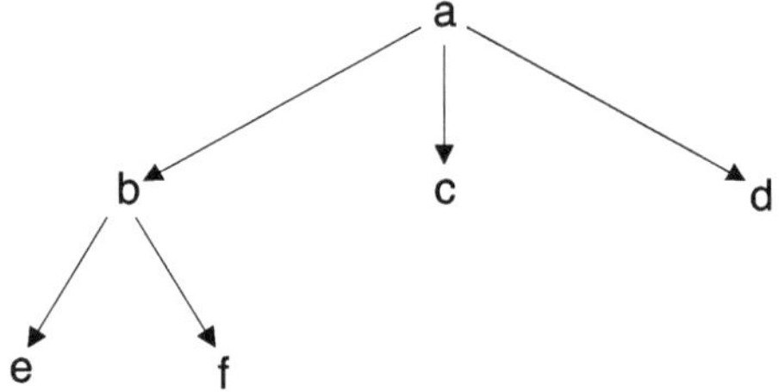


**Abb. 9.2** Grafische Repräsentation eines Baumes mit einem Wurzelknoten $a$, den Blättern $e$, $f$, $c$ und $d$ sowie dem inneren Knoten $b$

Üblicherweise gilt $v \neq v'$, d. h. eine Kante geht in einen anderen Knoten. Allerdings kann es auch Graphen geben, die Knoten besitzen, die auf sich selber abbilden, vgl. den Zustandsgraphen in Abb. 8.2. So wie Listen spezielle Bäume sind, sind Bäume spezielle Graphen. Der Baum aus Abb. 9.2 kann folgendermaßen als Graph beschrieben werden:

$$
\begin{aligned}
&\mathbb{V} = \{a, b, c, d, e, f\}, && \mathbb{R} = \{r_1, \ldots, r_5\},\\
&\alpha(r_1) = a, && \omega(r_1) = b,\\
&\alpha(r_2) = a, && \omega(r_2) = c,\\
&\alpha(r_3) = a, && \omega(r_3) = d,\\
&\alpha(r_4) = b, && \omega(r_4) = e,\\
&\alpha(r_5) = b, && \omega(r_5) = f.
\end{aligned}
$$

9

Die Graphen, die wir betrachten, heißen **gerichtete Graphen**, da wir für jede Kante festlegen, was ihr Ausgangsknoten und was ihr Zielknoten ist, oder mit anderen Worten: von welchem Knoten zu welchem sie führen. Betrachten wir einige Konzepte für Graphen:

**Definition 9.4 (Konzepte für Graphen)**

- Ein **Weg** $w$ in einem Graphen ist definiert als eine endliche Folge von Kanten, die von einem Knoten $v$ zu einem Knoten $v'$ führt, wobei zwischen $v$ und $v'$ beliebig viele weitere Knoten liegen dürfen. Die Knoten $v$ und $v'$ heißen der **Anfangs-** bzw. der **Endknoten** von $w$. Formal ist ein Weg eine endliche Folge von Kanten $w = (r_1, \ldots, r_n)$ mit $n > 0$ und $\omega(r_i) = \alpha(r_{i+1})$ für $i = 1, \ldots, n-1$. D. h., ein Weg in einem Graphen wird als Liste angegeben: Das erste Element der Liste ist die Kante, die vom Anfangsknoten $v$ ausgeht, also $\alpha(r_1) = v$; das letzte Element ist die Kante, die zum Endknoten $v'$ führt, also $\omega(r_n) = v'$.
- Eine **Schlinge** ist eine Kante $r$ vom Knoten $v$ zum Knoten $v$. Formal: $\alpha(r) = \omega(r)$.
- Ein **Zyklus** ist ein Weg im Graph, bei dem der Anfangsknoten gleich dem Endknoten ist. Formal: Für $w = (r_1, \ldots, r_n)$ gilt: $\alpha(r_1) = \omega(r_n) = v$.
- Alle Knoten, die vom Knoten $v$ aus direkt durch eine Kante erreicht werden, heißen **Nachfolger** von $v$. Die **Nachfolgermenge** eines Knotens $v$ ist also definiert als: $\mathbb{N}(v) = \{v' \mid \exists r \text{ mit } \alpha(r) = v \text{ und } \omega(r) = v'\}$. Entsprechend ist die **Vorgängermenge** definiert als: $\mathbb{P}(v) = \{v' \mid \exists r \text{ mit } \omega(r) = v \text{ und } \alpha(r) = v'\}$.
- Zwei Knoten heißen **benachbart**, wenn sie direkt durch eine Kante verbunden sind. Also: $v$ und $v'$ sind benachbart, wenn eine Kante $r$ mit $\alpha(r) = v$ und $\omega(r) = v'$ oder mit $\alpha(r) = v'$ und $\omega(r) = v$ existiert, oder noch anders gesagt: wenn $v$ entweder ein Vorgänger oder ein Nachfolger von $v'$ ist.

- Ein Graph heißt **zusammenhängend**, wenn es von jedem Knoten $v$ zu jedem anderen Knoten $v'$ einen Weg gibt.

Alle Konzepte werden am Beispielgraph in ◘ Abb. 9.3 veranschaulicht: Der Graph ist zusammenhängend. Das Kantentripel $w_1 = (r_2, r_5, r_6)$ ist ein Weg im Graph mit $\alpha(r_2) = v_1$ als Anfangsknoten und $\omega(r_6) = v_4$ als Endknoten. Der Weg $w_1$ ist zyklenfrei. Kante $r_3$ ist eine Schlinge. Der Weg $w_2 = (r_2, r_3, r_5)$ enthält einen Zyklus. Der Weg $w_3 = (r_6, r_7, r_2, r_5)$ ist ein Zyklus, da $\alpha(r_6) = \omega(r_5) = v_5$. Der Weg $w_4 = (r_1, r_4, r_7, r_2, r_5, r_6)$ enthält einen Zyklus. In $w_4$ existiert nämlich ein Teilweg, der ein Zyklus ist: $w_4' = (r_7, r_2, r_5, r_6)$. Die Nachfolgermenge von $v_1$ ist $\{v_2, v_3\}$. Die Vorgängermenge von $v_4$ ist $\{v_2, v_5\}$. Benachbarte Knoten sind beispielsweise: $(v_1, v_2)$, $(v_1, v_3)$, $(v_2, v_4)$, $(v_3, v_5)$, $(v_4, v_1)$, $(v_5, v_4)$. Wegen der Schlinge $r_3$ ist $v_3$ auch zu sich selbst benachbart.

Wir haben oben bereits erwähnt, dass Bäume spezielle Graphen sind; nun können wir diese Tatsache präziser ausdrücken: Bäume sind zyklenfreie Graphen, bei denen jeder Knoten maximal einen Vorgänger besitzt.

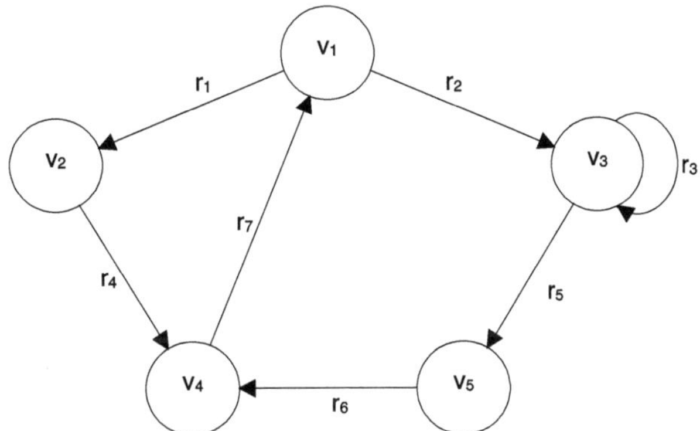


◘ **Abb. 9.3** Darstellung eines Graphen $G$, der kein Baum ist, da er Zyklen enthält, z. B. $(V_1, V_2, V_4)$

## Bäume als spezielle Graphen

Als Variable für Bäume verwenden wir bevorzugt $\alpha$. Bäume können induktiv definiert werden:

**Definition 9.5**

Ein Baum ist eine Graphenstruktur $(V, E)$, die aus einer Menge von Knoten $V$ und einer Menge von Kanten $E$ besteht. Er erfüllt die folgenden Eigenschaften:

- Der Graph ist zusammenhängend und enthält keine Zyklen (daher ist er azyklisch).
- Alle Kanten sind ungerichtet.

Ein Baum hat höchstens einen Wurzelknoten und der Gesamtbaum kann Teilbäume haben. Ein Baum wird oft rekursiv definiert:

1. $\alpha = k$: Ein Baum besteht aus nur einem Knoten; dieser Knoten ist der Wurzelknoten.
2. $\alpha = x_t(\alpha_0, \alpha_1, \ldots, \alpha_m)$: Der Baum besteht aus einem Wurzelknoten $x_t$, der durch Kanten mit den Unterbäumen $\alpha_0, \alpha_1, \ldots, \alpha_m$ verbunden ist.

Die obige Definition ist rekursiv anwendbar. Der Baum $\alpha$ kann also entweder ein $k$ sein oder ein $x'_t(\alpha'_0\,\alpha'_1\ldots)$. In ► Kap. 13 werden wir zeigen, wie man durch das Erlernen von Baumstrukturen Regeln aufstellen kann, die bestimmte Objekte beschreiben. Zum Beispiel könnten wir ein Modell für Vulkanier entwickeln, die sich durch Merkmale wie spitze Ohren und besondere Grußformeln von Menschen unterscheiden. In solchen Bäumen stehen die Knoten $x_t$ jeweils für Merkmale und deren mögliche Ausprägungen.

## Bewertete Graphen

Heuristische Suchverfahren (► Kap. 10) arbeiten auf sogenannten bewerteten Graphen. Ein Graph heißt **bewertet**, wenn für jede Kante eine Markierung, zum Beispiel eine natürliche Zahl, angegeben wird. Formal: Ein Graph $G$ heißt bewertet, wenn eine Funktion $\beta\colon \mathbb{R} \to \mathbb{M}$ existiert, die jeder Kante $r_i \in \mathbb{R}$ ein Element $\beta(r_i)$ von $\mathbb{M}$ zuordnet. Die Menge $\mathbb{M}$ wird Markierungsmenge genannt, mit z. B. $\mathbb{M} \subset \mathbb{N}$, für die natürlichen Zahlen $\mathbb{N}$. Repräsentieren die Knoten eines Graphen Städte, so könnten die Markierungen beispielsweise für Distanzen stehen.



Um Graphen für die Anwendung in Algorithmen darzustellen, werden oft **Adjazenzmatrizen**[1] verwendet. Sei $G = (\mathbb{V}, \mathbb{R}, \alpha, \omega)$ ein Graph. Die Adjazenzmatrix von $G$ ist eine Matrix über $\mathbb{V} \times \mathbb{V}$, in der jeder Eintrag $a_{ij}$ in der Matrix angibt, ob eine Kante von $v_i$ zu $v_j \in \mathbb{V}$ existiert. Wenn es eine Kante gibt, dann enthält $a_{ij}$ eine 1, sonst eine 0. Eine Zelle der Matrix kann durch ihren Zeilen- und Spaltenindex bestimmt werden. So steht zum Beispiel in der $(3,2)$-Zelle $a_{32}$ der zum obigen Graphen gehörigen Adjazenzmatrix eine 0, d. h., es gibt keine Kante, die vom Knoten $v_3$ zum Knoten $v_2$ führt. Für bewertete Graphen können anstelle der Angabe von Nullen (keine Kante) und Einsen (Kante) die Kantenmarkierungen in die Adjazenzmatrix eingetragen werden. Der Spezialfall, dass bewertete Graphen nur 0 oder 1 als Bewertung haben, ist äquivalent zu einem gewöhnlichen Graphen.

Der Graph $G$ aus ■ Abb. 9.3 wird durch folgende Adjazenzmatrix $A(G)$ repräsentiert:

| | | 1 | 2 | 3 | 4 | 5 | Spalten $j = 1,\ldots,5$ |
|---|---|---|---|---|---|---|---|
| | 1 | 0 | 1 | 1 | 0 | 0 | ← Zeile 1 |
| | 2 | 0 | 0 | 0 | 1 | 0 | |
| $A(G) =$ | 3 | 0 | **0** | 1 | 0 | 1 | Zelle $(3,2)$ |
| | 4 | 1 | 0 | 0 | 0 | 0 | |
| | 5 | 0 | 0 | 0 | 1 | 0 | ← Zeile 5 |
| Zeilen $i = 1,\ldots,5$ | | | ↑ Spalte 2 | | | | |

## 9.2 Probleme als Zustandsräume

In diesem Abschnitt wird dargestellt, wie Probleme als Graphen repräsentiert und anschließend gelöst werden können. Zunächst soll definiert werden, was wir unter einem Problem verstehen.

1 Matrizen werden hier nicht formal definiert. Eine leicht verständliche Einführung geben Dietrich und Stahl (1967).

## Problem, Problemlösung

Ein Problem liegt dann vor, wenn ein gegebener Anfangszustand nicht direkt in einen gewünschten Zielzustand transformiert werden kann, sondern eine Folge sogenannter Problemlöseoperatoren angewendet werden muss. Die Transformation eines Anfangs- in einen Zielzustand bezeichnet man als Problemlösen. Kann ein Anfangszustand direkt in den Zielzustand überführt werden, so spricht man nicht von einem „Problem", sondern von einer „Aufgabe" (Hussy 1984, S. 114 ff.).

Nach McCarthy (1956) können Probleme als offen (engl. *ill-defined*) oder geschlossen (engl. *well-defined*) charakterisiert werden. Diese Begriffe beziehen sich darauf, wie klar und präzise ein Problem formuliert ist. Geschlossene (wohldefinierte) Probleme sind solche, bei denen Anfangs- und Zielzustand sowie die Regeln zur Problemlösung klar festgelegt sind. Ein Beispiel hierfür ist das Lösen eines Kreuzworträtsels, bei dem sowohl der Ausgangszustand (leeres Rätsel) als auch der Zielzustand (vollständig ausgefülltes Rätsel) bekannt sind.

Offene (schlecht definierte) Probleme hingegen sind solche, bei denen der Zielzustand oder sogar sowohl Anfangs- als auch Zielzustand unklar sind. Diese Probleme sind schwieriger zu formalisieren, da oft unklare oder unvollständige Vorgaben existieren. Ein Beispiel hierfür wäre die gerechte Verteilung von Gütern, bei der es keine eindeutige Definition von „Gerechtigkeit" gibt und damit auch unklar ist, wie der aktuelle Anfangszustand aus verschiedenen Gerechtigkeitsperspektiven beurteilt werden muss.

Im Folgenden werden wir uns ausschließlich mit geschlossenen (wohldefinierten) Problemen befassen, da es sehr schwierig ist, offene (schlecht definierte) Probleme formal zu behandeln.

Eine spezielle Klasse geschlossener Probleme sind die sogenannten **Transformationsprobleme** (Greeno 1978). Dies sind solche Probleme, bei denen die im Anfangszustand gegebenen Elemente (zum Beispiel drei nebeneinander liegende Blöcke auf einem Tisch) durch Anwendung vorgegebener Operatoren (zum Beispiel „Lege Block $x$ auf Block $y$") in eine andere Struktur überführt werden (zum Beispiel einen Turm aus drei Blöcken). Eine Übersicht über verschiedene Klassifikationsvorschläge für Probleme geben zum Beispiel Lüer und Spada (1990, S. 257).

Die Konzepte, die benötigt werden, um Problemlöseprozesse formal zu behandeln, sollen am Beispiel einer Blockwelt verdeutlicht werden.

**▶ Beispiel 9.1 (Blockwelt)**

Gegeben sei eine Menge von Blöcken, die durch Buchstaben gekennzeichnet werden, zum Beispiel $Blöcke = \{A, B, C\}$. Die Blöcke befinden sich auf einem Tisch. Unsere „Problemwelt" besteht also aus der Menge $Objekte = Blöcke \cup \{Tisch\}$. Die Konstellation der Blöcke auf dem Tisch kann durch folgende Prädikate beschrieben werden:

$auf(b, o)$ für $b \in Blöcke$ und $o \in Objekte$: „Block $b$ liegt auf Objekt $o$."
$frei(b)$ für $b \in Blöcke$: „Es liegt kein Block auf Block $b$."

Schließlich stehen verschiedene Handlungsmöglichkeiten zur Verfügung. Zum Beispiel kann ein Block von einem anderen heruntergenommen und auf den Tisch gelegt werden oder ein Block auf einen anderen Block gelegt werden:

$lege\_auf(b_1, b_2)$ für $b_1, b_2 \in$ *Blöcke*,
$lege\_auf\_tisch(b)$ für $b \in$ *Blöcke* (Hier steckt der Tisch bloß versteckt im Prädikatnamen, wird also nicht als Objekt benötigt).

Mögliche geschlossene Probleme in dieser Blockwelt sind etwa das Aufbauen und Abbauen von Türmen. Ein offenes Problem wäre das Bauen eines ästhetisch hochwertigen Objekts. ◄

Eine Möglichkeit, Probleme formal darzustellen, ist ihre Repräsentation in sogenannten Zustandsräumen.

**Definition 9.6 (Zustandsraum)**

Ein Zustandsraum (engl. *state space*), auch „Problemraum" genannt, ist ein Quadrupel $S = (\mathbb{P}, \mathbb{A}, \mathbb{Z}, \mathbb{O})$ mit

- $\mathbb{P}$: die Menge aller möglichen Zustände des Systems oder der Welt, die durch das Problem beschrieben werden; diese ist nichtleer,
- $\mathbb{A}$: die Menge von Anfangszuständen, $\mathbb{A} \subseteq \mathbb{P}$,
- $\mathbb{Z}$: die Menge von Zielzuständen, $\mathbb{Z} \subseteq \mathbb{P}$,
- $\mathbb{O}$: die Menge von Operatoren, wobei ein Operator $o$ mit $o \colon \mathbb{P} \to \mathbb{P}$ einen Zustand in einen anderen überführt.

Der Zustandsraum beschreibt also alle möglichen Situationen (Zustände), in denen sich das Problem oder die „Welt" befinden kann. Die Aufgabe besteht darin, von einem Anfangszustand zu einem Zielzustand zu gelangen, indem man Operatoren anwendet.

9

Um ein Problem als Zustandsraum darzustellen, muss es
1. in unterscheidbare Zwischenschritte – die Problemzustände – zerlegt werden können, und
2. man muss Regeln (Operatoren) angeben können, die einen Zustand in einen anderen verwandeln.

Dabei stellt der Zustandsraum nicht das Problem selbst dar, sondern den Lösungsweg oder den Raum aller möglichen Schritte, die zur Lösung führen. Jeder Problemzustand ist ein einzelner Schritt auf diesem Weg und wird als eine Teillösung angesehen, weil er uns näher an die endgültige Lösung bringt. Die Operatoren helfen uns, von einem Schritt zum nächsten zu gelangen, bis die Lösung erreicht ist.

Wir wollen uns das Zustandsraumkonzept anhand einiger typischer Blockwelt-Probleme verdeutlichen: Gegeben seien drei Blöcke $A$, $B$ und $C$. Die Menge aller möglichen Zustände des Problems ergibt sich aus der Gesamtheit der möglichen Konstellationen der drei Blöcke auf dem Tisch (◘ Abb. 9.4):

$$\begin{aligned}
\mathbb{P} = \Big\{ z_1 &= \{auf(A, Tisch), auf(B, Tisch), auf(C, Tisch), frei(A), frei(B), frei(C)\},\\
z_2 &= \{auf(A, Tisch), auf(B, Tisch), auf(C, B), frei(A), frei(C)\},\\
z_3 &= \{auf(A, Tisch), auf(B, Tisch), auf(C, A), frei(B), frei(C)\},\\
z_4 &= \{auf(B, Tisch), auf(C, Tisch), auf(A, C), frei(A), frei(B)\},\\
z_5 &= \{auf(B, Tisch), auf(C, Tisch), auf(A, B), frei(A), frei(C)\},
\end{aligned}$$

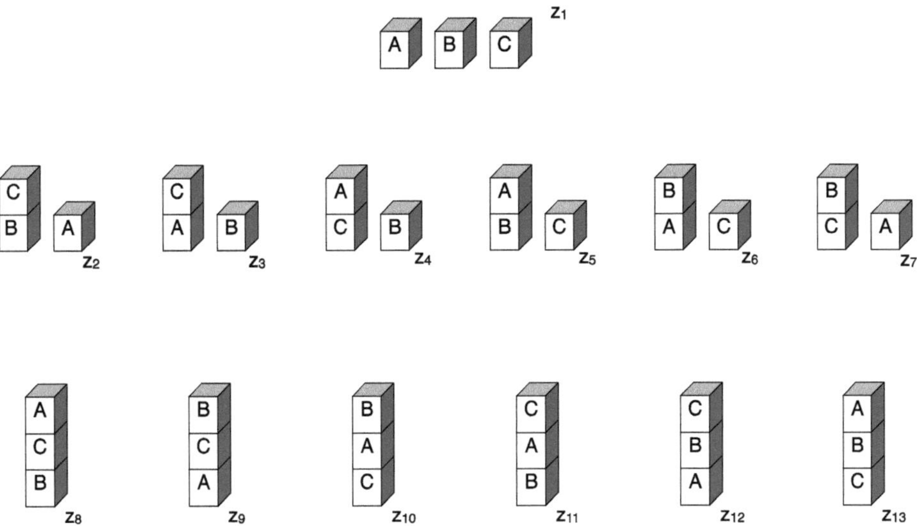


**◼ Abb. 9.4** Darstellung eines Zustandsraums mit den Blöcken $A$, $B$ und $C$

$$
\begin{aligned}
z_6 &= \{auf(A, Tisch), auf(C, Tisch), auf(B, A), frei(B), frei(C)\},\\
z_7 &= \{auf(A, Tisch), auf(C, Tisch), auf(B, C), frei(A), frei(B)\},\\
z_8 &= \{auf(B, Tisch), auf(C, B), auf(A, C), frei(A)\},\\
z_9 &= \{auf(A, Tisch), auf(C, A), auf(B, C), frei(B)\},\\
z_{10} &= \{auf(C, Tisch), auf(A, C), auf(B, A), frei(B)\},\\
z_{11} &= \{auf(B, Tisch), auf(A, B), auf(C, A), frei(C)\},\\
z_{12} &= \{auf(A, Tisch), auf(B, A), auf(C, B), frei(C)\},\\
z_{13} &= \{auf(C, Tisch), auf(B, C), auf(A, B), frei(A)\}\Big\}.
\end{aligned}
$$

Nehmen wir weiter an, dass wir als Anfangszustände alle Zustände betrachten, bei denen ein Turm aus drei Blöcken auf dem Tisch steht: $\mathbb{A} = \{z_8, \ldots, z_{13}\}$. Unser Ziel soll es sein, dass alle Blöcke nebeneinander auf dem Tisch liegen, also $\mathbb{Z} = \{z_1\}$.

Um nun einen Anfangszustand in den Zielzustand zu transformieren, benötigen wir Handlungsmöglichkeiten, sogenannte Problemlöseoperatoren. Die Anwendung eines Problemlöseoperators auf einen Zustand führt dazu, dass der Zustand verändert wird und in einen anderen Zustand wechselt, d. h., es ist eine Funktion $o\colon \mathbb{P}(z_i) \rightarrow \mathbb{P}(z_j)$, die den Zustand $z_i$ auf $z_j$ „abbildet“. In unserem Fall benötigen wir einen Operator zum Abnehmen von Blöcken von einem Turm, den Operator *lege_auf_tisch*. Diese Operation kann allerdings nur auf einen Block angewendet werden, der frei ist. Problemlöseoperatoren können also sogenannte Anwendungsbedingungen haben. Eine Möglichkeit, Operatoren zu definieren, ist die Verwendung von WENN–DANN-Regeln, auch **Produktionsregeln** genannt. Im WENN-Teil der Regel werden die Anwendungsbedingungen angegeben, im DANN-Teil die auszuführende Operation:

Für $b \in$ *Blöcke*: WENN $frei(b)$ und $\neg auf(b, Tisch)$ DANN $lege\_auf\_tisch(b)$.

Um die angegebene Produktionsregel anwenden zu können, muss zusätzlich festgelegt werden, was die Anwendung des Operators *lege_auf_tisch* auf einen Zustand bewirkt. Dies kann zum Beispiel durch sogenannte ADD- und DELETE-Listen realisiert werden:

$$\begin{aligned}&\mathit{lege\_auf\_tisch}(b):\\&\text{WENN } \mathit{auf}(b,b') \text{ DANN } \big(\text{ADD } \mathit{auf}(b,\mathit{Tisch}),\ \text{ADD } \mathit{frei}(b'),\ \text{DELETE } \mathit{auf}(b,b')\big).\end{aligned}$$

Will man nun eine Produktionsregel auf einen Zustand anwenden, so wird geprüft, ob der gegebene Zustand die Anwendungsbedingungen der Produktionsregel erfüllt. Ist dies der Fall, wird die Produktionsregel mit den konkreten Werten im aktuellen Zustand belegt, also zum Beispiel der Parameter $b$ mit Block $A$, wenn Block $A$ im aktuellen Zustand frei ist. Um den Zustand $z_8$ in den Zielzustand $z_1$ zu überführen, kann der Operator *lege_auf_tisch* zweimal angewendet werden. Zunächst werden die Zustände wie folgt beschrieben:

$$\begin{aligned}z_8 &= \{\mathit{auf}(B,\mathit{Tisch}), \mathit{auf}(C,B), \mathit{auf}(A,C), \mathit{frei}(A)\} \quad \text{(Anfangszustand)},\\ z_2 &= \{\mathit{auf}(B,\mathit{Tisch}), \mathit{auf}(C,B), \mathit{auf}(A,\mathit{Tisch}), \mathit{frei}(A), \mathit{frei}(C)\},\\ z_1 &= \{\mathit{auf}(B,\mathit{Tisch}), \mathit{auf}(A,\mathit{Tisch}), \mathit{auf}(C,\mathit{Tisch}), \mathit{frei}(A), \mathit{frei}(C), \mathit{frei}(B)\}.\end{aligned}$$

9

Jeder Zustand $z_i$ kann durch Anwendung eines Operators in einen anderen Zustand überführt werden. Kurz schreiben wir dies als: $o_j : z_i \to z_j$. Für die Überführung von $z_8$ nach $z_1$ erhalten wir:

$$\begin{aligned}&\mathit{lege\_auf\_tisch}(A) : z_8 \to z_2,\\&\mathit{lege\_auf\_tisch}(C) : z_2 \to z_1.\end{aligned}$$

Ein Zustandsraum kann als Graph dargestellt werden, indem die möglichen Zustände des Problems als Knoten und die möglichen Übergänge zwischen ihnen als Kanten dargestellt werden. Zwei Zustände werden mit einer Kante mit Annotation $o$ verbunden, wenn sie durch Anwendung eines Operators $o$ ineinander überführbar sind. Der Zustandsraum für das Problem „Baue einen Turm aus drei Blöcken ab" ist in ◘ Abb. 9.5 dargestellt.

Das Problem des Turmabbaus war sehr einfach lösbar: Für jeden Problemzustand ist genau ein Operator anwendbar; es gibt keine Alternativen. Eine etwas komplexere Problemstruktur ergibt sich, wenn wir aus drei nebeneinander liegenden Blöcken einen Turm *aufbauen* wollen, wenn wir also die Pfeile in ◘ Abb. 9.5 umdrehen. Dann ist der Anfangszustand durch $z_1$ repräsentiert, in dem alle drei Blöcke nebeneinander liegen. Jedoch zeigt sich, dass wir nun viele mögliche Zielzustände haben: $\mathbb{Z} = \{z_8, \ldots, z_{13}\}$. Als Operator wollen wir $\mathit{lege\_auf}(b_1, b_2)$ verwenden, also nur zulassen, dass ein Block auf einen anderen gelegt wird, nicht aber, dass ein Block auf den Tisch gelegt wird:

$$\begin{aligned}&\text{Für } b_1, b_2 \in \mathit{Blöcke}\text{: WENN } \mathit{frei}(b_1) \text{ und } \mathit{frei}(b_2) \text{ DANN } \mathit{lege\_auf}(b_1,b_2)\\&\qquad \text{mit } \mathit{lege\_auf}(b_1,b_2) :: \text{ ADD } \mathit{auf}(b_1,b_2),\ \text{DELETE } \mathit{frei}(b_2).\end{aligned}$$

Der Zustandsraum in ◘ Abb. 9.5 besteht aus einer Menge von sechs Listen. Der Zustandsraum mit den invertierten, d. h. umgedrehten, Kanten wäre dann ein „echter" Baum. Um vom Startzustand $z_1$ zu einem der Zielzustände zu gelangen, haben wir verschiedene Möglichkeiten. Die erste Operatoranwendung entscheidet darüber, welchen Zielzustand

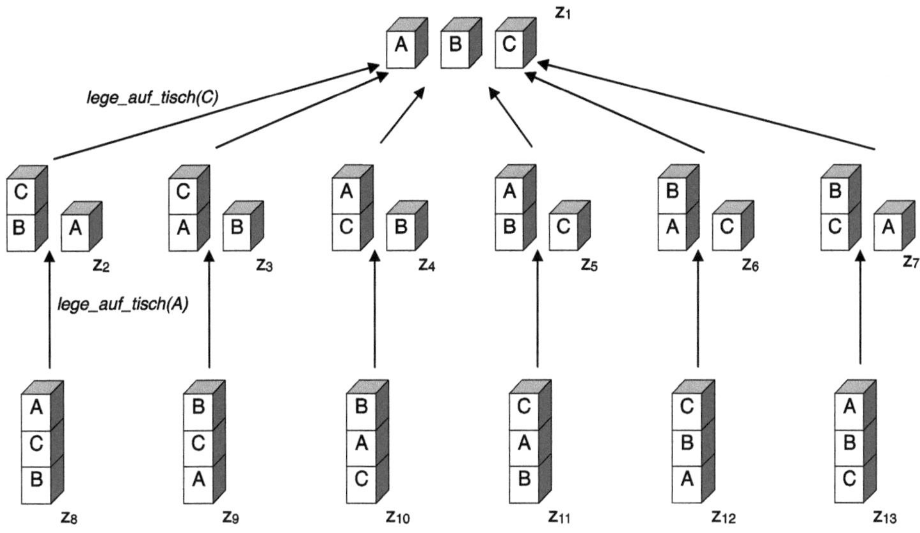


**Abb. 9.5** Transformation der Anfangszustände aus $\mathbb{A}$ in den Zielzustand $z_1$

wir erreichen werden. Haben wir uns zum Beispiel dafür entschieden, in einem ersten Schritt den Operator *lege_auf*$(B, C)$ zu verwenden, so können wir nur noch den Turm $z_{13}$ bauen. Da wir als Zielzustände $z_8$ bis $z_{13}$ zugelassen haben, ist es jedoch egal, für welche Operatoranwendung wir uns im ersten Schritt entscheiden.

Etwas schwieriger stellt sich das Problem dann dar, wenn wir festlegen, dass wir als Zielzustand nur den Turm $z_{13}$ zulassen, also $\mathbb{A} = \{z_1\}$ und $\mathbb{Z} = \{z_{13}\}$. In diesem Fall müssen wir erst einen geeigneten Weg zum Ziel suchen. Wenn uns außer den Operatoren und ihren Anwendungsbedingungen keine weitere Information zur Verfügung steht, so müssen wir im schlimmsten Fall alle Wege im Baum ausprobieren, bis wir den Weg gefunden haben, der uns von $z_1$ zu $z_{13}$ führt. Im nächsten Kapitel werden wir Algorithmen vorstellen, mit denen in Problemräumen Wege vom Anfangs- zum Zielzustand gesucht und auch gefunden werden können.

Betrachten wir ein weiteres Problem, das zu einem noch komplexeren Zustandsraum führt: das Aufbauen des Turmes $z_{13}$, wenn uns die Operatoren *lege_auf_tisch* und *lege_auf* zur Verfügung stehen:

Für $b_1, b_2 \in$ *Blöcke*: WENN *frei*$(b_1)$ DANN *lege_auf_tisch*$(b_1)$;
WENN *frei*$(b_1)$ und *frei*$(b_2)$ DANN *lege_auf*$(b_1, b_2)$.

Der nun entstehende Zustandsraum ist ein „echter" Graph (Abb. 9.6).

Wir haben am Beispiel der Blockwelt drei Probleme unterschiedlicher Komplexität kennengelernt (▶ Abschn. 8.4). Die Komplexität eines Problems ist durch die Struktur des zugehörigen Zustandsraums festgelegt. Zustandsräume können Listen, Bäume oder Graphen sein. Wie aufwendig es ist, eine Folge von Operatoren zu finden, die ein Problem löst, ist von der Komplexität des Zustandsraums abhängig. Eine zu Problemräumen alternative Möglichkeit, Probleme zu repräsentieren, sind sogenannte Zielbäume. Hier wird ein Problem nicht durch Zustände und Operationen auf diesen Zuständen repräsentiert,

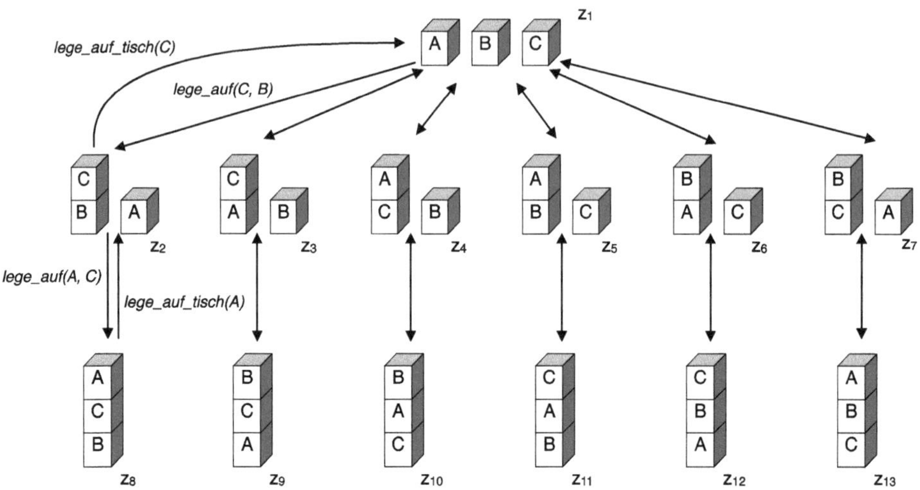


**Abb. 9.6** Graph des Zustandsraums



sondern ausgehend von dem Problemlösungsziel in Teilziele zerlegt. Die Aufspaltung eines Problems in einfacher lösbare Teilprobleme heißt **Problemreduktion**.

Die Datenstruktur, die zur Repräsentation von Zielbäumen verwendet wird, heißt „UND–ODER-Baum" oder allgemeiner „UND–ODER-Graph". Üblicherweise drücken hier Kanten, die von einem Knoten zu mehreren Nachfolgern führen, *Alternativen* aus: Es genügt, irgendeine dieser Kanten erfolgreich zu bearbeiten. Solche ODER-Kanten haben wir schon in ► Abschn. 9.1 kennengelernt. UND-Kanten drücken hingegen den Fall aus, dass *alle* Nachfolger eines Knotens bearbeitet werden müssen.

## UND–ODER-Bäume

Ein Problem kann durch die Angabe des Problemlösungsziels beschrieben werden. Das Problemlösungsziel bildet die Wurzel des UND–ODER-Baumes. Ist ein Ziel $z$ auf einer Ebene des Baumes in eine Menge zu erfüllender Unterziele $z'_1, \ldots, z'_n$ dekomponierbar, so werden diese als Nachfolger von $z$ notiert. Die Kanten von $z$ zu $z'_1, \ldots, z'_n$ werden als UND-Kanten markiert, indem sie durch einen Bogen verbunden werden. Der Baum kann zudem die üblichen ODER-Kanten enthalten. Als Blätter des Baumes werden Operatoren notiert, die zur direkten Erreichung der in den Vorgängerknoten angegebenen Ziele führen.

Ein UND–ODER-Baum für das Aufbauen eines Turmes aus drei Blöcken $A$, $B$ und $C$, bei denen die Buchstaben in alphabetischer Ordnung auf- oder absteigend angeordnet sind, ist Abb. 9.7 zu entnehmen.

Die Reihenfolge der mit UND verbundenen Teilziele ist im angegebenen Beispielproblem nicht beliebig. Es muss beispielsweise $auf(B, C)$ erfüllt werden, bevor $auf(A, B)$ erfüllt werden kann. Wie mit solchen abhängigen Teilzielen umgegangen werden kann, stellt beispielsweise Sacerdoti (1977) dar.

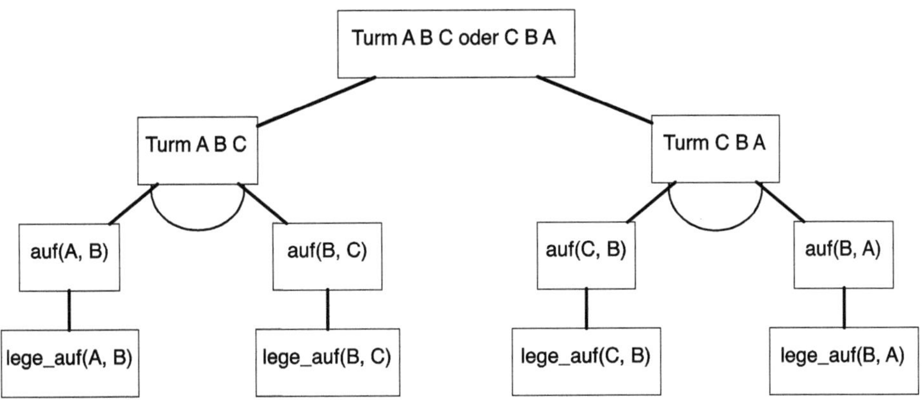


**Abb. 9.7** UND–ODER-Baum für den Turm der Blöcke $A$, $B$ und $C$

## 9.3 Zur Vertiefung

Einen Überblick über Planen und Problemlösen aus Informatikperspektive gibt:
Schmid, U. (2006). *Computermodelle des Denkens und Problemlösens*. Hogrefe Verlag.

# Allgemeine Suchstrategien und Komplexität

Inhaltsverzeichnis




M. Ragni, U. Schmid, *Kognitive Künstliche Intelligenz*, https://doi.org/10.1007/978-3-662-69498-5_10

In diesem Abschnitt demonstrieren wir zwei allgemeine Suchverfahren, die Tiefensuche und die Breitensuche, die zur Problemlösung eingesetzt werden können. Im vorherigen Kapitel definierten wir Probleme durch Ausgangs- und Zielzustände sowie durch Operatoren, welche den Übergang eines Zustands in einen anderen erlauben. Solche Prozesse lassen sich in Graphen repräsentieren – die Knoten repräsentieren die Zustände, die Kanten die Übergänge (also die Operationen) von einem Zustand durch Anwendung einer Operation zu einem anderen. Jetzt ist Problemlösen als das Suchen eines Pfades von einem Ausgangszustand zu einem Zielzustand formuliert.

Betrachten wir den Graph aus ◘ Abb. 10.1. Als Anfangszustand wählen wir Knoten 1, als Zielzustand Knoten 5. Gesucht ist also ein Weg von Knoten 1 nach Knoten 5. Anschaulich können wir uns vorstellen, dass die Knoten 1 bis 10 Orte sind und dass die Kanten Straßen sind, die diese Orte verbinden. Da die Kanten gerichtet sind, handelt es sich um Einbahnstraßen. Als Wege von 1 nach 5 wollen wir nur solche erlauben, bei denen jeder Ort maximal einmal besucht wird. Wir suchen also nach zyklenfreien Wegen im Graph. Folgende Wege führen uns von Knoten 1 nach Knoten 5:

$$1 \rightarrow 2 \rightarrow 3 \rightarrow 8 \rightarrow 4 \rightarrow 7 \rightarrow 5,$$
$$1 \rightarrow 2 \rightarrow 3 \rightarrow 8 \rightarrow 4 \rightarrow 7 \rightarrow 9 \rightarrow 10 \rightarrow 6 \rightarrow 5,$$
$$1 \rightarrow 2 \rightarrow 9 \rightarrow 10 \rightarrow 6 \rightarrow 5,$$
$$1 \rightarrow 2 \rightarrow 9 \rightarrow 10 \rightarrow 8 \rightarrow 4 \rightarrow 7 \rightarrow 5,$$
$$1 \rightarrow 4 \rightarrow 7 \rightarrow 5,$$
$$1 \rightarrow 4 \rightarrow 7 \rightarrow 9 \rightarrow 10 \rightarrow 6 \rightarrow 5.$$



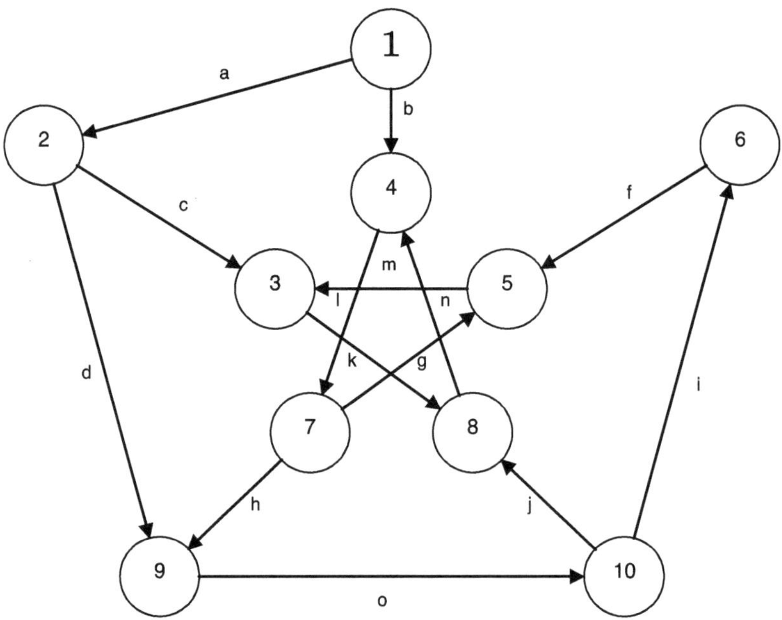


◘ **Abb. 10.1** Graph zur Veranschaulichung der Tiefen- und Breitensuche. Die Knoten im Graphen repräsentieren Zustände, wobei die Zahlen als Bezeichnungen der Zustände dienen. Die Kanten stehen für Operatoren, die mit Kleinbuchstaben bezeichnet sind und die Übergänge zwischen den Zuständen darstellen

Ein Algorithmus zum Suchen eines Weges kann zum Beispiel folgendermaßen arbeiten: „Vom aktuellen Knoten aus wird möglichst tief (also z. B. die nächste niedrigste Nummer) in eine Verzweigung des Graphen gegangen, indem der nächste erreichbare Knoten besucht wird, der noch nicht betreten wurde. Bei einer Sackgasse wird zum vorherigen Knoten zurückgekehrt, bis ein neuer Pfad gefunden wird.“ Dieses schrittweise Vertiefen in eine einzelne Richtung wird als **Tiefensuche** bezeichnet.

## 10.1 Tiefensuche

Eingabe: Anfangszustand eines Problems (Startknoten)
Ausgabe: Lösungsweg vom Anfangszustand zum Zielzustand oder eine Fehlermeldung

```
1     Bilde eine Liste, die den Startknoten enthält.
2     SOLANGE der erste Weg in der Liste nicht den Zielknoten
      erreicht hat und die Liste nicht leer ist, WIEDERHOLE:
2.1       Erzeuge neue Wege: Entferne den ersten Weg aus der
          Liste.
          Hänge an diesen Weg alle Knoten an, die vom letzten
          Knoten dieses Weges (also dem Ort, an dem wir uns
          gerade befinden) durch eine Kante erreichbar sind.
          Gehe dabei die Kanten im Graph nach der Reihenfolge der
          Knotennummern ab.
2.2       Verwirf alle Wege, die Zyklen enthalten.
2.3       Füge die neuen Wege vorn in die Liste ein.
3     Wenn ein Weg mit dem Zielknoten gefunden wurde, gib ihn aus.
      Andernfalls: Melde, dass kein Weg gefunden wurde.
```

Eine Handsimulation des Algorithmus für unser Problem liefert:

```
1     Liste = (1)
2     Schleife
3         Liste = ( ), Wege = (1 2), (1 4)
4         Liste = ((1 2) (1 4))
5         Liste = ((1 4)), Wege = (1 2 3), (1 2 9)
6         Liste = ((1 2 3) (1 2 9) (1 4))
7         Liste = ((1 2 9) (1 4)), Wege = (1 2 3 8)
8         Liste = ((1 2 3 8) (1 2 9) (1 4))
9         Liste = ((1 2 9) (1 4)), Wege = (1 2 3 8 4)
10        Liste = ((1 2 3 8 4) (1 2 9) (1 4))
11        Liste = ((1 2 9) (1 4)), Wege = (1 2 3 8 4 7)
12        Liste = ((1 2 3 8 4 7) (1 2 9) (1 4))
13        Liste = ((1 2 9) (1 4)),
          Wege = (1 2 3 8 4 7 5), (1 2 3 8 4 7 9)
```

```
        Liste = ((1 2 3 8 4 7 5) (1 2 3 8 4 7 9) (1 2 9) (1 4))
    Der erste Weg endet mit dem Zielknoten.
    Der gefundene Weg ist (1 2 3 8 4 7 5).
```

Das Tiefensuchverfahren hat uns einen Weg zum Ziel geliefert. Dabei wurden alle Wege, die bereits teilweise ausprobiert wurden, in einer Liste gespeichert. Die Datenstruktur, auf der das Suchverfahren arbeitet, ist eine Liste von Listen, also ein Baum (▶ Abschn. 9.1).

## Suchbaum

Beim Durchsuchen eines Problemgraphen wird ein Suchbaum aufgebaut. Die Wurzel des Baumes repräsentiert den Anfangszustand; sie wird dann entsprechend dem verwendeten Suchalgorithmus expandiert.

Der Suchbaum, den der Tiefensuchalgorithmus für unser simuliertes Beispiel erzeugt hat, ist ◘ Abb. 10.2 zu entnehmen. Ausgehend von Knoten 1 (Anfangszustand) sind wir zunächst zu allen Nachfolgeknoten (2 und 4) gegangen. Den ersten Weg (1 2) haben wir dann weiter expandiert. Von Knoten 2 aus wurde die Suche zu den Knoten 3 und 9 fortgesetzt. Wieder wird der erste Weg, also (1 2 3), expandiert und so weiter. In diesem Fall war es unnötig, alle Teilwege zu erzeugen, da schon der erste Weg zum Ziel führt. Hätte uns der erste Weg jedoch in einen Zyklus geführt, so hätten wir diesen Weg einfach löschen und den nächsten Weg weiter untersuchen können.



Problematisch ist auch der Fall, wenn von einem Knoten aus, der kein Zielzustand ist, keine Kanten weiterführen. Wie man den Tiefensuchalgorithmus so erweitern kann, dass

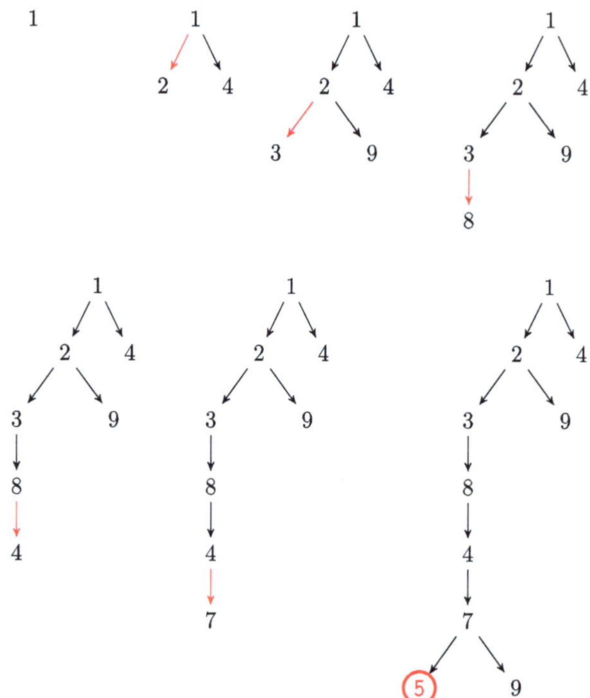

**◘ Abb. 10.2** Suchbäume der Tiefensuche; die roten Kanten werden jeweils als nächste expandiert

auch bei Vorliegen solcher sogenannten Sackgassen ein Weg zum Ziel gefunden werden kann, zeigen wir in ► Abschn. 10.2.

Eine zweite Möglichkeit, einen Weg in einem Graphen zu suchen, ist folgende: „Gehe von dem Ort, an dem du gerade bist, sukzessive zu jedem nächsten Ort, den du von deinem jetzigen Ort direkt erreichen kannst. Gehe aber nicht an einen Ort, an dem du schon gewesen bist." Dieses Vorgehen wird als **Breitensuche** bezeichnet.

## 10.2 Breitensuche

Eingabe: Anfangszustand eines Problems (Startknoten)

Ausgabe: Lösungsweg vom Anfangszustand zum Zielzustand oder eine Fehlermeldung

```
  1   Bilde eine Liste, die den Startknoten enthält.
  2   SOLANGE der erste Weg in der Liste nicht den Zielknoten
      erreicht hat und die Liste nicht leer ist, WIEDERHOLE:
2.1       Erzeuge neue Wege: Entferne den ersten Weg aus der
          Liste.
          Hänge an diesen Weg alle Knoten an, die vom letzten
          Knoten dieses Weges aus erreichbar sind. Gehe dabei die
          Kanten im Graph nach der Reihenfolge der Knotennummern
          ab.
2.2       Verwirf alle Wege mit Zyklen.
2.3       Füge die neuen Wege hinten in die Liste ein.
  3   Wenn ein Weg mit dem Zielknoten gefunden wurde, gib ihn aus.
      Andernfalls: Melde, dass kein Weg gefunden wurde.
```

Eine Handsimulation des Algorithmus für unser Problem liefert:

```
Liste = (1)
Schleife
    Liste = (), Wege = (1 2), (1 4)
    Liste = ((1 2) (1 4))
    Liste = ((1 4)), Wege = (1 2 3), (1 2 9)
    Liste = ((1 4) (1 2 3) (1 2 9))
    Liste = ((1 2 3) (1 2 9)), Wege = (1 4 7)
    Liste = ((1 2 3) (1 2 9) (1 4 7))
    Liste = ((1 2 9) (1 4 7)), Wege = (1 2 3 8)
    Liste = ((1 2 9) (1 4 7) (1 2 3 8))
    Liste = ((1 4 7) (1 2 3 8)), Wege = (1 2 9 10)
    Liste = ((1 4 7) (1 2 3 8) (1 2 9 10))
    Liste = ((1 2 3 8) (1 2 9 10)), Wege = (1 4 7 5) (1 4 7 9)
    Liste = ((1 2 3 8) (1 2 9 10) (1 4 7 5) (1 4 7 9))
    Liste = ((1 2 9 10) (1 4 7 5) (1 4 7 9)), Wege = (1 2 3 8 4)
    Liste = ((1 2 9 10) (1 4 7 5) (1 4 7 9) (1 2 3 8 4))
```

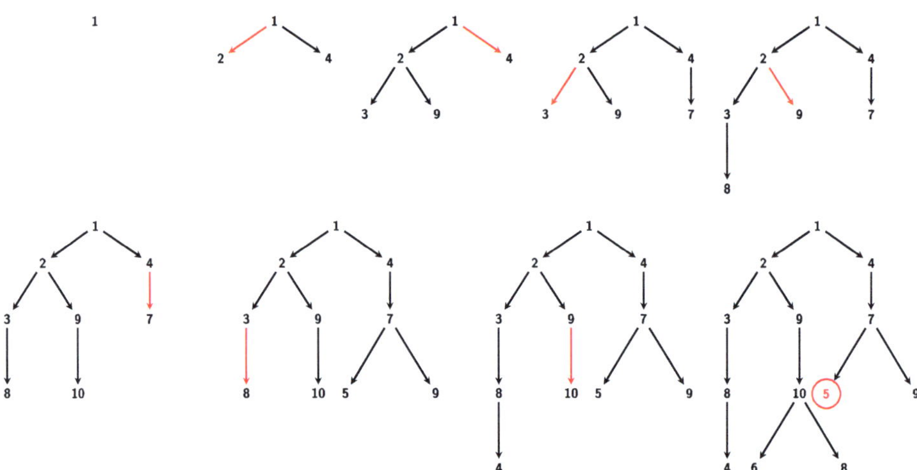

**Abb. 10.3** Suchbäume der Breitensuche; die roten Kanten werden jeweils als nächste expandiert



```
17          Liste = ((1 4 7 5) (1 4 7 9) (1 2 3 8 4)),
            Wege = (1 2 9 10 6), (1 2 9 10 8)
18          Liste = ((1 4 7 5) (1 4 7 9) (1 2 3 8 4) (1 2 9 10 6)
            (1 2 9 10 8))
19      Der erste Weg endet mit dem Zielknoten.
20      Der gefundene Weg ist (1 4 7 5).
```

Die Suchbäume, die beim Breitensuchverfahren entstanden sind, sind Abb. 10.3 zu entnehmen.

Die Handsimulation beim Breitensuchverfahren hat mehr Schritte benötigt als beim Tiefensuchverfahren. Dafür hat uns das Breitensuchverfahren aber den kürzesten Weg von Knoten 1 nach Knoten 5 geliefert. Bei der Tiefensuche wird der erste Weg so lange expandiert, bis ein Ziel gefunden ist. Bei der Breitensuche werden hingegen stets alle Wege um je einen Knoten expandiert, bis auf einem Weg der Zielknoten erreicht wurde.

Um sich den Aufwand der Suche nach einem Lösungsweg für ein gegebenes Problem zu veranschaulichen, kann man den vollständigen Suchbaum für ein Problem bilden. Der vollständige Suchbaum für das Graphensuchproblem ist in Abb. 10.4 dargestellt. Ein vollständiger Suchbaum entsteht, wenn man vom Anfangszustand als Wurzelknoten ausgehend jeweils alle Knoten expandiert, die weder in einen Zyklus führen noch den Zielzustand repräsentieren. Das Tiefensuchverfahren hat einen Weg „in die Tiefe" expandiert, also sozusagen den erstbesten Weg, der ans Ziel führt und auf der linken Seite des Suchbaums liegt. Das Breitensuchverfahren hat alle Wege „in die Breite" expandiert und uns so den kürzesten Weg geliefert.

Tiefen- und Breitensuche sind sogenannte **blinde** oder **uninformierte Suchverfahren**. Bei jedem Schritt im Algorithmus ist lediglich bekannt, welche Knoten vom aktuellen Knoten aus erreichbar sind. Aus diesem Grund werden bei blinden Verfahren häufig Wege expandiert, die nicht zum Ziel führen. Dies ist insbesondere dann der Fall, wenn Operatoranwendungen existieren, die in Sackgassen führen.

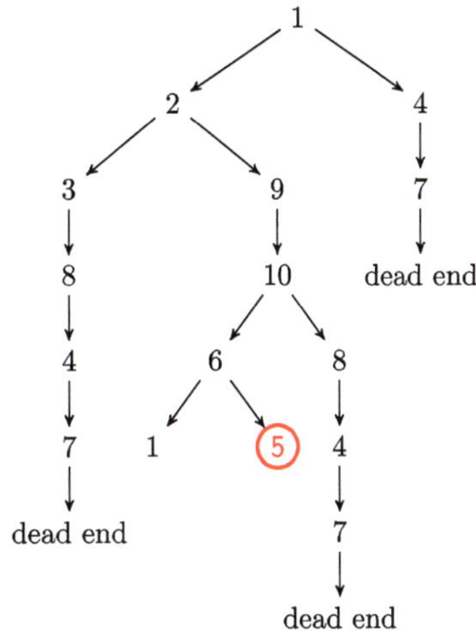


**Abb. 10.4** Suchbaum für den Beispielgraph mit Knoten 7 als Sackgasse

## Sackgasse

Die Anwendung eines Operators führt in eine Sackgasse (engl. *dead end*), wenn ein Zustand erreicht wird, auf den kein weiterer Operator mehr anwendbar ist, der aber auch nicht der Zielzustand ist.

Nehmen wir an, dass in unserem Beispielgraph keine Kanten von Knoten 7 ausgehen. Knoten 7 ist dann eine Sackgasse. Der Suchbaum für diesen Graphen ist in Abb. 10.4 dargestellt. Es gibt nur noch einen möglichen Weg zum Ziel. Das Tiefensuchverfahren führt uns in eine Sackgasse. Der gefundene Weg (1 2 3 8 4 7) kann nicht weiter expandiert werden. Das Breitensuchverfahren findet dagegen die Lösung, allerdings muss fast der gesamte Suchbaum aufgebaut werden. Beim Verlassen der Schleife wurde folgende Liste aufgebaut: ((1 2 9 10 6 5) (1 2 9 10 8 4) (1 4 7) (1 2 3 8 4 7)).

Das Tiefensuchverfahren kann durch Hinzunahme von **Backtracking** so erweitert werden, dass ebenfalls immer eine Lösung gefunden wird, wenn eine Lösung existiert. Backtracking bedeutet, dass ein Weg, der in eine Sackgasse geführt hat, so lange zurückverfolgt wird, bis ein Knoten erreicht wird, der einen Nachfolger hat, der noch nicht besucht wurde. Tiefensuche mit Backtracking wird bei der Auswertung von Prolog-Programmen (► Kap. 7) benutzt.

## Backtracking

Eingabe: Ein Weg in einem Graphen
Ausgabe: Erster Knoten für einen alternativen Weg

```
Wenn du in einer Sackgasse gelandet bist, dann
SOLANGE du keinen Knoten mit noch nicht betrachteten
Alternativen gefunden hast, WIEDERHOLE:
```

```
        Nimm deine zuletzt gemachte Wahl zurück (lösche die zugehörige
        Kante und den Zielknoten).
3       Wähle eine noch nicht betrachtete Alternative.
```

## Tiefensuche mit Backtracking

Um das Tiefensuchverfahren um Backtracking zu erweitern, können wir den Algorithmus aus ► Abschn. 10.1 folgendermaßen modifizieren:

Eingabe: Anfangszustand eines Problems (Startknoten)
Ausgabe: Lösungsweg vom Anfangszustand zum Zielzustand oder eine Fehlermeldung

```
1       Bilde eine Liste, die den Startknoten enthält.
2       SOLANGE bis der erste Weg in der Liste den Zielknoten erreicht
        hat oder die Liste leer ist:
3           Erzeuge neue Wege: Entferne den ersten Weg aus der
            Liste.
            Hänge an den ersten Weg alle die Knoten an, die vom
            letzten Knoten dieses Weges aus erreichbar sind. Gehe
            dabei die Kanten im Graph nach der Reihenfolge der
            Knotennummern ab.
4           Verwirf alle Wege mit Zyklen und alle Wege, die in
            Sackgassen führen.
5           Füge die neuen Wege vorn in die Liste ein.
6       WIEDERHOLE
7       Wurde der Zielknoten gefunden, gib den Weg zum Ziel aus, sonst
        melde, dass kein Weg gefunden wurde.
```

### ■ ■ Handsimulation: Tiefensuche mit Backtracking

```
Liste = (1)
Schleife
    Liste = (), Wege = (1 2), (1 4)
    Liste = ((1 2) (1 4))
    Liste = ((1 4)), Wege = (1 2 3), (1 2 9)
    Liste = ((1 2 3) (1 2 9) (1 4))
    Liste = ((1 2 9) (1 4)), Wege = (1 2 3 8)
    Liste = ((1 2 3 8) (1 2 9) (1 4))
    Liste = ((1 2 9) (1 4)), Wege = (1 2 3 8 4)
    Liste = ((1 2 3 8 4) (1 2 9) (1 4))
    Liste = ((1 2 9) (1 4)), Wege = (1 2 3 8 4 7)
    Liste = ((1 2 3 8 4 7) (1 2 9) (1 4))
    Liste = ((1 2 9) (1 4)), Wege = (1 2 3 8 4 7)
```

```
14          Lösche Weg (1 2 3 8 4 7), da Sackgasse
15          Liste = ((1 2 9) (1 4))
16          Liste = ((1 4)), Wege = (1 2 9 10)
17          Liste = ((1 2 9 10) (1 4))
18          Liste = ((1 4)), Wege = (1 2 9 10 6) (1 2 9 10 8)
19          Liste = ((1 2 9 10 6) (1 2 9 10 8) (1 4))
20          Liste = ((1 2 9 10 8) (1 4)),
            Wege = (1 2 9 10 6 1) (1 2 9 10 6 5)

21          Lösche Weg (1 2 9 10 6 1), da Zyklus
22          Liste = ((1 2 9 10 6 5) (1 2 9 10 6 8) (1 4))
23      Der erste Weg endet mit dem Zielknoten.
24      Der gefundene Weg ist (1 2 9 10 6 5).
```

Zusammenfassend können Tiefen- und Breitensuche folgendermaßen charakterisiert werden:

**Effizienz** – Für Probleme, bei denen Operatoranwendungen nicht in Sackgassen führen können, findet Tiefensuche schneller einen Weg zum Ziel als Breitensuche. Tiefensuche mit Backtracking ist ebenso ineffizient wie Breitensuche, wenn es nur wenige Wege zum Ziel gibt.

**Vollständigkeit** – Allgemein kann bei Tiefensuche nicht garantiert werden, dass ein Weg zum Ziel gefunden wird. Breitensuche und Tiefensuche mit Backtracking finden immer einen Weg zum Ziel, falls ein solcher existiert.

**Optimalität** – Tiefensuche und Tiefensuche mit Backtracking liefern den ersten gefundenen Weg zum Ziel. Breitensuche liefert den kürzesten Weg zum Ziel. Fasst man Optimalität als das Finden des kürzesten Weges vom Anfangs- zum Zielzustand auf, so liefert Breitensuche eine optimale Problemlösung.

In ▶ Kap. 11 werden wir darstellen, wie Suchverfahren durch Hinzunahme von Informationen, zum Beispiel Heuristiken, effizienter gestaltet werden können. Im Gegensatz zu den „blinden" Verfahren Tiefen- und Breitensuche werden solche Verfahren als „informiert" bezeichnet.

## 10.3 Aufwand, Komplexität und Berechenbarkeit

Mit formalen Sprachen lassen sich Familien von Zeichenketten nach ihrer strukturellen Komplexität unterscheiden. Komplexität ist eine abstrakte Beschreibungsgröße für Symbolstrukturen. Jede Sprache ist eine Symbolstruktur. Auch Probleme (▶ Kap. 9) können als Symbolstrukturen aufgefasst werden. Anstelle von Sprachen und Automaten betrachten wir im Folgenden Probleme und Algorithmen. Probleme werden hinsichtlich der **Komplexität** ihrer Struktur bewertet, Algorithmen bezüglich des bei der Berechnung von Problemlösungen nötigen **Aufwands** (▶ Abschn. 8.1).

## Aufwand und Komplexität

Die Grundidee der Aufwandsberechnung wollen wir uns zunächst an einer Turing-Maschine verdeutlichen. Eine Turing-Maschine, die Zeichenfolgen aus Nullen und Einsen erkennt, ist ja nichts anderes als die Darstellung eines Algorithmus zur Lösung des Problems „Beurteile, ob eine Eingabe eine Binärzahl ist.“ Die Turing-Maschine, die Zeichenfolgen aus Nullen und Einsen erkennt, muss jedes Zeichen einmal lesen und dabei den Schreib–Lese-Kopf um einen Schritt nach rechts bewegen. Für Worte aus einer einzelnen Ziffer (also 0 oder 1) ist die Turing-Maschine zunächst in Zustand $q_0$, dann in Zustand $q_1$ und schließlich in Zustand $q_2$. Für Worte der Länge 2 (also 00, 01, 10 und 11) geht die Turing-Maschine von Zustand $q_0$ in Zustand $q_1$, bleibt noch einmal in $q_1$ und geht dann in $q_2$ über. Will man allgemein angeben, welchen Rechenaufwand die Turing-Maschine zum Erkennen eines Wortes aus einer Sprache benötigt, so betrachtet man ein beliebiges Wort dieser Sprache, dessen Länge wir $n$ nennen (◘ Tab. 10.1). Soll die Turing-Maschine eine Binärzahl aus $n$ Zeichen erkennen, benötigt sie somit $n + 2$ Rechenschritte.

**◘ Tab. 10.1** Rechenschritte der Turing-Maschine in Abhängigkeit von der Wortlänge

| Wort | Rechenschritte | $\sum$ |
|---|---|---|
| $z$ | $q_0q_1q_2$ | 3 |
| $zz$ | $q_0q_1q_1q_2$ | 4 |
| $zzz$ | $q_0q_1q_1q_1q_2$ | 5 |
| $zzzz$ | $q_0q_1q_1q_1q_1q_2$ | 6 |
| $\underbrace{z \ldots z}_{n\text{-mal}}$ | $q_0q_1 \ldots q_1q_2$ | $n+2$ |
| $z \in \{0,1\}$ | | |

## Effizienz

Ein Algorithmus heißt **effizient**, wenn er ein vorgegebenes Problem mit möglichst geringem Aufwand, zum Beispiel mit möglichst wenigen Berechnungsschritten, löst. Betrachten wir den Aufwand von zwei verschiedenen Suchalgorithmen. Als Problemstellung ist gegeben, dass in Listen beliebiger Länge nach einem Element $x$ gesucht werden soll. Es soll mit „ja“ geantwortet werden, wenn $x$ in der Liste ist, und mit „nein“, wenn nicht. Zur Veranschaulichung stelle man sich die Suche nach einem Autor in einer Bibliothekskartei vor.

### Lineare Suche

Eingabe: Liste $L$ der Länge $n$, zu findendes Element $b$
Ausgabe: Ja, wenn $b \in L$; nein, wenn $b \notin L$
$f: (L, b) \mapsto$ ja/nein

```
1    Gehe auf die erste Stelle der Liste und nimm das dort stehende
     Element als aktuelles Element.
2    SOLANGE noch mindestens ein ungeprüftes Element in L ist und
     noch nicht mit „ja" geantwortet wurde, WIEDERHOLE:
2.1      Vergleiche das aktuelle Element mit b.
2.2      WENN das aktuelle Element gleich b ist,
             DANN antworte „ja" und stoppe.
2.3          SONST gehe zum nächsten Element und verwende es als
             aktuelles Element.
3    Antworte mit „nein", wenn kein Element gefunden wurde.
```

**■■ Handsimulation**

Eingabe: $L = (Atkinson, Backus, Chomsky, Floyd, Greibach)$, $b = Chomsky$

```
aktuelles Element: Atkinson
Liste enthält noch Elemente
    Chomsky = Atkinson?
    aktuelles Element = Backus
Liste enthält noch Elemente
    Chomsky = Backus?
    aktuelles Element = Chomsky
Liste enthält noch Elemente
    Chomsky = Chomsky?
    ja, Stopp
```

Hätten wir in Liste $L$ nach *Greibach* gesucht, so hätten wir die Liste bis zum Ende durchgehen müssen. Hätten wir nach einem nicht vorhandenen Namen gesucht (zum Beispiel *Zuse*), so hätten wir ebenfalls die ganze Liste durchsuchen müssen, um schließlich mit „nein" zu antworten.

Allgemein können wir feststellen, dass wir bei Listen der Länge $n$ im schlimmsten Fall (gesuchtes Wort ist letztes Listenelement oder nicht in der Liste vorhanden) $n$ Suchschritte durchführen müssen. Die Zahl der nötigen Berechnungen im schlimmsten Fall heißt ***Worst case*-Aufwand**. Die Beschreibung des Aufwands durch die Anzahl der Suchoperationen ist kein exakter Wert, sondern eine **Abschätzung**:

- Erstens haben wir uns eine zentrale Operation des Algorithmus ausgewählt, die bei jedem Schleifendurchlauf ausgeführt werden muss; wir berücksichtigen also nicht alle Operationen, sondern nur eine.
- Zweitens wissen wir nicht, wie viel Zeit ein konkreter Rechner für die Ausführung dieser Operation benötigt.

## Binäre Suche

Eingabe: Liste $L$ der Länge $n$, Element $b$
Ausgabe: Ja, wenn $b \in L$; nein, wenn $b \notin L$
$f: (L, b) \mapsto$ ja/nein

1 Nenne $L$ **aktuelle Teilliste.**

2 **SOLANGE** die betrachtete aktuelle Teilliste mindestens ein Element enthält und noch nicht mit „ja" geantwortet wurde, **WIEDERHOLE:**

2.1 Ermittle die Länge $l$ der aktuellen Teilliste $L$.

2.2 WENN $l$ ganzzahlig durch zwei teilbar ist,
DANN setze die neue Listenposition $l_{\text{neu}}$ gleich $l/2$;
SONST gib $l_{\text{neu}}$ den Wert der nächstgrößeren ganzzahligen Listenposition von $l/2$.

2.3 Bezeichne das Element auf Position $l_{\text{neu}}$ als **aktuelles Element.**

2.4 Vergleiche das aktuelle Element mit $b$.
WENN das aktuelle Element gleich $b$ ist,
DANN antworte „ja" und stoppe;
SONST WENN $b$ mit einem kleineren Buchstaben als das aktuelle Element beginnt,
DANN betrachte die Teilliste von Element 1 bis $l_{\text{neu}} - 1$ als aktuelle Teilliste;
SONST betrachte die Teilliste von $l_{\text{neu}} + 1$ bis $l$ als aktuelle Teilliste.

3 Antworte mit „nein", wenn kein Element gefunden wurde.



Dabei sollte beachtet werden, dass es sich bei $L$ um eine geordnete Liste handelt, in diesem Fall eine alphabetisch geordnete Liste von Autoren. Der gleiche Algorithmus kann analog mit geordneten Zahlen durchgeführt werden.

### ▪▪ Handsimulation

Eingabe: $L = (Atkinson, Backus, Chomsky, Floyd, Greibach)$, $x = Floyd$

1 aktuelle Teilliste = $(Atkinson, Backus, Chomsky, Floyd, Greibach)$
2 Liste enthält noch Elemente
3 $l = 5$
4 $lneu = 3$
5 aktuelles Element = *Chomsky*

```
          Chomsky = Floyd?
          aktuelle Teilliste = (Floyd, Greibach)
      Liste enthält noch Elemente
          l = 2
          lneu = 1
          aktuelles Element = Floyd
          Floyd = Floyd?
          ja, Stopp
```

Der Algorithmus zur binären Suche scheint komplizierter zu sein als der Algorithmus zur linearen Suche auf Seite 134. Er ist aber effizienter, da eine intelligentere Suchstrategie verwendet wird. Beim Durchsuchen sortierter Listen (hier nach dem Alphabet) kann man sich Suchaufwand sparen, indem man zunächst in die Mitte der Liste springt. Wenn das mittlere Element nicht bereits das gesuchte ist, sucht man nur noch in derjenigen Teilliste, in der der gesuchte Name sein muss. In unserem Fall haben wir die Teilliste, die ab Buchstabe „C" beginnt, weiter durchsucht, da das „F" von „Floyd" im Alphabet hinter dem zuvor betrachteten „C" von „Chomsky" liegt. Der Algorithmus heißt „binäres" Suchen, weil die jeweils betrachtete Liste immer in zwei Teile zerlegt wird.

Die Aufteilung einer Liste durch den binären Suchalgorithmus wird in dem Baum in ◘ Abb. 10.5 veranschaulicht: Im ersten Schritt betrachten wir die gesamte Liste. Als Mitte der Liste errechnen wir Position 3. Dort steht „Chomsky". Hätten wir nach „Chomsky" gesucht, wären wir schon fertig. Suchen wir nach „Atkinson" oder „Backus", so betrachten wir die linke Teilliste weiter (*Atkinson*, *Backus*, *Chomsky*). Suchen wir hingegen nach „Floyd" oder „Greibach", dann betrachten wir die rechte Teilliste weiter. „Backus" und „Floyd" finden wir auf der ersten Ebene des Baumes, „Atkinson" und „Greibach" auf der zweiten Ebene des Baumes. Hätten wir nach dem nicht in der Liste vorhandenen „Zuse" gesucht, so hätten wir ebenfalls nach zweimaligem Teilen der Liste feststellen können, dass dieser nicht in der Liste ist. Hätten wir nach „Bauer" gesucht, so hätten wir die Liste dreimal teilen müssen: Dass „Bauer" nicht in der Liste ist, kann man erst mit Bestimmtheit sagen, wenn die Liste betrachtet wird, die nur noch „Backus" enthält.

Der *Worst case*-Aufwand des binären Algorithmus lässt sich anhand dessen bestimmen, wie häufig eine Liste schlimmstenfalls geteilt werden muss. Eine einelementige

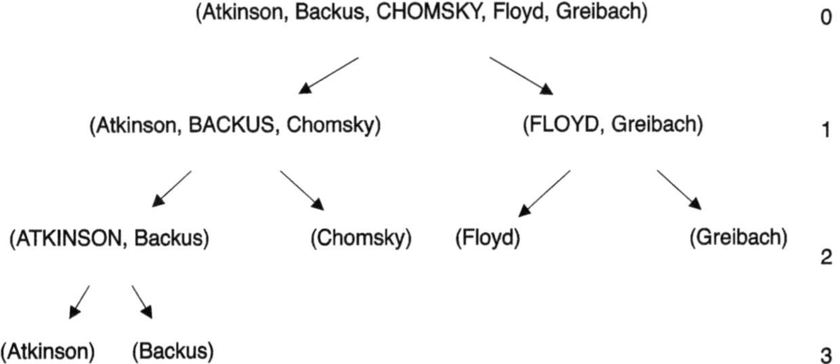


◘ **Abb. 10.5** Baum für die Aufteilung einer Liste. Dabei erfolgt zunächst die Betrachtung der gesamten Liste, dann die der Teillisten

Liste müssen wir nicht teilen. Eine zweielementige Liste müssen wir maximal einmal teilen. Drei- und vierelementige Listen müssen wir maximal zweimal teilen. Um den Aufwand allgemein zu bestimmen, müssen wir feststellen, wie oft eine Liste mit $n$ Elementen halbiert werden kann, bis nur noch einelementige Listen vorhanden sind. Zur Veranschaulichung hilft uns die Baumdarstellung. Jede Liste auf einer Ebene des Baumes wird auf der nächsten Ebene in zwei Listen geteilt.

Listen mit einem Element können in einem Baum, der nur aus dem Wurzelknoten besteht, dargestellt werden. Der Baum hat eine Ebene. Listen aus 2 Elementen können in einem Baum mit zwei Ebenen dargestellt werden. Listen aus 3 oder 4 Elementen benötigen drei Ebenen zur Darstellung. Listen mit 5, 6, 7 oder 8 Elementen benötigen vier Ebenen. Da wir die Listen immer halbieren, hängt die Anzahl der Ebenen des Baumes von der Zweierpotenz $2^i$ ab, durch die die Länge der Ausgangsliste beschrieben werden kann. Listen, deren Länge genau einer Zweierpotenz entspricht, können durch vollständige Bäume dargestellt werden: Auf jeder Ebene sind alle möglichen Positionen für Knoten besetzt. Listen, deren Länge nicht durch eine Zweierpotenz darstellbar ist, ergeben unvollständige Bäume (die letzte Ebene des Baumes ist nicht voll besetzt).

Die Ebenen des Baumes geben an, wie häufig eine Liste maximal geteilt werden kann. Wie kann nun die Länge einer Liste als maximale Anzahl von Ebenen im Baum dargestellt werden? Für Listen, deren Länge einer Zweierpotenz entspricht, geht das so: Listenlänge 1 entspricht $2^0$ ($2^0 = 1$); wir müssen 0-mal teilen. Listenlänge 2 entspricht $2^1$ ($2^1 = 2$); wir müssen einmal teilen. Listenlänge 4 entspricht $2^2$ ($2^2 = 4$); wir müssen zweimal teilen. Listenlänge 8 entspricht $2^3$ ($2^3 = 8$); wir müssen dreimal teilen. Der Exponent
10 zur Basis 2 (das $i$ in „$2^i$") gibt also die maximale Anzahl von Halbierungen an. Mithilfe der Rechenregeln für Potenzen können wir den Exponenten direkt angeben: $8 = 2^3$ bedeutet $\log_2 8 = 3$. Um einen Exponenten zur Basis 2 direkt anzugeben, bilden wir also den Logarithmus zur Basis 2. Für alle Listenlängen, die nicht als Zweierpotenz darstellbar sind, schätzen wir den Aufwand einfach durch die nächsthöhere Zweierpotenz ab. Damit können wir den Aufwand des binären Suchverfahrens (→ S. 136) als $\log_2 n$ angeben.

Für geordnete Listen ist das binäre Suchen offensichtlich effizienter als das lineare Suchen. Eine Gegenüberstellung des Aufwands liefert ◘ Tab. 10.2.

Wir haben nun an zwei Beispielen gezeigt, wie der Aufwand von Algorithmen bestimmt werden kann. Die Menge der Algorithmen lässt sich in sogenannte **Aufwandsklassen** einteilen. Das lineare Suchen gehört zur Klasse der Algorithmen mit **linearem Aufwand**, das binäre Suchen zur Klasse der Algorithmen mit **logarithmischem Aufwand**. Betrachten wir Algorithmen zur Lösung anspruchsvollerer Probleme, so gelangen wir schnell zu einem sehr hohen Aufwand. So hat etwa ein Algorithmus zum Lösen der „Türme von Hanoi" einen Aufwand von $2^n$, genauer: $2^n - 1$ (▶ Kap. 11 und 12). Das bedeutet, dass bei 3 Scheiben 7 Lösungsschritte, bei 5 Scheiben 31 Lösungsschritte und bei 20 Scheiben über eine Million (1.048.575) Lösungsschritte benötigt werden. Eine Legende besagt, dass Mönche in Tibet den Turm von Hanoi mit 64 Scheiben seit vielen

**◘ Tab. 10.2** Vergleich des Aufwands für lineares und binäres Suchen

| **Listenlänge** | **1** | **2** | **3** | **4** | **5** | **6** | **7** | **8** | **9** | **16** | **32** | **1024** |
|---|---|---|---|---|---|---|---|---|---|---|---|---|
| Aufwand linear ($n$) | 1 | 2 | 3 | 4 | 5 | 6 | 7 | 8 | 9 | 16 | 32 | 1024 |
| Aufwand binär ($\log_2 n$) | 0 | 1 | 2 | 2 | 3 | 3 | 3 | 3 | 4 | 4 | 5 | 10 |

hundert Jahren bearbeiten. Man sagt, dass die Welt untergeht, wenn der Turm vollständig umgebaut sein wird. Aber keine Sorge, selbst wenn die Mönche ohne Unterbrechung pro Sekunde eine Scheibe versetzen, benötigen sie noch etwa 5 Billionen Jahre!

Es gibt jedoch Probleme, zu deren Lösung noch weit aufwendigere Algorithmen nötig sind. Zum Beispiel ist das Finden des kürzesten Weges zwischen $n$ Städten (das sogenannte Problem des Handlungsreisenden) in der Aufwandsklasse $n!$ (sprich: „$n$ Fakultät“, mit $n! = 1 \cdot 2 \cdot 3 \cdot \ldots \cdot (n-1) \cdot n$). D. h., bei 10 Städten würde ein Algorithmus bereits 3.628.800 Wegfolgen auf ihre Länge hin überprüfen müssen. Algorithmen dieser Art heißen **„nicht effizient berechenbar“**. Die Probleme, deren Lösung so aufwendige Algorithmen notwendig macht, heißen **NP-Probleme**. „NP“ bezeichnet die Menge aller Sprachen (▶ Abschn. 8.2), die von einer nichtdeterministischen Turing-Maschine ($N$) in polynomialer Zeit ($P$, Aufwand $n^k$, wo $k$ eine beliebige Konstante ist) erkannt werden können (siehe z. B. Harel and Feldman 2004; Garey and Johnson 1979).

## Berechenbarkeit und Entscheidbarkeit

Selbst Algorithmen, die nicht effizient berechenbar sind, sind immerhin noch **berechenbar**. Es gibt jedoch auch Probleme, zu deren Lösung kein Algorithmus angebbar ist. Findet man einen Algorithmus zur Berechnung eines Problems, so heißt das Problem **entscheidbar**. Eine äquivalente Formulierung mittels einer Turing-Maschine lautet:

> Eine Menge $A$ über dem Alphabet $\Sigma^*$ ist genau dann entscheidbar, wenn es eine Turing-Maschine $M$ mit der Menge der Endzustände {ja, nein} gibt, die für jedes Wort $w \in \Sigma^*$ einen Endzustand erreicht und genau dann den Endzustand ja erreicht, wenn $w \in A$ gilt. Sprechweise: $M$ entscheidet $A$.

Die Entscheidbarkeit eines Problems ist also durch die Konstruktion eines Algorithmus bewiesen. Dieses Vorgehen basiert auf der sogenannten Church–Turing-These:

**Church–Turing-These** Alle berechenbaren Funktionen sind durch Turing-Maschinen darstellbar.

Die Church–Turing-These ist eine unbewiesene Behauptung. Sie bleibt so lange gültig, bis jemand einen Formalismus konstruiert, von dem gezeigt werden kann, dass er mächtiger ist als Turing-Maschinen. Da die Menge der berechenbaren Funktionen gerade dadurch definiert ist, dass es Turing-Maschinen zu ihrer Berechnung gibt, würde bei Angabe eines mächtigeren Formalismus auch die Menge der berechenbaren Funktionen größer werden. Die gängige Meinung ist, dass die Church–Turing-These gilt.

Um zu beweisen, dass eine Funktion berechenbar ist, geben wir einen Algorithmus an, der die gewünschte Berechnung durchführt. Findet man jedoch keinen Algorithmus, so kann man nicht einfach behaupten, die Funktion sei nicht berechenbar und damit das Problem nicht entscheidbar. Denn es kann ja sein, dass man einfach nicht lang genug gesucht hat. Man muss also die Nichtentscheidbarkeit des Problems allgemein beweisen, d. h., man muss zeigen, dass es aus logischen Gründen keinen solchen Algorithmus geben kann.

Historisch kann das Interesse an Nichtberechenbarkeit und Unentscheidbarkeit auf den Beginn des 20. Jahrhunderts datiert werden. Zu dieser Zeit schlug der Mathematiker David Hilbert vor, alle mathematischen Probleme (etwa aus Analysis, Algebra, Geometrie oder Logik) in einen einheitlichen logischen Formalismus zu übertragen. Für diesen Formalismus sollte dann ein Algorithmus gefunden werden, der die Wahrheit aller mathematischen Sätze bestimmt. Der Logiker Kurt Gödel lieferte 1931 einen Beweis, dass dies prinzipiell nicht möglich ist. Das Ergebnis dieses Beweises ist der gödelsche Unvollständigkeitssatz. Die Grundidee des gödelschen Beweises war folgende (Gödel 1931): Nehmen wir an, wir hätten ein System bestehend aus

- einer Menge von Axiomen (Aussagen, die als wahr vorausgesetzt werden),
- einer Menge von wahren Sätzen (Sätzen, die aus den Axiomen ableitbar sind),
- sowie einen Algorithmus, mit dem alle aus den Axiomen ableitbaren Sätze (also alle in diesem System wahren Sätze) ableitbar wären.

Wir nehmen also an, der von Hilbert gesuchte Algorithmus wäre tatsächlich gefunden. Nehmen wir weiter an, das System enthielte einen Satz mit der Aussage „Dieser Satz ist nicht ableitbar." Ist dieser Satz wahr, so gehört er mit zum System, da alle wahren Sätze im System enthalten sein sollen. Der Satz ist jedoch nicht ableitbar, da der gesuchte Algorithmus nur wahre Sätze ableiten soll. Damit haben wir den ersten Widerspruch. Ist dieser Satz im System ableitbar, so ist die Aussage „Dieser Satz ist nicht ableitbar" nicht wahr, das System würde also auch falsche Sätze enthalten. Damit haben wir den zweiten Widerspruch.

10

Mit dieser Art von Widerspruchsbeweis durch Konstruktion selbstbezüglicher Aussagen (z. B. ein Satz, der von sich selber behauptet, nicht beweisbar zu sein) werden Beweise der Nichtberechenbarkeit üblicherweise geführt. So auch der von Turing formulierte Beweis, dass es keinen Algorithmus geben kann, der für einen beliebigen Algorithmus prüft, ob er terminiert (das sogenannte Halteproblem).

Das **Halteproblem** ist die Frage, ob es eine Turing-Maschine $M$ gibt, die für eine gegebene Eingabe $w$ in einer endlichen Anzahl von Schritten hält, d. h. in einen Endzustand übergeht. Das Halteproblem ist unentscheidbar, das bedeutet, es gibt keine Turing-Maschine $H$, die für jede Turing-Maschine $M$ und jede Eingabe $w$ korrekt entscheiden kann, ob $M$ auf $w$ hält oder nicht.

Neben Gödel und Turing haben ungefähr zur selben Zeit weitere Wissenschaftler ähnliche Beweise erbracht. Der Logiker Tarski zeigte, dass Wahrheit bezüglich eines Systems nicht innerhalb des Systems selbst definiert werden kann. Er schlug vor, logische Systeme in zwei Ebenen aufzuteilen: die eigentliche Ebene des logischen Kalküls und eine metalogische Ebene. Im logischen Kalkül werden syntaktische Schlussregeln formuliert, deren semantische Korrektheit (also dass sie aus wahren Prämissen immer wahre Konklusionen produzieren) auf der metalogischen Ebene beurteilt wird. Wir haben Aussagen- und Prädikatenlogik in Teil I im Sinne dieser tarskischen Konzeption eingeführt. In ► Kap. 18 werden wir noch einmal auf das Problem der Semantik zurückkommen.

Die Teilung eines Systems in eine untergeordnete syntaktische Ebene, auf der Regeln angegeben sind, mit denen rein mechanisch gearbeitet werden kann, und eine übergeordnete semantische Ebene, auf der die Korrektheit des syntaktischen Kalküls beurteilt wird, hat sich in allen Formalwissenschaften (Mathematik, Logik, Informatik) bewährt. Auch wenn mit der Zwei-Ebenen-Konzeption formaler Systeme gut gearbeitet werden kann, sollte folgendes theoretische Problem nicht übersehen werden: Die semantische Ebene selbst ist ebenfalls ein formales System. Um zu beurteilen, ob wir in diesem System korrekt arbeiten, müssten wir eine Metaebene zur semantischen Ebene einführen, die dann selbst aber wieder ein System darstellen würde, dessen Korrektheit nur in einem wiederum übergeordneten System beurteilbar wäre und so weiter. Damit stehen also auch die Formalwissenschaften (Mathematik, Logik, Informatik) und nicht nur die Erfahrungswissenschaften (beispielsweise Physik, Psychologie) vor dem Problem der Begründung ihrer Theorien.

## 10.4 Zur Vertiefung

### ▪▪ Datenstrukturen, Graphen

- Ein Klassiker, der alle relevanten Aspekte von Datenstrukturen und Algorithmen einführt: Ottmann, T. und Widmayer, P. (2017). *Algorithmen und Datenstrukturen*. Springer Vieweg.
- Viele alltägliche Algorithmen haben eine (vermutete) exponentielle Laufzeit. So ist beispielsweise die Frage nach einem Algorithmus, der für eine beliebige Anzahl von Städten mit Distanzen dazwischen die garantiert kürzeste Rundreise berechnet, nichtdeterministisch polynomial (kurz: NP), d. h., auf einer nichtdeterministischen Turing-Maschine benötigt es polynomiale Laufzeit. Die Frage, ob es auch eine deterministische Turing-Maschine gibt, die dieses Problem in polynomialer Laufzeit lösen kann, führt zu einer der spannendsten Fragen der theoretischen Informatik, nämlich ob P = NP gilt. Eine Darstellung findet sich in Garey, M. R. und Johnson, D. S. (1979). *Computers and Intractability: A Guide to the Theory of NP-Completeness*. W. H. Freeman and Co.

### ▪▪ Zustandsraum-Repräsentation und Suchverfahren

- Nilsson, N. J. (2014). *Principles of artificial intelligence*. Morgan Kaufmann Publishers.
- Viele einfach nachvollziehbare Algorithmen wie die Breiten- und Tiefensuche bietet Winston, P. H. (1992). *Artificial Intelligence*. Addison-Wesley, 3. Auflage. (amerikanische Neuauflage 1992: *Artificial Intelligence*, 3rd edition, New York: Addison-Wesley).
- Eine anschauliche Einführung in das Thema Suche im Problemraum findet sich in Görz, G. und Nebel, B. (2015). *Künstliche Intelligenz*. Fischer.
- Die Möglichkeit zur interaktiven Definition von Zustandsgraphen und der Anwendung von Suchalgorithmen bietet ▶ https://aispace2.github.io/AISpace2/index.html.

# Heuristiken

Inhaltsverzeichnis




M. Ragni, U. Schmid, *Kognitive Künstliche Intelligenz*, https://doi.org/10.1007/978-3-662-69498-5_11

Im letzten Kapitel wurde dargestellt, wie Probleme durch Suchen in einem Problemraum gelöst werden können. Uninformierte Suchverfahren sind für die Bearbeitung komplexer Probleme jedoch ungeeignet. Je komplexer der Problemraum ist, desto aufwendiger wird es, einen Lösungsweg zu suchen. In diesem Kapitel zeigen wir, wie Suchen im Problemraum durch Hinzunahme von Wissen so eingeschränkt werden kann, dass nicht mehr alle möglichen Wege ausprobiert werden müssen. Durch Verwendung von **Heuristiken** (▶ Abschn. 11.1) können Wege, die uns der Lösung nicht näher bringen, unmittelbar aus der Suche ausgeschlossen werden. Allerdings gibt man dadurch die Sicherheit auf, dass für alle möglichen Anfangskonstellationen eines Problems tatsächlich eine Lösung gefunden wird. Das Verhalten solcher heuristischer Suchverfahren bildet damit auch eine Eigenschaft menschlicher Problemlöseprozesse ab: Menschliches Problemlösen ist für *häufig* auftretende Problemtypen hocheffizient, aber für atypische Probleme fehleranfällig. Neben heuristischen Suchverfahren werden wir sogenannte **Bedingungserfüllungssysteme** (engl. *constraint-satisfaction problems*) kennenlernen (▶ Abschn. 11.2). Hier wird Wissen dazu verwendet, die Menge möglicher Lösungen eines Problems schrittweise einzuschränken.

## 11.1 Heuristische Suchstrategien

Problemlösen mit Tiefen- oder Breitensuche ist nichts als ein systematisches Ausprobieren von möglichen Lösungswegen. Menschliche Problemlöser würden mit einem solchen Verfahren bereits bei relativ einfachen Problemen scheitern, wenn sie keinen „externen Speicher" (Papier und Bleistift) zu Hilfe nehmen, da es kaum möglich ist, die Abfolge der bereits betrachteten Problemzustände im Arbeitsgedächtnis zu halten. Bei vielen Problemen können Menschen aber recht gut abschätzen, ob eine bestimmte Suchrichtung völlig chancenlos ist oder nicht. Sie beziehen dabei Informationen in die Lösungssuche mit ein, die anzeigen, ob ein Weg voraussichtlich in die Nähe der gesuchten Lösung führt. Solches Wissen wird bei heuristischen Suchverfahren durch eine sogenannte Bewertungsfunktion repräsentiert.

**Definition 11.1 (Bewertungsfunktion)**

Gegeben sei ein Graph $(V, E)$ mit Knoten $k_i \in V$. Eine Bewertungsfunktion $f$ auf einem Knoten $k_n$ ist definiert als $f(k_n) = g(k_n) + h(k_n)$, wobei:

- $g(k_n) = \sum_{i=1}^{n} \text{Kosten}(k_{i-1}, k_i)$: die Gesamtkosten des Pfades vom Startknoten $k_0$ bis zum aktuellen Knoten $k_n$,
- $h(k_n)$: Schätzung der Kosten des Restweges, also des Weges von Knoten $k_n$ bis zum Zielknoten,

wobei Kosten$(k_{n-1}, k_n)$ die Kosten des Übergangs von Knoten $k_{n-1}$ nach $k_n$ beschreibt, und $g(k_0) = 0$ für den Startknoten.

Alternativ lässt sich $g(k_n)$ rekursiv definieren als

$$g(k_n) = g(k_{n-1}) + \text{Kosten}(k_{n-1}, k_n),$$

Die aktuellen Kosten $g(k_n)$ und die geschätzten Restkosten $h(k_n)$ lassen sich gut an einem Wegeproblem veranschaulichen. In ◘ Abb. 11.1 stellen die Knoten verschiede-

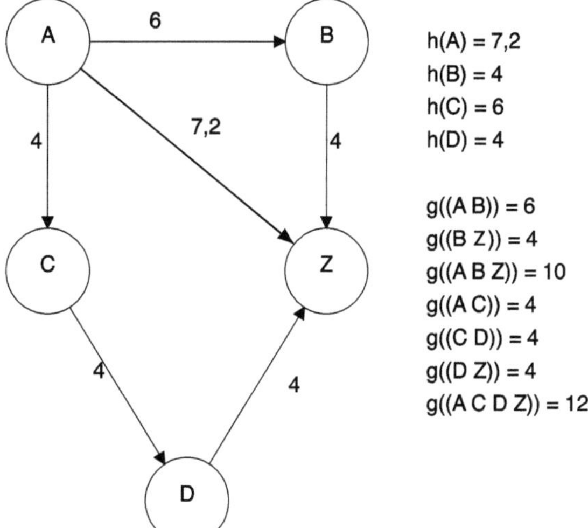


**Abb. 11.1** Graph zur Veranschaulichung des Wegeproblems mit Angabe von Kosten- ($g$) und Schätzfunktion ($h$ als Luftliniendistanz)

ne Orte dar, während die Kanten Einbahnstraßen repräsentieren. Wir befinden uns am Ort $A$ (Anfangszustand) und möchten auf dem schnellsten Weg nach Ort $Z$ (Zielzustand) gelangen. Die Bewertungen an den Kanten geben die Kosten für die Strecke vom Ausgangsknoten zum Zielknoten der jeweiligen Kante an. Diese Kosten können z. B. die Weglänge in Kilometern darstellen, die zur Berechnung der Zeit- oder Kraftstoffkosten verwendet werden könnte.

Die Kostenfunktion $g(k_n)$ gibt die Gesamtkosten des bisher gegangenen Weges vom Startknoten $k_0$ bis zum aktuellen Knoten $k_n$ an. Sie berechnet die Gesamtkosten, indem sie die Kosten jeder einzelnen Kante entlang des Pfades aufsummiert. Zum Beispiel liefert $g\big((A, B)\big) = 6\,\text{km}$ die Kosten für den Pfad von $A$ nach $B$. Wird der Weg von $A$ über $B$ nach $Z$ zurückgelegt, ergeben sich die Gesamtkosten $g\big((A, B, Z)\big) = 6\,\text{km} + 4\,\text{km} = 10\,\text{km}$, wobei jede Kante ihre eigenen Kosten hat, die durch eine Funktion Kosten$(k_{i-1}, k_i)$ definiert werden.

Falls alle Kanten gleiche Kosten verursachen, könnte man eine Konstante (z. B. 1) als Kantenbewertung annehmen. In diesem Fall werden die Wegkosten einfach bestimmt durch die Multiplikation der Konstanten mit Anzahl der Kanten des Pfades. Das Kostenmaß ist problemabhängig.

Auf diese Art kann beim Turmbau-Beispiel (▶ Abschn. 9.2) die Anzahl der Operatoranwendungen im Suchverfahren mitberücksichtigt werden. Der Wert von $g$ reflektiert Wissen über bereits tatsächlich durchgeführte Aktionen, $h$ ist dagegen eine Schätzfunktion. Da der Weg von Knoten $k$ zum Ziel noch nicht gegangen wurde, haben wir keine zuverlässige Information über tatsächlich anfallende Kosten. Die Funktion $h$ wird üblicherweise als Distanzfunktion realisiert. In unserem Wegebeispiel könnten wir als Distanz zwischen jedem Ort und dem Zielort die Luftlinienentfernung wählen (diese ist in unserem Beispiel einfach durch die Funktion $h()$ codiert). Diese Kosten würden mindestens noch anfallen, da kein Weg kürzer als die Luftlinienentfernung sein kann. In Abb. 11.1 wurden die Wege so gewählt, dass sie der Luftlinienentfernungsinformation entsprechen. Nur dort, wo keine direkten Wege von einem Ort zum Zielort führen, haben wir die Luftlinienentfernung geschätzt.

Die Berücksichtigung einer Bewertungsfunktion beim Suchen nach einem Lösungsweg kann den Suchaufwand reduzieren. Andererseits hängt es von der Angemessenheit der Bewertungsfunktion ab, wie effizient die Suche ist und wie günstig der Lösungsweg ist, den das Suchverfahren liefert. Wir wollen nun an den Türmen von Hanoi veranschaulichen, wie eine Bewertungsfunktion konstruiert werden kann.

**▶ Beispiel 11.1**

Die Türme von Hanoi sind folgendermaßen aufgebaut: Es existieren drei Stäbe $A$, $B$ und $C$ sowie $n$ gelochte Scheiben von unterschiedlichem Durchmesser. Die Größe der Scheiben codieren wir durch natürliche Zahlen: Scheibe 1 ist die kleinste Scheibe; für jede Scheibe $i$ mit $i \in \mathbb{N}$ gilt: Scheibe $i <$ Scheibe $i + 1$. Anfangs befinden sich alle Scheiben der Größe nach geordnet auf Stab $A$, mit Scheibe $n$ unten und Scheibe 1 oben, wobei Scheibe $n$ die größte darstellt. Ziel ist es, dass alle Scheiben genauso der Größe nach geordnet auf dem Zielstab $B$ stecken. Eine Scheibe darf aufgenommen werden, wenn keine Scheibe auf ihr liegt. Eine Scheibe darf auf einen leeren Stab gesetzt werden oder auf eine Scheibe, die größer ist als sie selbst. Die Ausgangssituation für die Türme von Hanoi mit 3 Scheiben ist in ◘ Abb. 11.2 wiedergegeben.

Der Problemraum kann folgendermaßen beschrieben werden:

- $\mathit{Stäbe} = \{A, B, C\}$, wobei $A$ der Ausgangsstab ist und $B$ der Zielstab,
- $\mathit{Scheiben} = \{1, 2, 3\}$ mit $1 < 2 < 3$,
- $\mathit{Objekte} = \mathit{Stäbe} \cup \mathit{Scheiben}$,
- $\mathit{auf}(i, o)$: Scheibe $i$ ist auf Objekt $o$ (Stab oder Scheibe),
- $\mathit{frei}(o)$: auf Objekt $o$ (Scheibe oder Stab) liegt keine Scheibe,
- $\mathit{kleiner}(i, j)$: Scheibe $i$ ist kleiner als Scheibe $j$.



Der Anfangszustand ist also:

- $\big(\mathit{auf}(3, A), \mathit{auf}(2, 3), \mathit{auf}(1, 2), \mathit{frei}(1), \mathit{frei}(B), \mathit{frei}(C)\big)$,

und der Zielzustand ist:

- $\big(\mathit{auf}(3, B), \mathit{auf}(2, 3), \mathit{auf}(1, 2), \mathit{frei}(1), \mathit{frei}(A), \mathit{frei}(C)\big)$.

Als Operator haben wir $\mathit{lege\_auf}(i, o)$, wo $i$ eine Scheibe ist und $o$ ein Stab oder eine Scheibe. Dann können wir folgendermaßen vorgehen:

```
Für i, j ∈ Scheiben und o ∈ Stäbe:
    WENN frei(i) und frei(o), DANN lege_auf(i,o)
        mit lege_auf(i,o): ADD auf(i,o), DELETE frei(o).
    WENN frei(i) und frei(j) und kleiner(i,j), DANN lege_auf(i,j)
        mit lege_auf(i,j): ADD auf(i,j), DELETE frei(j).
```

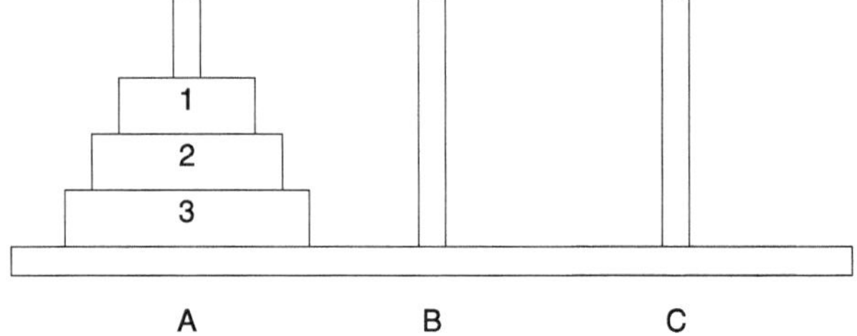


◘ **Abb. 11.2** Veranschaulichung der Ausgangssituation für die Türme von Hanoi mit drei Scheiben und den Stäben $A$, $B$ und $C$

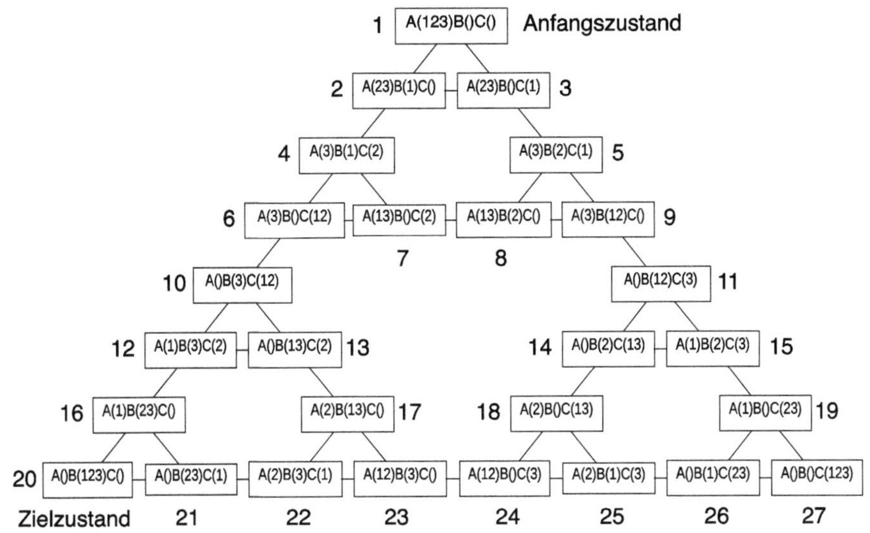


**Abb. 11.3** Baumdiagramm für den Zustandsraum der Türme von Hanoi, mit den angegebenen Zustandsnummern als Knotennummern

Abb. 11.3 gibt den vollständigen Zustandsraum an. Zustände sind dabei so codiert, dass für jeden Stab angegeben ist, welche Scheiben auf ihm liegen. Wir haben darauf verzichtet, die Kanten mit den Operationen zu benennen. Jede eingezeichnete Kante markiert, dass zwei Zustände in beide Richtungen ineinander transformierbar sind. Beispielsweise kann der Anfangszustand $A(123)\ B()\ C()$ durch $lege\_auf(1, B)$ in den Zustand $A(23)\ B(1)\ C()$ transformiert werden, und dieser Zustand kann durch $lege\_auf(1, 2)$ wieder in den Anfangszustand transformiert werden. Insgesamt kann das Problem 27 verschiedene Zustände annehmen. Allgemein gilt, dass der Problemraum der Türme von Hanoi aus $3^n$ Zuständen besteht, wenn drei Stäbe und $n$ Scheiben gegeben sind. Der Suchbaum für das Problem wird sehr groß.

Um die Suche einzuschränken, wollen wir eine Schätzfunktion $h$ konstruieren. Dazu müssen wir eine Möglichkeit finden, für jeden Zustand $k$ zu beurteilen, wie weit er vom Zielzustand entfernt ist. Eine Möglichkeit ist, die Anzahl der Scheiben, die sich bereits korrekt im Zielzustand befinden, zur Bewertung heranzuziehen:

$h(k) = 0,$ wenn Scheiben 3, 2 und 1 auf dem Zielstab liegen.

Dies gilt nur für den Zielzustand $A()\ B(123)\ C()$.

$h(k) = 1,$ wenn nur Scheibe 3 und 2 auf dem Zielstab liegt.

Dies gilt nur für die Zustände $A(1)\ B(23)\ C()$ und $A()\ B(23)\ C(1)$.

$h(k) = 2,$ wenn der Zielstab die Scheibe 3 hat.

Dies gilt für die Zustände $A(12)\ B(3)\ C()$, $A()\ B(3)\ C(12)$, $A(1)\ B(3)\ C(2)$ und $A(2)\ B(3)\ C(1)$.

$h(k) = 3,$ wenn die Scheibe 3 nicht auf $B$ ist.

Dies gilt für die Zustände $A(123)\,B()\,C()$, $A(23)\,B()\,C(1)$, $A(12)\,B()\,C(3)$, $A(13)\,B()\,C(2)$, $A(3)\,B()\,C(12)$, $A(2)\,B()\,C(13)$, $A(1)\,B()\,C(23)$ und $A()\,B()\,C(123)$; $A(23)\,B(1)\,C()$, $A(3)\,B(1)\,C(2)$, $A(2)\,B(1)\,C(3)$, $A()\,B(1)\,C(23)$, $A(13)\,B(2)\,C()$, $A(3)\,B(2)\,C(1)$, $A(1)\,B(2)\,C(3)$, $A()\,B(2)\,C(13)$ sowie für die Zustände $A(3)\,B(12)\,C()$, $A()\,B(12)\,C(3)$, $A(2)\,B(13)\,C()$, $A()\,B(13)\,C(2)$.

Die Zustände, die am weitesten vom Ziel entfernt sind, sind solche, bei denen kleine Scheiben auf dem Zielstab liegen, die erst wieder entfernt werden müssen, um den Zielzustand zu erreichen. Diese werden ebenfalls mit dem größten Wert für die geschätzte Zieldistanz, $h(k) = 3$, belegt. ◄

## Hill climbing

Im Folgenden wollen wir Tiefen- und Breitensuche durch eine Bewertungsfunktion ergänzen, die nur die Information $h(k)$ benutzt, also $f(k) = h(k)$. Die Kombination aus Tiefensuche und einer Bewertungsfunktion für die Restwegkosten heißt **hill climbing**.

### Tiefensuche mit Schätzung der Restwegkosten (*hill climbing*)

```
1     Bilde eine Liste, die den Startknoten enthält.
2     SOLANGE der erste Weg in der Liste nicht den Zielknoten
      erreicht hat und die Liste nicht leer ist, WIEDERHOLE:
2.1       Erzeuge neue Wege: Entferne den ersten Weg aus der
          Liste.
          Hänge an den ersten Weg alle Knoten an, die vom letzten
          Knoten des Weges aus erreichbar sind. Gehe dabei die
          Kanten im Graph nach der Reihenfolge der Knotennummern
          ab.
2.2       Verwirf alle Wege, die Zyklen enthalten.
2.3       Sortiere die neuen Wege nach den geschätzten
          Restwegkosten.
2.4       Füge die neuen Wege vorn in die Liste ein.
3     Wenn ein Weg mit dem Zielknoten gefunden wurde, gib ihn aus.
      Andernfalls: Melde, dass kein Weg gefunden wurde.
```



Zur Handsimulation des Hill-climbing-Algorithmus für die Türme von Hanoi verwenden wir die in ◘ Abb. 11.3 angegebenen Zustandsnummern als Knotennummern. Die Restwegkosten $h(k)$ notieren wir im Schritt 2.3 jeweils dadurch, dass wir das Ergebnis von $h(k)$ hinten an den Weg schreiben.

#### Handsimulation des Hill-climbing-Algorithmus

```
  1  ((1))
  2  Schleife
2.1    Liste = (), Wege = (1 2), (1 3)
2.3    (1 3):2, (1 2):3
2.4    Liste = ((1 3) (1 2))
2.1    Liste =((1 2)), Wege = (1 3 1), (1 3 2), (1 3 5)
2.2    Wege = (1 3 2), (1 3 5)
```

```
2.3     (1 3 2):3, (1 3 5):3
2.4     Liste = ((1 3 2) (1 3 5) (1 2))
2.1     Liste = ((1 3 5) (1 2)), Wege = (1 3 2 1), (1 3 2 3), (1 3 2 4)
2.2     Wege = (1 3 2 4)
2.3     (1 3 2 4):3
2.4     Liste = ((1 3 2 4) (1 3 5) (1 2))
2.1     Liste = ((1 3 5) (1 2)),
        Wege = (1 3 2 4 2), (1 3 2 4 6), (1 3 2 4 7)
2.2     Wege = (1 3 2 4 6), (1 3 2 4 7)
2.3     (1 3 2 4 6):2, (1 3 2 4 7): 2
2.4     Liste = ((1 3 2 4 6) (1 3 2 4 7) (1 3 5) (1 2))
2.1     Liste = ((1 3 2 4 7) (1 3 5) (1 2)),
        Wege = (1 3 2 4 6 4), (1 3 2 4 6 7), (1 3 2 4 6 10)
2.2     Wege = (1 3 2 4 6 7), (1 3 2 4 6 10)
2.3     (1 3 2 4 6 10): 1, (1 3 2 4 6 7): 2
2.4     Liste = ((1 3 2 4 6 10) (1 3 2 4 6 7) (1 3 2 4 7) (1 3 5) (1 2))
2.1     Liste = ((1 3 2 4 6 7) (1 3 2 4 7) (1 3 5) (1 2)),
        Wege = (1 3 2 4 6 10 6), (1 3 2 4 6 10 12), (1 3 2 4 6 10 13)
2.2     Wege = (1 3 2 4 6 10 12), (1 3 2 4 6 10 13)
2.3     (1 3 2 4 6 10 12):1, (1 3 2 4 6 10 13):3
2.4     Liste = ((1 3 2 4 6 10 12) (1 3 2 4 6 10 13) (1 3 2 4 6 7)
        (1 3 2 4 7) (1 3 5) (1 2))
2.1     Liste = ((1 3 2 4 6 10 13) (1 3 2 4 6 7) (1 3 2 4 7) (1 3 5) (1 2)),
        Wege = (1 3 2 4 6 10 12 10), (1 3 2 4 6 10 12 13),
        (1 3 2 4 6 10 12 16)
2.2     Wege = (1 3 2 4 6 10 12 13), (1 3 2 4 6 10 12 16)
2.3     (1 3 2 4 6 10 12 16):0, (1 3 2 4 6 10 12 13):3
2.4     Liste = ((1 3 2 4 6 10 12 16) (1 3 2 4 6 10 12 13)
        (1 3 2 4 6 10 13) (1 3 2 4 6 7) (1 3 2 4 7) (1 3 5) (1 2))
2.1     Liste = ((1 3 2 4 6 10 12 13) (1 3 2 4 6 10 13) (1 3 2 4 6 7)
        (1 3 2 4 7) (1 3 5) (1 2)), Wege = (1 3 2 4 6 10 12 16 12),
        (1 3 2 4 6 10 12 16 17), (1 3 2 4 6 10 12 16 20)
2.2     Wege = (1 3 2 4 6 10 12 16 20), (1 3 2 4 6 10 12 16 21)
2.3     (1 3 2 4 6 10 12 16 20):0, (1 3 2 4 6 10 12 16 21):0
2.4     Liste = ((1 3 2 4 6 10 12 16 20) (1 3 2 4 6 10 12 16 21)
        (1 3 2 4 6 10 12 13) (1 3 2 4 6 10 13) (1 3 2 4 6 7) (1 3 2 4 7)
        (1 3 5) (1 2))
  2   Der Weg terminiert mit dem Zielknoten.
  3   Lösungsweg = (1 3 2 4 6 10 12 16 20)
```

Hill climbing hat uns fast den kürzesten Lösungsweg geliefert. Es wurde lediglich ein Umweg von 1 nach 2 via 3 genommen.

Allgemein betrachtet hat der Hill-climbing-Algorithmus allerdings gravierende Schwächen. Der Algorithmus verfolgt stur den Weg, bei dem die Nähe zum Ziel am stärksten zuzunehmen scheint. Daher besteht die Gefahr, dass er in sogenannte **lokale Optima** gerät (also lokale Minima oder Maxima, abhängig davon, ob minimiert oder maximiert wird) (■ Abb. 11.4), falls die Bewertungsfunktion so konstruiert ist, dass große Nähe zum Ziel mit hohen Werten belegt wird und große Entfernung vom Ziel mit kleinen Werten. Bei Bewertungsfunktionen wie unserer, bei denen große Nähe zum Ziel mit geringeren Werten belegt wird und umgekehrt, kann der Hill-climbing-Algorithmus entsprechend in lokale Minima geraten.

Betrachten wir das Problem am Beispiel lokaler Maxima: Beim Hill-climbing-Algorithmus wird jeweils der Weg beschritten, der die Distanz zum Ziel am stärksten reduziert. Stellt man sich den Weg zum Ziel als eine Bergwanderung vor, bei der das Ziel der höchste Berggipfel ist, so wird beim *hill climbing* also der „steilste Aufstieg" gewählt. Dieser Weg kann jedoch auch auf einen „Vorberg" führen, der völlig umsonst bestiegen wurde.

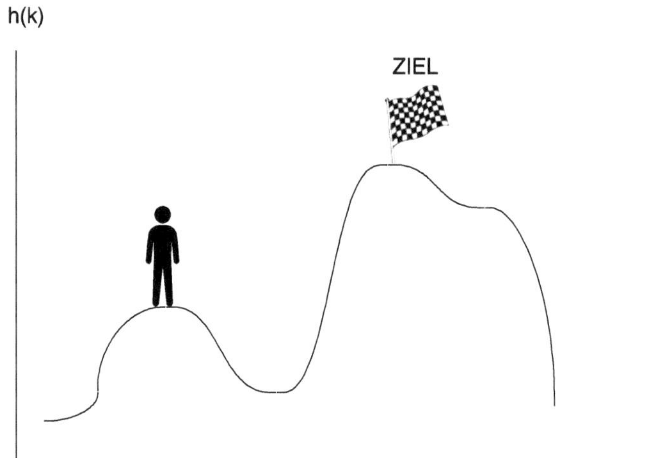


**Abb. 11.4** Verdeutlichung des Hill-climbing-Algorithmus als Bergwanderung. Der Hill-climbing-Algorithmus wählt immer den steilsten Aufstieg, um das Ziel, den höchsten Berggipfel, zu erreichen. An diesem Beispiel wird ein lokales Maximum deutlich: Von hier aus führen alle Wege abwärts und so bleibt der Bergsteiger auf seiner suboptimalen Position – dem Vorberg

Oben angekommen, stellt man fest, dass alle weiteren Wege erst einmal wieder bergab, also offensichtlich vom Ziel weg, führen. In manchen Fällen stellen sich solche Vorberge sogar als Sackgasse heraus. Der Hill-climbing-Algorithmus hängt dann in dem lokalen Maximum fest.



Der Umweg, den uns *hill climbing* für die Türme von Hanoi geliefert hat, ist dadurch entstanden, dass der Algorithmus in ein lokales Minimum gelaufen ist. Die Lösung der Türme von Hanoi erfordert es, dass man sich (mindestens einmal) vom Zielzustand wieder entfernt, da man eine kleine Scheibe auf den Zielstab legen muss, um eine große Scheibe frei zu machen.

## Branch-and-bound-Verfahren

Die Erweiterung der Breitensuche um eine Schätzung der Restwegkosten heißt **Best-first-Suche** (Winston 1992, S. 75). Beim *hill climbing* wird jeweils der beste Nachfolgezustand eines Knotens ausgewählt, also nur ein Weg expandiert. Bei der Best-first-Suche werden dagegen für jeden Knoten jeweils alle Pfade weiter betrachtet und der bisher am besten bewertete Pfad expandiert. Die Pfade, die mit Best-first-Suche gefunden werden, sind üblicherweise kürzer (kostengünstiger), als die, die *hill climbing* liefert. „Üblicherweise" bedeutet jedoch nicht, dass dies in jedem Fall garantiert werden kann!

Ein heuristisches Suchverfahren, das garantiert immer den optimalen Weg liefert, ist das **Branch-and-bound-Verfahren**. Dieses Verfahren basiert auf einer modifizierten Breitensuche, bei der die vollständige Bewertungsfunktion $f(k) = g(k) + h(k)$ verwendet wird. Dabei beschreibt $g(k)$ die Kosten des bisherigen Pfades vom Startknoten bis zum aktuellen Knoten $k$, und $h(k)$ ist eine Schätzung der verbleibenden Kosten vom aktuellen Knoten bis zum Ziel. Somit hängt $g(k)$ nicht nur von dem Knoten $k$ ab, son-

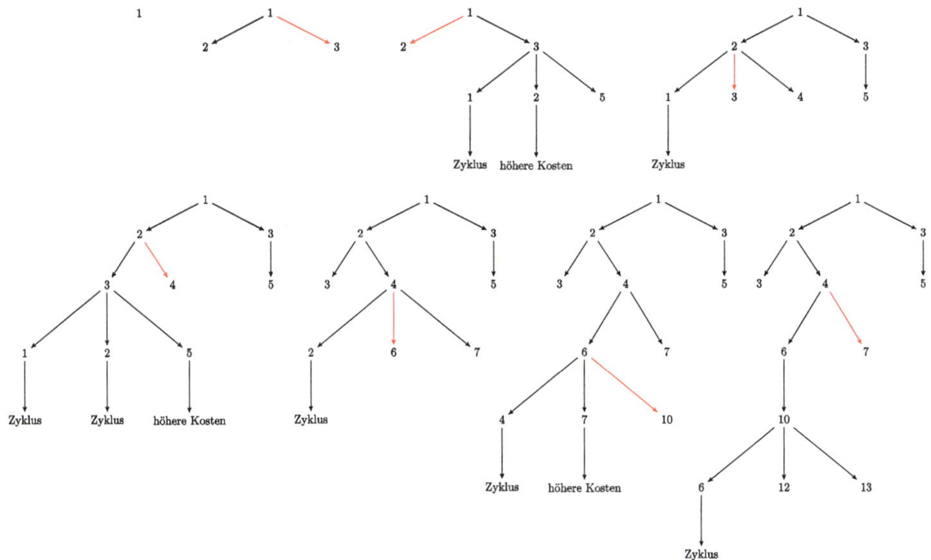


**Abb. 11.5** Darstellung der Bäume für die einzelnen Schritte des Branch-and-bound-Verfahrens (rote Kanten geben den Pfad an, welcher als Nächstes expandiert wird)

dern berücksichtigt den gesamten Pfad, der bis zu diesem Knoten zurückgelegt wurde (Abb. 11.5).

Branch-and-bound-Verfahren existieren in mehreren Varianten. Die Variante **A*** liefert den optimalen Weg mit geringerem Suchaufwand als alle anderen Branch-and-bound-Varianten (Nilsson 1971). Der folgende Algorithmus orientiert sich an Winston (1992, S. 94).

## Branch-and-bound Variante A*

```
1      Erstelle eine Liste, die den Startknoten enthält.
2      SOLANGE der erste Weg in der Liste nicht den Zielknoten
       erreicht und die Liste nicht leer ist, WIEDERHOLE:
2.1        Erzeuge neue Wege: Entferne den ersten Weg aus der
           Liste.
           Hänge an diesen Weg alle Knoten an, die vom letzten
           Knoten dieses Weges (also dem Ort, an dem wir uns
           befinden) durch eine Kante erreichbar sind.
2.2        Verwirf alle Wege, die Zyklen enthalten (d.h., Wege, die
           denselben Knoten mehrfach enthalten).
2.3        Falls mehrere Wege zum selben Endknoten führen,
           behalte nur diejenigen mit den geringsten Gesamtkosten.
           Existieren mehrere Wege mit identischen Kosten, behalte
           alle.
```

```
2.4        Füge die neuen Wege in die Liste ein.
2.5        Sortiere die Liste so, dass der Weg mit den geringsten
           Gesamtkosten vorne steht.
  3    Wenn ein Weg mit dem Zielknoten gefunden wurde, gib ihn aus.
       Andernfalls: Melde, dass kein Weg existiert.
```

Die Arbeitsweise von $A^*$ wollen wir uns am Beispiel der Türme von Hanoi veranschaulichen. Dabei behalten wir die oben definierte Funktion $h$ bei. Für $g$ setzen wir jeweils die Kantenzahl ein, die ein Weg aufweist.

### Handsimulation von $A^*$ am Beispiel Türme von Hanoi

```
  1  ((1))
  2  Schleife
2.1     Liste = (), Wege = (1 2), (1 3)
2.3     Liste = ((1 2):4, (1 3):3)
        wegen (1 2): g(k) = 1, h(k) = 3, f(k) = 4; (1 3): g(k) = 1,
        h(k) = 2, f(k) = 3
2.5     Liste = ((1 3):3, (1 2):4)
2.1     Liste = ((1 2):4), Wege = (1 3 1), (1 3 2), (1 3 5)
2.2     Wege = (1 3 2), (1 3 5)
2.3     Liste = ((1 2):4, (1 3 2):5, (1 3 5):5)
2.4     Liste = ((1 2):4, (1 3 5):5)
2.5     Liste = ((1 2):4, (1 3 5):5)
2.1     Liste = ((1 3 5):5), Wege = (1 2 1), (1 2 3), (1 2 4)
2.2     Wege = (1 2 3), (1 2 4)
2.3     Liste = ((1 3 5):5, (1 2 3):4, (1 2 4):5)
2.5     Liste = ((1 2 3):4, (1 2 4):5, (1 3 5):5)
2.1     Liste = ((1 2 4):5, (1 3 5):5),
        Wege = (1 2 3 1), (1 2 3 2), (1 2 3 5)
2.2     Wege = (1 2 3 5)
2.3     Liste = ((1 2 4):5, (1 3 5):5, (1 2 3 5):6)
2.4     Liste = ((1 2 4):5, (1 3 5):5)
2.1     Liste = ((1 3 5):5), Wege = (1 2 4 2), (1 2 4 6), (1 2 4 7)
2.2     Wege = (1 2 4 6), (1 2 4 7)
2.3     Liste = ((1 3 5):5, (1 2 4 6):5, (1 2 4 7):5)
2.5     Liste = ((1 2 4 6):5, (1 2 4 7):5, (1 3 5):5)
2.1     Liste = ((1 2 4 7):5, (1 3 5):5),
        Wege = (1 2 4 6 4), (1 2 4 6 7), (1 2 4 6 10)
2.2     Wege = (1 2 4 6 7), (1 2 4 6 10)
2.3     Liste = ((1 2 4 7):5, (1 3 5):5, (1 2 3 4 6 7):6, (1 2 4 6 10):5)
2.4     Liste = ((1 2 4 7):5, (1 3 5):5, (1 2 4 6 10):5)
2.5     Liste = ((1 2 4 6 10):5, (1 2 4 7):5, (1 3 5):5)
2.1     Liste = ((1 2 4 7):5, (1 3 5):5),
        Wege = (1 2 4 6 10 6), (1 2 4 6 10 12), (1 2 4 6 10 13)
```

```
2.2     Wege = (1 2 4 6 10 12), (1 2 4 6 10 13)
2.3     Liste = ((1 2 4 7):5, (1 3 5):5, (1 2 4 6 10 12):6,
        (1 2 4 6 10 13):8)
2.1     Liste = ((1 3 5):5, (1 2 4 6 10 12):6, (1 2 4 6 10 13):8),
        Wege = (1 2 4 7 4), (1 2 4 7 6), (1 2 4 7 8)
2.2     Wege = (1 2 4 7 6), (1 2 4 7 8)
2.3     Liste = ((1 3 5):5, (1 2 4 6 10 12):6, (1 2 4 6 10 13):8,
        (1 2 4 7 6):6, (1 2 4 7 8):7)
2.5     Liste = ((1 3 5):5, (1 2 4 6 10 12):6, (1 2 4 7 6):6,
        (1 2 4 7 8):7, (1 2 4 6 10 13):8)
2.1     Liste = ((1 2 4 6 10 12):6, (1 2 4 7 6):6, (1 2 4 7 8):7,
        (1 2 4 6 10 13):8), Wege = (1 3 5 3), (1 3 5 8), (1 3 5 9)
2.2     Wege = (1 3 5 8), (1 3 5 9)
2.3     Liste = ((1 2 4 6 10 12):6, (1 2 4 7 6):6, (1 2 4 7 8):7,
        (1 2 4 6 10 13):8), (1 3 5 8):6, (1 3 5 9):6)
2.4     Liste = ((1 2 4 6 10 12):6, (1 2 4 7 6):6, (1 2 4 6 10 13):8,
        (1 3 5 8):6, (1 3 5 9):6)
2.5     Liste = ((1 2 4 6 10 12):6, (1 2 4 7 6):6, (1 3 5 8):6,
        (1 3 5 9):6, (1 2 4 6 10 13):8)
2.1     Liste = ((1 2 4 7 6):6, (1 3 5 8):6, (1 3 5 9):6,
        (1 2 4 6 10 13):8),
        Wege = (1 2 4 6 10 12 10), (1 2 4 6 10 12 13), (1 2 4 6 10 12 16)
2.2     Wege = (1 2 4 6 10 12 13), (1 2 4 6 10 12 16)
2.3     Liste = ((1 2 4 7 6):6, (1 3 5 8):6, (1 3 5 9):6,
        (1 2 4 6 10 13):8, (1 2 4 6 10 12 13):9, (1 2 4 6 10 12 16):6)
2.4     Liste = ((1 2 4 7 6):6, (1 3 5 8):6, (1 3 5 9):6,
        (1 2 4 6 10 13):8, (1 2 4 6 10 12 16):6)
2.5     Liste = ((1 2 4 6 10 12 16): 6, (1 2 4 7 6):6, (1 3 5 8):6,
        (1 3 5 9):6, (1 2 4 6 10 13):8)
2.1     Liste = ((1 2 4 7 6):6, (1 3 5 8):6, (1 3 5 9):6,
        (1 2 4 6 10 13):8),
        Wege = (1 2 4 6 10 12 16 12), (1 2 4 6 10 12 16 20)
2.2     Wege = (1 2 4 6 10 12 16 20)
2.3     Liste = ((1 2 4 7 6):6, (1 3 5 8):6, (1 3 5 9):6,
        (1 2 4 6 10 13):8, (1 2 4 6 10 12 16 20):6)
2.5     Liste = ((1 2 4 6 10 12 16 20):6, (1 2 4 7 6):6, (1 3 5 8):6,
        (1 3 5 9):6, (1 2 4 6 10 13):8)
  2   Erster Weg endet im Zielknoten.
  3   Der optimale Lösungsweg ist (1 2 4 6 10 12 16 20).
```

Wir haben gesehen, dass durch die Hinzunahme von Wissen in Form einer Schätzung der Distanz vom aktuellen Problemzustand zum Ziel die Suche im Problemraum effizienter gestaltet werden kann. Die Definition eines geeigneten Distanzmaßes ist jedoch nicht immer so einfach wie bei den Türmen von Hanoi. Bei komplexeren, realitätsnahen Problemen kann die Bewertung von Problemzuständen meist nicht mehr analytisch erfolgen. In solchen Fällen werden beispielsweise Expertenurteile herangezogen, um Bewertungsfunktionen zu konstruieren.

Tiefen- und Breitensuche wurden durch Hinzunahme von Wissen zu heuristischen Suchverfahren erweitert. Ein bei Produktionssystemen häufig verwendetes Suchverfahren, das ebenfalls mit Information über die Zieldistanz arbeitet, ist die sogenannte **Mittel-Ziel-Analyse**, die in ► Abschn. 12.4 dargestellt wird. Die Bewertungsfunktion liefert eine **problemspezifische Heuristik**: Je nach Problem müssen die Bewertungen anders berechnet werden. Die Suchstrategien selbst sind ebenfalls Heuristiken, die jedoch **allgemeine Problemlösestrategien** darstellen.

## 11.2 Problemlösen mit Constraints

Wir haben Problemlösen als einen durch Wissen unterstützten Suchprozess beschrieben. Bisher haben wir Wissen in Form einer Bewertungsfunktion betrachtet. Eine andere Art von Wissen, mit der Suchprozesse gesteuert werden können, sind sogenannte ***Constraints*** (Lösungsbedingungen, Einschränkungen). Die Formulierung von Einschränkungen ist insbesondere bei solchen Problemen sinnvoll, bei denen feste Werte gesucht werden, mit denen Parameter belegt werden sollen. Ein aus dem Mathematikunterricht bekanntes Beispiel für ein solches Problem ist das Lösen von linearen Gleichungssystemen mit Unbekannten:

» Suche natürliche Zahlen $x$ und $y$, sodass folgende Gleichungen erfüllt werden:
(1) $2x + y = 10$,
(2) $x + y = 7$.

Die Zahlen $x$ und $y$ sind Parameter, die so durch feste Werte belegt werden sollen, dass beide Gleichungen erfüllt sind (mögliche Lösungspaare werden im Format $(x, y)$ angegeben). In Gleichung (1) können $x$ und $y$ auf folgende Weisen belegt werden:

11

$$\mathbb{M} = \{(5,0), (4,2), (3,4), (2,6), (1,8), (0,10)\}.$$

In Gleichung (2) können $x$ und $y$ mit

$$\mathbb{N} = \{(7,0), (6,1), (5,2), (4,3), (3,4), (2,5), (1,6), (0,7)\}$$

belegt werden. Schneidet man die beiden Lösungsmengen für Gleichung (1) und (2), so bleibt nur noch die Lösungsmenge

$$\mathbb{M} \cap \mathbb{N} = \{(3,4)\}$$

übrig. Die Hinzunahme von Gleichung (2) reduziert also die alternativen Möglichkeiten, die sich bei Gleichung (1) ergeben, auf eine eindeutige Belegung für die Variablen.

### Einschränkung, Bedingungserfüllung

Eine Einschränkung definiert Bedingungen für die Belegung von Parametern. Ein Beschränkungserfüllungsproblem (engl. *constraint-satisfaction problem*) verlangt, dass solche Parameterbelegungen gefunden werden, die mit allen Einschränkungen verträglich sind.

Je mehr Parameter bereits entsprechend den Constraints belegt sind, desto mehr wird der Suchraum eingeschränkt. Ein bekanntes Beispiel für ein Bedingungserfüllungssystem ist der Algorithmus von Waltz zur Objekterkennung. Die in der Problemlösepsychologie häufig untersuchten kryptoarithmetischen Aufgaben (Newell und Simon 1972) lassen sich ebenfalls durch Bedingungserfüllung lösen.

**► Beispiel 11.2**

Eine kryptoarithmetische Aufgabe

$$\begin{array}{rr} & \text{DONALD} \\ + & \text{GERALD} \\ \hline & \text{ROBERT} \end{array}$$ ◄

Die Buchstaben sollen so durch Ziffern ersetzt werden, dass die Addition korrekt ist. Zusätzlich sei $D = 5$ gegeben. Dabei soll die Zuordnung von Ziffern $(0, \ldots, 9)$ zu Buchstaben eineindeutig sein, d. h., ein Buchstabe wird genau mit einer Ziffer belegt und jede Ziffer darf nur genau einem Buchstaben zugeordnet werden. Diese Forderung stellt die erste Einschränkung ($C_1$) dar:

$C_1$: Die Zuordnung von Ziffern zu Buchstaben ist eineindeutig.

Zudem wissen wir:

$C_2$: Ziffern $\in \{0, 1, 2, 3, 4, 5, 6, 7, 8, 9\}$.

Die Zuordnung von Ziffern zu Buchstaben wird durch die Forderung eingeschränkt, dass die resultierende Addition korrekt sein soll. Zusätzlich schränkt Wissen über die Eigenschaften natürlicher Zahlen die Suche nach einer sinnvollen Zuordnung von Buchstaben zu Ziffern ein: Wir wissen, welche natürlichen Zahlen gerade und welche ungerade sind. Für unser Beispiel benötigen wir nur Aussagen über die Ziffern 0 bis 9 sowie alle Zahlen, die sich durch Addition zweier Ziffern plus einem eventuellen Übertrag von 1 ergeben können (siehe Constraint $C_{12}$).

$C_3$: $\mathit{gerade} = \{0, 2, 4, 6, 8, 10, 12, 14, 16, 18\}$ und
$\mathit{ungerade} = \{1, 3, 5, 7, 9, 11, 13, 15, 17, 19\}$,

$C_4$: $0 + x = x$,

$C_5$: $x + y = y + x$

$C_6$: $x + x = 2x \in \mathit{gerade}$,

$C_7$: $x \in \mathit{gerade} \wedge y \in \mathit{gerade} \rightarrow x + y \in \mathit{gerade}$,

$C_8$: $x \in \mathit{ungerade} \wedge y \in \mathit{ungerade} \rightarrow x + y \in \mathit{gerade}$,

$C_9$: $x \in \mathit{gerade} \wedge y \in \mathit{ungerade} \rightarrow x + y \in \mathit{ungerade}$,

$C_{10}$: $x \in \mathit{gerade} \rightarrow x \cdot y \in \mathit{gerade}$,

$C_{11}$: $x + y - x = y$.

Weitere Einschränkungen ergeben sich durch die Regeln der spaltenweisen Addition von Ziffern. Jede Spalte $i$ kann dargestellt werden als $u_i + z_{i1} + z_{i2} = u_{i+1} \cdot 10 + z_{i3}$. Dabei bezeichnet $u_i$ den Übertrag aus der vorangegangenen Spalte und $u_{i+1}$ den Übertrag für die nächste Spalte. Die $z_{ij}$ sind Ziffern, wobei $j$ die Zeile angibt, in der die Ziffer steht. Bei der Addition von zwei Ziffern kann der Übertrag maximal 1 sein.

$C_{12}$: $u_i + z_{i1} + z_{i2} = u_{i+1} \cdot 10 + z_{i3}$ mit $z \in \{0, \ldots, 9\}$,

$C_{13}$: $u_i \in \{0, 1\}$.

In der ersten Spalte gibt es keinen Übertrag, also gilt:

$C_{14}$: $u_1 = 0$.

Die Information, dass $D = 5$ gilt, liefert uns eine weitere Einschränkung. Kein anderer Buchstabe kann mit der Ziffer 5 belegt werden:

$C_{15}$: $D = 5$.

Für die erste Spalte von rechts ergibt sich:

$$u_2 \cdot 10 + T = u_1 + D + D = 0 + 5 + 5 = 10,$$

also folgt: $u_2 = 1$, $T = 0$. Dadurch erhalten wir zwei neue *constraints*:

$C_{15}$: $T = 0$,

$C_{16}$: $u_2 = 1$.

Für die zweite Spalte ergibt sich:

$C_{17}$: $u_2 + L + L = u_3 \cdot 10 + R$.



Wir wissen bereits, dass $u_2 = 1$ gilt ($C_{16}$). Die Zahl 1 ist ungerade ($C_3$). Zudem wissen wir wegen $C_6$, dass $L + L = 2L$ gerade ist. Also haben wir:

$$1 + 2L = u_3 \cdot 10 + R.$$

$C_9$ legt fest, dass die Addition einer ungeraden und einer geraden Zahl eine ungerade Zahl ergibt. Somit ist $u_3 \cdot 10 + R$ ungerade. $u_3 \cdot 10$ kann 0 oder 10 sein, dadurch ist ($C_{10}$) in jedem Fall gerade. Die Ziffer $R$ muss also ungerade sein. Da wir bereits wissen, dass $D = 5$ ist, gilt:

$C_{18}$: $R \in \{1, 3, 7, 9\}$.

In der dritten Spalte gilt:

$$u_3 + A + A = u_4 \cdot 10 + E.$$

Wir wissen zwar, dass $2 \cdot A$ gerade ist, aber wir wissen nicht, ob $u_3 = 0$ oder $= 1$ ist, also gerade oder ungerade. Hier erhalten wir vorerst keine neue Einschränkung. Auch die vierte Spalte gibt uns zunächst keine weiteren Einschränkungen.

In der fünften Spalte gilt:

$$u_5 + O + E = u_6 \cdot 10 + O.$$

Weiter ist $u_5 + E = u_6 \cdot 10$ und damit auch $E = 10 \cdot u_6 - u_5$. Die Überträge $u_5$ und $u_6$ können 0 oder 1 sein. Ist $u_6 = 1$, so muss $u_5$ ebenfalls 1 sein, da $E$ nicht größer als 9 sein kann. Ist $u_6 = 0$, so muss auch $u_5 = 0$ gelten, da $E$ eine Ziffer zwischen 0 und 9 ist. Da wir $T$ jedoch bereits mit 0 belegt haben und $C_1$ gilt, können wir schließen:

$C_{19}$: $u_6 = 1$,

$C_{20}$: $u_5 = 1$,

also gilt:

$C_{21}$: $E = 9$.

Dadurch verändert sich $C_{18}$ zu

$C'_{18}$: $R \in \{1, 3, 7\}$.

Gehen wir zurück zu Spalte 3, so wissen wir nun:

$$u_3 + 2 \cdot A = u_4 \cdot 10 + 9.$$

Sind $u_3$ und $u_4$ gleich 0, so gilt: $2 \cdot A = 9$. Dies kann nicht sein, da wir wegen $C_6$ wissen, dass $2A$ gerade ist. Der Übertrag $u_3$ muss also 1 sein. Für $u_4 = 1$ ergibt sich, dass $1 + 2A = 19$, also $A = 9$, gelten muss. Dies ist jedoch ein Widerspruch, da bereits $E$ mit 9 belegt ist. Es ergibt sich also:

$C_{22}$: $u_3 = 1$,

$C_{23}$: $u_4 = 0$,

$C_{24}$: $A = 4$.

Wir sehen, dass von Folgerung zu Folgerung immer mehr Wissen vorhanden ist, das den Möglichkeitsraum für die Belegung der noch offenen Buchstaben einschränkt.

Die dargestellten Verfahren bilden die Grundlage für ausgefeiltere und/oder psychologisch plausiblere Systeme, die die Lösung von Problemen simulieren. Eine zentrale Klasse solcher Systeme, die sogenannten Produktionssysteme, wird im nächsten Kapitel eingeführt.

## 11.3 Zur Vertiefung

- Eine informatische Darstellung kognitiver Denk- und Planungsansätze findet sich in Schmid, U. (2006). *Computermodelle des Denkens und Problemlösens.* Hogrefe Verlag, wo kognitive Modelle des Denkens als Suche im Problemraum beschrieben werden, wobei Techniken wie Suchverfahren und logische Inferenz eine zentrale Rolle spielen.
- Betsch, T., Funke, J., und Plessner, H. (2011). *Allgemeine Psychologie für Bachelor: Denken – Urteilen, Entscheiden, Problemlösen.* Springer, Berlin/Heidelberg.
- Kaindl, H. (2013). *Problemlösen durch heuristische Suche in der Artificial Intelligence.* Springer-Verlag.

# Kognitive Architekturen

Inhaltsverzeichnis




M. Ragni, U. Schmid, *Kognitive Künstliche Intelligenz*, https://doi.org/10.1007/978-3-662-69498-5_12

Kognitive Architekturen werden in der wissenschaftlichen Literatur unterschiedlich definiert. So wird beispielsweise das Ziel einer kognitiven Architektur als die Spezifikation der Gehirnstruktur auf einer Abstraktionsebene, die erklärt, wie das Gehirn die Funktionen des Geistes ermöglicht, beschrieben (Anderson 2007a). Eine alternative Charakterisierung begreift eine kognitive Architektur als ein breit angelegtes, domänenübergreifendes Modell, das die grundlegenden Strukturen und Prozesse des Geistes erfasst und für eine mehrstufige Analyse von Verhalten verwendet wird (Sun 2007). Sun legt in seiner Definition den Schwerpunkt auf die Analyse von Verhalten und die Vielseitigkeit der Architekturen, Anderson mehr auf den Zusammenhang zwischen der physischen Gehirnstruktur und den kognitiven Funktionen. Beide betonen jedoch, dass die Modellierung des Geistes eine zentrale Rolle für das Verständnis kognitiver Prozesse spielt.

In den letzten 40 Jahren wurden mindestens 84 verschiedene kognitive Architekturen dokumentiert (Kotseruba und Tsotsos 2020), von denen die bekanntesten **ACT-R**, **Soar** und **Clarion** sind. Ziel dieser Architekturen ist es, komplexe kognitive Prozesse so zu simulieren, dass tiefe Einsichten in die Funktionsweise menschlicher Kognition gewonnen werden.

Sie alle verfolgen das übergeordnete Ziel, eine *Unified Theory of Cognition* zu entwickeln – also eine umfassende Theorie der menschlichen Kognition, die verschiedene Bereiche wie Wahrnehmung, Gedächtnis, Lernen, Sprache und Problemlösung in einem einheitlichen Modell integriert (Newell 1994; Cooper und Shallice 1995).

## 12.1 Kognitive Modelle in der KI-Forschung

In ► Kap. 2 haben wir die Annahme diskutiert, dass kognitive Prozesse als Symboltransformationen beschrieben werden können. In ► Abschn. 8.3 wurden Grammatiken vorgestellt, mit denen sich Symbolstrukturen aus Elementarsymbolen wie Bits (0, 1) oder Wörtern aufbauen lassen. Turing-Maschinen (► Abschn. 8.2) bieten ein allgemeines Modell der Berechnung, bei dem Zustandsüberführungsfunktionen die Regeln für die Transformation auf einem Band gespeicherter Symbole definieren. Auch logische Ausdrücke und semantische Netze sind Symbolstrukturen, die durch Theorembeweiser oder Produktionssysteme verarbeitet werden, um neue Aussagen zu generieren oder Berechnungen abzubilden. Symbole sind Zeichen, die etwas denotieren, und werden als Bausteine komplexerer Strukturen betrachtet, die nach festen grammatischen Regeln aufgebaut sind. Ihre Bedeutung ergibt sich aus den Symbolen selbst und ihren Verknüpfungen – das haben wir durch die Einführung der Logik kennengelernt. Es muss jedoch beachtet werden, dass nicht jedes Zeichen ein Symbol ist. Zum Beispiel ist der Buchstabe „y" im Wort „Symbol" nur ein Zeichen, das zur Konstruktion des Wortes dient, jedoch keine eigenständige Bedeutung oder Denotation hat.

Die Forschung in der Kognitionswissenschaft und der Künstlichen Intelligenz (KI) ist durch verschiedene Ansätze geprägt, von denen **symbolische** und **subsymbolische** Modelle die beiden Hauptklassen bilden. Im Gegensatz zu symbolverarbeitenden Systemen verzichten subsymbolische Systeme auf explizite Syntax und Semantik (Fodor und Pylyshyn 1988), da die numerischen Werte, auf denen sie operieren, nicht direkt mit Bedeutungen verknüpft sind. Der Ansatz, kognitive und biologische Prozesse durch parallele Verarbeitung und verteilte Repräsentationen zu modellieren, wird als **Konnektionismus** bezeichnet. Dieser untersucht subsymbolische Systeme, wie beispielsweise künstliche neuronale Netze, die keine expliziten Symbole zur Repräsentation von Wissen verwenden. Stattdessen basiert ihre Funktionsweise auf numerischen Werten, die durch parallele Verarbeitungsprozesse manipuliert werden. Wissen wird dabei nicht in Form einzelner Symbole gespeichert, sondern durch die Aktivierung und Verbindung vieler kleiner Einheiten, deren kombinierte Aktivierungsmuster die Repräsentation eines Zustands bilden (die Grundlagen künstlicher neuronaler Netze werden in ▶ Kap. 14 erläutert).

Obwohl subsymbolische Systeme keine explizite Syntax haben, können sie dennoch bedeutungshaltige Informationen in verteilten Repräsentationen codieren (Vera und Simon 1993). Dadurch kann es zu einer Überlappung und einem Verschwimmen der Grenzen zwischen symbolischen und subsymbolischen Ansätzen kommen. Obwohl subsymbolische Ansätze bereits vor der Entwicklung der symbolischen KI existierten und als Modelle für biologische und technische Systeme genutzt wurden, spielten sie in der frühen Phase der KI-Forschung eine untergeordnete Rolle. Beispiele für solche frühen Arbeiten sind die Regelkreismodelle der Kybernetik (Wiener et al. 2019) und die mathematisch-biologischen Modelle (McCulloch und Pitts 1943; Rosenblatt 1958), die wichtige theoretische Grundlagen schufen. Auch das Lernmodell von Hebb (1949) hatte maßgeblichen Einfluss auf die spätere Entwicklung des maschinellen Lernens (siehe Kapitel (▶ Kap. 14)).

Ein bedeutender Meilenstein in der Geschichte der symbolischen KI war die Dartmouth-Konferenz im Jahr 1956, die von John McCarthy initiiert wurde und als Geburtsstunde der KI gilt. Auf dieser Konferenz wurde der Versuch, menschliche Fähigkeiten durch symbolische Methoden zu modellieren, erstmals als „Artificial Intelligence“ bezeichnet. Die Pioniere der KI, John McCarthy, Marvin Minsky, Allen Newell und Herbert Simon, prägten in den folgenden Jahren maßgeblich die Forschung (Fleck 2018). Newell und Simon, die an der Carnegie-Mellon University[1] arbeiteten, entwickelten mit dem *Logic Theorist* das erste funktionsfähige KI-Programm (Newell et al. 1957), das logische Theoreme beweisen konnte. McCarthy und Minsky konzentrierten sich am Massachusetts Institute of Technology (MIT) auf die Entwicklung von Computermodellen, die intelligentes Verhalten simulieren sollten. In diesem Zusammenhang entwickelte McCarthy die Programmiersprache LISP, welche als die Sprache der KI angesehen wurde (McCarthy 1960).

Die frühen Erfolge führten zu überzogenen Erwartungen. So prognostizierte etwa Newell im Jahre 1957 (Haugeland 1989, S. 250 f.), dass in zehn Jahren (also 1967)
1. ein Computer Schachweltmeister sein würde,
2. ein Computer ein wichtiges mathematisches Theorem entdecken und beweisen würde,
3. ein Computer Musik komponieren würde, der von Kritikern ein hoher ästhetischer Wert zugeschrieben werden würde,
4. die meisten psychologischen Theorien als Computerprogramme formuliert sein würden.

Forschungsziel der KI in den 60er- und 70er-Jahren des 20. Jahrhunderts war es, **allgemeine Prinzipien intelligenten Verhaltens** zu formulieren, die allen oben genannten Bereichen zugrunde liegen. Die Pioniere der Forschung arbeiteten insbesondere Ansätze zur Wissensrepräsentation und zur heuristischen Suche aus. Wichtige Forschungsthemen waren etwa die Modellierung des semantischen Gedächtnisses im Ansatz der semantischen Netze (Quillian 1968; Anderson 2014) (▶ Kap. 3, 4 und 10), die Modellierung

1 Damals noch „Carnegie Institute of Technology“.

von Problemlöseprozessen durch Produktionssysteme wie GPS (Newell und Simon 1972) (▶ Kap. 9), die Schematheorie zum Sprach- und zum Bildverstehen (Schank und Abelson 1977; Minsky 1997) (▶ Kap. 17 und 18) und das Lernen aus Beispielen (Winston et al. 1975) (▶ Kap. 17).

Die anfänglich großen Fortschritte hielten jedoch den Erwartungen nicht stand. Insbesondere zeigte sich, dass viele Aspekte menschlicher Intelligenz sowohl auf bereichsspezifischem Wissen als auch auf allgemeinem Weltwissen basieren. Der Anspruch, allgemeine Modelle für intelligentes Verhalten zu entwickeln, trat hinter das neue Ziel zurück, Programme zu entwickeln, die auf der Grundlage bereichsspezifischen Wissens Expertise-Verhalten simulieren. Es begann die Phase der Entwicklung von **Expertensystemen** und des *knowledge engineering* (Feigenbaum 1977) (▶ Kap. 15). Erfolge, wie sie zum Beispiel mit dem ersten umfangreichen Expertensystem zur medizinischen Diagnose, MYCIN (Shortliffe 1976) (▶ Kap. 15), erzielt wurden, führten zu neuer Euphorie. Doch bald zeigte sich, dass Expertensysteme nur für sehr spezielle Aufgaben in eng abgegrenzten Bereichen einsetzbar waren. Parallel wurde in dieser Zeit kritisiert, dass die KI sich auf höhere kognitive Prozesse (Schlussfolgern und Problemlösen) beschränkte und kaum Modelle für grundlegende kognitive Prozesse anbot, etwa im Bereich der Wahrnehmung (Mustererkennung).

Dennoch stand in der KI in den 1980er-Jahren vor allem die Entwicklung anwendungsorientierter Systeme im Vordergrund. In der Psychologie wurde kognitive Modellierung mit Methoden der Computersimulation von den wenigen Forschern betrieben, deren Arbeiten auch in der Künstlichen Intelligenz anerkannt wurden (Anderson, McClelland, Newell, Rumelhart, Schank, Simon).[2] Dies lag vor allem daran, dass bis zu den späten 1970er-Jahren kaum Austausch zwischen den Disziplinen stattfand (Strube 1993) und es nur schwer möglich war, dass eine Person sowohl im Bereich der formalen Methoden der Informatik als auch im Bereich der empirischen Methoden Experte sein konnte („[T]heory and experiment call for different talents", Collins und Smith 1988, S. 3). Erst die Entwicklung einer Zusammenarbeit zwischen Forschern verschiedener Disziplinen, die jeweils in einem Bereich Experten waren und die Methoden und Forschungsstrategien weiterer Bereiche kannten, führte dazu, dass kognitive Modellierung auf einem Niveau betrieben werden konnte, das sowohl den formalen Kriterien der Modellierung als auch den Kriterien der empirischen Validierung genügte.

Mitte der 1980er-Jahre erlebte die subsymbolische Verarbeitung durch die Betrachtung der künstlichen neuronalen Netze eine Renaissance. Besonders in der kognitiven Modellierung zeigten sich erfolgversprechende Anwendungen in der Psychologie (McClelland et al. 1987) und der Biologie (Shepherd 1990). Vor diesem Hintergrund begannen einige Forscher, frühere subsymbolische Ansätze wieder aufzugreifen, und künstliche neuronale Netze etablierten sich zunehmend als Alternative zu den symbolverarbeitenden Ansätzen (McClelland et al. 1987) (▶ Abschn. 12.1).

Forscher im Bereich des Konnektionismus betonten dabei Themen, die laut Kritikern der symbolischen KI (Dreyfus 1978) entscheidend für die Simulation menschlicher Intelligenz sind. Insbesondere wurde die Auffassung vertreten, dass menschliche Intelligenz stark durch den Körper und den Kontakt zur Umwelt geprägt ist, wobei Wahrnehmung und Motorik zentrale Rollen spielen (▶ Abschn. 12.2). Der anfängliche Erfolg neuronaler Netze führte zu überzogenen Erwartungen, ähnlich wie bei den frühen symbolischen



2 Newell und Schank sind keine Psychologen. Sie haben jedoch in Zusammenarbeit mit Psychologen viel zum Bereich der kognitiven Modellierung in KI und Psychologie beigetragen.

KI-Modellen (Schneider 1987), während Kritiker argumentierten, dass neuronale Netze nicht zur angemessenen Modellierung kognitiver Prozesse geeignet seien (Fodor und Pylyshyn 1988).

Die Physical-symbol-system-Hypothese (Newell 1980; Newell und Simon 1976) besagt, **dass kognitive Prozesse durch jedes physikalische Symbolsystem realisierbar sind – solange es in der Lage ist, Symbole darzustellen und zu verarbeiten** (► Kap. 2). Zugleich versprach man sich vom vollständigen Nachbauen einfacher Lebewesen (engl. *artificial life*) (Braitenberg 1986) und der Konstruktion autonom agierender Maschinen (engl. *autonomous agents*) (etwa Maes 1989), Einsichten darüber zu gewinnen, wie weit sich Lebewesen mechanisieren lassen. ***Situated action*** (Norman 1993) wurde zum neuen Forschungsparadigma. In groß angelegten Forschungsprojekten wie etwa dem Navlab-System (Pomerleau et al. 1991) wurden autonome Systeme entwickelt, die mit Wahrnehmung (über Videokameras) und Motorik (über Räder) ausgestattet waren und sich in Umgebungen zielgerichtet bewegen konnten. Es zeigte sich jedoch, dass einige Aspekte des Verhaltens dieser künstlichen Wesen nur mit Methoden der Symbolverarbeitung gesteuert werden können. Hierzu gehört insbesondere die Fähigkeit, Routen zu planen, um etwa der Anforderung „Fahre auf kürzestem Wege von Gebäude $A$ zu Gebäude $B$“ genügen zu können.

Der Konnektionismusstreit[3] in den späten 80er-Jahren des 20. Jahrhunderts, in dem symbolische Modelle (etwa Fodor und Pylyshyn 1988) und subsymbolische Modelle (etwa Smolensky 1988) gegeneinander abgewogen wurden, führte letztlich zu einer stärkeren Koexistenz beider Ansätze. Heute gelten symbolische und neuronale Modelle als gleichberechtigte Ansätze in KI und Kognitionswissenschaft (Strube und Schlieder 1995).

Diese Debatte beeinflusste auch die symbolische Modellierung selbst: Vertreter dieses Ansatzes integrierten zunehmend Umweltinformationen und interaktive Komponenten. Beispielsweise wurde das Produktionssystem Soar (► Abschn. 12.4) um Umweltinteraktionsmöglichkeiten erweitert (Ritter et al. 1994). Ebenso bezog Anderson (► Abschn. 12.2) den Erwerb von Kategorien auf Basis von Häufigkeitsinformationen aus der Umwelt in seine kognitiven Modelle ein (Anderson 1990).

Heute sind sowohl symbolische als auch neuronale Ansätze in der KI und Kognitionswissenschaft etabliert (Strube und Schlieder 1995). Hybride Systeme kombinieren beide Methoden (Pomerleau et al. 1991) und finden sich heutzutage auch in der hybriden kognitiven Architektur ACT-R (Anderson 2007a).

## 12.2 Grenzen und Möglichkeiten der kognitiven Modellierung

Neuronale Netze bilden manche Eigenschaften der menschlichen Informationsverarbeitung besser nach als Symbolsysteme (Norman 1986, S. 537). Sie erlauben die Modellierung von Aspekten der menschlichen Kognition, die rein symbolische Modelle nur schwer abbilden können, insbesondere bei Wahrnehmungsprozessen wie Muster- oder Worterkennung (Marslen-Wilson und Tyler 1980). Ebenso sind sie oft in der Lage, implizit zu lernen, und können mit mehrdeutigen, unvollständigen und fehlerhaften Informationen ohne direkte Repräsentation umgehen. Da kognitive Prozesse beim Menschen

3 Debatte zwischen Konnektionismus und Symbolismus, also zwischen symbolischen (semantische Netze) und subsymbolischen Modellen (neuronale Netze).

oftmals ein von der Norm abweichendes oder auch inkorrektes Verhalten (z. B. Versprecher, Flüchtigkeitsfehler oder Selbsttäuschungen) zeigen, während klassische Symbolsysteme strikt nach dem Alles-oder-Nichts-Prinzip (entweder eine Regel passt oder das System bricht ab) arbeiten, haben die beiden Systemarten unterschiedliche Stärken. Produktionssysteme wie ACT-R implementieren dabei flexiblere Regeln, die auch bei einer nur teilweisen Übereinstimmung anwendbar sind. Neuronale Netze liefern für jede Eingabe eine Ausgabe, auch wenn diese nicht ganz korrekt ist. Die Genauigkeit kann über ein Fehlermaß bestimmt werden, doch die Bedeutung der Ein- und Ausgaben ist nicht festgelegt wie bei Symbolsystemen. Ein Netz, das für Tierklassifikation trainiert wurde, kann beispielsweise geometrische Objekte falsch klassifizieren (Labeling-Problem) (Fodor und Pylyshyn 1988).

Die Wahl des Modells hängt vom zu untersuchenden Bereich ab: Für die Modellierung kontextabhängiger und unscharfer kognitiver Prozesse (z. B. Worterkennung aus akustischen Signalen, Objekterkennung aus Grauwertmustern) bieten sich neuronale Netze an. Bei der Modellierung höherer kognitiver Fertigkeiten (z. B. Algebra, Schach, Programmieren) sind dagegen Symbolverarbeitungssysteme überlegen.

Zudem ist auch das Ziel der Modellierung wesentlich für die Wahl zwischen neuronalen und symbolischen Systemen. Die Entwicklung eines (nicht unbedingt an der Neurophysiologie orientierten) neuronalen Netzes steht oft unter dem Aspekt, die Frage zu klären, wie mit einem möglichst einfachen Modell möglichst komplexes Verhalten erzeugt werden kann. Die Entwicklung eines symbolbasierten Modells betont dagegen eher die Analyse der zur Bewältigung eines Problembereichs notwendigen Wissensstrukturen. Ein neuronales Modell zur Syntaxanalyse gibt beispielsweise ein generelles Prinzip an, nach dem das Erkennen korrekter Sätze ablaufen kann. Ein symbolischer Parsing-Algorithmus (▶ Kap. 17) zeigt dagegen, welchen Regeln dieses Verhalten folgt. Diese symbolischen Regeln sind verbal beschreibbar und damit leichter interpretierbar als die Gewichtsmatrix eines neuronalen Netzes.



Der kognitiven Modellierung mit formalen Methoden sind auf mehreren Ebenen Grenzen gesetzt. Zuallererst sind nur berechenbare Funktionen und entscheidbare Probleme (▶ Abschn. 10.3) mit formalen Methoden behandelbar (**formale Grenzen**). Es ist schwer zu beantworten, ob kognitive Leistungen wie Kreativität (Johnson-Laird 1996) oder die Fähigkeit, Metaphern zu verstehen (Lakoff und Johnson 2008), nur *noch* nicht mit symbolischen oder konnektionistischen Methoden beschreibbar sind oder ob dies prinzipiell nicht möglich ist. Die Frage nach der prinzipiellen Möglichkeit, alle Aspekte des menschlichen Wesens aufzuklären sowie beschreibbar und damit auch formalisierbar zu machen, ist ein jahrtausendealtes erkenntnistheoretisches Problem: Kann der menschliche Geist sich selbst verstehen?

Die Frage, ob dem Ansatz der kognitiven Modellierung **erkenntnistheoretische Grenzen** gesetzt sind, ist theoretisch schwer zu entscheiden. Jedoch ist es, selbst wenn solche Grenzen existieren, möglich, dass der Ansatz der kognitiven Modellierung innerhalb dieser Grenzen dazu beiträgt, bestimmte Aspekte menschlicher Kognition besser zu verstehen. Die Psychologie hat auch nicht den Anspruch, das „Wesen des Menschseins“ zu erforschen: Forschungsgegenstand der Psychologie ist das menschliche Verhalten und Erleben (Schneewind 1977, S. 16 f.).

Den Möglichkeiten der empirischen Prüfung kognitiver Modelle sind jedoch ebenfalls Grenzen gesetzt (**empirische Grenzen**). Ein empirischer Zugang zu kognitiven Strukturen und Prozessen ist nur über beobachtbares Verhalten wie Antwortzeiten oder Fehlerarten und -raten möglich. Viele Annahmen, etwa über das Format der Wissensrepräsentation, müssen a priori[4] gesetzt werden und sind nicht empirisch prüfbar. Dies ist jedoch ein übliches Vorgehen in den Erfahrungswissenschaften: Theorien enthalten nicht prüfbare Voraussetzungen, aus denen jedoch Hypothesen und Vorhersagen ableitbar sind, die sich auf beobachtbare Daten beziehen.

Die Grenzen der kognitiven Modellierung wurden immer wieder von Philosophen diskutiert. Vor allem die überzogenen Äußerungen von KI-Forschern (etwa Newells Prognosen, ► Abschn. 12.1, S. 161) haben generelle Einwände gegen die Forschungsstrategie der kognitiven Modellierung provoziert. So argumentiert etwa Hubert Dreyfus (zusammen mit seinem Bruder Stuart) (1986), dass Symbolverarbeitung nicht die Grundlage menschlicher Intelligenz sein kann. Nach Dreyfus existieren folgende prinzipielle Unterschiede zwischen menschlicher und maschineller Intelligenz (siehe auch Hoffmann 1995):

1. Menschen agieren immer im Kontext ihrer Umwelt, während Computermodelle auf vorgegebenen Repräsentationen arbeiten.
2. Menschliches Verhalten ist immer von Zielen und Werten (Intentionen) gesteuert, die nicht oder nur schwer als Regeln zu formulieren sind.
3. Menschliches Wissen ist größtenteils nicht oder nur schwer verbal explizierbares Knowing-how-Wissen und weniger das in Symbolsystemen repräsentierte Knowing-that-Wissen.

Der erste Einwand wird aus Sicht des methodologischen Solipsismus (► Abschn. 18.2) nicht als Einwand akzeptiert, da nach dieser Auffassung kognitive Prozesse allein auf mentalen Zuständen (Repräsentationen) basieren. Von Seiten der KI wurde dieser Einwand im Ansatz der *situated action* aufgegriffen, bei dem versucht wird, Umweltinteraktion in die Modellierung kognitiver Prozesse miteinzubeziehen (► Abschn. 18.2).

Dem zweiten Einwand, der auch von John R. Searle (1980) geäußert wurde, begegnete unter anderem der Philosoph Daniel C. Dennett (1989) mit seiner Theorie der intentionalen Systeme. Intentionale Systeme sind nach Dennett rational von ihren Meinungen und Wünschen gesteuert, die sich insbesondere aus biologischen Bedürfnissen (Hunger, Fortpflanzung) ergeben (Münch 1992). Eine Unterscheidung zwischen „echt menschlichen" (intrinsischen) Intentionen und einem durch symbolische Regeln gesteuerten Verhalten, dem wir Intentionalität zuschreiben (abgeleitete Intentionalität), ist nach Dennett nicht haltbar. Denn möglicherweise sind auch die menschlichen Intentionen von (in unseren Genen einprogrammierten) Regeln erzeugt. Egal, ob wir das Verhalten von Maschinen, Tieren oder anderen Menschen betrachten, wir sind immer nur dazu in der Lage, diesen Systemen aufgrund unserer Beobachtung Intentionen zuzuschreiben. Beobachten wir das Verhalten eines Menschen (etwa: Hans kauft eine Currywurst), so schreiben wir ihm zu, dass er sich in einem bestimmten mentalen Zustand (Hans hat Hunger) befindet. Diese funktionale Zuschreibung ermöglicht es, mentale Zustände verbal zu explizieren. Damit sind mentale Zustände auch der Beschreibung mit formalen Methoden (epistemische Logik; Rescher 1968) zugänglich.

Der dritte Einwand wird in prozedural orientierten Ansätzen der kognitiven Modellierung (► Kap. 8) aufgenommen. Beispielsweise hat Anderson bereits in einer frühen Version seiner ACT-R-Theorie (Anderson 1996) eine explizite Trennung von Knowing-that- und Knowing-how-Wissen eingeführt (► Abschn. 12.5). Das in Produktionsregeln

4 „Von vornherein".

repräsentierte Knowing-how-Wissen ist bei Anderson jedoch auf eng abgegrenzte Bereiche höherer Kognitionen (z. B. Algebra) beschränkt.

Der Philosoph John Searle (1980) (▶ Kap. 2) wendet sich gegen den Anspruch der von ihm so genannten „starken KI", dass Menschen und entsprechend programmierte Computer gleichermaßen „Geist" (*mind*) besitzen. Diese Annahme wurde etwa von Newell und Simon (1976) in der Physical-symbol-systems-Hypothese formuliert (▶ Kap. 2). Searle kritisiert insbesondere die Annahme, dass kognitive Prozesse unabhängig von ihrer materiellen Basis (Gehirn, Computer) seien. Seiner Meinung nach ist der menschliche Geist ein vom Gehirn produziertes biologisches Phänomen:

> » No one would suppose that we could produce milk and sugar by running a computer simulation of the formal sequences in lactation and photosynthesis, but where the mind is concerned many people are willing to believe in such a miracle. (Searle 1980, S. 424)

Was Searle hier beschreibt, ist eine allgemeine Charakteristik von Modellen, die nicht nur auf Computermodelle zutrifft. Es würde ja auch niemand erwarten, dass zwei Kunststoffmodelle von Wasserstoff-Atomen sich mit einem Kunststoffmodell eines Sauerstoff-Atoms zu einem $H_2O$-Molekül verbinden. Die Frage, ob kognitive Prozesse auf einer anderen „Hardware" als dem Gehirn realisierbar sind, stellt sich dann, wenn man den Anspruch hat, eine Künstliche Intelligenz zu erschaffen.

Die „schwache KI" begreift, wie die kognitionswissenschaftliche Forschung, Computermodelle lediglich als Werkzeug, um kognitive Prozesse zu modellieren. Computermodelle haben in der Kognitionswissenschaft nicht den Anspruch, den Menschen als Ganzes zu modellieren. Sie liefern eine die Mathematik und Logik ergänzende Methode, bestimmte Annahmen über kognitive Prozesse in eindeutiger Art zu formulieren und auf ihre Konsistenz zu prüfen (▶ Kap. 2).

12

Wissenschaftstheoretisch werden Präzision, logische Konsistenz, empirische Prüfbarkeit und Repräsentanz als Minimalkriterien für erfahrungswissenschaftliche Theorien gefordert (Schneewind 1977). Die ersten beiden Kriterien beziehen sich auf die Theorien selbst, die beiden letzteren Kriterien auf ihre empirische Gültigkeit. Formale Sprachen geben uns die Möglichkeit, die ersten beiden Kriterien zu erfüllen (Carnap 1932). Entsprechend fordern beispielsweise Collins und Smith (1988), dass die Psychologie, etwa nach dem Vorbild der Physik, in einen theoretischen und eine experimentellen Zweig geteilt wird. Künstliche Intelligenz soll dann die formale Basis der theoretischen Psychologie liefern. Es versteht sich von selbst, dass theoretische und experimentelle Psychologie sich aufeinander beziehen müssen. Formal präzise formulierte Theorien ermöglichen auch eher als natürlichsprachig formulierte Theorien die Ableitung eindeutiger, empirisch prüfbarer Hypothesen (siehe auch Krause und Wysotzki 1984). Da kognitionspsychologische Theorien insbesondere *Prozesse* der Informationsverarbeitung beschreiben, sind die Berechnungsmodelle der Informatik – im Vergleich zu den statischen Konzepten der reinen Mathematik – besonders gut als Beschreibungssprache geeignet. Bei der Umsetzung von Annahmen über kognitive Prozesse in ein Computerprogramm müssen jedoch implementationsspezifische Zusatzannahmen getroffen werden. Es sollte also darauf geachtet werden, dass psychologische Annahmen und rein technische Entscheidungen unterscheidbar bleiben (Cooper et al. 1996).

Die Verwendung der formalen Sprache der Informatik schränkt die Möglichkeiten der Theoriekonstruktion ein, so wie die Mathematik die Formulierung physikalischer Theorien beeinflusst. Diese Einschränkung erhöht die Vergleichbarkeit und Integrierbarkeit von theoretischen Konzeptionen. Gleichzeitig muss jedoch die dadurch entstehende Begrenzung in Kauf genommen werden: Die Formulierung komputationaler Theorien setzt nicht die Annahme voraus, dass menschliche Informationsverarbeitung ein Prozess der Symbolmanipulation *ist*. Es genügt stattdessen, davon überzeugt zu sein, dass wesentliche Aspekte menschlicher Informationsverarbeitung als Prozesse der Symbolmanipulation *beschreibbar* sind.

Die Angemessenheit von Symbolsystemen als Beschreibungssprache für kognitive Theorien kann nicht bewiesen werden. Symbolsysteme können sich lediglich als Beschreibungssprache bewähren oder nicht. Für viele Bereiche menschlicher Kognition von der Wahrnehmung über das Sprachverstehen bis zu speziellen Problemlösefertigkeiten haben die in diesem Buch dargestellten Methoden dazu beigetragen, dass wesentliche Mechanismen exakt beschreibbar werden. Diese Methoden zur Modellierung möglichst vieler verschiedener Bereiche menschlicher Kognition anzuwenden und gegebenenfalls weiterzuentwickeln, scheint uns lohnenswert zu sein.

Einen allgemeinen Formalismus zur Modellierung von Problemlöseprozessen stellen die **Produktionssysteme** dar. Zentraler Bestandteil von Produktionssystemen sind die in ▶ Kap. 9 eingeführten Produktionsregeln. Auch in Produktionssystemen wird die Auswahl von Regeln durch heuristisches Wissen gesteuert. In ▶ Abschn. 12.3 werden wir die grundlegenden Konzepte und Mechanismen von Produktionssystemen einführen. In den folgenden Abschnitten werden wir auf spezielle Produktionssystem-**Architekturen** eingehen. Unter einer Architektur wird hier die Definition allgemeiner Strukturen und Mechanismen verstanden, die für eine Klasse von Systemen gelten. Newell (1972) hat eine Produktionssystem-Architektur als allgemeine Architektur kognitiver Systeme vorgeschlagen. In dieser Produktionssystem-Architektur sind Prinzipien realisiert, die Newell und Simon (1963) im sogenannten **General Problem Solver** (GPS) definiert haben. Den General Problem Solver und eine aktuelle Weiterentwicklung dieses Ansatzes, das System **Soar**, werden wir in ▶ Abschn. 12.4 einführen. Ein alternativer Ansatz für Produktionssysteme ist die ACT-R-Architektur (engl. *adaptive control of thought–rational*) von John Anderson, die wir in ▶ Abschn. 12.5 darstellen.

## 12.3 Grundlagen von Produktionssystemen

Unabhängig von Turing (▶ Kap. 8) hat Emil Post (1943) ein allgemeines Berechnungsmodell entwickelt, die sogenannten Produktionssysteme. In den 50er-Jahren des 20. Jahrhunderts wurden Produktionssysteme von Newell und Kollegen (1958) als allgemeine Architektur zur Modellierung kognitiver Prozesse vorgeschlagen. Die Arbeiten von Newell und Simon (insbesondere Newell und Simon 1972) haben maßgeblich dazu beigetragen, dass Produktionssysteme heute die wichtigste Rahmenkonzeption zur Repräsentation von prozeduralem Wissen sind (Barr et al. 1981) (▶ Kap. 3). Im Bereich der kognitiven Modellierung werden vor allem zwei Produktionssystem-Varianten verwendet:

1. Systeme, die gezielt auf das Problemlösen fokussieren. Diese stehen in der Tradition von Newell und Simon, insbesondere der General Problem Solver (GPS; Newell und Simon 1963) und Soar (Laird 2012) sind hier zu nennen.
2. Systeme, die gezielt die menschliche kognitive Architektur (Gedächtnis, menschliche kognitive Prozesse) nachbauen. Diese stehen in der Tradition der von Anderson entwickelten ACT-R-Familie (Anderson 2007a) und von Systemen wie CLARION, welche explizite und implizite Repräsentationen und Aspekte wie motivationale Module unterscheiden (Sun 2007).

Zentraler Bestandteil von Produktionssystemen sind **Produktionsregeln**. Produktionsregeln, auch kurz **Produktionen** genannt, wurden bereits in ▶ Kap. 8 eingeführt und sollen nun noch einmal genauer aufgegriffen werden. Eine Produktionsregel gibt an, wie eine gegebene Datenstruktur transformiert werden kann. Sie besteht aus einem Bedingungsteil, in dem festgelegt wird, welche Eigenschaft eine Datenstruktur aufweisen muss, damit die Regel angewendet werden kann, und einem Aktionsteil, in dem die Operation angegeben wird, die auf die Datenstruktur angewendet werden soll. Produktionsregeln haben allgemein die Form

$$\text{WENN } \langle \textit{Bedingung} \rangle \text{ DANN } \langle \textit{Aktion} \rangle.$$

Im Folgenden werden wir Produktionsregeln manchmal abgekürzt notieren:

$$\langle \textit{Bedingung} \rangle \rightarrow \langle \textit{Aktion} \rangle.$$

Der Pfeil darf nicht mit der logischen (materialen) Implikation verwechselt werden. Die Implikation ist für logische Formeln definiert. Die Anwendungsbedingungen von Produktionsregeln entsprechen logischen Formeln, die Aktionen entsprechen jedoch Funktionen (also Termen, ▶ Kap. 4). Beispielsweise legt die folgende Regel fest, dass ein Block auf einen anderen gelegt werden kann, wenn beide Blöcke frei sind (▶ Kap. 9):

$$\text{WENN } \textit{frei}(b_1) \text{ und } \textit{frei}(b_2) \text{ DANN } \textit{lege\_auf}(b_1, b_2).$$

Dabei ist $\textit{frei}(b)$ ein Prädikat und $\textit{lege\_auf}(b_1, b_2)$ eine Funktion, die den Zustand, in dem sich zwei Blöcke nebeneinander befinden, in einen Zustand transformiert, in dem sich diese Blöcke aufeinander befinden.

12

## Komponenten von Produktionssystemen

Allgemein bestehen Produktionssysteme aus drei Komponenten:
- einer Menge $\mathbb{P}$ von **Produktionsregeln** $P_i$,
- einem **Speicher** $S$, der einzelne Datenmuster $D_j$ enthält,
- und einem **Interpreter** $I$, der die Produktionen $P_i$ auf die Datenmuster $D_j$ anwendet.

Diese Komponenten führen wir im Folgenden an einem einfachen Beispiel ein.

**▶ Beispiel 12.1 (Produktionssystem zur Transformation geometrischer Figuren)**

Gegeben sei eine Menge aus vier Produktionsregeln $\mathbb{P} = \{P_1, P_2, P_3, P_4\}$ mit

$$P_1 = (\circ \rightarrow \bullet),$$
$$P_2 = (\triangle \rightarrow \blacktriangle),$$
$$P_3 = (\square \rightarrow \blacksquare),$$
$$P_4 = (\lozenge \rightarrow \blacklozenge).$$

Die vier Produktionsregeln geben an, wie bestimmte geometrische Figuren in andere Figuren transformiert werden können. $P_1$ gibt beispielsweise an, dass ein kleiner weißer Kreis in einen kleinen schwarzen Kreis überführt werden soll.

Die Regeln bilden einen Teil des Problemlösewissens eines Systems, das in einem Langzeitspeicher abgelegt ist. Erhält das System eine bestimmte Eingabe, so kann es mithilfe dieser Regeln darauf reagieren. Die Eingabe ist eine Menge von Datenmustern, die aus der Umwelt in den Arbeitsspeicher gelangt. Bei einem Computersystem können solche Datenmuster beispielsweise über die Tastatur eingegeben werden, bei einem Menschen können sie durch die visuelle Wahrnehmung ins Arbeitsgedächtnis gelangen.

Nehmen wir an, dass folgendes Datenmuster eingegeben wird:

$$(\bullet\ \triangle\ \blacktriangle\ \circ\ \Diamond\ \blacklozenge\ \blacksquare\ \blacktriangle\ \Box\ \Diamond).$$

Das kleine schwarze Dreieck und die weiße Raute kommen jeweils zweimal in der Eingabe vor. Obwohl diese Symbole gleich aussehen, können Menschen sie anhand ihrer Position in der Sequenz als unterschiedliche Objekte wahrnehmen. In einem Computersystem werden diese gleichen Symbole, die für verschiedene Objekte an unterschiedlichen Positionen stehen, durch Indizes unterschieden. Das eingegebene Datenmuster stellt den Startzustand für das System dar. Wir bezeichnen diesen ersten Zustand des Arbeitsspeichers als $S_0$:

$$S_0 = (\bullet\ \triangle\ \blacktriangle_1\ \circ\ \Diamond_1\ \blacklozenge\ \blacksquare\ \blacktriangle_2\ \Box\ \Diamond_2).$$

Wir geben diesen Datenmustern die Namen $D_1$ bis $D_{10}$, und zwar $D_1 = \bullet$, $D_2 = \triangle$, $D_3 = \blacktriangle_1$, und so weiter. ◀

In ▶ Kap. 8 und ▶ Abschn. 9.1 haben wir intuitiv entschieden, welche Produktionsregel wir jeweils auf einen aktuellen Problemzustand anwenden. In einem Produktionssystem müssen wir aber eine Strategie für die Regelauswahl festlegen, sodass die Abarbeitung automatisch erfolgen kann. Diese Strategie bildet das Kontrollwissen eines Produktionssystems, das im Interpreter festgelegt ist. Die Verarbeitung durch den Interpreter erfolgt dabei in sogenannten ***recognize–act cycles*** (Klahr et al. 1987). Wir verwenden im Folgenden die deutsche Entsprechung, sogenannte **AAA-Zyklen** (Opwis 1988):

**Auswertung** – Vergleich der Daten im Arbeitsspeicher mit den linken Seiten der Produktionsregeln (*pattern matching*, Mustervergleich). Aufnahme aller Produktionsregeln, deren Anwendungsbedingungen mit den Daten übereinstimmen, in die sogenannte Konfliktmenge.

**Auswahl** – Auswahl einer Produktionsregel aus der Konfliktmenge mithilfe einer **Konfliktauflösungsstrategie** (engl. *conflict resolution*).

**Ausführung** – Anwendung der durch die ausgewählte Regel angegebenen Aktion auf die Daten im Arbeitsspeicher („Feuern" der Produktion).

In unserem Beispiel stimmen alle weißen Datenmuster mit Bedingungsteilen der vier gegebenen Produktionsregeln überein (sie „matchen"). In der Konfliktmenge werden Paare aus Datenmustern und den Regeln, deren Anwendungsteil mit diesen übereinstimmt, abgelegt:

$$\mathbb{K}_1 = \big\{(\triangle, P_2), (\circ, P_1), (\Diamond_1, P_4), (\Box, P_3), (\Diamond_2, P_4)\big\}.$$

Das *pattern matching* beschränkt sich hier auf einen Identitätsvergleich. Für Produktionsregeln, die Variablen enthalten, müssen die in den Anwendungsbedingungen vorkommenden Variablen durch Konstanten aus dem Datenmuster substituierbar sein. Die gefundene Substitution wird dann auf beide Seiten der Regel angewendet (▶ Kap. 5).

Sind die Produktionsregeln ausgewertet, so muss im nächsten Schritt eine Regel ausgewählt werden. Es existieren verschiedene Vorschläge für die Realisierung der Konfliktauflösung, die wir noch vorstellen werden. Vorerst verwenden wir die Strategie „Nimm das erste Element aus der Konfliktmenge." In der Ausführungsphase wird somit Regel $P_2$ auf das Datenmuster $\triangle$ angewendet. Das weiße Dreieck wird durch ein schwarzes Dreieck ersetzt. Die Regelausführung führt also zu einer Veränderung des Speicherzustands:

$$S_1 = (\bullet\ \blacktriangle_1\ \blacktriangle_2\ \circ\ \Diamond_1\ \blacklozenge\ \blacksquare\ \blacktriangle_3\ \Box\ \Diamond_2).$$

Der Interpreter wählt so lange Produktionsregeln aus und wendet sie auf die Datenmuster im Speicher an, bis keine Regel mehr anwendbar ist. Im Folgenden markieren wir zur besseren Übersicht die identischen geometrischen Formen in jedem Speicherzustand mit Indizes durch.

Das Datenmuster wird in weiteren AAA-Zyklen so lange durch Anwendung von Produktionsregeln verändert, bis keine Regel mehr anwendbar ist. In jedem Zyklus wird ausgehend von den aktuellen Datenmustern eine neue Konfliktmenge aufgebaut:

**AAA-Zyklus 2**

$$\mathbb{K}_2 = \{(\circ, P_1), (\Diamond_1, P_4), (\Box, P_3), (\Diamond_2, P_4)\},$$
$$S_2 = (\bullet_1\ \blacktriangle_1\ \blacktriangle_2\ \bullet_2\ \Diamond_1\ \blacklozenge\ \blacksquare\ \blacktriangle_3\ \Box\ \Diamond_2).$$

**AAA-Zyklus 3**

$$\mathbb{K}_3 = \{(\Diamond_1, P_4), (\Box, P_3), (\Diamond_2, P_4)\},$$
$$S_3 = (\bullet_1\ \blacktriangle_1\ \blacktriangle_2\ \bullet_2\ \blacklozenge_1\ \blacklozenge_2\ \blacksquare\ \blacktriangle_3\ \Box\ \Diamond).$$



**AAA-Zyklus 4**

$$\mathbb{K}_4 = \{(\Box, P_3), (\Diamond, P_4)\},$$
$$S_4 = (\bullet_1\ \blacktriangle_1\ \blacktriangle_2\ \bullet_2\ \blacklozenge_1\ \blacklozenge_2\ \blacksquare_1\ \blacktriangle_3\ \blacksquare_2\ \Diamond).$$

**AAA-Zyklus 5**

$$\mathbb{K}_5 = \{(\Diamond, P_4)\},$$
$$S_5 = (\bullet_1\ \blacktriangle_1\ \blacktriangle_2\ \bullet_2\ \blacklozenge_1\ \blacklozenge_2\ \blacksquare_1\ \blacktriangle_3\ \blacksquare_2\ \blacklozenge_3).$$

**AAA-Zyklus 6**

$$\mathbb{K}_6 = \{\}.$$

Im sechsten AAA-Zyklus ist keine Regel mehr anwendbar, die Konfliktmenge ist leer. Im Arbeitsspeicher steht nun eine Menge aus schwarzen Symbolen.

Die im Beispiel verwendeten Konzepte für Datenmuster und Produktionsregeln waren in ähnlicher Form bereits in dem von Post (1943) vorgeschlagenen **Formalismus** definiert. In diesem Formalismus wird festgelegt, welche Symbolmengen (Datenmuster) gegeben sind und welche Form die Regeln haben, die auf diesen Symbolen operieren

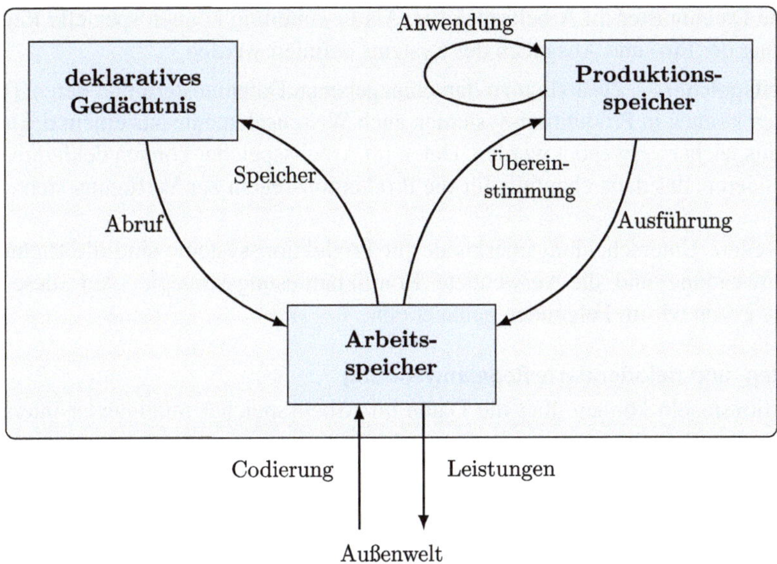


**Abb. 12.1** Allgemeiner Aufbau eines Produktionssystems (Abbildung nach Anderson (1996))

(→ auch formale Sprachen, ► Abschn. 8.3). In der **Produktionssystem-Architektur** wird zusätzlich festgelegt, in welchen Speicherkomponenten Datenmuster (also das deklarative Gedächtnis) und Regeln (im sogenannten *Produktionsspeicher*) abgelegt sind, und gefordert, dass ein Interpreter vorhanden sein muss, der die Anwendung von Regeln auf Datenmuster steuert. Die allgemeine Architektur von Produktionssystemen ist in Abb. 12.1 dargestellt. Für ein **konkretes Produktionssystem**, das auf einem Rechner implementiert werden soll, müssen die Vorgaben der Architektur noch weiter präzisiert werden. Konkrete Produktionssysteme können sich in der Realisierung aller drei Komponenten der Architektur unterscheiden:

**Form der Produktionsregeln** – Produktionsregeln können für fest vorgegebene Symbole definiert sein oder auch **Variablen** enthalten. Datenmuster können konkrete Entsprechungen in der Umwelt haben (beispielsweise Objekte wie Kreise) oder auch **Handlungsziele** repräsentieren. Im Folgenden bezeichnen wir Datenmuster, die konkrete Objekte repräsentieren, einfach weiter als „Datenmuster" und Datenmuster, die Handlungsziele repräsentieren, als „Ziele". Produktionsregeln können entsprechend für beide Arten von Datenmustern definiert werden. In unserem Beispiel könnte eine Regel, die auf Zielen definiert ist, lauten: „Wenn das Ziel ist, alle weißen Figuren durch schwarze Figuren zu ersetzen, und es sind noch weiße Figuren vorhanden, dann nimm die nächste weiße Figur und ersetze sie."

**Prozesskontrolle** – Neben den Produktionsregeln zur Transformation von Datenmustern können spezielle Regeln definiert werden, die einen Teil der Aufgaben des Interpreters übernehmen. Die Termination der Regelanwendung erfolgte in unserem Beispiel durch den Interpreter bei Vorliegen der leeren Konfliktmenge. Alternativ können Produktionsregeln angegeben werden, die sogenannte Stop-Aktionen ausführen, wenn ein bestimmter Zustand im Arbeitsspeicher gegeben ist. Bei Termination der Regelanwendung steht das erzeugte Datenmuster im Arbeitsspeicher. Als Erweiterung können spezielle Regeln zur Steuerung der Ein- und Ausgaben des Systems definiert werden.

**Langzeitspeicher** – Zusätzlich zu den eingegebenen Datenmustern und deren Transformationen können in Produktionssystemen auch Wissenselemente aus einem deklarativen Langzeitspeicher verwendet werden. Daten im Arbeitsspeicher können deklaratives Wissen aktivieren, das dann ebenfalls für die Produktionsregeln zur Verfügung steht.

Zwei weitere Unterscheidungsmerkmale für Produktionssysteme sind die Richtung der Regelanwendung und die verwendete Konfliktauflösungsstrategie. Auf diese beiden Aspekte gehen wir im Folgenden genauer ein.

#### ▪▪ Daten- und zielorientierte Regelanwendung

Produktionsregeln können über die Daten im Arbeitsspeicher miteinander interagieren. Dies gilt zum Beispiel für folgende Regeln:

$$P_5 = (\circ \rightarrow \bullet \square),$$
$$P_6 = (\square \rightarrow \blacksquare).$$

Ein Datenmuster $\circ$ wird bei Anwendung von Regel $P_5$ durch $\bullet \square$ ersetzt. Dies führt dazu, dass Regel $P_6$ angewendet werden kann. Die Eingabe $\circ\ \circ\ \circ$ wird folgendermaßen transformiert:

$$\circ \circ \circ \Rightarrow \bullet \square \circ \circ \Rightarrow \bullet \blacksquare \circ \circ \Rightarrow \bullet \blacksquare \bullet \square \circ \Rightarrow \bullet \blacksquare \bullet \blacksquare \circ \Rightarrow \bullet \blacksquare \bullet \blacksquare \bullet \square \Rightarrow \bullet \blacksquare \bullet \blacksquare \bullet \blacksquare.$$

Dabei hat die Anwendung der Regel $P_5$ die Zeichenfolge jeweils so verändert, dass Regel $P_6$ anwendbar wurde. Diese Art der Regelanwendung heißt **Vorwärtsverkettung** (engl. *forward chaining*).

12

Alternativ dazu kann die Technik der **Rückwärtsverkettung** (engl. *backward chaining*) von Regeln angewendet werden. Beispiele für Regeln, die rückwärts verkettet werden, sind

$$P_7 = (\bullet \blacksquare \leftarrow \bullet \square),$$
$$P_8 = (\bullet \square \leftarrow \circ).$$

Auf der linken Seite der Regel ist jeweils angegeben, welches Ziel erreicht werden soll; auf der rechten Seite steht, welche Daten vorliegen müssen, damit das Ziel erreicht werden kann. Regel $P_7$ wird beispielsweise gelesen als: „Um das Ziel $\bullet \blacksquare$ zu erreichen, erfülle zunächst das Ziel $\bullet \square$." Regeln dieser Art sind mit Prolog-Regeln (▶ Kap. 7) vergleichbar. Dort haben wir beispielsweise folgende Regel definiert: „Um zu zeigen, dass ein $A$ ein $C$ ist, zeige zunächst, dass ein $A$ ein $B$ ist und dann, dass ein $B$ ein $C$ ist." Rückwärtsverkettung wird üblicherweise bei sogenannten zielorientierten Regelsystemen (Möbus 1988) eingesetzt.

Mithilfe der Techniken der Vorwärts- und Rückwärtsverkettung können zwei unterschiedliche **Problemlösestrategien** modelliert werden: Probleme können gelöst werden, indem ausgehend vom Anfangszustand so lange Regeln angewendet werden, bis die Konfliktmenge leer und damit ein Zielzustand erreicht ist (engl. *forward reasoning*)). Diese Strategie liegt den heuristischen Suchstrategien aus ▶ Abschn. 11.1 zugrunde.

Probleme können aber auch so gelöst werden, dass man sich ausgehend vom zu erreichenden Ziel überlegt, welche Teilziele erfüllt werden müssen, damit dieser Zustand erreicht wird (engl. *backward reasoning*). Diese Strategie wird bei den UND–ODER-Graphen aus ▶ Abschn. 9.1 verwendet. Üblicherweise wird *forward reasoning* durch *forward chaining* realisiert und *backward reasoning* durch *backward chaining*. Die beiden Strategien stehen in engem Zusammenhang zu den Konzepten der daten- und der konzeptgesteuerten Verarbeitung. Bei der datengesteuerten Verarbeitung (auch *bottom-up processing* genannt) werden Schlussfolgerungsprozesse ausgehend von vorliegenden Daten durchgeführt. Bei konzeptgesteuerter Verarbeitung (auch *top-down processing*) werden Schlussfolgerungsprozesse ausgehend von vorhandenem Wissen über das Problemlöseziel und die Problemstruktur durchgeführt. In unserem Fall wurde das Wissen über die Gliederung eines Problems in Teilprobleme durch zwei Produktionsregeln repräsentiert.

#### ▪▪ Konfliktauflösungsstrategien

Bei vorwärts- wie rückwärtsverketteten Produktionssystemen können prinzipiell drei Arten von Konflikten für die Regelauswahl vorliegen:

**Konflikt 1. Art** – Eine Produktion ist auf mehr als ein Datenmuster anwendbar. Die Entscheidung besteht darin, welches der möglichen Muster die Regel beeinflussen soll.

**Konflikt 2. Art** – Es gibt mehrere Produktionsregeln, und jede von ihnen kann auf mehrere Datenmuster angewendet werden. In diesem Fall muss entschieden werden, welche Produktionsregel und welches Datenmuster ausgewählt wird.

**Konflikt 3. Art** – Mehrere Produktionsregeln sind auf dasselbe Datenmuster anwendbar. Hier muss entschieden werden, welche Produktionsregel angewendet wird.

In Bsp. 12.1 traten Konflikte der ersten und zweiten Art auf: In Speicherzustand $S_0$ konnte Regel $P_4$ auf zwei verschiedene Rauten angewendet werden (Konflikt 1. Art) und zudem konnte Regel $P_1$ auf einen Kreis, $P_2$ auf ein kleines Quadrat und $P_3$ auf ein großes Quadrat angewendet werden (Konflikt 2. Art). Es war jedoch beliebig, welche Regel wann angewendet wurde; es konnten in jedem Fall alle weißen Figuren in schwarze transformiert werden. Hätten wir als weitere Regel noch

$$P_9 = (\circ \rightarrow \blacksquare)$$

zur Menge der Produktionsregeln hinzugefügt, so wäre ein Konflikt der 3. Art entstanden: Durch Anwendung von $P_1$ wird ein weißer Kreis in einen schwarzen Kreis transformiert; durch Anwendung von $P_9$ wird ein weißer Kreis in ein schwarzes Quadrat transformiert. Die Entscheidung, welche der beiden Regeln angewendet wird, beeinflusst hier, welches Ergebnis bei Termination der Regelanwendungen vorliegt. Hat die Reihenfolge der Regelanwendung keinen Einfluss auf das Ergebnis, so spricht man auch von *don't-care conflict*, ansonsten von *don't-know conflict*. Diese beiden Konflikte sind mit den Indeterminismen bei der Auswertungsstrategie von Prolog vergleichbar (▶ Abschn. 7.3).

Produktionssysteme lassen sich danach unterscheiden, ob die Reihenfolge und Art der Regelauswahl das Ergebnis beeinflusst oder nicht (Nilsson 2014, S. 35 ff.). Ist das Ergebnis unabhängig von der Regelwahl herstellbar, so spricht man von **kommutativen Produktionssystemen**. Bei kommutativen Systemen ist es beliebig, welche Strategie der Konfliktauflösung verwendet wird. Bei nichtkommutativen Systemen ist die Strategie, die zur Konfliktauflösung verwendet wird, entscheidend dafür, ob ein Problem erfolgreich gelöst werden kann. Bekannte Strategien zur Konfliktauflösung sind folgende:

**Most specific first (MSF)** – Wähle immer die Regel aus der Konfliktmenge, die die spezifischsten Anwendungsbedingungen hat.

**Most general first (MGF)** – Wähle immer die Regel aus der Konfliktmenge, die die allgemeinsten Anwendungsbedingungen hat.

**Most recently used (MRU)** – Wähle immer die Regel aus der Konfliktmenge, deren letzte Anwendung am kürzesten zurückliegt.

**Least recently used (LRU)** – Wähle immer die Regel aus der Konfliktmenge, deren letzte Anwendung am längsten zurückliegt.

MSF und MGF sind **statische Strategien**: Die Spezifität der Regeln ist eine konstante Eigenschaft, die nicht von der Anwendung der Regeln beeinflusst wird. In Produktionssystemen, die mit solchen statischen Strategien arbeiten, kann der Langzeitspeicher also so organisiert werden, dass die Produktionsregeln nach ihrer Spezifität angeordnet werden. Dagegen sind MRU und LRU **dynamische Strategien**, da sich der letzte Zeitpunkt der Regelanwendung in jedem AAA-Zyklus ändert. MSFist eine **offensive Strategie**: Es wird versucht, die Anzahl möglicher Regelanwendungen so schnell wie möglich einzuschränken, indem die spezifischste Regel gewählt wird. Da die spezifischste Regel nur auf ein sehr präzises Muster passt, reduziert sie die Anzahl der Situationen, auf die andere, allgemeinere Regeln noch angewendet werden können. Dies schränkt die weiteren Anwendungsoptionen ein. Dagegen ist MGF eine **defensive Strategie**.

Bleibt nach Anwendung einer Strategie immer noch mehr als eine Regel in der Konfliktmenge, so kann zusätzlich die Strategie „Wähle zufällig eine Regel" verwendet werden (**indeterministische Strategie**). Schließlich ist es auch noch möglich, den Erfolg einer Regelanwendung zu bewerten und diese Bewertung als Auswahlkriterium heranzuziehen. In den ACT-R-Systemen (► Abschn. 12.5) wird die letztgenannte Strategie mit der MRU-Strategie kombiniert.

12

Produktionssysteme haben einige Vorteile gegenüber Computerprogrammen, die in einer vorgegebenen Programmiersprache geschrieben sind (wie das ggT-Programm aus ► Kap. 8): Produktionssysteme sind **modular** aufgebaut. Zum einen ermöglicht die Trennung von Interpreter und Produktionsregeln, dass die Menge der Produktionsregeln und die Interpreterstrategie unabhängig voneinander modifizierbar sind. Zum anderen sind die Produktionsregeln selbst unabhängige Komponenten, die zu der im Langzeitspeicher repräsentierten Regelmenge hinzugefügt, gelöscht oder geändert werden können. Die gegebene Menge von Produktionsregeln bestimmt, wie sich das System verhält, also welche Datenmuster auf welche Art transformiert werden. Ändern sich Produktionsregeln oder fehlt eine Regel, so können möglicherweise nicht mehr dieselben Datenmuster bearbeitet werden. Wird dagegen in einem Programm eine Zeile geändert, ist es sehr wahrscheinlich, dass das Programm gar nicht mehr ablauffähig ist. Die Modularität führt also dazu, dass Produktionssysteme **robust** und **fehlertolerant** sind (Young und O'Shea 1981).

## 12.4 Die Produktionssysteme GPS und Soar

Newell und Simon schlugen vor, Problemlösen als Informationsverarbeitungsprozess zu modellieren, bei dem Symbolstrukturen transformiert werden (► Kap. 2). Beim Problemlösen entsprechen die symbolisch repräsentierten Problemzustände den Symbolstrukturen. Die Operatoren sind die Regeln, nach denen ein Problemzustand in einen anderen

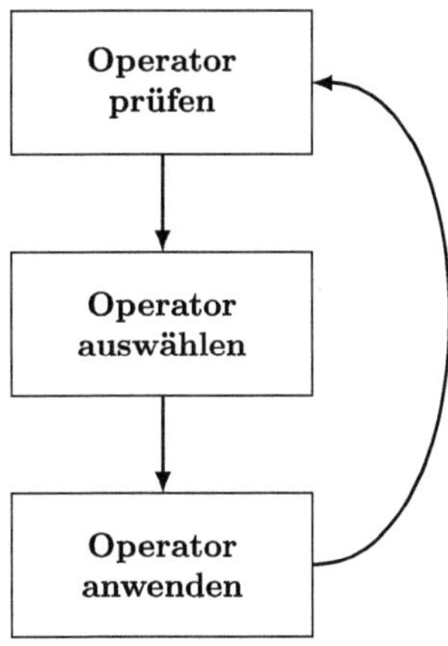


**◘ Abb. 12.2** Genereller Verarbeitungszyklus in typischen Problemlösealgorithmen wie GPS. Gegeben ist eine Menge domänenspezifischer Operatoren, und aus der Teilmenge der Operatoren, die anwendbar sind, wird einer ausgewählt und angewendet. Dieser Zyklus terminiert, wenn ein Zielzustand erreicht ist

transformiert wird (▶ Kap. 9). Diese Operatoren können als Produktionsregeln dargestellt werden. Die erste Arbeit, in der ein Produktionssystem als allgemeine Architektur zur Beschreibung menschlicher Problemlöseprozesse verwendet wurde, war der ***General Problem Solver*** **(GPS)** von Newell und Simon (1972).

Der Name „General Problem Solver" leitet sich aus dem Anspruch ab, dass das System als allgemeines Beschreibungsmodell für menschliche Problemlöseprozesse konzipiert wurde. Es wurde zur Modellierung von unterschiedlichen Problemlösebereichen wie Kryptoarithmetik (▶ Abschn. 11.2), Theorembeweisen (▶ Kap. 6) und Schach eingesetzt. Die Allgemeinheit von GPS sollte dadurch erreicht werden, dass ihm eine Menge von allgemeinen Prinzipien zur Generierung von Problemlösungen zugrundegelegt wurde, die für konkrete Problemlösungen um problemspezifisches Wissen ergänzt werden muss. Zu den allgemeinen Prinzipien gehören vor allem Problemlösestrategien, wie etwa: „Wenn nicht das ganze Problem auf einmal gelöst werden kann, dann zerlege es in Teilprobleme." Für eine Anwendung dieses Prinzips auf ein Blockwelt-Problem kann als problemspezifisches Wissen beispielsweise ergänzt werden, dass man einen Block nur bewegen kann, wenn kein anderer Block auf ihm liegt. Ein allgemeiner Verarbeitungszyklus für GPS ist in ◘ Abb. 12.2 dargestellt.

Als eine allgemeine Problemlösestrategie haben Newell und Simon die **Mittel–Ziel-Analyse** (engl. *means–end analysis*, **MEA**) vorgeschlagen. Die Mittel–Ziel-Analyse gehört zu den **heuristischen Suchverfahren**. Wie bei den in ▶ Abschn. 11.1 dargestellten Verfahren wird bei der Mittel–Ziel-Analyse versucht, die Suche nach einer Problemlösung, also einem Weg vom Anfangszustand zum Zielzustand, durch Wissen zu steuern. Die Mittel–Ziel-Analyse arbeitet jedoch nicht mit einer Bewertungsfunktion, sondern mit einer **Differenz–Operator-Tabelle**. Eine solche Tabelle ist problemspezifisch definiert. Sie gibt zu jedem Unterschied, den ein aktueller Zustand zum Zielzustand aufweisen kann, den Operator an, der diesen Unterschied am stärksten reduziert. Zudem unterscheidet sich die Mittel–Ziel-Analyse von Verfahren wie *hill climbing* oder *branch-and-bound* dadurch, dass anstelle der Vorwärtssuche eine **zielorientierte Suche** durchgeführt wird. Die zielorientierte Suche wird dadurch realisiert, dass das globale Ziel „Transformiere Anfangszustand in Zielzustand" in spezifischere **Teilziele** zerlegt wird, deren Lösung einfacher zu berechnen ist. Die drei Teilziele, mit denen in der Mittel–Ziel-Analyse gearbeitet wird, sind:

**Transform** – Transformiere einen Zustand in einen anderen Zustand.

**Reduce** – Reduziere die Differenz, die zwischen zwei Zuständen besteht.

**Apply** – Wende einen Operator auf einen Zustand an.

Der Algorithmus für die Mittel–Ziel-Analyse lautet wie folgt:

**▪ ▪ Mittel–Ziel-Analyse**

```
    1 Transform: Vergleiche aktuellen Zustand S mit Zielzustand Z.
  1.1     WENN Zustand S und Zustand Z übereinstimmen,
1.1.a         DANN halte an und melde Erfolg;
1.1.b         SONST setze als neues Teilziel, die Differenz von S und Z
              zu reduzieren. → Reduce
    2 Reduce: Finde Operator Q, um die Differenz von Zustand S und Z zu
      reduzieren.
  2.1     WENN kein Operator verfügbar ist,
2.1.a         DANN halte an und melde Fehler;
2.1.b         SONST setze als neues Teilziel, den Operator Q auf
              Zustand S anzuwenden. → Apply
    3 Apply: Wende Operator Q auf aktuellen Zustand S an.
  3.1     WENN der Operator nicht auf den aktuellen Zustand anwendbar
          ist,
3.1.a         DANN setze als neues Teilziel, die Differenz zwischen dem
              aktuellen Zustand und dem Zustand, der für die Anwendung
              des Operators erforderlich ist, zu reduzieren; → Reduce
3.1.b         SONST wende den Operator auf den aktuellen Zustand an und
              setze als neues Teilziel, den erzeugten Zustand S' in den
              im aktuellen Ziel geforderten Zustand B zu transformieren.
              → Transform
```



Im Algorithmus sind Regeln angegeben, wie die drei Ziele *Transform*, *Reduce* und *Apply* erreicht werden können. Diese Regeln können als Produktionsregeln gelesen werden, beispielsweise

WENN das Ziel ist, die Differenz zwischen Zustand $S$ und $Z$ zu reduzieren,

DANN finde einen Operator $Q$ und setze als neues Teilziel, diesen Operator auf $S$ anzuwenden.

Die Produktionsregeln für *Transform*, *Reduce* und *Apply* definieren eine Strategie, nach der Datenmuster transformiert werden. Sie sind damit allgemeiner als die bisher als Produktionsregeln definierten Problemlöseoperatoren.

Die Programmabarbeitung wird bei der Mittel–Ziel-Analyse, anders als bei den Suchalgorithmen (▶ Kap. 10), nicht durch eine Schleife (SOLANGE–WIEDERHOLE) realisiert, sondern durch einen wechselseitigen Aufruf der Regeln für *Transform*, *Reduce* und *Apply*. Die Mittel–Ziel-Analyse zerlegt das Problemlöseziel „Transformiere Anfangszustand in Zielzustand" so lange in neue Teilziele, bis entweder kein Operator mehr anwendbar ist oder es kein unerreichtes Ziel mehr gibt. Die noch nicht erfüllten Teilziele werden auf einem sogenannten **Zielstapel** (engl. *goal stack*) abgelegt. Das zuletzt generierte Teilziel liegt jeweils ganz oben auf dem Stapel und wird entsprechend als aktuelles Teilziel verwendet (*Last in–first out*-Prinzip).

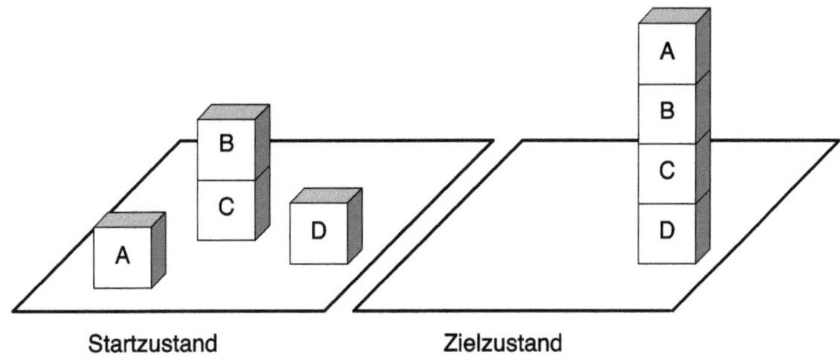


**Abb. 12.3** Start- und Zielzustand für die Blöcke $A$, $B$, $C$ und $D$

**Tab. 12.1** Differenz–Operator-Tabelle für das Blockwelt-Problem

| Differenz | | Operator |
|---|---|---|
| Block $D$ nicht auf Tisch | $\neg auf(D, Tisch)$ | $frei(D) \rightarrow lege\_auf\_tisch(D)$ |
| Block $C$ nicht auf Block $D$ | $\neg auf(C, D)$ | $frei(C) \wedge frei(D) \rightarrow lege\_auf(C, D)$ |
| Block $B$ nicht auf Block $C$ | $\neg auf(B, C)$ | $frei(B) \wedge frei(C) \rightarrow lege\_auf(B, C)$ |
| Block $A$ nicht auf Block $B$ | $\neg auf(A, B)$ | $frei(A) \wedge frei(B) \rightarrow lege\_auf(A, B)$ |
| Block $D$ nicht frei | $\neg frei(D)$ | $auf(x, D) \wedge frei(x) \rightarrow lege\_auf\_tisch(x)$ |
| Block $C$ nicht frei | $\neg frei(C)$ | $auf(x, C) \wedge frei(x) \rightarrow lege\_auf\_tisch(x)$ |
| Block $B$ nicht frei | $\neg frei(B)$ | $auf(x, B) \wedge frei(x) \rightarrow lege\_auf\_tisch(x)$ |
| Block $A$ nicht frei | $\neg frei(A)$ | $auf(x, A) \wedge frei(x) \rightarrow lege\_auf\_tisch(x)$ |

Im Folgenden veranschaulichen wir die Mittel–Ziel-Analyse an einem Blockwelt-Problem. Gegeben sei die Blockwelt aus Abb. 12.3. Für dieses Problem ist die in Tab. 12.1 dargestellte folgende Differenz–Operator-Tabelle angegeben.

In Tab. 12.1 sind die Zustandsbeschreibungen und die Operatoren so angegeben, wie sie in ► Abschn. 9.2 eingeführt wurden. Der Operator *lege_auf_tisch* wird hier zusätzlich dazu verwendet, um einen Block $b \in \{A, B, C, D\}$, auf dem ein anderer Block $x$ liegt, freizumachen.

Der Anfangszustand und der Zielzustand aus Abb. 12.3 lassen sich folgendermaßen beschreiben:

Anfangszustand $S = auf(D, Tisch),\ auf(C, Tisch),\ auf(B, C),\ auf(A, Tisch),$

Zielzustand $Z = auf(D, Tisch),\ auf(C, D),\ auf(B, C),\ auf(A, B).$

Wir verzichten darauf anzugeben, welche Blöcke frei sind. Diese Information kann einfach aus den angegebenen Prädikaten erschlossen werden: $frei(y) \leftrightarrow \neg\exists x\ auf(x, y)$. Das drückt aus, dass $y$ nur dann frei ist, wenn es kein anderes Objekt gibt, das auf ihm liegt. Die Differenzen zwischen dem aktuellen Zustand und dem Zielzustand prüfen wir, indem wir die Prädikate der Zustandsbeschreibungen vergleichen. Wir reduzieren dann jeweils bezüglich des ersten nicht übereinstimmenden Prädikats. Die Anwendung der Mittel–Ziel-Analyse auf den Anfangszustand führt zu folgenden Verarbeitungsschritten:

1 `Ziel 1: transform aktuellen Zustand` ($S_1$) `nach Zielzustand` ($Z$)<br>
2 `Ziel 2: reduce` $auf(C, D)$<br>
3 `Ziel 3: apply` $lege\_auf(C, D)$<br>
4 `Ziel 4: reduce` $frei(C)$<br>
5 `Ziel 5: apply` $lege\_auf\_tisch(B)$<br>
$S_1 = auf(D, Tisch), auf(B, Tisch), auf(C, Tisch), auf(A, Tisch)$<br>
6 $S_2 = auf(D, Tisch), auf(C, D), auf(B, Tisch), auf(A, Tisch)$<br>
7 `Ziel 1: transform aktuellen Zustand` ($S_2$) `nach Zielzustand` ($Z$)<br>
8 `Ziel 6: reduce` $auf(B, C)$<br>
9 `Ziel 7: apply` $lege\_auf(B, C)$<br>
$S_3 = auf(D, Tisch), auf(C, D), auf(B, C), auf(A, Tisch)$<br>
10 `Ziel 1: transform aktuellen Zustand` ($S_3$) `nach Zielzustand` ($Z$)<br>
11 `Ziel 8: reduce` $auf(A, B)$<br>
12 `Ziel 9: apply` $lege\_auf(A, B)$<br>
$S_4 = auf(D, Tisch), auf(C, D), auf(B, C), auf(A, B)$

Die Mittel–Ziel-Analyse ist die **Kontrollstrategie**, mit der der Interpreter des Produktionssystems GPS arbeitet. Die Operatoren in der Differenz–Operator-Tabelle sind die Produktionsregeln des Systems. Im Datenspeicher befinden sich zusätzlich zum aktuellen Problemzustand die noch zu erfüllenden Teilziele. In ◘ Abb. 12.4 sind die Zustände angegeben, in denen sich der Datenspeicher bei der Lösung des Turmbau-Problems in jedem Schritt befindet.

Newell und Simon haben in empirischen Untersuchungen mit der Methode des Lauten Denkens (Selz 1922) nachgewiesen, dass menschliche Problemlöser häufig eine Strategie anwenden, die der **Mittel–Ziel-Analyse** entspricht. Einen Überblick über die auf diese

12

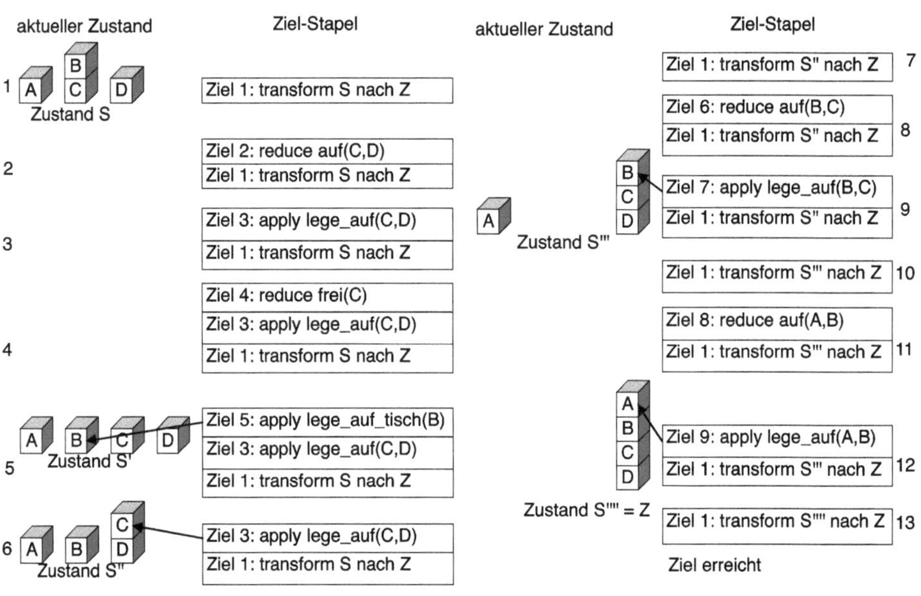


◘ **Abb. 12.4** Mittel–Ziel-Analyse des Blockwelt-Problems mit Veranschaulichung des Zielstapels

Art erhobenen Daten bei der Lösung logischer Probleme geben Newell und Kollegen (1972, S. 472 ff.). Die Mittel–Ziel-Analyse ist für viele Problembereiche eine erfolgreiche Heuristik, die bis heute, zum Beispiel in Expertensystemen (▶ Kap. 20), angewendet wird (McDermott 1982). Anstelle der Differenz–Operator-Tabelle werden hier meistens andere Techniken wie zum Beispiel Bewertungsfunktionen verwendet, um Operatoren auszuwählen.

Eine moderne Weiterentwicklung von GPS ist das Produktionssystem **Soar** (Laird 2012; Newell 1994). Soar besteht genau wie das System GPS aus einem Langzeitspeicher, in dem eine Menge von Produktionsregeln abgelegt ist, und einem Arbeitsspeicher, in dem aktuelle Problemzustände und offene Teilziele gespeichert sind. Somit ist Soar ebenfalls ein zielgesteuertes System. Problemlösen ist als heuristisch gesteuerte Suche in Problemräumen realisiert. In Soar stehen verschiedene Suchstrategien zur Verfügung, so zum Beispiel die in ▶ Abschn. 11.1 beschriebenen Verfahren und die Mittel–Ziel-Analyse. Im Gegensatz zu den bisher beschriebenen Systemen werden Produktionsregeln bei Soar nicht mittels einer Konfliktauflösungsstrategie ausgewählt. Stattdessen werden alle Produktionsregeln in einem sogenannten Auswertungsproblemraum (siehe unten) **parallel** angewendet. Das Ergebnis der Regelanwendung wird dann im Auswahlproblemraum bewertet. Jeder Regel wird ein sogenannter ***preference value*** zugeordnet. Die am besten bewertete Regel wird dann tatsächlich auf den aktuellen Zustand angewendet.

Während in GPS die Mittel–Ziel-Analyse zentral war, sind in Soar die **Problemräume** das zentrale Konzept. Verschiedene Aspekte eines Problems werden in verschiedenen Problemräumen bearbeitet, in denen jeweils spezifische Operatoren zur Verfügung stehen. Wir veranschaulichen diese Idee am Blockwelt-Problem (vgl. ◘ Abb. 12.3). Der oberste Problemraum (**Blockwelt-Problemraum**) entspricht dem Problemraum-Konzept, wie wir es bisher kennengelernt haben. Ganz rechts im Blockwelt-Problemraum ist der Zielzustand angegeben. Mit dem ersten Zustand im Blockwelt-Problemraum stimmen drei Regeln überein, die entsprechend aus dem Langzeitspeicher **aktiviert** werden. Wir haben die Regeln hier abgekürzt und ohne Anwendungsbedingungen notiert:

$$A \rightarrow T\colon\ lege\_auf\_tisch(A),$$
$$A \rightarrow C\colon\ lege\_auf(A, C),$$
$$C \rightarrow A\colon\ lege\_auf(C, A).$$

Im aktuellen Zustand ist jedoch kein Wissen darüber vorhanden, welche Regel tatsächlich auf den Problemzustand angewendet werden soll. Es tritt ein ***impasse*** (engl. für „Sackgasse") auf. Dies führt automatisch zur Generierung eines neuen Teilziels und gleichzeitig zur Öffnung eines neuen Problemraums, in dem dieses Teilziel bearbeitet wird.

In Soar werden verschiedene Typen von *impasses* unterschieden. Stehen mehrere Regeln zur Auswahl, von denen keine vorzuziehen ist, so besteht ein sogenannter ***tie impasse***. Das Vorliegen eines *tie impasse* führt zur Öffnung eines **Auswahlproblemraums**. Im Blockwelt-Problemraum stehen Problemlöseoperatoren zur Verfügung. Im Auswahlproblemraum stehen hingegen **Bewertungsoperatoren** zur Verfügung. Die Regeln können allerdings nur bewertet werden, wenn Information darüber vorliegt, ob ihre Anwendung näher zum gewünschten Problemlöseziel führt. Im Auswahlproblemraum stehen jedoch keine Operatoren zur Regelanwendung zur Verfügung. Es liegt ein sogenannter ***no-change impasse*** vor, der zur Erzeugung eines **Auswertungsproblemraums** führt.

Im Auswertungsproblemraum steht eine Kopie der Regeln des Blockwelt-Problemraums zur Verfügung. Diese können in einer Art Probehandeln angewendet werden, ohne dass der aktuelle Zustand im Blockwelt-Problemraum tatsächlich transformiert wird. Die Anwendung der Regel $A \rightarrow C$ wird negativ (−) bewertet, da sie zu einem Zustand führt, auf den der Operator $B \rightarrow A$ angewendet werden kann. Dadurch wird jedoch nicht der gewünschte Zielzustand erzeugt. Die Bewertung wird an den Auswahlproblemraum zurückgemeldet.

Im Auswahlproblemraum stehen noch zwei nicht bewertete Regeln. Die nächste Regel, $C \rightarrow A$, wird wieder an den Auswertungsproblemraum weitergereicht. Auch diese Regel wird negativ bewertet. Es ist nur noch eine Regel ($A \rightarrow T$) vorhanden. Diese Regel wird nun ohne vorherige Auswertung als bevorzugte Regel an den Blockwelt-Problemraum zurückgemeldet und dort tatsächlich ausgeführt.

Das Soar-System erwirbt während der Problemlösung neue Produktionsregeln (***learning by doing***): Immer wenn eine Produktionsregel nicht direkt anwendbar ist (ein *impasse* auftritt), sondern zunächst neue Teilziele aufgestellt und bearbeitet werden müssen, werden am Ende dieses Problemlöseschritts alle Regeln, die zur Überwindung der Sackgasse verwendet wurden, zu einer neuen Regel zusammengefasst (*chunking*). Ein ähnlicher Lernmechanismus für Produktionssysteme, die sogenannte Wissenskompilierung, wird in ► Kap. 15 dargestellt.

## 12.5 Die kognitive Architektur ACT-R

12

Eine zu den Produktionssystemen von Newell und Simon alternative Architektur, die sogenannte ACT-R-Architektur (engl. *adaptive control of thought–rational*), wurde von John Anderson (2007a) entwickelt. ACT-R unterscheidet zwischen Faktenwissen (**deklaratives Wissen**) und Problemlösefertigkeiten (**prozedurales Wissen**); diese Unterscheidung lässt sich sowohl aus empirischer Sicht als auch aus theoretischen Überlegungen heraus sinnvoll begründen. Empirisch zeigt sich, dass bestimmte kognitive Strukturen und Prozesse durch Verbalisierung erfasst werden können, während andere nur durch Beobachtung des Verhaltens zugänglich sind. So kann nach dem Lesen eines Textes erfragt werden, welche Informationen erinnert werden (*know what*). Bei Problemlöseaufgaben, wie dem Erstellen eines Computerprogramms oder dem Steuern eines Autos, ist das dabei genutzte Wissen jedoch häufig schwer zu verbalisieren (*know how*).

Theoretisch argumentiert Anderson, dass die Unterscheidung verschiedener Wissensstrukturen notwendig ist, um die Effizienz und Flexibilität menschlicher kognitiver Prozesse zu erklären. Deklaratives Wissen ist strukturiert und lässt sich leicht erweitern, indem neues Wissen in bestehende Strukturen integriert wird. Prozedurales Wissen hingegen beschreibt durch Erfahrung erworbene, hochautomatisierte Fertigkeiten (engl. *skills*), die nur schwer explizit gemacht werden können. Diese Zweiteilung der Wissensarten ist nicht nur theoretisch überzeugend, sondern ermöglicht auch eine präzise Modellierung von kognitiven Fähigkeiten, die in der Praxis gut auf menschliche Verhaltensweisen passt.

Betrachten wir eine einfache Aufgabe: Addieren Sie in Ihrem Kopf die Zahlen 6 und 3. Jetzt existieren zwei Möglichkeiten: Sie kannten das Ergebnis, d. h., Sie haben aus Ihrem Langzeitgedächtnis den deklarativen Fakt „$6 + 3 = 9$“ abgerufen, also die Information, dass die Summe dieser beiden Zahlen 9 ergibt. Ein Kind, das gerade addieren lernt, aber schon zu jeder Zahl den Nachfolger kennt (also zählen kann), würde die Additionsaufgabe vielleicht durch das dreimalige Hinzuzählen einer 1 zu 6, d. h. $\big((6 + 1) + 1\big) + 1$, lösen. Diesen Fall schauen wir uns jetzt in der kognitiven Architektur ACT-R näher an. Diese hat spezifische Annahmen darüber, welche Informationen *wo* (d. h. in welchen Speichern, die „Module“ genannt werden) und *wie* (d. h. wann und durch welche Prozesse) verarbeitet werden.

## Struktur und Aufbau von ACT-R

Deklarative Wisseneinheiten werden durch *Chunks* codiert. Ein solcher Chunk ist ein geordnetes Tupel, welches mehrere Informationen enthält. An erster Stelle dieses Tupels steht der Name des Chunks, der eine konkrete Instanz dieser Wisseneinheit darstellt. An zweiter Stelle steht der Chunk-Typ, der die Kategorie oder den Typ dieser Wisseneinheit definiert. Der Chunk-Typ bestimmt, welche Art von Informationen der Chunk speichern kann und legt fest, welche Attribute (sogenannte Slots) der Chunk enthalten kann. Ein Chunk kann danach eine beliebige Anzahl von Slots haben, um spezifische Informationen zu speichern. Die allgemeine Chunk-Typ-Spezifikation sieht also folgendermaßen aus:

```
(chunk-name chunk-type slot-name-1 slot-name-2 ... slot-name-n).
```

(vgl. ACT-R-Tutorial,[5] Einheit 1). Für unser Beispiel oben ergäbe sich der Chunk mit Chunk-Typ „Additionsfakt“, der für allgemeine Additionen verwendet wird und festlegt, dass Chunks dieses Typs immer drei Slots haben: einen für den ersten Summanden (*Summand1*), einen für den zweiten Summanden (*Summand2*) und einen für die Summe (*Summe*).

```
(Additionsfakt Summand1 Summand2 Summe).
```

Falls diese Information für 6 + 3 im deklarativen Gedächtnis (in ACT-R nennt sich das „deklaratives Modul“) gespeichert wäre, gäbe es dort den Chunk, der diese spezifische Addition beschreibt. In der ACT-R-Notation wird die Beziehung zwischen einem spezifischen Chunk und seinem Chunk-Typ mit dem Ausdruck ISA (▶ Kap. 3.2) gekennzeichnet, der „ist eine Instanz von“ bedeutet. Der Chunk für 6 + 3 würde also folgendermaßen aussehen:

```
(Fakt6+3 ISA Additionsfakt  Summand1: 6  Summand2: 3  Summe: 9).
```

Wenn man sich also an die Summe von 6 + 3 erinnert, würde das in der ACT-R-Sprache bedeuten, dass dieser Chunk aus dem deklarativen Modul abrufbar wäre.

Neue Informationen gelangen durch **Encodieren** von Information aus der Umwelt in den Arbeitsspeicher. Die dort befindlichen Informationen können dann das **Verhalten** durch Aktionen beeinflussen. Das deklarative Modul ist als Aktivationsausbreitungsnetz realisiert (▶ Abschn. 5.3), was bedeutet, dass die Aktivierung eines Chunks von verschiedenen Faktoren abhängt, wie seiner Häufigkeit der Nutzung, Relevanz und dem Zusammenhang mit anderen Chunks im deklarativen Modul.

Die Häufigkeit der Nutzung wird in ACT-R durch den Basisaktivitationswert (engl. *base-level activation*) des Chunks moduliert. Ist dieser Aktivationswert größer als ein

5 ▶ http://act-r.psy.cmu.edu/actr7.x/units.zip.

bestimmter Schwellenwert, ist ein Abruf (engl. *retrieval*) des Chunks möglich; ist er darunter, ist ein Abruf unwahrscheinlich. Zusätzlich ist die Aktivität über Kanten an weitere Chunks verteilbar (sogenannte *spreading activation*). Der Prozess der Aktivierung deklarativer Information wird als Abrufen bezeichnet. Wird während eines kognitiven Prozesses neue deklarative Information erschlossen, so kann diese dauerhaft in die deklarative Wissensstrukur integriert werden und steht dann für spätere Verarbeitungsprozesse zur Verfügung (**Speichern**, *storage*).

Der Retrieval Buffer dient als Arbeitsspeicher und repräsentiert den aktiven Teil des deklarativen Gedächtnisses. Produktionsregeln in ACT-R können nur auf die im Retrieval Buffer aktivierten Informationen zugreifen. Der Abruf erfolgt über diesen speziellen Puffer, der wie eine Schleuse funktioniert. Bei allen Modulen außer dem prozeduralen ist ein solcher Puffer vorgeschaltet. In einem Puffer kann nur jeweils ein Chunk gespeichert sein. Dies ist eine Form, wie in der kognitiven Architektur ACT-R ein „kognitiver Flaschenhals“ repräsentiert wird, welcher dazu führt, dass manchmal eine sequentielle Verarbeitung notwendig und damit nicht immer eine parallele Verarbeitung möglich ist. Diese Einschränkung spiegelt die Begrenzungen menschlicher Kognition wider. Wenn Menschen am Computer Additionsaufgaben wie

$$6 + 3 = \_\_$$

lösen müssen, dann reicht aber eine rein deklarative Verarbeitung (d. h. im *declarative module*; aus Gründen der Einheitlichkeit geben wir nur die englischen Namen an) nicht aus. Neben diesen allgemeinen Modulen gibt es in ACT-R eine Reihe sehr spezifischer Module. Ein Mensch, der eine Additionsaufgabe verarbeitet, muss diese zunächst (visuell) wahrnehmen, dann sich erinnern, wie Addition funktioniert, und die spezifische Aufgabeninformation wie z. B. einen Übertrag mental repräsentieren und schließlich die Antwort geben (d. h. die Summe eintippen).



Die Wahrnehmung findet bei ACT-R in sogenannten Wahrnehmungsmodulen statt (z. B. *visual module*, *auditory module*), welche die äußere Umgebung repräsentieren. Die Repräsentation der Aufgabe, die Problemlöseschritte und die aufgabenspezifischen Informationen werden in Arbeitsgedächtnismodulen (*goal module* und *imaginary module*) verarbeitet. Die Ausgabe über Aktionsmodule (*manual module* oder *vocal module*). ◘ Abb. 12.5 zeigt die verschiedenen Module und ihre Verknüpfung durch das *procedural module*.

Das prozedurale Modul beinhaltet die Produktionsregeln, die nach dem Prinzip Auswertung–Auswahl–Ausführung (AAA-Zyklus) agieren (▶ Abschn. 12.3). Tatsächlich lassen sich die drei Schritte mit spezifischen Bereichen in den Basalganglien identifizieren (so findet die Auswertung im Striatum, die Auswahl im Pallidum und die Ausführung im Thalamus statt, vgl. Anderson 2007a), Wie bei Produktionssystemen üblich, werden die Bedingungsseiten der Produktionsregeln mit den Daten im Arbeitsspeicher verglichen.

Produktionsregeln in ACT-R sind mit **Nützlichkeitswerten** (engl. *utility*) versehen. Bei jeder erfolgreichen Anwendung einer Regel wird der Nützlichkeitswert dieser Regel erhöht. Wenn eine Regel länger *nicht* angewendet wird, nimmt ihr Nützlichkeitswert schrittweise ab. Können mehrere Regeln auf die aktuellen Datenmuster angewendet werden, so wird die Regel mit der höchsten Nützlichkeit gewählt. Die Regeln fordern im Bedingungsteil, dass bestimmte Teilziele aktuell sein müssen und dass die Problemzustände bestimmte Eigenschaften aufweisen müssen. Das **Ausführen** (engl. *execution*)

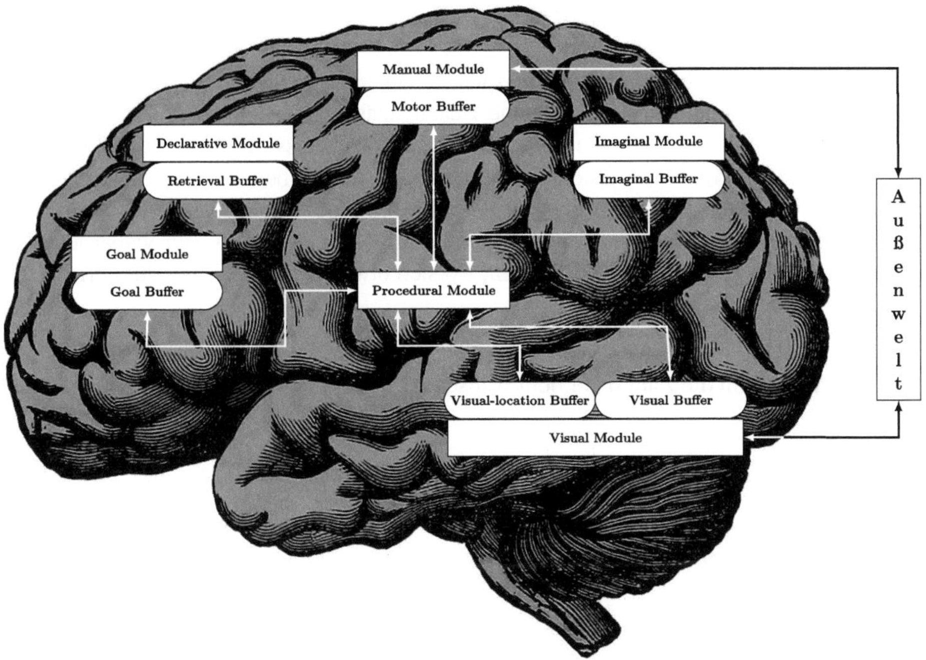


**Abb. 12.5** Die Module in ACT-R werden mit bestimmten Gehirnregionen assoziiert. Damit ist eine Brückenfunktion zur Neurowissenschaft gegeben, welche erlaubt, auch die Aktivität in diesen Regionen vorherzusagen (die sogenannte BOLD-Funktion, kurz für Blood-Oxygen-Level-Dependent). Diese misst die Veränderung des Sauerstoffgehalts im Blut

einer Regel kann sowohl dazu führen, dass neue Teilziele generiert werden, als auch dazu, dass Operatoren auf die aktuellen Datenmuster angewendet und so neue Daten erzeugt werden.

In ACT-R wird während der Problemlösung sowohl deklaratives als auch prozedurales Wissen erworben. Wie bereits erwähnt, wird dadurch erschlossenes Faktenwissen permanent im deklarativen Gedächtnis gespeichert. Der Lernprozess zum Aufbau von prozeduralem Wissen (engl. *application*) ist aufwendiger. Während neue Fakten problemlos ins Gedächtnis integrierbar sind, werden neue prozedurale Fertigkeiten nur durch Übung erworben. Ein Problembereich wird zunächst mit sehr allgemeinen Produktionsregeln bearbeitet. Mit zunehmender Erfahrung werden neue, spezifischere Regeln aufgebaut. Dieser Prozess des Fertigkeitserwerbs (engl. ***skill acquisition***) wird ausführlich in ► Kap. 15 beschrieben.

In ACT-R wird ein Mechanismus vorgeschlagen, wie diese Verbindungsstärken als Aktivationsausbreitungsnetz (► Kap. 5.3) erworben werden. Als zentraler Lernmechanismus für den Aufbau neuer Produktionsregeln wird das analoge Lernen vorgeschlagen. Die Grundidee dieses Lernverfahrens ist, dass aktuelle Probleme mit Lösungsbeispielen ähnlicher Probleme verglichen werden. Eine neue Produktionsregel wird aufgebaut, indem über die strukturellen Gemeinsamkeiten von aktuellem Problem und Beispiel generalisiert wird.

## Die kognitiven Verarbeitungsprozesse

Betrachten wir das obige Additionsbeispiel genauer: Es soll die Summe von 6 und 3 gebildet werden, indem zu 6 dreimal eine 1 dazugezählt wird, d. h. $\big((6+1)+1\big)+1$.

Welche Schritte spielen dabei eine Rolle? Zunächst muss die Aufgabe wahrgenommen werden. Innerhalb der visuellen Wahrnehmung unterscheidet ACT-R zwischen sogenannten **visual-location chunks** (zur Positionsbestimmung auf dem Bildschirm) und **visual chunks** (zur Repräsentation des Inhalts an dieser Position). Ein visual-location chunk beschreibt z. B. durch Koordinaten, wo sich etwas befindet. Er hat die Form

```
(Visual-Location  screen-x  screen-y  width  height);
```

das bedeutet, wenn die Zahl 6 auf dem Bildschirm erscheint, dann erhält sie eine räumliche Lokalisierung:

```
(Visual-Location  screen-x: 250  screen-y: 120  width: 15  height: 20).
```

Der Wert selber findet sich dann in einem *visual chunk*, der noch zwei weitere Slots besitzt, einen *value-slot* mit dem Inhalt „6" und einen *color-slot* mit dem Inhalt „schwarz":

```
(Visual  screen-x: 250  screen-y: 120  width: 15  height: 20
                  value: 6  color: schwarz).
```

Die Verarbeitung visueller Information durch einen „wo"-Pfad (also die Verarbeitung der räumlichen Information) und einen „was"-Pfad (welches Objekt?) ist neuronal unterschiedlich realisiert (z. B. Mishkin et al. 1983). Diese Information wird verarbeitet und umfasst dann weitere visuelle Informationen, also zusätzliche Chunks, für das Additionszeichen „+" und die Zahl „3" (mit allen entsprechenden *visual-location* und *visual chunks*). Allerdings gibt es weitere Chunks im *goal*-Puffer, welcher definiert, was die Aufgabe bei einer Addition ist.

12

```
(chunk-type  additionsziel  summand1  summand2  count)
```

mit der Chunk-Instanz, die das konkrete Ziel repräsentieren, also das Additionsziel, die Summe von $6+3$ zu berechnen:

```
(firstgoal ISA additionsziel  summand1: 6  summand2: 3  count nil)
```

Dieses Ziel wird in ACT-R auch im *declarative memory* gehalten. Um das in ACT-R dem deklarativen Gedächtnis hinzuzufügen, wird der Befehl `add-dm` genutzt. Um die Aufgabe „$6+3$" lösen zu können, sind drei Dinge essentiell: erstens das deklarative Wissen über die Zahlenfolge (welche Zahl auf die andere folgt), dies wird durch einen chunk-type der folgenden Form codiert:

```
(chunk-type  count-order  first  second)
```

mit den Chunk-Instanzen

```
(add-dm (a ISA count-order  first: 6  second: 7)
        (b ISA count-order  first: 7  second: 8)
        (c ISA count-order  first: 8  second: 9)),
```

```
(p start-addition
  =goal>
     ISA       count-from
     start     =num1
     end       =num2
     count     nil
 ==>
  =goal>
     sum       =num1
     count     =num2
  +retrieval>
     ISA       count-order
     first     =num1
)
```

```
(p increment-add
  =goal>
     ISA       count-from
     start     =num1
     count     > 0
  =retrieval>
     ISA       count-order
     first     =num1
     second    =num2
 ==>
  =goal>
     count     =count-1
     sum       =num2
  +retrieval>
     ISA       count-order
     first     =num2
)
```

```
(p stop-add
  =goal>
     ISA       add-goal
     sum       =num1
     count     0
  ?manual>
     state    free

 ==>
  -goal>
  +manual>
      ISA press-key
      key =sum
)
```

**Abb. 12.6** Links: `p start-addition` initialisiert den Zähler. Rechts: `p increment-add` ruft so lange den Nachfolger einer Zahl ab, bis der Zähler `count` 0 erreicht. Unten: `p stop-add` stoppt den Prozess, wenn der Zähler bei 0 ist, und gibt das Ergebnis aus. Diese und andere Produktionsregeln und weitere Erklärungen finden sich in ► http://act-r.psy.cmu.edu/actr7.x/units.zip

zweitens, mental zu repräsentieren, wo man in der Aufzählung ist (also wie lange ich noch im *goal*-Puffer weiterzählen muss[6]) und drittens, das Ergebnis zu tippen (mittels des *manual module*). Beispiele für solche Regeln finden sich in Abb. 12.6.

Der Abfolge der Produktionsregeln ist wie folgt. Es beginnt mit der *Startregel* (`p start-addition`); diese initialisiert die Addition, indem der erste Wert (`num1`) auf die Zahl 6 gesetzt wird und das zweite Element `count` auf `num2` (in diesem Fall auf 3) gesetzt wird. Danach feuert die *Inkrementregel* (`p increment-add`). Diese Regel ruft jeweils den Nachfolger aus dem deklarativen Gedächtnis ab, solange der aktuelle Zähler (`count`) größer als 0 ist.

Nach jedem Schritt wird `count` um 1 reduziert. Die *Stoppregel* (`p stop-add`) bewirkt Folgendes: Sobald `num2` den Wert 0 erreicht, wird die Addition gestoppt und

6 „Zählen im *goal*-Puffer" bedeutet hier, dass das Modell bei jedem Schritt die nächste Zahl in der Folge abruft und den Zähler schrittweise um 1 reduziert. Dabei wird immer der aktuelle Stand (z. B. „7" oder „8") als Zwischenergebnis gespeichert.

das Endergebnis wird als Output ausgegeben. Ein Beispielablauf: Für $6 + 3$ würde die `p increment-add`-Regel dreimal ausgeführt werden: Erst $6 + 1 = 7$, dann $7 + 1 = 8$, und schließlich $8 + 1 = 9$. Sobald im *goal* `count` auf 0 reduziert ist, wird die Addition gestoppt und das Ergebnis (9) wird mittels des *manual module* ausgegeben.

Allgemeine Produktionssystem-Architekturen wie Soar und ACT-R liefern uns die Möglichkeit, Annahmen über kognitive Prozesse, insbesondere über Problemlösen und Lernen, in einem einheitlichen Format zu formulieren. Zudem ermöglicht die Nutzung von Produktionssystemen, dass ablauffähige Modelle abstrakter und übersichtlicher formulierbar sind als eine direkte Implementation von Problemlösealgorithmen in einer Programmiersprache. Für die Implementierung von Produktionssystemen stehen Umgebungen (*shells*) zur Verfügung, bei denen die wesentlichen Grundprinzipien zur Realisierung von Produktionssystemen bereits implementiert sind. Solche *shells* gibt es zum Beispiel für Soar (Laird 1986) und für ACT-R (Anderson 2007a). Alternativ können Produktionssysteme auch direkt, in einer höheren Programmiersprache, implementiert werden.

## 12.6 Zur Vertiefung

12

#### ▪▪ Kritik

- McDermott, D. (1976). Artificial intelligence meets natural stupidity. *ACM SIGART Bulletin*, *57*, 4–9. Kritik an dem in der KI verbreiteten Wunschdenken beim Entwurf von Systemen. So werden etwa wohlklingende Namen („General Problem Solver") an Programme vergeben oder zwar erkannte, aber nicht gelöste Aspekte eines Problems mit dem Kommentar „not implemented yet" versehen.
- Eine Grundlage für die Philosophie des Geistes, Begründung des Computer-Funktionalismus: Putnam, H. (1960). Minds and Machines. In: Sidney Hook, Hrsg., *Dimensions of Minds*, S. 138–164. New York University Press.

#### ▪▪ Originalliteratur


- Anderson, J. R. (2007a). *How can the human mind occur in the physical universe?* Oxford University Press.
- Laird, J. E., Newell, A., und Rosenbloom, P. S. (1987). Soar: An architecture for general intelligence. *Artificial Intelligence*, *33*(1), 1–64.
- Newell, A. (1994). *Unified theories of cognition.* Harvard Univ. Press.
- Newell, A. und Simon, H. A. (1963). GPS, a program that simulates human thought. In: E. A. Feigenbaum and J. Feldman (Hrsg.), *Computers and Thought*, S. 279–293. MIT Press.
- Newell, A. und Simon, H. A. (1972). *Human problem solving.* Prentice-Hall.


#### ▪▪ Handbücher

Die jeweils aktuellsten Versionen sind im Internet unter folgenden Adressen verfügbar:

- ACT-R: ▶ http://act-r.psy.cmu.edu/software
- Soar-6: ▶ http://www.cs.cmu.edu/afs/cs.cmu.edu/project/soar/public/www/homepage.html
- CLARION: ▶ https://sites.google.com/site/drronsun/clarion/clarion-project

- Ein allgemeiner Überblick über verschiedene Architekturen der letzten 40 Jahre findet sich in Kotseruba, I. und Tsotsos, J. K. (2020). 40 years of cognitive architectures: core cognitive abilities and practical applications. *Artificial Intelligence Review*, *53*(1), 17–94.

# Lernen von Regeln

Inhaltsverzeichnis




M. Ragni, U. Schmid, *Kognitive Künstliche Intelligenz*, https://doi.org/10.1007/978-3-662-69498-5_13

## 13.1 Konzepterwerb

Begriffe können auf unterschiedliche Arten definiert werden: intensional oder extensional. Eine extensionale Definition eines Begriffs besteht darin, alle Objekte anzugeben, die diesem Begriff zugeordnet sind, besteht also in einer Aufzählung. Im Gegensatz dazu ist eine intensionale Definition eine Beschreibung der Merkmale, die einen Begriff charakterisieren. Intensionale Definitionen ermöglichen uns, Begriffe ökonomisch zu speichern: Anstatt alle Exemplare eines Begriffs aufzulisten, was oftmals gar nicht möglich ist, erfassen wir eine Merkmalsstruktur, die die charakteristischen Eigenschaften aller Exemplare beschreibt.

In diesem Kapitel betrachten wir, wie solche intensionalen Definitionen durch Generalisierung über eine Menge von Exemplaren eines Begriffs gewonnen werden können. Dabei nutzen wir eine Teilmenge der extensionalen Beschreibung, um eine intensionale Beschreibung zu erstellen. Von dieser Teilmenge kann man versuchen abzuleiten, welche gemeinsamen Eigenschaften die Objekte haben. Diese Eigenschaften stellen die intensionale Beschreibung dar.

Bourne (1974) definiert ein Konzept $C$ als eine Relation $R(x_1, x_2, x_3, \ldots)$, wobei $x_1$, $x_2$, $x_3$ usw. definierende Merkmale des Konzepts $C$ sind (sogenannte *Features*) und die Relation $R$ angibt, in welcher Relation diese Merkmale in den Daten zueinander stehen. Relationen können sowohl durch logische Verknüpfungen (wie beispielsweise Konjunktion oder Disjunktion von Merkmalen) der Features oder auch durch Vergleichsrelationen (wie „größer" oder „heller") beschrieben sein. Logische Verknüpfungen verbinden Merkmale miteinander (z. B. „rot und rund"), während Vergleichsrelationen die Merkmale direkt miteinander vergleichen (z. B. „größer als"). Um ein Konzept zu erwerben, müssen die definierenden Merkmale und die verknüpfende Regel inferiert werden (Hussy 1984) (▶ Abschn. 3.2).

Wir konzentrieren uns im Folgenden auf das Erlernen definierender Begriffsmerkmale, die konjunktiv oder disjunktiv verknüpft sind. Der in der Künstlichen Intelligenz prominenteste Ansatz, diese Art von Konzeptlernen zu realisieren, ist das **Entscheidungsbaumverfahren** (z. B. ID3, Quinlan 1983). Wir demonstrieren das Grundprinzip dieses Verfahrens am Beispiel des CAL2-Algorithmus in der ursprünglichen Idee von Unger und Wysotzki (1981). CAL2 ist ein Verfahren, das einzelne Datenpunkte (wie zum Beispiel Beobachtungen) nach und nach zu Gruppen (sogenannten Clustern) zusammenfasst. Diese Gruppen werden dabei laufend angepasst (d. h. verfeinert), sodass sie die Struktur und Muster der Daten immer besser widerspiegeln.



Wenn wir Objekte wahrnehmen, so nehmen wir insbesondere ihre **Merkmale** (etwa Farbe, Form, Größe, Textur, Beweglichkeit) wahr. Lernen bedeutet, diejenigen Merkmale zu identifizieren, die relevant für die Einordnung von Objekten in eine bestimmte Kategorie sind. Stellen wir uns vor, dass Valentina sich auf eine intergalaktische Reise begibt und auf einem Raumschiff (der USS *Enterprise*) erstmalig mit Vulkaniern konfrontiert wird. Die Weltraumreisende will lernen, Vulkanier von Menschen zu unterscheiden.

Da Menschen und Vulkanier zur gemeinsamen Oberkategorie *humanoide Spezies* gehören, weisen beide Spezies ähnliche Merkmale auf, die eine Unterscheidung möglich machen. Nehmen wir an, dass Valentina auf folgende drei Merkmale dieser Kategorie achtet: Haarfarbe, Begrüßungsgeste und Ohrenform. Zur Vereinfachung der Darstellung sollen alle drei Merkmale jeweils nur in zwei **Ausprägungen** vorhanden sein: *Haarfarbe: hell/dunkel, Begrüßungsgeste: Abspreizen von Mittel- und Ringfinger/andere Grußfor-*

*men* sowie *Ohrenform: rund/spitz*. Objekte wie Vulkanier und Menschen werden als Merkmalsvektoren repräsentiert. Wir verwenden für Objekte bevorzugt die Variable $v$ (s. u.). Valentina soll lernen, dass für die Unterscheidung von Vulkaniern und Menschen lediglich die Ohrenform relevant ist. Das bedeutet, das Ziel ist es, eine Funktion zu lernen, welche für die Eingabe eines Merkmalsvektors eine Klassifikation ausführt, d. h. entweder „Vulkanier" oder „Mensch" zurückgibt. Diese Klassifikation wird die „Zielvariable" (engl. *target value*) genannt.

Dieser Lernprozess kann mit verschiedenen Lernalgorithmen der Kognition oder des maschinellen Lernens modelliert werden. Diese lassen sich in vier große Kategorien einteilen: informationsbasiertes, ähnlichkeitsbasiertes, wahrscheinlichkeitsbasiertes und fehlerbasiertes Lernen (vgl. Kelleher et al. 2020). Da das informationsbasierte Lernen, welches häufig durch Entscheidungsbäume repräsentiert werden kann, nicht nur besonders leicht verständlich ist (und damit das Kennzeichen der *explainable AI* erfüllt, vgl. die Definition in ▶ Kap. 1), sondern auch zur Repräsentation kognitiver Prozesse genutzt wurde (vgl. Batchelder und Riefer 1999), liegt es im Fokus der Kognitiven Künstlichen Intelligenz.

## Merkmalsvektor

Da sowohl Menschen als auch Vulkanier zur Kategorie der humanoiden Spezies gehören, können sie durch gemeinsame Merkmale beschrieben werden. Ein Objekt $v$, das zu dieser Kategorie gehört, wird durch einen Merkmalsvektor $(x_1, \ldots, x_n)$ repräsentiert. Dabei stehen $x_1, \ldots, x_n$ für die Merkmale (oder Eigenschaften), anhand derer ein Objekt der humanoiden Spezies beschrieben wird. Jedem Merkmal $x_i$ ist eine Menge möglicher Ausprägungen $0, 1, \ldots m_i$ zugeordnet, wobei $m_i$ von der Anzahl an möglichen Ausprägungen für das jeweilige Merkmal $x_i$ abhängt. Ein konkretes Objekt wird jeweils durch eine spezifische Ausprägung für jedes Merkmal beschrieben.

In unserem Beispiel haben wir drei Merkmale mit binären Ausprägungen, die für die humanoide Spezies relevant sind, nämlich Haarfarbe, Begrüßungsgeste und Ohrenform. Diese Merkmale lassen sich in Tripeln darstellen, bei denen jede Stelle den Wert 0 oder 1 annehmen kann. Codieren wir das Merkmal Haarfarbe als $x_1$, das Merkmal Begrüßungsgeste als $x_2$ und das Merkmal Ohrenform als $x_3$. Die Merkmalsausprägungen codieren wir jeweils durch 0 („gilt nicht") oder 1 („gilt"), siehe Bsp. 13.1.

**▶ Beispiel 13.1**

Merkmale und deren Ausprägungen beim Erwerb des Konzepts „Vulkanier"

| Ausprägung | | Merkmal | |
|---|---|---|---|
| | $x_1$ | $x_2$ | $x_3$ |
| | Haarfarbe | Begrüßungsgeste | Ohrenform |
| 0 | hell | Abspreizen der Finger | rund |
| 1 | dunkel | andere Grußformen | spitz |

Stellt Captain Kirk der Weltraumreisenden zum Beispiel Mr. Spock vor, so wird dieser codiert als $x(v_1) = (101)$. Als zu lernendes Konzept haben wir „Vulkanier" $(V)$ gegeben, dieses Konzept wird in Abgrenzung zum Konzept „Mensch" $(M)$ erworben. ◀

Wir haben bisher binär ausgeprägte Merkmale betrachtet, aber selbstverständlich können diese auch mehr oder sogar alle Zahlen umfassen. So könnte ein Merkmalsvektor die Körpergröße (in Zentimeter), das Gewicht (in Gramm) oder den Kaufpreis eines Hauses (in Euro) umfassen. Wenn nun solche metrischen Werte (die nicht binär sind) vorliegen, dann könnten dennoch die hier vorgestellten Methoden bzw. Algorithmen angewendet werden. Eine häufig angewendete Methode ist die Einführung von Schwellenwerten. So können metrische Werte wie Körpergrößen in die Kategorien groß und klein „dichotomisiert" (zweigeteilt) werden, indem z. B. der Schwellenwert für *groß* als $\geq 180\,\text{cm}$ (und *klein* dann als $< 180\,\text{cm}$) festgelegt wird. Dann gibt es nur zwei Ausprägungen und die Algorithmen können angewendet werden.

## Konzepte und Klassen

Konzepte werden im Folgenden als **Klassen** bezeichnet. Jedem durch einen Merkmalsvektor beschriebenen Objekt $v$ wird ein Klassenbezeichner $k$ zugeordnet, der angibt, zu welchem Konzept (oder zu welcher Klasse) das Objekt gehört. Die Menge aller Klassenbezeichner nennen wir $K$. Jede Klasse steht für ein Konzept und wird durch einen Großbuchstaben repräsentiert. Zusätzlich nehmen wir den Klassenbezeichner $*$ auf, der ausdrückt, dass unbekannt ist, zu welcher Klasse ein Objekt gehört. Ein Spezialfall ist die Einteilung in nur zwei Klassen: eine ausgezeichnete Konzeptklasse (z. B. „Vulkanier") und eine Gegenklasse, zu der alle anderen möglichen Objekte (also Menschen) gehören, die nicht zur Konzeptklasse zählen.

Bei CAL2 wird Lernen als Aufbau eines Entscheidungsbaums beschrieben. Am Ende des Lernprozesses sollen neue Objekte mithilfe des Entscheidungsbaums korrekt klassifiziert werden können. Ein Beispiel für einen Entscheidungsbaum ist in ◘ Abb. 13.1 gegeben. Die Pfade im Entscheidungsbaum können als Regeln gelesen werden: Wenn $x_1 = 0$ und $x_2 = 0$, dann gehört ein Objekt zur Klasse $A$. Wenn $x_1 = 0$ und $x_2 = 1$, dann gehört ein Objekt zur Klasse $B$. Wenn $x_1 = 1$, dann gehört ein Objekt zur Klasse $B$. Die Blätter in einem Entscheidungsbaum sind immer Klassenbezeichner.

13

## 13.2 Entscheidungsbaum und Klassifizierungsfunktion

In ► Kap. 9 haben wir bereits die Struktur der Bäume definiert (→ S. 115). Anhand dieser Definition kann der Baum in ◘ Abb. 13.1 notiert werden als $x_1\big(x_2(AB)\ B\big)$. Die Positi-

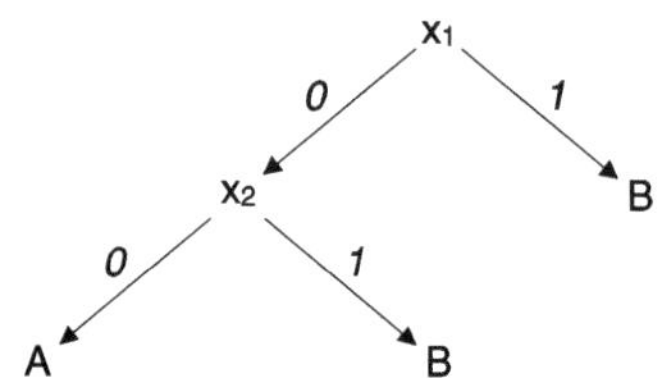


◘ **Abb. 13.1** Beispiel eines Entscheidungsbaums. Anhand des Vorliegens (repräsentiert durch 1 auf der Kante) oder Nichtvorliegens eines Merkmals (repräsentiert durch 0 auf der Kante) kann ein Objekt als ein $A$ oder ein $B$ klassifiziert werden

on im Term gibt an, bei welcher Ausprägung eines Merkmals welcher Pfad im Baum beschritten wird. Ist $x_1 = 0$, so wird der linke Pfad beschritten, ist $x_1 = 1$, der rechte.

Um zu beschreiben, wie bei gegebenem Baum ein neues Objekt klassifiziert wird, ist eine **Klassifizierungsfunktion** $f$ vorgegeben. Dabei entspricht ein Knoten $x_t$ des Entscheidungsbaums einem Merkmal im Merkmalsvektor. Der $i$-te Unterbaum des Knotens gibt die Verzweigung an, die weiter betrachtet wird, wenn Merkmal $x_t$ die Ausprägung $i$ hat. Die Merkmalsausprägungen sowie die entsprechenden Unterbäume werden jeweils von 0 bis $m$ durchnummeriert. Die Funktion $f$ ist wie folgt rekursiv definiert:

**Definition 13.1 (Klassifizierungsfunktion)**

1. Wenn $\alpha = k$, dann $f(\alpha, v) = k$. (Besteht der aktuelle Teilbaum nur aus einer Klasse $k$, so wird $v$ als $k$ klassifiziert.)
2. Wenn $\alpha = x_t(\alpha_0 \ldots \alpha_i \ldots \alpha_m)$ und $x(v)$ hat für das Merkmal $x_t$ die Ausprägung $i$, dann $f(\alpha, v) = f(\alpha_i, v)$. (Ansonsten wird vom aktuellen Knoten $x_t$ aus der Teilbaum $\alpha_i$ aufgesucht, der der Ausprägung $i$ des Merkmals $x_t$ entspricht. Dabei gibt der Knoten $x_t$ an, welches Merkmal von Objekt $v$ gerade zu betrachten ist.)

Ein Objekt $v = (01)$ wird also bezüglich des obigen Entscheidungsbaums folgendermaßen klassifiziert:

- Die Klassifizierungsfunktion wird mit dem Entscheidungsbaum und dem Merkmalsvektor, der $v$ repräsentiert, aufgerufen: $f\big(x_1(x_2(AB)\ B), (01)\big)$.
- Der Entscheidungsbaum besteht aus mehr als nur einem Knoten, der eine Klasse repräsentiert, also befinden wir uns in Fall 2.
- Merkmal $x_1$ hat im Merkmalsvektor die Ausprägung 0, also wird die Klassifizierungsfunktion mit dem linken Teilbaum rekursiv aufgerufen: $f\big(x_2(AB), (01)\big)$.
- Merkmal $x_2$ hat die Ausprägung 1, es folgt ein Aufruf mit dem rechten Teilbaum: $f\big(B, (01)\big)$.
- Wir sind an einem Blatt des Entscheidungsbaums angelangt (Fall 1); das Objekt $v$ wird als zur Klasse $B$ gehörig eingestuft.

Der Entscheidungsbaum wird schrittweise aufgebaut, indem ihm fortlaufend Objekte als Merkmalsvektoren zusammen mit ihrer zugehörigen Klasse präsentiert werden. Der Baum dient dazu, zukünftige Objekte korrekt zu klassifizieren, indem er aus früheren Objekten und ihren Klassifikationen lernt. Dabei verändert sich der Baum, um seine Klassifizierungsregeln zu verbessern.

Die Ausgangssituation ist: Wir wissen zu Beginn nur, dass wir Objekte anhand ihrer Merkmale klassifizieren wollen, aber wir haben noch keine spezifischen Klassifizierungsregeln. Der Baum weiß anfangs gar nichts. Er startet als ein leerer Baum, der durch das Symbol $*$ dargestellt wird. Das bedeutet, dass der Baum zunächst keine Regeln hat, um Objekte zu klassifizieren. Mit jeder Präsentation eines neuen Objekts und seiner Klasse erhält der Baum neue Informationen und wird angepasst, sodass er lernt, wie er ähnliche Objekte in Zukunft korrekt klassifizieren kann.

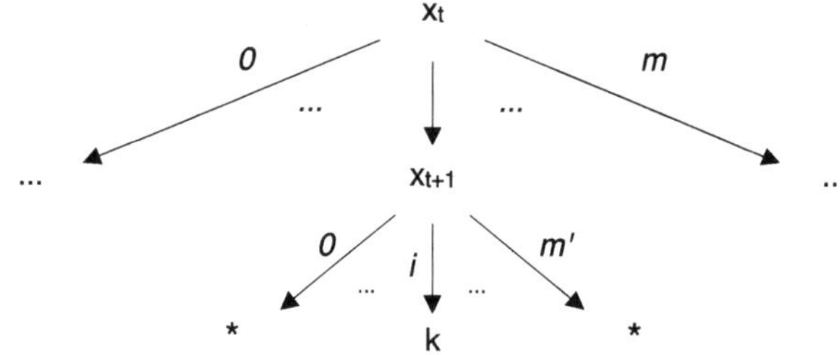


**Abb. 13.2** Entscheidungsbaum mit dem Merkmal $x_t$ und der Verfeinerung durch das Merkmal $x_{t+1}$

13

## Aufbau eines Entscheidungsbaums mit CAL2

Im Folgenden werden Objekte nacheinander als Merkmalsvektoren mit zugehörigen Klassen präsentiert, und der Entscheidungsbaum wird schrittweise angepasst.

1. **Anfangsschritt:** $\alpha(0) = *$.
   Der Anfangsbaum ist der leere Baum, der durch das Symbol $*$ dargestellt wird. Zu Beginn ist keinerlei Vorwissen vorhanden, und alle möglichen Klassen sind unbekannt.
2. **Induktion ($n$-ter Lernschritt):**
   Ein neues Objekt $v$, das zur Klasse $k$ gehört, wird durch den aktuellen Entscheidungsbaum $\alpha(n)$ klassifiziert. Das im Baum gespeicherte Wissen wird also genutzt, um eine Klassifikation für das neue Objekt vorzunehmen. In diesem Schritt können drei Fälle auftreten:
   a) **Unbekannte Klasse:** Wenn der Baum an der entsprechenden Stelle keine Regel enthält, um dieses Objekt korrekt zu klassifizieren, wird die Klasse $k$ in den Baum eingetragen. Das bedeutet, dass an der Position, an der vorher „unbekannt“ (symbolisiert durch $*$) stand, nun die Klasse $k$ gespeichert wird. Der Baum hat dieses Objekt und dessen Klassenzugehörigkeit damit gelernt und kann es in zukünftigen Klassifikationen korrekt einordnen.
   b) **Korrekte Klassifikation:** Wenn der Entscheidungsbaum das Objekt bereits korrekt als zur Klasse $k$ gehörig klassifiziert, bleibt der Baum unverändert. In diesem Fall gilt die Klasse $k$ bereits als gültig für Objekte wie $v$.
   c) **Fehlklassifikation und Verfeinerung:** Wenn das Objekt falsch klassifiziert wird, muss der Baum verfeinert werden (Abb. 13.2). Hierzu wird das nächste noch nicht verwendete Merkmal $x_{t+1}$ aus dem Merkmalsvektor des aktuellen Objekts an der entsprechenden Position im Entscheidungsbaum hinzugefügt. Das Blatt, das die falsche Klasse enthält, wird entfernt und durch einen neuen Unterbaum ersetzt.
      - Hat das neue Merkmal die aktuelle Ausprägung $i$, so wird am $i$-ten Zweig des neuen Unterbaums die Klasse $k$ (zu der das aktuelle Objekt $v$ gehört) eingetragen.
      - Alle anderen Zweige werden als „unbekannte Klasse“ notiert und durch das Symbol $*$ dargestellt.

   Ein Objekt $v$ gilt als unter das Konzept der Klasse fallend, wenn die Merkmalsausprägungen von $v$ den Bedingungen des Entscheidungsweges im Baum entsprechen, der zur Klasse $k$ führt. Der Baum erkennt dieses Objekt dann als zugehörig zur Klasse $k$ und kann zukünftige Objekte, die ähnliche Merkmalsausprägungen aufweisen, ebenfalls dieser Klasse zuordnen.

**► Beispiel 13.2**

Um den Algorithmus zu veranschaulichen, spielen wir nun das Vulkanier-Beispiel durch. Die Entwicklung des Entscheidungsbaums dazu ist in ◘ Abb. 13.3 dargestellt.

1. Valentina geht zusammen mit Captain Kirk an Bord: $\alpha(0) = *$.
2. Ein dunkelhaariges Wesen mit spitzen Ohren schüttelt ihr die Hand. Kirk stellt diese Person als den Ersten Offizier Mr. Spock, einen Vulkanier, vor: $v_1 = (111)$, $k = V$. Wir befinden uns in Fall 2(a) des Entscheidungsbaumalgorithmus: $\alpha(1) = V$. Die Weltraumreisende geht nun davon aus, dass alle Passagiere an Bord (außer ihrem Lehrmeister Kirk) Vulkanier sind.
3. Als Nächstes wird sie dem grauhaarigen Präsidenten einer vulkanischen Delegation, die sich an Bord des Schiffes befindet, vorgestellt. Dieser begrüßt sie mit erhobener Hand, bei der der Mittel- und der Ringfinger abgespreizt sind. Seine Ohren sind ebenfalls spitz: $v_2 = (001)$, $k = V$. Wir sind in Fall 2(b). Valentina glaubt weiterhin, alle an Bord befindlichen Wesen seien Vulkanier.
4. Doch nun kommt der Ingenieur Scottie, der auf die Nachfrage, ob er Vulkanier sei, dieses verneint: $v_3 = (110)$, $k = M$. Wir sind nun in Fall 2(c). Die Klassenangabe $V$, die zur Fehlklassifikation von $v_3$ geführt hat, wird durch das erste Merkmal ersetzt. Die Merkmale werden immer entsprechend einer vorgegebenen Reihenfolge betrachtet. Der Passagierin kommt als erstes Unterscheidungsmerkmal die Haarfarbe ($x_1$) in den Sinn. Da Scottie dunkle Haare hat, wird bei der Ausprägung „dunkel" ($x_1 = 1$) die Klasse $M$ eingetragen; die Merkmalsausprägungen der bereits gesehenen Vulkanier hat die verwirrte Passagierin vergessen. Für die Ausprägung „hell" ($x_1 = 0$) wird also die Klasse „unbekannt" ($*$) eingetragen.
   Das Vergessen der bereits dargebotenen Merkmalsvektoren mag auf den ersten Blick ineffizient erscheinen. Dies ist jedoch nicht der Fall: Das Arbeitsgedächtnis wird so nicht mit einer Liste von Objektbeschreibungen belastet. Es könnte ja durchaus der Fall sein, dass unsere Weltraumreisende auf ihrem transgalaktischen Ausflug mehr als 500 Wesen kennenlernt. Sie müsste dann alle Merkmalsvekoren im Gedächtnis halten und bei jeder Erweiterung des Entscheidungsbaums alle bereits gesehenen Objekte noch einmal berücksichtigen. Die alleinige Repräsentation des Entscheidungsbaums hält die Belastung des Arbeitsgedächtnisses und den Suchaufwand gering. Gleichzeitig stellt der Entscheidungsbaum einen zunehmend akkuraten Ausschnitt der Erfahrungen mit den zu klassifizierenden Objekten dar.
5. Ein weiterer vulkanischer Gesandter mit grauen Haaren und spitzen Ohren kommt auf Kirk zu und gibt auch unserem Gast nach Erdlingsmanier die Hand: $v_4 = (011)$, $k = V$. Wir sind wieder in Fall 2(a). Der Entscheidungsbaum repräsentiert nun die Hypothese, dass hellhaarige Wesen Vulkanier und dunkelhaarige Wesen Menschen sind. Doch das muss schnell revidiert werden:
6. Die blonde Assistentin von Bordarzt Pille kommt auf Kirk zu, um ihn etwas zu fragen, und gibt der Passagierin die Hand. Sie ist nach Auskunft von Kirk ein Mensch: $v_5 = (010)$, $k = M$. Bei der Klassifizierung von $v_5$ mit dem aktuellen Entscheidungsbaum wird für $x_1 = 0$ die Klasse $V$ ausgegeben. Wir befinden uns in Fall 2(c): Die Klasse wird durch das nächste noch nicht verwendete Merkmal $x_2$ (Begrüßungsgeste) ersetzt. Blonde Wesen, die einem die Hand geben, sind Menschen; zu welcher Klasse hellhaarige Wesen gehören, die einen mit gespreizten Fingern begrüßen, ist unbekannt.
7. Zudem muss revidiert werden, dass alle dunkelhaarigen Wesen Menschen sind. Ein weiteres Mitglied der vulkanischen Delegation mit schwarzen Haaren und spitzen Ohren begrüßt Kirk mit der erhobenen Hand mit abgespreizten Fingern: $v_6 = (101)$, $k = V$. Wieder sind

wir in Fall 2(c): Dunkelhaarige Wesen, die einen mit gespreizten Fingern begrüßen, sind Vulkanier.

8. Doch nun kommt der Offizier Tschechow an Bord; er hat dunkle Haare und begrüßt die anwesenden Vulkanier mit abgespreizten Fingern. Er hat runde Ohren und ist laut Auskunft von Kirk ein Mensch: $v_7 = (100), k = M$. Die Klassifikationsfunktion liefert für $x_1 = 1$ und $x_2 = 0$ jedoch die Klasse $V$ zurück. Also sind wir in Fall 2(c) und das Merkmal Ohrenform wird an der entsprechenden Stelle eingefügt.
9. Ein hellhaariger Mann mit runden Ohren kommt an Deck und begrüßt die vulkanische Delegation mit abgespreizten Fingern; er ist laut Kirk ein Mensch, Abgesandter der Föderation: $v_8 = (000), k = M$. Wir sind in Fall 2(a); hellhaarige Wesen, die mit abgespreizten Fingern grüßen, sind Menschen.

Valentina wird nun von Captain Kirk ins Casino geführt, wo alle zusammensitzen und essen. Sie schaut sich alle acht Wesen, die sie kennengelernt hat, noch einmal der Reihe nach an:

10. $v_1 = (111), k = V$: Es gilt Fall 2(a), für $x_1 = 1$ und $x_2 = 1$ wird $*$ durch $V$ ersetzt.
11. $v_2 = (001), k = V$: Es gilt Fall 2(c), die Klasse $M$ für $x_1 = 0$ und $x_2 = 0$ wird durch das Merkmal $x_3$ ersetzt, mit den Blättern $x_3 = 0$: Klasse unbekannt, und $x_3 = 1$: Klasse $V$.
12. $v_3 = (110), k = M$: Wieder gilt Fall 2(c), die Klasse $V$ für $x_1 = 1$ und $x_2 = 1$ wird durch das Merkmal $x_3$ ersetzt, mit den Blättern $x_3 = 0$: Klasse $M$, und $x_3 = 1$: Klasse unbekannt.
13. $v_4 = (011), k = V$: Schließlich wird auch für $x_1 = 0$ und $x_2 = 1$ das Merkmal $x_3$ eingeführt, mit den Blättern $x_3 = 0$: Klasse unbekannt, und $x_3 = 1$: Klasse $V$.
14. $v_5 = (010), k = M$: Es gilt Fall 2(a). Für die Merkmalsausprägungen (010) gilt Klasse $M$.
15. $v_6 = (101), k = V$: Wir ersetzen für (101) die Klassenbezeichnung $*$ durch $V$.
16. $v_7 = (100), k = M$. Hier hat unser Weltraumreisender bereits eine korrekte Hypothese gebildet. Es gilt Fall 2(b).
17. $v_8 = (000), k = M$: Wir ersetzen für (000) $*$ durch $M$.

Noch einmal betrachtet die Passagierin den ersten Offizier Mr. Spock:

18. $v_1 = (111), k = V$: Für (111) wird $*$ durch $V$ ersetzt. ◄

13

Abschließend werden alle acht Wesen noch einmal betrachtet. Der aufgebaute Entscheidungsbaum klassifiziert sie alle korrekt, es liegt also immer Fall 2(b) vor. Dieser Entscheidungsbaum ist allerdings sehr umständlich. Eigentlich genügt es für die Unterscheidung von Menschen und Vulkaniern zu prüfen, ob sie runde oder spitze Ohren haben. Hätte unsere Passagierin – die etwas verwirrt von den vielen neuen Eindrücken war – als erstes Merkmal $x_1$ die Ohrenform verwendet, so hätte sie bereits sehr schnell alle acht Wesen mit einem einfachen Baum korrekt klassifiziert (◘ Abb. 13.4). Dieses Ziel, die Identifikation relevanter Merkmale, ist zentral für informationsbasierte Methoden.

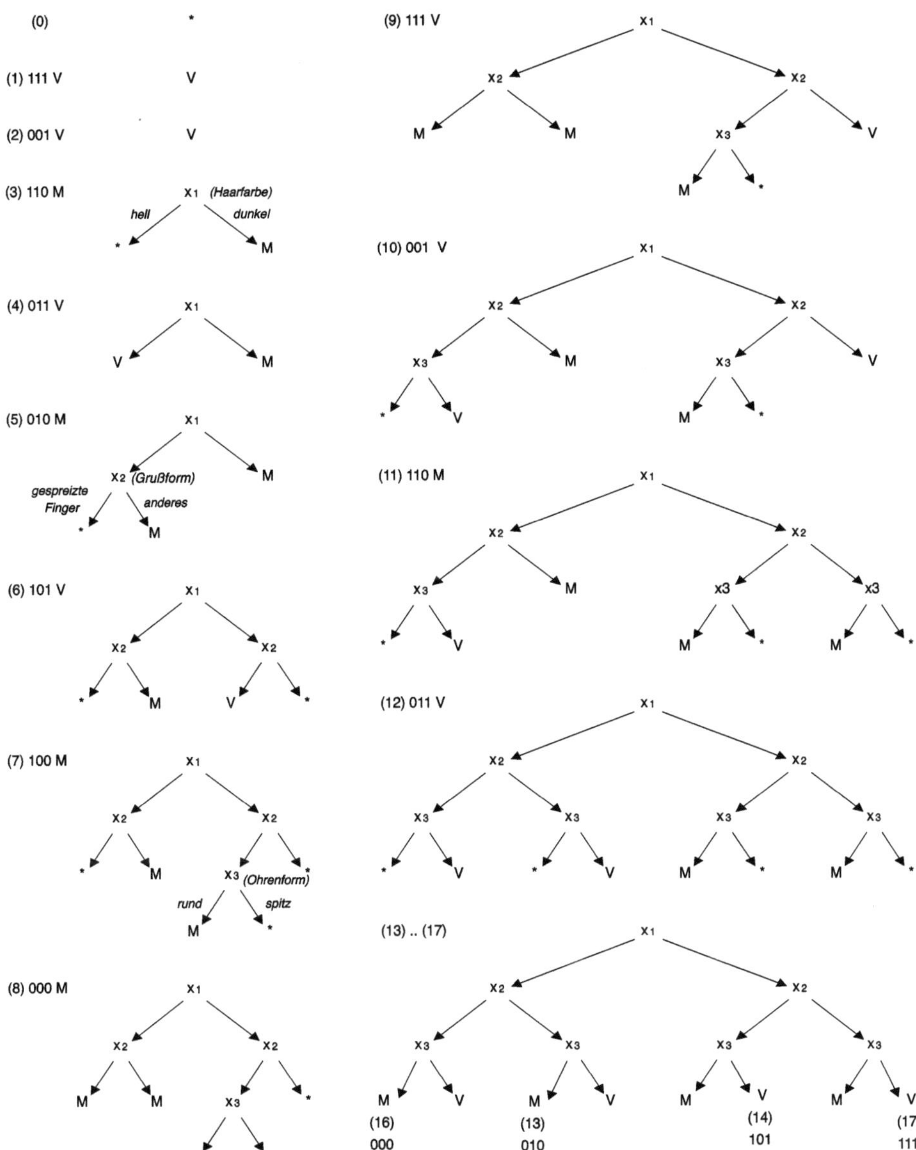


**Abb. 13.3** Entwicklung des Entscheidungsbaums für alle acht Wesen

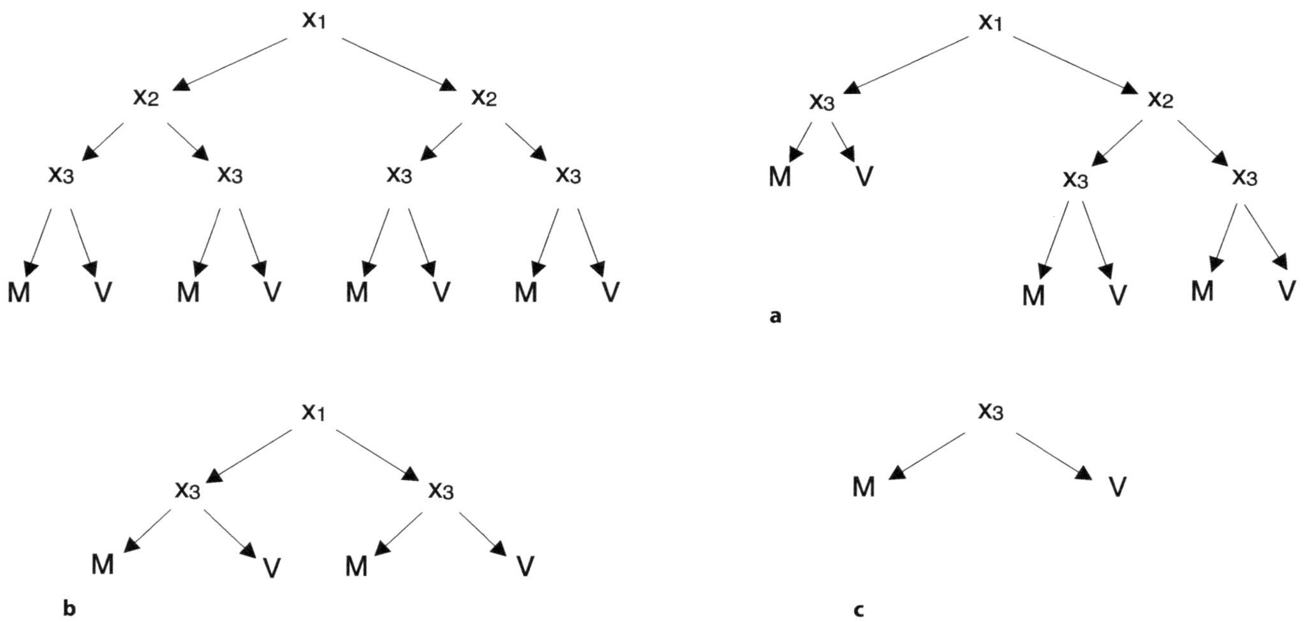

**Abb. 13.4** Klassifizierung aller acht Wesen durch vier Entscheidungsbäume. Baum (c) ist der einfachste Baum und reicht zur Klassifikation der Frage „Mensch oder Vulkanier?“ aus

## 13.3 Zur Vertiefung

#### Lehrbücher zum maschinellen Lernen

- Kelleher, J. D., Mac Namee, B., und D'Arcy, A. (2020). *Fundamentals of machine learning for predictive data analytics: algorithms, worked examples, and case studies*. MIT Press.
- Goodfellow, I. J., Bengio, Y., und Courville, A. (2016). *Deep Learning*. MIT Press.

#### Kognitive Aspekte von Bäumen

- Batchelder, W. H. und Riefer, D. M. (1999). Theoretical and empirical review of multinomial process tree modeling. *Psychonomic Bulletin & Review*, *6*(1), 57–86.

# Lernen von implizitem Wissen

## Inhaltsverzeichnis




M. Ragni, U. Schmid, *Kognitive Künstliche Intelligenz*, https://doi.org/10.1007/978-3-662-69498-5_14

In diesem Kapitel berühren wir die Implementationsebene menschlicher Kognition – die neuronale Ebene. Während Symbolverarbeitungsansätze auf der Computermetapher basieren, beruhen künstliche neuronale Netze auf der Gehirnmetapher. Künstliche neuronale Netze (KNN) basieren auf Erkenntnissen über die Funktion echter Neuronenverknüpfungen im menschlichen Gehirn und abstrahieren diese zugleich. Das menschliche Gehirn besteht aus Milliarden von Neuronen, die in Netzwerken organisiert sind, die spezifische kognitive Funktionen, wie Sprachgenerierung oder Sprachverständnis abbilden können.

Die hier vorgestellten neuronalen Netze nehmen sich zwar die biologischen Zusammenhänge als Vorbild, setzen sich aber nicht zum Ziel, das Gehirn zu erklären oder gar ein Gehirn nachzuimplementieren. Zudem sind KNN regelmäßig strukturiert, was im Gegensatz zur komplexen Struktur des biologischen Nervengewebes steht. Diese Netzwerke werden in KNN durch Schichtenmodelle strukturiert, die Gruppen von Neuronen miteinander vernetzen. Analog zu anderen Ansätzen gibt es hier auch eine Eingabeebene, eine oder mehrere *verdeckte Schichten* (engl. *hidden layers*), die die Informationen weiterverarbeiten, und eine Ausgabeschicht, welche die Ausgabe liefert. Ziel bei der Modellierung von KNN ist es zu erforschen, wie das Gehirn Informationen verarbeitet, und Algorithmen zu entwickeln, die die menschliche Kognition imitieren. Dabei reichen die Anwendungen von der Forschung zu Sprache und visueller Verarbeitung im Gehirn bis zur Modellierung der Mechanismen, die dem Lernen und der Aufmerksamkeit zugrunde liegen. In der Kognitionswissenschaft – so bereits Smolensky (1988) – gelten KNN als Berechnungsmodelle, d. h. sie können mathematische Funktionen berechnen. Dabei werden neuronale Netze in Ansätze unterschieden, die tatsächlich neuronale Realisierungen von Organismen modellieren (Von der Malsburg 1973; Von der Malsburg 1986), und solche, die das Konzept einer Neuronenschaltung nur als Modellierungssprache verwenden, ohne einen Bezug zu echten neuronalen Netzen herzustellen (McClelland et al. 1987).

## 14.1 Aufbau und Arbeitsweise eines künstlichen Neurons

14

Das formale Neuron abstrahiert die Arbeitsweise des biologischen Neurons und reduziert sie auf eine reine Funktion der Erregungsleitung. Es wird nur die elektrische Signalübertragung modelliert; chemische Prozesse wie die Ausschüttung von Neurotransmittern in den Synapsen spielen keine Rolle.

Ein künstliches Neuron ist durch Kanten mit anderen Neuronen verbunden. Es empfängt Eingabewerte über **Eingabekanten** von anderen Neuronen und sendet seinen eigenen Aktivationswert über **Ausgabekanten** weiter. Ein künstliches Neuron erhält somit den Output $a_j$ von mit ihm verbundenen Neuronen und multipliziert diesen mit einem Verbindungsgewicht $w_{ij}$, das die Stärke der Verbindung zwischen den Eingabeneuronen und dem aktuellen Neuron darstellt.

Zusätzlich kann ein **Biaswert** $b_i$ als fester Input addiert werden. Der Bias hat eine wichtige Funktion: Er erlaubt es dem Neuron, unabhängig von den Eingaben der anderen Eingabeneuronen aktiv zu sein. Der Gesamtinput $I$ des Neurons ergibt sich daher als gewichtete Summe:

$$I = \sum_{j=1}^{H} w_{ij} \cdot a_j + b_i$$

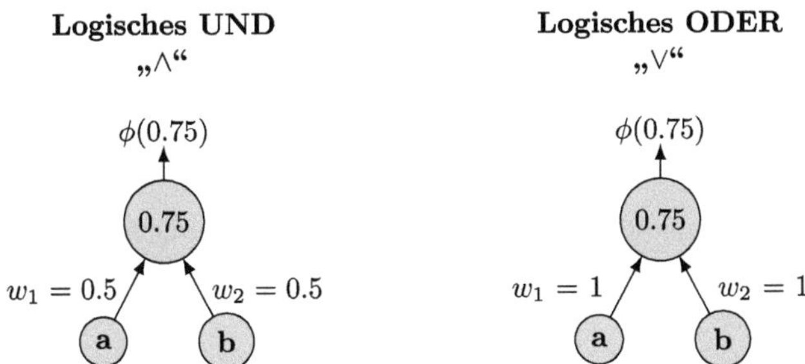


**Abb. 14.1** Neuronale Netzwerke zur Simulation der logischen Funktionen UND und ODER. Links zeigt das Neuron die Implementierung des logischen UND, bei dem der Output nur dann 1 ist, wenn beide Eingänge aktiv sind. Rechts ist die Implementierung des logischen ODER dargestellt, bei dem der Output 1 wird, sobald mindestens einer der Eingänge aktiv ist. Die Gewichtungen $w_1$ und $w_2$ sowie der Schwellenwert $\theta$ sind so gewählt, dass die jeweiligen logischen Funktionen abgebildet werden

Ein Neuron verfügt über eine **Aktivierungsfunktion** $\phi$, die den Gesamtinput $I$ in einen Output umwandelt. Die einfachste Form der Aktivierungsfunktion ist die **Stufenfunktion**:

$$a = \phi(I) = \begin{cases} 1, & \text{falls } I \geq \theta \\ 0, & \text{falls } I < \theta \end{cases}$$

Hierbei ist $\theta$ ein festgelegter Schwellenwert, den der Input $I$ überschreiten muss, damit das Neuron „feuert“ (also den Output $a_i = 1$ erzeugt).

Betrachten wir als ein Beispiel die Aufgabe, das logische UND $\wedge$ und das logische ODER $\vee$ neuronal zu simulieren (Abb. 14.1). Dies erfolgt durch eine sorgfältige Wahl der Gewichte der Eingänge ($w_i$) sowie eines geeigneten Schwellenwerts $\theta$, ab dem das Neuron einen Output von 1 erzeugt.

Für das **logische UND** soll das Neuron nur dann den Output 1 liefern, wenn **beide Eingänge** $a$ und $b$ aktiv (also 1) sind. Um dies zu erreichen, wird jedem Eingang ein Gewicht von $w_1 = 0{,}5$ und $w_2 = 0{,}5$ zugeordnet. Der Schwellenwert $\theta$ wird auf 0,75 gesetzt. Der Gesamtinput $I$ berechnet sich dabei als

$$I = 0{,}5 \cdot a + 0{,}5 \cdot b.$$

Die Aktivierungsfunktion $\phi$ des Neurons entscheidet dann, ob der Output $a$ aktiv ist:

$$a = \phi(I) = \begin{cases} 1, & \text{falls } I \geq 0{,}75 \\ 0, & \text{falls } I < 0{,}75 \end{cases}.$$

Wenn also $a = 1$ und $b = 1$ sind, ergibt sich $I = 0{,}5 + 0{,}5 = 1$, was den Schwellenwert $\theta = 0{,}75$ überschreitet. Daher gibt das Neuron den Output 1. Für alle anderen Kombinationen der Eingaben (wenn mindestens eine der Eingaben 0 ist) bleibt der Gesamtinput unter dem Schwellenwert, und der Output des Neurons bleibt 0.

Für das **logische ODER** soll das Neuron den Output 1 liefern, wenn **mindestens einer der beiden Eingänge** $a$ oder $b$ aktiv ist. Um dies umzusetzen, werden die Gewichtungen auf $w_1 = 1$ und $w_2 = 1$ gesetzt, und der Schwellenwert $\theta$ bleibt bei 0,75. Auch hier berechnet sich der Gesamtinput $I$ als

$$I = 1 \cdot a + 1 \cdot b,$$

und die Aktivierungsfunktion $\phi$ entscheidet wieder über den Output:

$$a = \phi(I) = \begin{cases} 1, & \text{falls } I \geq 0{,}75 \\ 0, & \text{falls } I < 0{,}75 \end{cases}.$$

Wenn entweder $a = 1$ oder $b = 1$ (oder beide gleichzeitig) aktiv sind, ergibt sich ein Gesamtinput von mindestens 1, was den Schwellenwert von 0,75 übersteigt. In diesem Fall feuert das Neuron und gibt den Output 1. Nur wenn beide Eingänge 0 sind, bleibt der Input unter 0,75, und das Neuron feuert nicht (Output = 0). Dies entspricht der Wahrheitstabelle.

Wenn logische Funktionen wie das logische UND und ODER durch künstliche Neuronen repräsentiert werden können, ist es nicht nur möglich, die Aussagenlogik mit Neuronen abzubilden, sondern auch elektrische Schaltkreise (die auf den Prinzipien von Logikgattern basieren). Dadurch wird es möglich, einen „neuronalen Computer" zu bauen.

Ein Neuron kann auch komplexere (nichtlineare) Aktivierungsfunktionen haben, wie beispielsweise die **Sigmoid-Funktion**, die oft verwendet wird, um einen Übergang im Output zu erzeugen:

$$a = \phi(I) = \frac{1}{1 + \mathrm{e}^{-I}}$$

Die Sigmoid-Funktion beschränkt den Output auf Werte zwischen 0 und 1, wobei der Wert sich dem Schwellenwert allmählich annähert, anstatt wie oben abrupt zu wechseln. Solche nichtlinearen Aktivierungsfunktionen werden tatsächlich häufiger genutzt.

14

In ◘ Abb. 14.2 ist die Arbeitsweise eines künstlichen Neurons schematisch dargestellt. Ein Neuron kann eine beliebige Anzahl an Eingängen (kurz: Eingangsneuronen) haben und einer beliebigen Anzahl von anderen Knoten den Output (kurz: Ausgangsneuronen) senden.

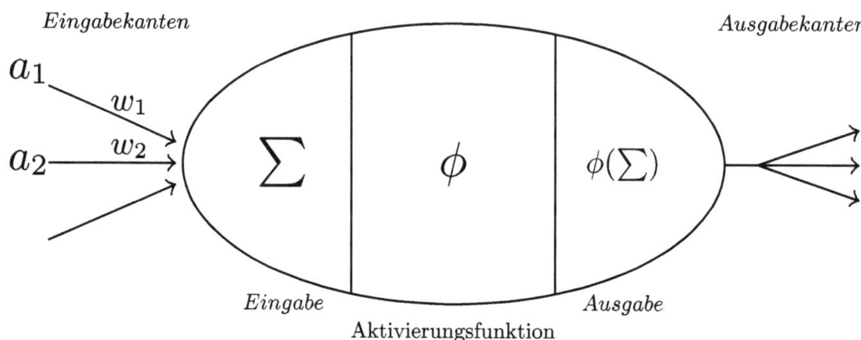


◘ **Abb. 14.2** Darstellung der Arbeitsweise eines künstlichen Neurons

Eines der ersten neuronalen Netze bestand nur aus Eingabe- und Ausgabeschicht. Das sogenannte *Perzeptron* wurde 1957 von Frank Rosenblatt entwickelt und stellt eine der einfachsten KNN-Architekturen dar. Allerdings hat ein Perzeptron aus informatischer Perspektive drastische Beschränkungen, wie u. a. Minsky und Papert (1969) systematisch gezeigt haben. So benötigt eine Vielzahl von Problemen Berechnungsmodelle, die nicht nur linear trennbare Muster unterscheiden, sondern auch fähig sind, den booleschen Operator XOR zu berechnen, welcher für ein ausschließendes „oder" („entweder–oder") steht, was mit einem zweischichtigen KNN nicht möglich ist.

Einzelneuronen in einem neuronalen Netz müssen nicht mit symbolisch beschreibbaren Inhalten korrespondieren. Den Werten der Neuronen der Eingabe- und Ausgabeschicht kann jedoch eine symbolische Interpretation zugeordnet werden; sie sind also nach Vera und Simon (1993) Symbole. So könnte der Vektor (110) etwa als der Begriff „Hund" und der Vektor (11) als „Säugetier" interpretiert werden (◘ Abb. 14.4). Die Bedeutung der Aktivitätsmuster der Neuronen der Zwischenschicht ist dagegen in der Regel nicht oder nur schwer zu erschließen.

## 14.2 Aufbau und Arbeitsweise eines neuronalen Netzes

Der Grundgedanke künstlicher neuronaler Netze ist es, Informationen in einer Struktur aus Knoten (*units*, „Neuronen") und Verbindungen zu repräsentieren (vgl. ◘ Abb. 14.3). Knoten entsprechen dabei abstrakten Neuronen oder Neuronenverbänden. Allgemein lässt sich sagen, dass ein KNN aus einer Eingabeschicht (engl. *input layer*) und einer Ausgabeschicht (engl. *output layer*) besteht und je nach Art des Netzes aus beliebig vielen Zwischenschichten von Knoten (engl. *hidden layer*). Je mehr versteckte Schichten ein KNN besitzt, desto tiefer ist es. Die Tiefe eines KNN wird formal als die Anzahl der versteckten Schichten im Netzwerk definiert. Im neuronalen Netz in ◘ Abb. 14.3 gibt es zwei versteckte Schichten: Die erste enthält die Knoten 1 und 2, die direkt mit den Eingabeknoten verbunden sind, und die zweite versteckte Schicht besteht aus den Knoten 3, 4 und 5, die wiederum mit den drei Ausgabeknoten $y_1$, $y_2$ und $y_3$ verbunden sind.

Anders als etwa bei semantischen Netzen sind Eingaben und Ausgaben nicht symbolisch, sondern numerisch – als Vektoren von natürlichen oder reellen Zahlen – codiert. Sind in der Netzarchitektur $n$ Eingabeneuronen gegeben, so besteht der Eingabevektor

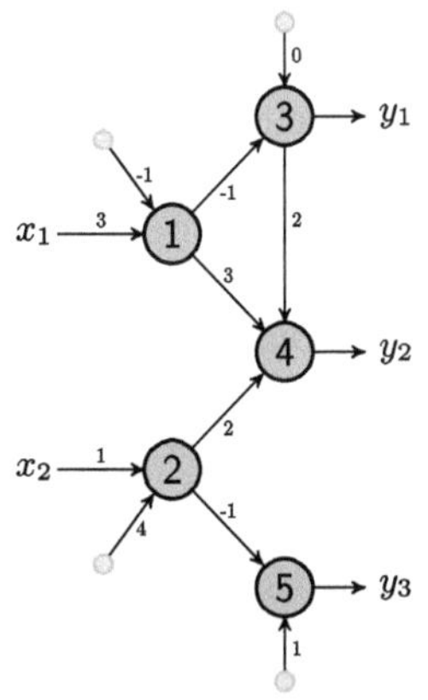

◘ **Abb. 14.3** Beispielhaftes neuronales Netz mit zwei versteckten Schichten. Dieses Netz hat zwei Eingabeknoten ($x_1$, $x_2$), die direkt mit den ersten beiden Knoten der ersten versteckten Schicht (Knoten 1 und 2) verbunden sind. Die zweite versteckte Schicht besteht aus den Knoten 3, 4 und 5, die wiederum mit den drei Ausgabeknoten ($y_1$, $y_2$, $y_3$) verbunden sind

ebenso aus $n$ Komponenten. Entsprechend wird auch die Komponentenzahl für den Ausgabevektor bestimmt.

## Lernen in neuronalen Netzen

Ein gutes Beispiel, um die Lernarten in neuronalen Netzen zu verdeutlichen, stellt die Schule dar. Hier wurden Fehler, die wir beim Schreiben eines Textes oder bei einer schwierigen Multiplikation gemacht hatten, korrigiert. Es gab also uns, die wir eine Aufgabe gelöst haben, und ein Feedback, welches wir für die von uns generierte Lösung vom Lehrer bekommen haben. Analog gibt es auch die Möglichkeit, ein neuronales Netz mittels Rückmeldung zu trainieren. Wir erinnern uns, dass das Wort „trainieren" hier bedeutet, dass die Gewichte in einem Netz so angepasst werden, dass das Netz für eine bestimmte Eingabe eine gewünschte spezifische Ausgabe erzeugt. Man sagt auch, dass das Netz eine Funktion „lernt". Wenn das Netz jeweils eine Rückmeldung erhält, dass es für eine bestimmte Eingabe eine Ausgabe richtig oder falsch erzeugt hat, und damit die Kantengewichte anpasst, dann wird dies als überwachtes Lernen (engl. *supervised learning*) bezeichnet. Wenn es eine solche Rückmeldung für die Ausgabe nicht gibt, dann wird das als unüberwachtes Lernen (engl. *unsupervised learning*) bezeichnet.

### Hebbsche Lernregel

Die hebbsche Lernregel (Hebb 1949) beschreibt die Veränderung der Gewichte zwischen zwei künstlichen Neuronen. Die Verbindungen zwischen Neuronen werden verstärkt, wenn beide gleichzeitig aktiv sind: „*Neurons that fire together wire together*"[1]. Dies lässt sich in der folgenden Gleichung ausdrücken (vgl. Gerstner und Kistler 2002; Thomas und McClelland 2023):

$$\Delta w_{ij} = \eta \cdot a_i \cdot a_j \, .$$

Hierbei steht $\Delta w_{ij}$ für die Änderung des Gewichts zwischen dem präsynaptischen Neuron $i$ und dem postsynaptischen Neuron $j$. Die Anpassung hängt von drei Faktoren ab: der Lernrate $\eta$, die eine (kleine) Zahl darstellt und bestimmt, wie stark die Gewichtsänderung ausfällt; der Aktivation von Neuron $i$, also $a_i$, und der aktuellen Aktivation von Neuron $j$, also $a_j$. Diese Lernregel ist unüberwacht (s. u.) und lernt eine Korrelation zwischen beiden Neuronen.

14

### Delta-Lernregel

Die Delta-Lernregel ist eine erweiterte Form der hebbschen Lernregel. Diese Regel ist nur auf zweischichtige Netze anwendbar und kann nicht auf Netze mit *hidden layers* angewendet werden (sonst benötigt man Backpropagation, s. u.). Zudem ist sie nur bei überwacht lernenden Netzen einsetzbar, da sie voraussetzt, dass Zielausgabwerte bekannt sind. Die Regel lautet:

$$\Delta w_{ij} = \eta \cdot a_i \cdot (t_j - a_j) = \eta \cdot a_i \cdot \delta_j \, .$$

$\Delta w_{ij}$ steht für die Änderung des Gewichts zwischen Neuron $i$ und Neuron $j$. Die Anpassung basiert auf drei Faktoren: der *Lernrate* $\eta$, die festlegt, wie stark die Änderung

1 Dieser Satz wird Hebb zugeschrieben und gehört heutzutage zum Allgemeingut der Neurowissenschaft.

sein soll; der *Aktivität* $a_i$ des präsynaptischen Neurons $i$ sowie dem *Fehlerterm* $\delta_j$, der die Abweichung zwischen dem gewünschten Zielwert $t_j$ und dem tatsächlichen Output $a_j$ des postsynaptischen Neurons $j$ beschreibt: $\delta_j = t_j - a_j$.

Im Gegensatz zur einfachen hebbschen Lernregel, die nur auf der gleichzeitigen Aktivität zweier Neuronen basiert, berücksichtigt die Delta-Regel zusätzlich die Differenz zwischen Soll- und Ist-Wert. Dadurch werden die Gewichte gezielt so angepasst, dass sich der Output des Netzes dem gewünschten Zieloutput annähert. Lernen bei neuronalen Netzen meint also die Änderung von Gewichten, die die Berechnung einer Eingabe zu einer Ausgabe steuern. Die Änderung basiert auf Rückmeldung durch menschliches Wissen, das in die Trainingsdaten eingeflossen ist. Für jedes Trainingsbeispiel hat also ein Mensch vorgegeben, was die korrekte Ausgabe ist.

## Überwachtes Lernen

Überwacht lernende Netze arbeiten sozusagen mit einem Lehrer, das bedeutet, dem neuronalen Netz wird vorgegeben, für welche Sorte von Eingaben bestimmte Ausgaben erreicht werden sollen. Dies geschieht, indem die Gewichte zwischen den Schichten so verändert werden, dass sich die Ausgaben immer weiter an die vorgegebenen Werte annähern. Anschließend sollen die gewünschten Ausgaben auch für Eingaben erreicht werden, die nicht Teil der Lernphase waren.

Eines der bekanntesten Modelle zum überwachten Lernen ist der ***Backpropagation*-Algorithmus**. Ein beispielhaftes *Backpropagation*-Netz ist in ◻ Abb. 14.4 dargestellt. Die Neuronen sind von Schicht zu Schicht vollständig miteinander verbunden: Jedes Neuron einer Ebene ist mit allen Neuronen der darüber liegenden Ebene verbunden. Netze dieser Art, bei denen es keine Rückwärtsverbindungen zwischen den Schichten gibt,

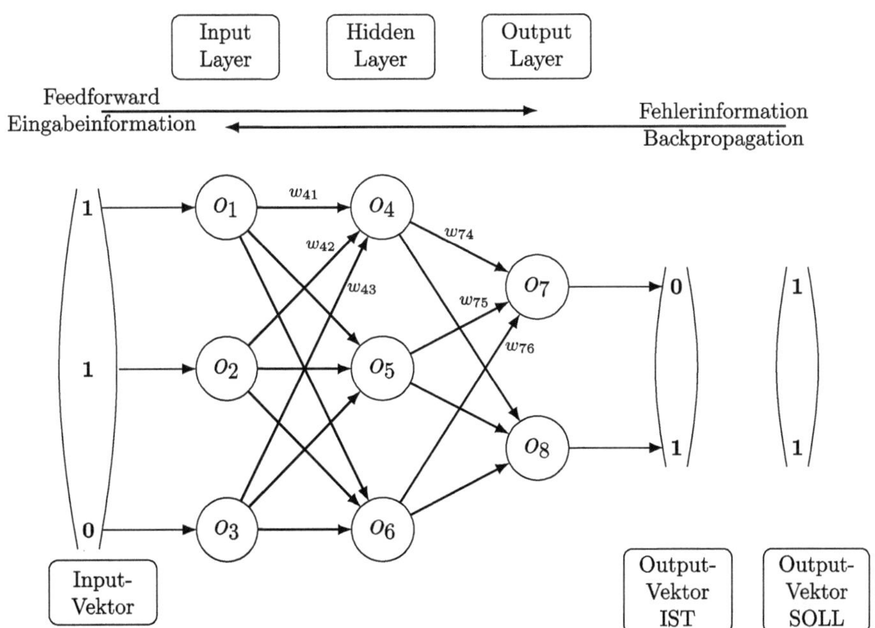


**◻ Abb. 14.4** Backpropagation-Netz, bestehend aus *input layer* ($o_1$–$o_3$), *hidden layer* ($o_4$–$o_6$) und *output layer* ($o_7$, $o_8$)

heißen „Feedforward-Netze". Ziel ist es, dass das Netz auf gegebene Sorten von Eingaben mit bestimmten Ausgaben reagiert. Eingaben können beispielsweise Katzen- oder Hundebilder sein und Ausgaben dann eine Klassifikation, ob es ein Katzen- oder Hundebild war. Dies können auch andere Eingaben sein, wie zum Beispiel Verben im Präsens und die Ausgabe die entsprechende Imperfekt-Form. Nun funktioniert dies aufgrund des überwachten Lernens, da hier bei einer fehlerhaften Eingabe, die Gewichte entsprechend angepasst werden. Lernen in *Backpropagation*-Netzen geschieht, indem immer wieder überprüft wird, wie sich die Ausgaben des Netzes von den geforderten Ausgaben unterscheiden, und aufgrund dieses Fehlermaßes die Gewichte der Verbindungen zwischen den Knoten angepasst werden.

Die Regel, nach der Eingabewerte in Ausgabewerte transformiert werden, ist in den Gewichten $w_{ij}$ codiert. Diese Gewichte repräsentieren das Wissen im Netz. Entsprechend wird Wissen erworben, indem die Verbindungsstärken zwischen *units* geeignet modifiziert werden. Die Modifikation erfolgt dadurch, dass für jeden Eingabevektor die Abweichung des durch das Netz generierten Ausgabevektors (Ist) von der gewünschten Ausgabe (Soll) berechnet wird. Die Abweichung der Ist- von der Soll-Ausgabe wird als der „Fehler" bezeichnet. Der Fehler wird ausgehend von den Ausgabeneuronen an die darunter liegenden Schichten zurück ausgebreitet (*backpropagation*).

Als Fehlermaß wird beispielsweise die Summe der quadrierten Abweichungen der errechneten von den gewünschten Werten für jede Vektor-Komponente verwendet. Da sich der Wert eines Ausgabeneurons $a_i$ in Abhängigkeit von den Gewichten $w_{ij}$ errechnet, kann die Abweichungsinformation dazu verwendet werden, die Gewichte zu verändern. Die Gewichte werden um einen Wert $\Delta w_{ij}$ erhöht, wenn die Ist-Ausgabe kleiner als die gewünschte Soll-Ausgabe ist, sonst entsprechend verringert. Die Information über die Änderung der Gewichte $w_{ij}$ kann dann dazu verwendet werden, die Gewichte $w_{jk}$ der darunter liegenden Schicht zu modifizieren. Der Lernvorgang ist beendet (konvergiert), wenn der Fehler für alle Eingabevektoren einer festen Trainingsmenge eine bestimmte Fehlerschranke unterschreitet, also der Fehler über alle Trainingsdaten hinweg hinreichend klein geworden ist.

Der Backpropagation-Algorithmus lässt sich also in drei Schritten beschreiben (Rey und Wender 2018):

14

**1. Schritt – *Forward Pass*** – Das Netzwerk wird mit dem Input gefüttert, und der Output wird durch die Vorwärtspropagierung, d. h. durch das Einsetzen der entsprechenden Werte für die gegebenen Gewichte, berechnet.

**2. Schritt – *Fehlerbestimmung*** – Es wird die numerische Abweichung des tatsächlichen Ergebnisses vom gewünschten Ergebnis berechnet.

**3. Schritt – *Backward Pass*** – Rekursiv – d. h. Schritt für Schritt, ausgehend von der Output-Ebene rückwärts durch die versteckten Ebenen zur Input-Ebene – wird eine Adaption der entsprechenden Gewichte vorgenommen, um den Fehlerterm zu minimieren.

Zur besseren Verständlichkeit der grundlegenden Arbeitsweise eines neuronalen Netzes soll diese nun an einem beispielhaften Netz gezeigt werden und dabei erläutert werden, wie die Eingabe in eine Ausgabe transformiert wird. Dazu wird das einfache neuronale Netz in ◘ Abb. 14.3 verwendet. Dieses besteht aus zwei Eingabeknoten ($x_1$ und $x_2$) und fünf künstlichen Neuronen, wobei die Ausgabewerte der Knoten 3 bis 5 den Ausgaben des neuronalen Netzes gleichzusetzen sind. Die grauen Knoten stellen Bias-Knoten dar, welche einen konstanten Kantenwert liefern, in diesem Falle den Wert $-1$.

Die Aktivierungsfunktionen stellen sich wie folgt dar:

- Knoten 1 und 2: Identitätsfunktion $\phi_I(x) = x$;
- Knoten 3 und 5: Schwellenwertfunktion $\phi_S(x) = \begin{cases} 0, & \text{wenn } x < 0, \\ 1, & \text{wenn } x \geq 0; \end{cases}$
- Knoten 4: Sigmoid-Funktion $\phi_F(x) = \frac{1}{1+e^{-x}}$.

Wie schon erwähnt, lässt sich die allgemeine Gleichung für ein künstliches Neuron in der Form

$$a_i = \phi(z_i) = \phi\Big(\sum_{j=1}^{H} w_{ij} a_j + b_i\Big)$$

schreiben. Damit ergeben sich folgende Gleichungen für die Knoten unseres neuronalen Netzes:

- $a_1 = \phi_I\big(3 \cdot x_1 + (-1) \cdot (-1)\big)$,
- $a_2 = \phi_I\big(1 \cdot x_2 + 4 \cdot (-1)\big)$,
- $a_3 = y_1 = \phi_S\big(-1 \cdot a_1 + 0 \cdot (-1)\big)$,
- $a_4 = y_2 = \phi_F\big(3 \cdot a_1 + 2 \cdot a_2 + 2 \cdot a_3\big)$,
- $a_5 = y_3 = \phi_S\big(-1 \cdot a_2 + 1 \cdot (-1)\big)$.

Mit dem Eingabevektor $\vec{x} = (x_1, x_2) = (1, -2)$ ergeben sich daraus folgende Werte:

- $a_1 = \phi_I(4) = 4$,
- $a_2 = \phi_I(-6) = -6$,
- $a_3 = y_1 = \phi_S(-4) = 0$,
- $a_4 = y_2 = \phi_F(2) = 0{,}8808$,
- $a_5 = y_3 = \phi_S(5) = 1$.

Somit lautet der Ausgabevektor $\vec{y} = (y_1, y_2, y_3) = (0,\ 0{,}8808,\ 1)$.

KNN sind aus Berechnungsperspektive weder mächtiger noch schwächer als klassische Modelle der Berechenbarkeit wie die Turing-Maschine oder der λ-Kalkül.[2] Der Fachbegriff dafür ist „Turing-Äquivalenz", d. h., diese Systeme sind alle äquivalent zu Turing-Maschinen. Eine Besonderheit von Neuronale-Netze-Ansätzen ist, dass deren Funktion nicht programmiert wird, wie bei Turing-Maschinen, sondern das Netz auf eine Funktion trainiert wird. Durch ein Training werden die Kantengewichte zwischen den Knoten verändert. **Tiefe Netze** (engl. *deep networks*) zeichnen sich durch eine große Zahl innerer Schichten aus. So haben diese Systeme mehr als sechs sogenannte *hidden layers*. Dies führt dazu, dass tiefe Netze bei der Klassifizierung von Objekten und bei der Spracherkennung nahezu menschliche Leistungen erreichen oder sogar übertreffen.

#### ▪▪ Unüberwachtes Lernen

Unüberwacht lernende Netze (Ritter et al. 1991) arbeiten ohne Lehrer, d. h., es wird nicht vorgegeben, welche Ausgaben für welche Eingaben erwartet werden. Als Grundlagen für Lernfortschritte dienen nur Muster und Beziehungen innerhalb der Eingabedaten. In solchen Netzen können Neuronen einer Ebene beispielsweise Alternativen repräsentieren. Werden etwa Merkmalsvektoren als Eingabe verwendet, so könnten die *units* einer

---

2 Der λ-Kalkül („lambda-Kalkül") fasst Funktionen zu abstrakten Klassen zusammen; er bildet die Grundlage funktionaler Programmiersprachen.

Ebene für verschiedene begriffliche Interpretationen (wie „Hund", „Katze") stehen. Neuronen einer Ebene sind dann durch hemmende Kanten verbunden. Eine Eingabe führt zu unterschiedlichen Erregungen (Aktivationswerten) der Neuronen einer Schicht. Je höher ein Neuron erregt ist, desto stärker hemmt es die Erregung anderer Neuronen. Die weitergeleiteten Erregungen bestimmen, wie die Gewichte verändert werden.

Eine bekannte Netzstruktur zu unüberwachtem Lernen stellen die sogenannten „self-organizing maps" dar. Diese Netze haben nicht zum Ziel, die Frage zu beantworten, wie die Ausgabe von Neuronen modelliert werden kann, sondern welches Neuron gerade aktiviert ist, ähnlich zu Fragestellungen in der Biologie, bei denen nicht die Amplitude einer Muskelanregung interessant ist, sondern ob und wann ein Muskel kontrahiert.

## Convolutional Neural Networks

Eine spezielle Form der neuronalen Netze stellen **convolutional neural networks** (CNN) dar, die aus der Forschung zur visuellen Verarbeitung im Gehirn entstanden sind und zum Feld des **deep learning** gehören. CNN sind darauf spezialisiert, Bilddaten effizient zu verarbeiten. Ein digitales Bild lässt sich als dreidimensionale Struktur darstellen: Es besitzt eine **Höhe**, eine **Breite** und eine **Farbtiefe** (z. B. drei Kanäle im RGB-Farbmodell für Rot, Grün und Blau).

In CNN wird diese Struktur durch **dreidimensionale Schichten** abgebildet. Jede Schicht verarbeitet das Bild als eine Datenstruktur mit Höhe und Breite des Bildes und einer Farbtiefe. Diese dreidimensionale Anordnung bedeutet nicht etwa, dass die Schicht genau drei Knoten besitzt, sondern vielmehr, dass sie die Bildinformationen in Form einer dreidimensionalen Matrix verarbeitet. Die Schicht ist somit in der Lage, alle Pixelinformationen einschließlich der Farbtiefe auf einmal zu repräsentieren, was für die parallele Verarbeitung von hochdimensionalen Bilddaten wichtig ist.

Die grundlegende Struktur eines *convolutional neural network* ist in ◘ Abb. 14.5 dargestellt.

Die Funktionsweise lässt sich durch die folgenden Schritte erklären (◘ Abb. 14.5):

- In der **Eingabeschicht (input layer)** wird das Bild als eine Matrix von Pixelwerten eingelesen. Jedes Pixel hat einen Wert, der dessen Farbtiefe angibt.

14

- In der **Faltungsschicht (convolutional layer)** wird ein kleiner Filter, auch *Kernel* genannt, über das Bild geschoben. Der Kernel ist eine kleine Matrix, die auf jedes

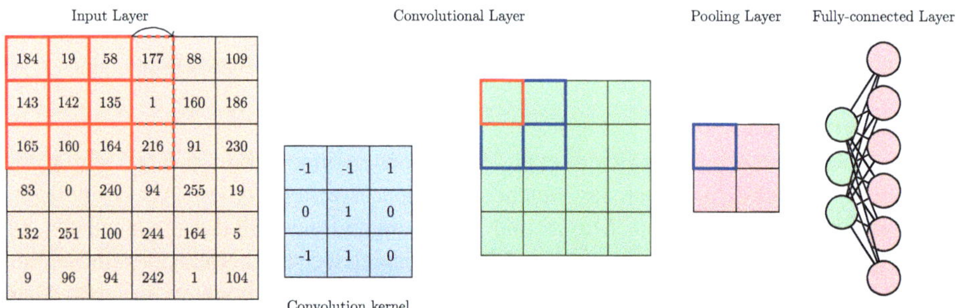


◘ **Abb. 14.5** Schematische Darstellung der Funktionsweise eines *convolutional neural network* mit den vier essentiellen Schichten

Pixel und dessen Nachbarn angewendet wird, um Merkmale wie Kanten und Ecken zu erkennen. An jeder Position wird ein Wert berechnet, der in eine neue Matrix eingefügt wird, die als Ausgabe der Faltungsschicht dient. Diese Operation reduziert die Bildgröße. Im Bild wird dieser Prozess durch einen 3 × 3-Kernel dargestellt, der systematisch über die Eingabematrix läuft.

- Nach der Faltungsschicht folgt die **Pooling-Schicht (pooling layer)**, die das Bild weiter vereinfacht. Hier wird nur der wichtigste Wert in kleinen Bereichen übernommen, z. B. der höchste Wert (Max-Pooling). Dadurch verringert sich die Datenmenge, was die Berechnung effizienter macht und ggf. unwichtige Details herausfiltert. Im Bild ist ein 2 × 2-Bereich der Matrix markiert, aus dem nur der Maximalwert übernommen wird. Am Ende werden die extrahierten Merkmale genutzt, um eine Klassifikation vorzunehmen – das Netzwerk ordnet das Bild einer bestimmten Kategorie zu, z. B. ob es sich um ein Bild einer Katze oder eines Hundes handelt.

Durch die Kombination dieser Schichten kann ein CNN komplexe Muster in Bildern erkennen und diese effektiv analysieren. Die Faltungsschicht und die Pooling-Schicht werden oft mehrfach durchlaufen, um immer tiefere Merkmale zu extrahieren und eine genaue Klassifikation zu ermöglichen.

Ein bekanntes Anwendungsgebiet ist die Bilderkennung (engl. *image recognition*). Dies kann zum Beispiel in der Unterscheidung von Katzen und Hunden in Bildern liegen (eine sogenannte Klassifikationsaufgabe) oder im Erkennen von handgeschriebenen Ziffern.

Unser menschliches Gehirn kann nahezu mühelos Muster und Objekte erkennen, wie beispielsweise Ziffern oder Tiere. Im Gegensatz dazu benötigen künstliche neuronale Netze eine große Menge an Trainingsdaten und spezialisierte Architekturen, um ähnliche Leistungen zu erbringen. Sie eignen sich aber zur Modellierung vieler kognitiver Lernprozesse.

## 14.3 Zur Vertiefung

- Eine Argumentation für klassische Symbolverarbeitungssysteme findet sich in Fodor, J. A. und Pylyshyn, Z. W. (1988). Connectionism and cognitive architecture: A critical analysis. *Cognition*, *28*(1–2), 3–71.
- Ein einführendes Lehrbuch über neuronale Netze aus psychologischer Perspektive ist Rey, G. D. und Wender, K. F. (2018). *Neuronale Netze: Eine Einführung in die Grundlagen, Anwendungen und Datenauswertung*. Hogrefe, Bern.
- Den formalen Hintergrund für neuronale Netze liefern Methoden aus den Bereichen der linearen Algebra, der Differentialgleichungssysteme und der mathematischen Statistik. Eine ebenfalls gute Einführung in neuronale Netze gibt Hertz, J. (1991). *Introduction to the theory of neural computation.* CRC Press.
- Eine leicht verständliche Einführung befindet sich in Kapitel 9 (von U. Frese und U. Lorenz) mit dem Titel „Tiefes Lernen" in Furbach, U., Kitzelmann, E., Michaeli, T., und Schmid, U. (2024). *Künstliche Intelligenz für Lehrkräfte: Eine fachliche Einführung mit didaktischen Hinweisen*. Springer.
- Einführendes Lehrbuch über computational intelligence: Kruse, R., Borgelt, C., Klawonn, F., Moewes, C., Ruß, G., und Steinbrecher, M. (2011). *Computational Intel-*

*ligence: Eine methodische Einführung in künstliche neuronale Netze, evolutionäre Algorithmen, Fuzzy-Systeme und Bayes-Netze*. Vieweg + Teubner.

- Ein How-to zur Entwicklung neuronaler Netze und viele praktische Hinweise: Kriesel, D. (2007). *Ein kleiner Überblick über Neuronale Netze.* ► www.dkriesel.com
- Ein klassischer Artikel über die Bedeutung neuronaler Netze ist McClelland, J. L., Rumelhart, D. E., und PDP Research Group (1987). *Parallel distributed processing*. MIT Press.
- Eine klassische kritische Auseinandersetzung mit neuronalen Netzen findet sich in: Minsky, M. L. und Papert, S. A. (1988). *Perceptrons: expanded edition*. MIT Press.
- Eine Argumentation für konnektionistische Systeme als bessere Alternative zur Modellierung mit symbolverarbeitenden Systemen findet sich in Smolensky, P. (1988). On the proper treatment of connectionism. *Behavioral and Brain Sciences*, *11*, 1–74.
- Ein Beispiel (auf Englisch) für den Aufbau eines convolutional networks:
  ► https://cs231n.github.io/convolutional-networks/

# Ausgewählte Anwendungen

In Teil I und Teil II wurden die methodischen Grundlagen der Wissensrepräsentation und -verarbeitung eingeführt. Nun wollen wir einige Anwendungsbereiche betrachten, in denen diese Methoden zur Anwendung kommen: Lernen und Expertise, Intelligente Tutorsysteme, Sprachverarbeitung, mentale Modelle und Chatbots.

Lernen oder Wissenserwerb umfasst den Erwerb von begrifflichem (deklarativem) Wissen und Fertigkeiten (prozedurales Wissen). Ergebnis des Lernens ist der Erwerb von Expertise in einem Bereich. In der Künstlichen Intelligenz wird versucht, menschliches Wissen in Expertensystemen nutzbar zu machen. Es werden vor allem Probleme bei der Erfassung und Modellierung von Expertenwissen beschrieben sowie der Aufbau von Expertensystemen erläutert (▶ Kap. 15). Anschließend wird im ▶ Kap. 16 auf den Ansatz der Intelligenten Tutorsysteme eingegangen, bei dem Künstliche Intelligenz im Kontext der Bildung eingeführt wird. Sprachverarbeitung ist ein Forschungsgebiet, in dem sich ein kognitionswissenschaftlich orientiertes Zusammenarbeiten verschiedener Disziplinen bereits erfolgreich etabliert hat. Mit diesem Thema befassen sich insbesondere Philosophen, Linguisten, Psychologen und Informatiker. Wir werden uns mit den Problemen der Syntaxanalyse und der Bedeutungsanalyse sprachlicher Ausdrücke befassen (▶ Kap. 17 und 18). Bei der Syntaxanalyse von Sätzen (engl. *parsing*) werden wir auf die formalen Grammatiken zurückgreifen, die in ▶ Kap. 8 eingeführt wurden. Zudem werden wird zeigen, wie *parsing* in Prolog realisiert werden kann. Das Thema Bedeutung führen wir anhand formaler Bedeutungstheorien aus der Philosophie und der mathematischen Logik ein. Hier werden wir zeigen, wie die in ▶ Kap. 5 dargestellte Prädikatenlogik zur formalen Behandlung von Aspekten der Bedeutung sprachlicher Ausdrücke verwendet werden kann. Schließlich werden wir Ansätze zur Modellierung von Wortbedeutungen (Begriffsrepräsentation) und der Bedeutungen komplexerer sprachlicher Ausdrücke vorstellen (▶ Kap. 19). Viele Ansätze zu diesen Themen basieren auf der

Prädikatenlogik. Zudem werden wir auf die in ► Kap. 3 und 4 dargestellten semantischen Netze zurückkommen. Zum Abschluss werden wir uns in ► Kap. 20 mit dem aktuellen Thema der Chatbots und Transformermodelle beschäftigen.

## Inhaltsverzeichnis

# Lernen und Expertise

## Inhaltsverzeichnis




M. Ragni, U. Schmid, *Kognitive Künstliche Intelligenz*, https://doi.org/10.1007/978-3-662-69498-5_15

Menschen erwerben ihr ganzes Leben hindurch ständig neues Wissen und neue Fertigkeiten. Wir erwerben motorische Fertigkeiten wie Laufen oder Fahrradfahren. Wir lernen, Objekte entsprechend ihren Eigenschaften zu klassifizieren, zum Beispiel ordnen wir Tiere, die Fell haben und bellen, der Gattung „Hund" zu. Wir lernen, bestimmte Aufgaben zu bewältigen, wie das Auflösen von Gleichungen mit Unbekannten. In diesen Dingen sind alle Menschen einer Kulturgemeinschaft „Experten". Üblicherweise werden jedoch Personen als Experten bezeichnet, die über spezielles Fachwissen oder spezielle Fertigkeiten verfügen. So ist eine Person, die etwa zum Arzt ausgebildet wurde, Experte in medizinischer Diagnose. Jemand ist ein Programmierexperte, wenn er gelernt hat, in einer Programmiersprache komplexe Algorithmen zu schreiben.

In diesem Kapitel wollen wir uns erstens damit befassen, wie Wissen und Fertigkeiten erworben werden, und zweitens soll dargestellt werden, wie bereichsspezifische Kompetenzen erfasst und modelliert werden können.

## 15.1 Lernen und Wissenserwerb im Überblick

Lernen ist definiert als ein Prozess, bei dem ein System seine Leistung in einer Aufgabe verbessert (z. B. schon Simon 1983). Im Folgenden geben wir ein paar Alltagsbeispiele für die Verbesserung solcher Prozesse:

1. Wenn ein Kind auf eine Herdplatte fasst und sich verbrennt und das danach nie wieder tut, so hat es etwas gelernt.
2. Wenn man einer Person erzählt, dass Brasilien ein Land in Südamerika ist, und sie sich das merkt, so hat diese Person etwas gelernt.
3. Wenn ein Kind Kriterien erwirbt, anhand derer Hunde von Katzen unterschieden werden können, so führt dies dazu, dass es mehr Dinge in seiner Umwelt korrekt klassifizieren kann – das Kind hat etwas gelernt.
4. Wenn ein Schüler das mathematische Wissen erwirbt, wie er Gleichungssysteme mit einer Unbekannten lösen kann, so verbessert er zunehmend seine Fertigkeit in diesem Bereich; somit hat der Schüler etwas gelernt.
5. Wenn ein Student Erfahrung erwirbt, wie er sich sein Lernpensum so einteilt, dass er sich an einem Tag möglichst viel Stoff aneignen kann, so hat er etwas gelernt.
6. Wenn ein Skifahrer lernt, die Skier in den Kurven parallel und geschlossen zu halten, und damit den Übergang vom Grundschwung zum Parallelschwung erreicht, so hat er etwas gelernt.



Die Beispiele zeigen, wie unterschiedlich die Prozesse sind, die wir unter „Lernen" zusammenfassen.

Im ersten Beispiel wird eine **Verhaltensänderung durch operante Konditionierung** (Skinner 1951) dargestellt. Die Modellierung von Lernprozessen als Verknüpfung von Reizen (heiße Herdplatte) und Reaktionen (hier: Unterdrückung des Verhaltens aufgrund von Bestrafung), ist Gegenstand der behavioristischen Lernansätze (Spada et al. 1992). Während man in der Literatur zur Künstlichen Intelligenz fast durchgängig von „Lernen" spricht, werden kognitive Lernprozesse in der Psychologie als **Wissenserwerb** oder „Wissensakquisition" bezeichnet, um sie vom Aufbau einfacher Reiz–Reaktion-Beziehungen abzugrenzen. Um kognitive Lernprozesse (Beispiele 2 bis 5) zu beschreiben, müssen Modellvorstellungen über das Format interner Repräsentationen formuliert werden.

Das zweite Beispiel beschreibt, wie neues **Faktenwissen in das Langzeitgedächtnis eingefügt** wird. Hier ist die Form der **Gedächtnisorganisation** relevant. Es ist unplausibel anzunehmen, dass unser Gedächtnis wie eine Liste organisiert ist, bei der neue Informationen immer hinten oder vorn angefügt werden. Angesichts der Menge von Fakten, die wir im Laufe eines Lebens erwerben, wäre die Chance sehr gering, bei dieser primitiven Gedächtnisorganisation etwas wiederzufinden. In einem Modell zum Erwerb von Faktenwissen muss angegeben werden, wie ein bestimmter Gedächtnisausschnitt organisiert ist, welche Umorganisationen der Wissensstruktur bei neuen Einträgen erfolgt und wie Suchprozesse auf gespeichertem Wissen ablaufen. Anderson (2014) haben den Erwerb von Fakten beispielsweise im Rahmen des Ansatzes der semantischen Netze modelliert.

Das dritte Beispiel beschreibt den Erwerb von Begriffen, das vierte Beispiel den Erwerb von Problemlösefertigkeiten. Im fünften Beispiel wird dargestellt, wie **Metawissen** – Wissen darüber, wie man lernt – erworben wird. Das sechste Beispiel veranschaulicht, wie **motorische Fertigkeiten durch Übung** erworben werden. Im Folgenden werden wir auf den Erwerb von Begriffen (Konzepterwerb) und den Erwerb von Problemlösefertigkeiten genauer eingehen.

Konzeptuelles Wissen und Problemlösefertigkeiten werden üblicherweise mit unterschiedlichen Repräsentationsansätzen modelliert. In Teil I wurden auf Prädikatenlogik basierende Ansätze zur Repräsentation von statischem deklarativen Wissen eingeführt. Wir haben beispielsweise dargestellt, wie Oberbegriff–Unterbegriff-Beziehungen in hierarchischen semantischen Netzen repräsentiert werden können (► Kap. 3). Ein Begriff wurde durch zugehörige Eigenschaften (Merkmale) charakterisiert. In Teil II wurden Produktionssysteme als Ansatz zur Modellierung von prozeduralem Wissen eingeführt. Wir haben beispielsweise dargestellt, wie das Lösungswissen zur Bearbeitung von Blockwelt-Problemen durch Produktionsregeln repräsentiert werden kann (► Kap. 9 und 12). Entsprechend existieren Lernansätze, die **Konzepterwerb als Aufbau von Merkmalsstrukturen** beschreiben, und solche, die den **Erwerb von Problemlösefertigkeiten** (engl. *skill acquisition*) **als Aufbau und Verfeinerung von Produktionsregeln** beschreiben.

Den Bereichen Konzepterwerb und Fertigkeitserwerb ist gemeinsam, dass **Lernen als induktiver Prozess** aufgefasst werden kann. Die logischen Schlüsse (Syllogismen, Resolutionen), die in Teil I eingeführt wurden, sind *deduktive* Prozesse: Aus als wahr vorausgesetztem Wissen werden regelgeleitet neue Wissenselemente erschlossen; bei korrektem Regelapparat sind die gezogenen Schlüsse ebenfalls wahr. Induktives Schließen bedeutet dagegen, dass aus Einzelerfahrungen (Beispielen) verallgemeinert wird. Solche Generalisierungen sind nicht notwendigerweise wahrheitserhaltend. Wenn wir etwa in unserem Heimatort drei Schwäne gesehen haben, die weiße Federn hatten, und dann im Urlaub an einem See in Österreich wieder Schwäne mit weißen Federn gesehen haben und schließlich ein Foto von zwei Schwänen an einem See in Afrika sehen, könnten wir den Schluss ziehen, dass alle Schwäne weiß sind. Da wir aber unsere **Generalisierung** nur auf einige Exemplare aus der Menge aller Schwäne, die es zu allen Zeiten, in allen Ländern (auf allen Planeten, in allen Sonnensystemen) geben kann, gestützt haben, können wir nicht sicher ausschließen, dass es auch Schwäne mit anderen Federfarben gibt. Dennoch sind Generalisierungen sehr sinnvoll: Nur durch die Inferenz allgemeiner Kategorien können wir mit der Komplexität der Welt, die wir täglich wahrnehmen, effizient umgehen (Holland et al. 1986). Sowohl im Bereich Konzepterwerb als auch im Bereich Fertigkeitserwerb handelt es sich um „Lernen aus Beispielen". In der Literatur wird beim Konzepterwerb von ***learning by example*** gesprochen, beim Fertigkeitserwerb von ***learning by doing*** (zum Beispiel Cohen et al. 1982, Kap. 18).

Beim Erlernen eines Konzepts dienen einzelne Repräsentanten, die sich dem Begriff zuordnen lassen, als Beispiele. Das Ziel besteht darin, diejenigen Merkmale (etwa Größe, Form, Farbe) zu identifizieren, die für alle Exemplare eines Konzepts gelten, und gleichzeitig Merkmale zu finden, die Objekte ausschließen, die nicht unter den Begriff fallen. Zum Beispiel kann der Begriff „Hund“ durch Merkmale wie „Fellbedeckung“ und „Lautäußerung in Form von Bellen“ definiert werden. Das Wissen darüber, dass Hunde bellen, hilft dabei, andere Tiere wie z. B. Katzen (die zwar ein Fell haben, aber nicht bellen) aus dem Konzept „Hund“ auszuschließen.

Beim Konzepterwerb unterscheidet man zwischen Situationen, in denen dem Lernenden (Mensch, Algorithmus) Informationen über die Klassenzugehörigkeit (Kategorie) des Beispiels gegeben werden, und solchen, in denen diese Informationen fehlen. Beide Formen des Konzeptlernens kommen im Alltag vor. So sagt eine Mutter (als „Lehrer“) zum Beispiel ihrem Kind beim Spazierengehen häufiger die Kategorie, zu der bestimmte Dinge gehören: „Da läuft eine Katze“, oder das Kind benennt etwas falsch und die Mutter korrigiert: „Nein, das ist eine Katze.“ Lernen *ohne* Lehrer, also ohne Vorgabe der Klassenzugehörigkeit beziehungsweise ohne Rückmeldung von Fehlern, findet immer dann statt, wenn wir Objekte aufgrund wahrgenommener Merkmale zu Klassen zusammenfassen, ohne dass bestimmte Klassen vorgegeben wären. So fassen wir zum Beispiel solche Tiere zu einer Klasse zusammen, bei denen wir über mehrere Exemplare beobachtet haben, dass sie von Menschen im Haus gehalten werden (Haustiere).

Einen in der Künstliche-Intelligenz-Forschung zentralen Ansatz zum Lernen von Konzepten mit Lehrer – den Aufbau von sogenannten Entscheidungsbäumen – haben wir in ► Kap. 13 vorgestellt. Lernen ohne Lehrer, auch *discovery learning* genannt, wird häufig durch Varianten der Clusteranalyse (Eckes und Roßbach 1980) modelliert.

## 15.2 Fertigkeitserwerb

15

In ► Kap. 9 wurde dargestellt, wie Problemlöseprozesse mithilfe von Produktionssystemen modelliert werden können. Das beim Problemlösen erworbene Wissen wird in deklaratives und prozedurales Wissen unterschieden. Prozedurales Wissen (Wissen über das Vorgehen beim Problemlösen) ist dabei überwiegend durch Produktionsregeln repräsentierbar. Im Gegensatz zu deklarativem Wissen ist prozedurales Wissen nicht immer verbal beschreibbar und nicht unbedingt dem bewussten Zugriff zugänglich (Anderson 2013, S. 19 ff.). Prozedurales Wissen ist automatisiertes Wissen. Deutlich wird dies zum Beispiel beim Autofahren. Ein Anfänger kann häufig noch ganz genau sagen, welche Prozeduren er ausführt: „Weil ich in den dritten Gang schalten will, trete ich die Kupplung.“ Ein erfahrener Autofahrer steuert seinen Wagen dagegen häufig, ohne sich überhaupt dessen bewusst zu sein, dass er schaltet, bremst oder beschleunigt. Anderson, dessen ACT-R-Architektur in ► Abschn. 12.5 besprochen wurde, modelliert den Erwerb von Fertigkeiten im Rahmen dieser Architektur als Kompilierung und Feinabstimmung von Produktionsregeln (Anderson 2007a).

Anderson hat schon früh sein Wissenserwerbsmodell für unterschiedliche Lernbereiche wie Geometrie (Anderson et al. 1984a; Mandl et al. 1988, S. 137 ff.), Spracherwerb (Anderson 1996, Kap. 7) und LISP-Programmierung (Anderson et al. 1989) spezifiziert. Wir wollen die von Anderson angegebenen Phasen des Wissenserwerbs an einem Beispiel aus der Schulmathematik – dem Lösen von Gleichungen mit einer Unbekannten – veranschaulichen (Anderson et al. 1990; Sleeman und Brown 1982).

Die erste Phase des Erwerbs von Problemlösefertigkeiten besteht in der **interpretativen Anwendung von deklarativem Wissen**. Beim ersten Kontakt mit einem neuen Problembereich sind noch keine spezialisierten Regeln vorhanden. Ein Anfänger wendet mithilfe sehr allgemeiner Produktionsregeln **deklaratives Wissen** an. Ein Schüler soll beispielsweise bereits über folgende Produktionsregeln verfügen:

$P_1$: WENN das Ziel ist, eine Gleichung gegebener Form zu lösen, und die Gleichung enthält eine Unbekannte $x$, DANN setze als neues Ziel, die Unbekannte $x$ zu isolieren.

$P_2$: WENN das Ziel ist, die Unbekannte einer Gleichung zu isolieren, und es existiert eine Umformungsregel, welche zur linken Seite der Gleichung passt, DANN wende die in der Umformungsregel angegebene Operation auf beide Seiten der Gleichung an.

Dem Schüler sei die Funktionsweise der arithmetischen Operationen Addition, Subtraktion, Multiplikation und Division bereits bekannt. Zudem seien dem Schüler im vorangegangenen Unterricht folgende Umformungsregeln vermittelt worden, die wir hier als Schemata repräsentieren:

| Koeffizientenregel | Summandenregel |
|---|---|
| Voraussetzung: $a \cdot x$; $a \neq 0$ | Voraussetzung: $a + x$ |
| Operation: $/a$ (teile durch $a$) | Operation: $-a$ (subtrahiere $a$) |
| Ergebnis: $x$ | Ergebnis: $x$ |

Verbal vermittelte Informationen werden also zunächst deklarativ, etwa als semantisches Netz oder als Schema, gespeichert. Erhält der Schüler nun die Aufforderung, die Gleichung $2 \cdot x = 8$ zu lösen, so kann er mit dem ihm zur Verfügung stehenden Wissen folgendermaßen vorgehen:

1. Informationen im Arbeitsspeicher: Gleichung $2 \cdot x = 8$.
2. Ziel: Löse Gleichung.
3. Der Bedingungsteil der Regel $P_1$ stimmt mit den Daten im Arbeitsspeicher überein (*matching*), also wird Regel $P_1$ angewendet (*execution*):
4. Informationen im Arbeitsspeicher: Gleichung $2 \cdot x = 8$.
5. Ziel: Isoliere $x$.

Das im Bedingungsteil der Regel $P_2$ angegebene Ziel stimmt mit dem aktuellen Ziel im Arbeitsspeicher überein. Die gegebenen Umformungsregeln werden dahingehend überprüft, ob die dort angegebenen Voraussetzungen mit der linken Seite der zu lösenden Gleichung übereinstimmen. Die in der Koeffizientenregel gegebene Voraussetzung $a \cdot x$ entspricht der Form der linken Seite der Gleichung. Der Parameter $a$ wird durch die Konstante 2 ersetzt (Instantiierung). Regel $P_2$ wird angewendet:

1. Informationen im Arbeitsspeicher: Gleichung $2 \cdot x = 8$.
2. Anwendung der Operation $/2$.

3. Die Anwendung der Operation $/2$ auf beiden Seiten der Gleichung führt zu dem Ergebnis:
4. Informationen im Arbeitsspeicher: $x = 4$.

Es sind keine Regeln mehr anwendbar. Die Lösung der Gleichung kann ausgegeben werden.

Die Lösung von Problemen durch interpretative Anwendung von deklarativem Wissen mit allgemeinen Produktionsregeln dauert lange und ist fehleranfällig. In unserem Beispiel war die potentiell lösungsrelevante deklarative Information auf zwei Umformungsregeln beschränkt. Unter Umständen muss jedoch eine große Zahl deklarativer Informationen durchsucht und im Arbeitsgedächtnis gehalten werden, um ein Problem zu lösen. Wird, wie in unserem Beispiel, deklaratives Wissen erfolgreich zur Problemlösung eingesetzt, beginnt die Phase der **Wissenskompilierung**.

Wissenskompilierung umfasst erstens die **Kombination von Produktionsregeln** zu einer komplexeren Regel. Zum Beispiel können solche Regeln kombiniert werden, bei denen die eine im Aktionsteil ein Ziel setzt, das in der anderen im Bedingungsteil gefordert wird:

$P_i$: WENN Ziel $u$, DANN Ziel $v$.
$P_j$: WENN Ziel $v$, DANN Aktion $w$.
$P_{ij}$: WENN Ziel $u$, DANN Aktion $w$.

In unserem Fall können $P_1$ und $P_2$ kombiniert werden zu

$P_3$: WENN das Ziel ist, eine Gleichung gegebener Form zu lösen, und die Gleichung enthält eine Unbekannte $x$, und es existiert eine Umformungsregel, welche zur linken Seite der Gleichung passt, DANN wende die in der Umformungsregel angegebene Operation auf beide Seiten der Gleichung an.

Im Bedingungsteil von Regel $P_3$ bleiben die Anwendungsbedingungen von Regel $P_1$ und die zweite Bedingung von $P_2$ erhalten. Gelöscht wird das im Aktionsteil von $P_1$ und im Bedingungsteil von $P_2$ vorhandene Ziel. Die Kombination von Produktionsregeln ermöglicht, dass Probleme effizienter gelöst werden können. In unserem Fall entfällt eine Teilzielbildung und es muss nur noch eine statt zweier Produktionsregeln angewendet werden.



Eine zweite Art der Wissenskompilierung ist die **Prozeduralisierung von Wissen**, indem spezialisiertere Regeln erzeugt werden, bei denen deklaratives Wissen fest in die Regeln codiert wird. In unserem Fall kann $P_3$ spezialisiert werden zu

$P_4$: WENN das Ziel ist, eine Gleichung der Form $a \cdot x = b$ zu lösen, DANN wende $/a$ auf beide Seiten der Gleichung an.

Im Schema „Koeffizientenregel" repräsentierte Informationen wurden in Regel $P_3$ integriert. So entstand Regel $P_4$. Dadurch können nun Gleichungen der Form $a \cdot x = b$ gelöst werden, ohne dass auf deklaratives Wissen zurückgegriffen werden muss. Die Lösung von Gleichungen dieser speziellen Form wurde also automatisiert.

Wissenskompilierung modelliert, wie sich ein Anfänger in einem Problembereich zu einem fortgeschrittenen Problemlöser entwickelt. Die Kompilierungsprozesse benötigen jedoch relativ viel Zeit im Lernprozess (Anderson et al. 1981). Kompilierung erfolgt üblicherweise nicht nach einer einmaligen Problembewältigung, wie dem Lösen einer einzigen Gleichung, sondern erst durch die Auseinandersetzung mit vielen Problemen („Übung macht den Meister"). Durch Kompilierung aufgebaute problemspezifische Regeln können durch weitere Problemlöseerfahrungen verfeinert werden. Die **Feinabstimmung** (engl. *tuning*) von Regeln umfasst die Prozesse Generalisierung, Diskrimination und Verstärkung (engl. *strengthening*).

Die **Generalisierung** von Produktionsregeln kann auf zwei Arten erfolgen. Zum einen können Anwendungsbedingungen einer Regel gelöscht werden:

$P_i$: WENN $u$ und $v$, DANN $w$.

$P_j$: WENN $u$ und $y$, DANN $w$.

$P_{ij}$: WENN $u$, DANN $w$.

Zum anderen können Konstanten durch Variablen ersetzt werden. Sind etwa folgende Regeln durch Prozeduralisierung aufgebaut worden:

$P_5$: WENN die Gleichung $2 + x = 6$ gelöst werden soll, DANN wende $-2$ auf beide Seiten der Gleichung an.

$P_6$: WENN die Gleichung $3 + x = 8$ gelöst werden soll, DANN wende $-3$ auf beide Seiten der Gleichung an.

dann kann folgende generalisierte Regel gebildet werden:

$P_7$: WENN eine Gleichung $a + x = b$ gelöst werden soll, DANN wende $-a$ auf beide Seiten der Gleichung an.

Durch zunehmende Erfahrung mit dem Lösen von Gleichungen können weitere generalisierte Regeln aufgebaut werden, die den Umgang mit komplexeren Ausdrücken, zum Beispiel $3 \cdot x + 5 = 2 \cdot (8 - x)$, ermöglichen.

Bei der Generalisierung von Regeln kann es zu sogenannten Übergeneralisierungen kommen. Übergeneralisierungen sind beispielsweise beim Spracherwerb zu beobachten. Wurde etwa gelernt, dass das Partizip für das Verb „kaufen" „gekauft" lautet, so könnte für „laufen" fälschlicherweise das Partizip „gelauft" gebildet werden. Solche übergeneralisierten Regeln können durch **Diskrimination** wieder eingeschränkt werden. Regel-Diskrimination kann dadurch erfolgen, dass die Anwendungsbedingungen der Regel eingeschränkt werden oder die in der Regel angegebenen Aktionen spezifischer formuliert werden.

Produktionsregeln sind in der ACT-R-Architektur von Anderson (► Abschn. 12.5) mit Stärkewerten versehen. Das dritte Prinzip der Regelverfeinerung, die **Verstärkung**, besteht darin, dass dieses Gewicht nach jeder erfolgreichen Regelanwendung erhöht wird. Auf diese Art werden erfolgreiche Regeln mit größerer Wahrscheinlichkeit angewendet.

Die Mechanismen der Regelverfeinerung beschreiben den Weg vom Fortgeschrittenen zum Experten in einem Bereich. Die Regeln werden durch zunehmende Erfahrung mit verschiedenen Problemen eines Bereichs so modifiziert, dass Probleme optimal gelöst werden können. In der folgenden Übersicht sind die Phasen des Wissenserwerbs nach Anderson (1996), im Überblick dargestellt.

**Phasen des Wissenserwerbs nach Anderson**

1. Interpretative Anwendung deklarativen Wissens (Anfänger)
2. Wissenskompilierung: Kombination von Produktionsregeln
   Prozeduralisierung: Integration von deklarativem Wissen in Regeln
3. Regelverfeinerung (Wissensoptimierung):
   Generalisierung: Löschen von Anwendungsbedingungen, Ersetzung von Konstanten durch Variablen
   Diskrimination: Hinzufügen von Anwendungsbedingungen, Spezialisierung von Aktionen
   Verstärkung: Erhöhung des Gewichts einer Regel nach erfolgreicher Anwendung (Experte)

Anderson hat seine ACT-R-Theorie in den letzten Jahren weiterentwickelt und modifiziert. Insbesondere berücksichtigen neuere Arbeiten das **Lernen durch analoges Problemlösen** (Anderson et al. 1989; Anderson 2013). Analoges Problemlösen ist eine Variante des *learning by doing*, bei der zusätzlich zur aktuellen Problemstellung („Zielproblem") ein ähnliches, aber bereits gelöstes Problem („Beispielproblem") zur Verfügung steht. Problemlösen beim Anfänger kann dann dadurch beschrieben werden, dass der Anfänger die Struktur von Beispiel- und Zielproblem vergleicht und die Lösung des Beispielproblems entsprechend auf das Zielproblem überträgt. Neue Produktionsregeln werden dadurch erworben, dass über die Gemeinsamkeiten von Beispiel- und Zielproblem generalisiert wird (Schmid 1994a, 1994b; Schmid und Kaup 1995).

Wurde etwa die Gleichung $2 \cdot x = 8$ bereits durch $x = 8/2$ gelöst und wird ein neues Problem mit $3 \cdot x = 12$ vorgegeben, so können die funktionsgleichen Teilausdrücke beider Gleichungen identifiziert werden und die bereits vorhandene Lösung entsprechend modifiziert werden. In unserem Beispiel ordnen wir der 2 die 3 zu, $x$ sich selbst und der 8 die 12. In der Lösung des alten Problems können wir nun die Teilausdrücke entsprechend ersetzen und erhalten $x = 12/3$. Lernen heißt hier Generalisieren über die Problemstrukturen. Die variablen Teilausdrücke werden durch abstrakte Platzhalter ersetzt, und wir erhalten: „$a \cdot x = b$ wird gelöst durch $x = b/a$." Dieser abstrakte Lösungsansatz entspricht der durch Kompilierung erzeugten Regel $P_4$.



Wissenskompilierung könnte auch mit dem in ► Kap. 13 dargestellten Entscheidungsbaumverfahren modelliert werden: Werden Probleme mithilfe von Produktionsregeln durch Suche im Problemraum gelöst (► Abschn. 9.1), so können die Beschreibungen der Problemzustände (Knoten im Problemraum) als Merkmale und die durchgeführten Operationen (Kanten im Problemraum) als Klassen aufgefasst werden. Der aufgebaute Entscheidungsbaum entspricht dann einer Menge von generalisierten Produktionsregeln.

## 15.3 Struktur und Erfassung von Expertenwissen

Bisher haben wir uns in diesem Kapitel damit beschäftigt, wie der Erwerb von neuem Wissen modelliert werden kann. Der Erwerb von Konzepten kann als Konstruktion von Entscheidungsbäumen modelliert werden; der Erwerb von Problemlösefertigkeiten kann als Aufbau von Produktionsregeln aus deklarativem Wissen beschrieben werden. Hat man sehr viel Wissen in einem Bereich erworben, so ist man ein Experte in diesem Bereich. Experten zeichnen sich aus sowohl durch umfassendes und gut strukturiertes Wissen über bereichsspezifische Fakten und Konzepte als auch dadurch, dass sie Problemstellungen schnell und fehlerfrei bearbeiten können. Um Expertenwissen so zu repräsentieren, dass es für ein Computersystem nutzbar wird, können prinzipiell alle bisher diskutierten Formate der Wissensrepräsentation (▶ Kap. 3) herangezogen werden. Ausführlich besprochen haben wir semantische Netze und Produktionsregeln. Schemata (engl. *frames*) haben wir kurz dargestellt (▶ Abschn. 3.2). Weitere Möglichkeiten der Wissensrepräsentation werden wir im Zusammenhang mit dem Thema Textverstehen in ▶ Kap. 19 besprechen, so etwa Merkmalsansätze und *fuzzy sets*.

Soweit die Ansätze so formal gefasst sind, dass sie als Computermodelle geeignet sind, sind sie letztendlich alle ineinander überführbar (Anderson et al. 1987; Larkin und Simon 1987). Alle Wissensrepräsentationsansätze sind Symbolstrukturen (▶ Kap. 3), und alle Berechnungsmodelle lassen sich als Turing-Maschinen formulieren (▶ Kap. 8). D. h., man könnte sich in der Künstlichen Intelligenz auf ein Repräsentationsformat einigen und dann Wissen generell in diesem Format modellieren. Dies wäre zwar tatsächlich möglich, ist aber nicht sinnvoll. Bestimmte Wissensarten können in verschiedenen Repräsentationsansätzen unterschiedlich einfach und „natürlich" dargestellt werden. Dies kann man sich gut am Vergleich der römischen und arabischen Zahlensysteme veranschaulichen: Die beiden Zahlensysteme sind ineinander überführbar, arithmetische Operationen lassen sich aber wesentlich einfacher im arabischen Zahlensystem ausführen. Vergleicht man semantische Netze und Schemata, die beide insbesondere zur Repräsentation von deklarativem Wissen verwendet werden, so sind semantische Netze besonders gut für die Repräsentation von natürlichsprachig formulierbaren Aussagen und deren Zusammenhängen geeignet (▶ Abschn. 5.3). Schemata betonen dagegen die Struktur von begrifflichem Wissen.

Vergleicht man deklarative Ansätze (wie semantische Netze und Schemata) mit prozeduralen Ansätzen (Produktionsregeln), zeigt sich insbesondere ein Unterschied bezüglich der Flexibilität und Effizienz bei der Anwendung von Wissen (Winograd 1975). Produktionsregeln sind modular gespeichert (▶ Abschn. 12.3), während deklaratives Wissen meist in eine Struktur eingebettet ist. Entsprechend können Produktionsregeln in verschiedenen Kontexten (verschiedenen Zuständen im Arbeitsspeicher) angewendet werden; deklaratives Wissen kann dagegen immer nur im Kontext der Struktur, in die es eingebettet ist, aktiviert werden. Eine Regel zur Addition zweier Zahlen kann beispielsweise sowohl zur Berechnung der monatlichen Ausgaben als auch im Kontext der Berechnung von Mittelwerten angewendet werden.

Auch wenn bestimmte Wissensarten bestimmte Repräsentationsformate nahelegen, ist es nicht immer einfach zu entscheiden, welche Repräsentation die zweckmäßige ist. So kann etwa Wissen darüber, was ein Quadrat ist, völlig unterschiedlich repräsentiert werden. So könnte es beispielsweise durch ein Schema

*quadrat*:
*seiten*: 4
*länge*: *x*
*winkel*: 90°

oder durch eine Produktionsregel

$$\text{WENN } \mathit{seiten}(y) = 4 \text{ und } \mathit{winkel}(y) = 90^\circ, \text{ DANN } \mathit{quadrat}(y)$$

beschrieben werden. Im Grunde entspricht diese Produktionsregel der Konzeptrepräsentation durch Entscheidungsbäume. Wir erinnern uns, dass ein Weg im Entscheidungsbaum einer Klassifikationsregel entspricht. In der obigen Regel entspricht $y$ dem zu klassifizierenden Objekt $(v_i)$, *seiten* entspricht einem Merkmal $x_1$ mit der Ausprägung 4, *winkel* entspricht einem Merkmal $x_2$ mit der Ausprägung 90° und *quadrat* entspricht der Klasse, der $y$ zugeordnet wird.

Das Wissen über das Konzept Quadrat kann aber auch dadurch charakterisiert werden, dass man ein Quadrat zeichnen kann (prozedurale Semantik, ► Kap. 18). Dies ist beispielsweise durch folgende Prozedur in der Programmiersprache Logo (Rumelhart und Norman 1981) möglich:

```
to quadrat :x
repeat 4 [forward :x right 90]
end
```

In Logo erfolgt die Ausgabe über eine sogenannte *turtle* („Schildkröte"), die über den Bildschirm läuft und dabei den gegangenen Weg markiert. Im obigen Beispiel geht die *turtle* um die Länge $x$ nach vorn und dreht sich dann um 90 Grad. Dieser Prozess wird viermal wiederholt (`repeat~4 [\ldots]`).

Diese Beispiele sollten zeigen, dass es zwar für jedes Format der Wissensrepräsentation genaue Festlegungen für den Aufbau von Strukturen gibt, dass es aber nicht eindeutig möglich ist zu entscheiden, welches Repräsentationsformat zur Modellierung von Wissen jeweils das angemessene ist. Wollen wir etwa das Wissen eines Botanikers modellieren, das dieser zur Bestimmung von Pflanzengattungen verwendet, so könnten wir dies über ein hierarchisches semantisches Netz, über eine Schemahierarchie oder über Produktionsregeln realisieren. Haben wir uns aber einmal für ein Format entschieden, so ist dadurch auch schon festgelegt, auf welche Weise wir mit diesem Wissen Aufgaben lösen können, also zum Beispiel die Gattung einer gewissen Pflanze bestimmen. Verwenden wir semantische Netze, so könnten wir zum Beispiel mit Theorembeweisen arbeiten (► Kap. 6); verwenden wir Produktionsregeln, so könnten wir den Inferenzprozess von Produktionssystemen (► Kap. 9) verwenden.



Will man nun das Expertenwissen für ein Computersystem nutzbar machen, so muss man erstens feststellen, über welche Wissensinhalte ein Experte verfügt, und zweitens festlegen, in welchem Format man diese Inhalte repräsentiert. Die Erfassung und Formalisierung von Expertenwissen wird als **Wissensakquisition** bezeichnet. Wissensakquisition ist ein wesentlicher Bestandteil des ***knowledge engineering***. Unter *knowledge engineering* wird der gesamte Bereich der Erstellung von Expertensystemen, von der Erfassung des Expertenwissens bis hin zur Implementation des Systems, verstanden (siehe Meyer-Fujara et al. 1993). Bei der Wissensakquisition bedient man sich der empirischen Methoden der Psychologie (z. B. Gerrig und Zimbardo 2018). Es werden zum Beispiel Interviews mit Experten geführt, bei denen versucht wird, im Dialog zu klären, welche Strategien der Problemlösung angewendet werden oder was die Beweggründe für bestimmte Expertenentscheidungen sind. Eine andere Möglichkeit ist die Erhebung von Protokollen des „lauten Denkens", bei denen der Experte versucht, die Gedanken, die ihm während der Problembearbeitung durch den Kopf gehen, zu verbalisieren. Eine weitere Erhebungsmethode ist die Strukturlegetechnik, bei der einzelne (auf Karteikarten geschriebene) Konzepte vom Experten zu zusammenhängenden Strukturen montiert werden sollen.

Neben den methodischen Problemen, die Befragungsmethoden generell aufweisen (siehe zum Beispiel Sedlmeier und Renkewitz 2018), hat deren Anwendung zur Erfassung von Expertenwissen noch besondere Probleme: Ein erstes Problem ist, dass es gewöhnlich ein sehr langwieriger und intensiver Lernprozess ist, der zum Expertentum führt. Entsprechend ist die Anzahl von Experten in einem Bereich meist gering, sodass sich die Wissensdiagnose häufig auf Einzelbefragungen reduziert. Dies ist insbesondere deshalb problematisch, weil Experten sich in ihren Problemlösestrategien sehr stark unterscheiden (Elstein et al. 1978; Rodenhausen 1995). Die Befragung weniger Experten, die zudem sehr unterschiedliche Herangehensweisen an Probleme haben, kann kaum zu verlässlichen Daten für die Wissensmodellierung führen.

Ein zweites Problem ist, dass Experten ihr Wissen häufig nur schwer verbalisieren können. Gerade die Routinestrategien (Automatismen) (Shiffrin und Schneider 1977), die sie erfolgreich verwenden, sind ihnen kaum bewusst. Entsprechend werden durch die Verwendung von Befragungsmethoden gerade die Wissensstrukturen nicht erfasst, die den Experten auszeichnen. Eine Erklärung für dieses Phänomen gibt Anderson (2007a) in seiner Lerntheorie, nach der hochautomatisiertes Wissen in komplexen Produktionsregeln gespeichert wird, die im Gegensatz zu deklarativ gespeichertem Wissen nicht verbalisierbar sind.

Eine Alternative zur Erfassung von Expertenwissen durch Befragungsmethoden ist der Einsatz von Verfahren des maschinellen Lernens (Selbig und Wysotzki 1987; Müller und Wysotzki 1994). So können zum Beispiel Ärzte gebeten werden, aufgrund vorgegebener diagnostischer Daten über das Vorliegen bzw. Nichtvorliegen einer Krankheit zu entscheiden (siehe schon Kukla 1975; Klix et al. 1974). Diese Methode der Datenerhebung ermöglicht es, dass Experten ihr Wissen in einer natürlichen Situation zur Anwendung bringen; sie treffen lediglich ihre diagnostische Entscheidung, müssen ihren Entscheidungsprozess aber nicht verbalisieren. Solche Daten können mit Entscheidungsbaumverfahren klassifiziert werden. Dabei stellen die diagnostischen Daten die Merkmale dar und die getroffenen Diagnosen die Klassen. Ein einfacher Entscheidungsbaumalgorithmus wie der in ► Abschn. 13.1 vorgestellte ist jedoch für solche Klassifikationsprobleme unzureichend, da sich nicht jeder Arzt bei identischen diagnostischen Daten für die gleiche Krankheit entscheidet. Stattdessen müssen Entscheidungsbaumverfahren eingesetzt werden, die statistische Informationen verarbeiten können (Unger und Wysotzki 1981). Die Konstruktion statistischer Entscheidungsbäume über die diagnostischen Entscheidungen einer Gruppe von Experten ist eine sinnvolle Möglichkeit, die Formulierung von Expertenregeln zu objektivieren.

Eine zweite Möglichkeit, maschinelle Lernverfahren zur Gewinnung von Expertenwissen einzusetzen, wäre, dass man ein Lernsystem in einem Bereich so lange trainiert, bis es Expertentum erreicht hat. Dies ist jedoch nur in sehr eingeschränkten Bereichen möglich. Müller und Wysotzki (1995) zeigen beispielsweise, wie durch *learning by doing* Regeln zur korrekten Steuerung von Nachrichtensatelliten erworben werden können. In weniger spezifischen Bereichen ist ein solches Vorgehen unter anderem aus folgenden Gründen nur schwer möglich: Wie bereits oben angesprochen, ist der Weg zur Expertise ein sehr langwieriger Prozess, der sich beim Menschen über viele Jahre erstreckt. Zudem ist menschliches Expertenwissen stets in den Kontext seines Alltagswissens eingebettet, sodass ein menschlicher Experte in unbekannten Situationen immer auf dieses Alltagswissen zurückgreifen kann.

## 15.4 Architektur von Expertensystemen

Computersysteme, mit denen versucht wird, das Verhalten von Experten zu simulieren, werden allgemein als „Expertensysteme" bezeichnet (Puppe 2013). Expertensysteme sind spezielle **wissensbasierte Systeme**. Computerprogramme, wie etwa ein Programm zur Berechnung von Mittelwerten, verarbeiten üblicherweise Daten (▶ Kap. 7). Operiert ein Computerprogramm dagegen auf in einem Repräsentationsformalismus (▶ Abschn. 6.5) gespeichertem Wissen, so wird es als „wissensbasiertes System" bezeichnet. Das in ▶ Kap. 7 dargestellte Prolog-Programm zum Schlussfolgern über einem hierarchischen semantischen Netz ist also ein wissensbasiertes System.

Allgemein sind Expertensysteme durch zwei Komponenten charakterisierbar:

1. eine **Wissensbasis**, in der das durch Expertenbefragung erfasste oder durch maschinelles Lernen generierte Fachwissen (Fakten, Konzepte, Regeln) repräsentiert ist, und
2. ein **Inferenzmechanismus**, der es ermöglicht, auf Grundlage der Wissensbasis und der aktuell in das System eingegebenen Informationen Schlussfolgerungen zu ziehen oder Problemlösungen zu generieren.

Möglichkeiten zur Wissensrepräsentation haben wir im vorangegangenen Abschnitt beschrieben. Als Beispiele für Inferenzmechanismen haben wir bisher insbesondere den **Theorembeweis** (▶ Kap. 6) und den **Regelauswahlmechanismus** bei Produktionssystemen (▶ Kap. 12) kennengelernt.

Beide Mechanismen werden mit Suchverfahren (▶ Kap. 10) kombiniert. Beim Theorembeweis werden **Suchverfahren** eingesetzt, um die Reihenfolge der Auswahl von Klauseln zu steuern. Im Prolog-Interpreter wird die Durchführung von Resolutionsbeweisen durch Tiefensuche gesteuert. Die Auswahl von Regeln für Problemlöseprozesse kann durch heuristische Suchverfahren (*hill climbing*, *branch-and-bound*) erfolgen. Bei rückwärtsverketteten Ansätzen, wie etwa bei der Mittel–Ziel-Analyse, kann die Suche beispielsweise über **UND–ODER-Bäume** gesteuert werden. Als weitere Möglichkeit beim Problemlösen haben wir die **Einschränkungserfüllung** (▶ Abschn. 11.2) kennengelernt. Auch hier wird die Reihenfolge bei der schrittweisen Eingrenzung der Problemlösung durch Suchverfahren gesteuert. Im Bereich der Expertensysteme können alle diese Verfahren eingesetzt werden. Zusätzlich werden weitere, nicht von uns eingeführte Inferenzmethoden, insbesondere das **probabilistische Schließen** sowie das **nichtmonotone Schließen**, eingesetzt (Lusti 1990, Kap. 15 und 16). Ein derzeit aktueller Ansatz ist das **fallbasierte Schließen** (engl. *case-based reasoning*) (zum Beispiel Riesbeck und Schank 2013).



### Spezielle Inferenzmechanismen

Beim **probabilistischen Schließen** werden Regeln zusätzlich mit Wahrscheinlichkeitsschätzungen versehen. Die Wahrscheinlichkeitsschätzungen können als Bewertung (▶ Abschn. 11.1) der Regeln betrachtet werden und damit zur Steuerung der Regelauswahl angewendet werden. Grundlage für die Verrechnung von Wahrscheinlichkeiten ist der **Satz von Bayes** (zum Beispiel Tanimoto 1990, Kap. 7): Für Regeln der Form

WENN Daten $D$, DANN Hypothese $H$

wird die bedingte Wahrscheinlichkeit $p(H \mid D)$ berechnet. Die bedingte Wahrscheinlichkeit gibt an, wie wahrscheinlich es ist, dass eine Hypothese $H$ bei gegebenen Daten $D$ gilt. Sie wird aufgrund der A-priori-Wahrscheinlichkeiten $p(H)$ und $p(D)$ sowie der bedingten Wahrscheinlichkeiten von Daten bei Vorliegen einer bestimmten Hypothese berechnet. Eine A-priori-Wahrscheinlichkeit bildet ab, wie wahrscheinlich ein bestimmtes Ereignis an sich ist.

Nehmen wir an, wir wollen aufgrund von Halsschmerzen, also den beobachteten Daten $D$, darauf schließen, dass die Krankheit Grippe, also die Hypothese $H$, vorliegt. Sowohl Grippe als auch Halsschmerzen sind eher wahrscheinliche Ereignisse z. B. im Vergleich zu Sehstörungen (als Beobachtung) und Malaria (als Hypothese). Sei etwa die A-priori-Wahrscheinlichkeit von Halsschmerzen gleich 0,4 und die A-priori-Wahrscheinlichkeit von Grippe gleich 0,3. Die Wahrscheinlichkeit, dass jemand, der Grippe hat, Halsschmerzen hat ($p(D \mid H)$), sei 0,6. Also errechnet sich die Wahrscheinlichkeit für die Regel „WENN *Halsschmerzen*, DANN *Grippe*“ durch den Satz von Bayes

$$p(H \mid D) = \frac{p(D \mid H) \cdot p(H)}{p(D)}.$$

So kann bei den gegebenen Daten mit einer Wahrscheinlichkeit von 0,45 bei Vorliegen von Halsschmerzen auf die Hypothese Grippe geschlossen werden.

Logische Schlussfolgerungen, wie sie etwa mit der Methode des Theorembeweisens gezogen werden, sind **monoton**: Bereits gezogene Schlussfolgerungen bleiben von neuen Schlussfolgerungen unbeeinflusst. Alltägliches Schließen ist jedoch häufig nichtmonoton: Bereits gezogene Schlüsse können revidiert werden. Wenn wir etwa aus der Information „Hans hat eine heisere Stimme“ folgern: „Hans ist erkältet“, so werden wir diesen Schluss revidieren, wenn Hans erzählt, dass er am Abend zuvor auf einem Rockkonzert war und viel geraucht und getrunken hat.

Ein bekannter Ansatz zum nichtmonotonen Schließen ist die **Default-Logik** (Reiter 1980). Das Schema für Schlussfolgerungen in der Default-Logik ist:

$$\frac{A : B}{C}.$$

Diese Regel kann gelesen werden als: „Wenn die Vorbedingung $A$ ableitbar ist und eine weitere Annahme B konsistent mit dem bisherigen Wissen ist, dann schließe auf die Konsequenz $C$.“ Der Schluss auf die Gültigkeit einer Aussage daraus, dass ihre Ungültigkeit nicht gezeigt werden kann, basiert auf der sogenannten ***closed-world assumption*** (Owsnicki-Klewe 1993). Diese besagt, dass etwas, das in einem System nicht gezeigt werden kann, als ungültig angenommen werden kann. Entsprechend gilt für die Betrachtung negierter Aussagen, dass, wenn in einem System nicht gezeigt werden kann, dass etwas *nicht* gilt, angenommen werden kann, dass es gültig ist.

Wenden wir die Default-Regel auf ein Beispiel an: Wenn abgeleitet werden kann, dass $x$ ein Vogel ist, und nicht abgeleitet werden kann, dass $\neg \mathit{fliegt}(x)$ gilt, dann kann ich folgern, dass $\mathit{fliegt}(x)$ gilt. Nehmen wir an, dass wir diese Regel auf den Kanarienvogel

Hansi anwenden:

$$\frac{vogel(hansi) : fliegt(hansi)}{fliegt(hansi)}.$$

Wenn ich zeigen kann, dass Hansi ein Vogel ist, zum Beispiel durch das Hintergrundwissen

$$kanarienvogel(hansi),$$
$$kanarienvogel(x) \rightarrow vogel(x),$$

und ich keine Informationen habe, aus denen ich $\neg fliegt(hansi)$ ableiten kann, dann kann ich folgern, dass Hansi fliegt. Wenden wir die Regel hingegen auf den Pinguin Tobi an, bei Vorliegen von folgendem Hintergrundwissen:

$$pinguin(tobi),$$
$$pinguin(x) \rightarrow vogel(x),$$
$$pinguin(x) \rightarrow \neg fliegt(x),$$

so wird der Schluss der Default-Regel „Alle Vögel fliegen" blockiert, da aus dem Hintergrundwissen die Aussage $\neg fliegt(tobi)$ abgeleitet werden kann.

Wissensbasis und Inferenzmechanismus eines Expertensystems müssen natürlich aufeinander abgestimmt sein. Um die Default-Logik anwenden zu können, muss die Wissensbasis prädikatenlogisch repräsentiert sein. Probabilistisches Schließen kann gut mit Produktionsregeln kombiniert werden. Beim **fallbasierten Schließen** (Riesbeck und Schank 2013), auf das wir hier nicht genauer eingehen, besteht die Wissensbasis aus einer Menge oder Hierarchie von Beispielen aus einem Bereich, die üblicherweise als Schemata repräsentiert werden. Wird das System mit einem Problem konfrontiert, so sucht es in der Wissensbasis nach einem möglichst ähnlichen Beispiel und entwickelt von diesem ausgehend einen Lösungsvorschlag.

## Beispiele für Expertensysteme



Da Expertensysteme dazu entwickelt wurden und werden, hochspezialisiertes Wissen von Experten auf einem Rechner abzubilden und für andere Anwender nutzbar zu machen, werden sie vor allem für komplexe Systeme verwendet.

Ein solches Expertensystem ist MYCIN (Shortliffe 1976), das zur Diagnose und Therapie von bakteriellen Infektionen entwickelt wurde. Die Wissensbasis von MYCIN besteht aus etwa 450 Produktionsregeln, die mit „Sicherheitswerten" versehen sind. Ein Sicherheitswert ist ein numerischer Wert, der angibt, wie sicher das System in Bezug auf eine bestimmte Schlussfolgerung ist. Ein Beispiel für eine solche Produktionsregel ist (nach Barr et al. 1981, S. 187):

> IF the infection is primary-bacteremia and the site of the culture is one of the sterile sites and the suspected portal of entry of the organism is the gastrointestinal tract, THEN there is suggestive evidence (0.7) that the identity of the organism is bacteroides.

Die Sicherheitswerte wurden durch Expertenurteile erhoben. Sie ermöglichen es, für jede inferierte Diagnose einen Konfidenzwert auf einer Skala von $-1$ bis $+1$ zu errechnen.

Der verwendete Schlussmechanismus basiert also nicht auf Wahrscheinlichkeiten (die zwischen 0 und 1 liegen), wie beim probabilistischen Schließen. Doch wie beim probabilistischen Schließen werden bei MYCIN an Regeln gebundene Werte verrechnet. Die Ausprägung dieser Werte bestimmt dann die weitere Regelauswahl.

Der Nutzer des Systems wird in einem interaktiven Dialog nach den Patientendaten gefragt, die er erhoben hat. Für jedes diagnostische Datum wird ein Sicherheitswert erfragt. Die diagnostischen Daten zusammen mit ihren Sicherheitswerten bilden die Grundlage für die Krankheitsdiagnose, die MYCIN durch Anwendung der Produktionsregeln inferiert. Der Inferenzprozess basiert auf einer „rückwärtsgerichteten" Regelanwendung (*backward chaining*; ▶ Kap. 12). Ein System, das das Ziel hat festzustellen, ob eine bakterielle Infektion vorliegt, aktiviert zunächst alle Regeln, die in ihrem DANN-Teil auf das Vorliegen einer bakteriellen Infektion („identity of the organism is bacteroides") schließen lassen. Im nächsten Schritt wird geprüft, ob Hinweise für die im WENN-Teil genannten Prämissen vorliegen. Ist der Status einer Prämisse unbekannt, so wird die entsprechende Information vom Systemanwender erfragt (zum Beispiel „Is the infection primary-bacteremia?"). Die Gesamtsicherheit einer Diagnose wird dann aus den Sicherheitswerten der vorliegenden diagnostischen Daten und den in den Regeln vorgegebenen Werten berechnet.

Weitere Expertensysteme lassen sich unter anderem im Bereich der Energieversorgung und der Logistik finden. So wird im Energiesektor ein Expertensystem verwendet, welches mithilfe eines neuronalen Netzes, das auf numerische Wettermodelle trainiert wurde, die Auslastung des Stromnetzes durch Windenergie vorhersagt. Das sogenannte Wind Power Management System (WPMS) übernimmt dabei Aufgaben in der Fehlerdiagnose, der Behandlung von Alarmen und in der Netzbetriebsunterstützung (Styczynski et al. 2017).

Eine Erweiterung der Expertensysteme stellen die sogenannten *belief rule–based expert systems* (BRBES) dar. Diese arbeiten mit einer Kombination aus *belief rules* („Glaubensregeln"), welche die Wissensbasis darstellen, und *evidential reasoning* („Beweisführung"), das als Inferenzmechanismus dient. Im Gegensatz zu traditionellen Regeln in Expertensystemen („WENN $A$, DANN $B$") können *belief rules* komplexe und nichtlineare kausale Zusammenhänge abbilden. Ein Beispiel für eine solche Regel wäre:

> WENN das Fieber hoch ist UND die Halsschmerzen schwach sind UND
> die Kopfschmerzen mittelstark sind, DANN ist die Aussicht auf Grippe
> (Sehr hoch, 0,37), (Hoch, 0,3), (Mittel, 0,18), (Niedrig, 0,15).

Ergibt die Summe der Glaubensgrade 1, wie hier, handelt es sich um eine „vollständige" Regel, andernfalls um eine „unvollständige". Der Anteil des *evidential reasoning* besteht nachfolgend aus vier Schritten: (i) Eingabetransformation, (ii) Berechnung der Aktivationsgewichte der Regeln, (iii) Aktualisierung der Glaubensgrade, (iv) Regelaggregation. Anschließend liegt das berechnete Ergebnis, in Abhängigkeit von den Eingabedaten, in Fuzzy-Form (▶ Kap. 19) vor.

Der große Vorteil der BRBES liegt darin, dass die Eingabedaten Lücken und Ungenauigkeiten aufweisen können und trotzdem ein adäquates Ergebnis berechnet werden kann. Die Anwendungsmöglichkeiten dieser Architektur sind breit gefächert. So wurde zum Beispiel ein Expertensystem entwickelt, welches aufgrund von hämatologischen Daten und Lungen-CT-Scans Diagnosen zu Covid-19 stellen kann (Shafkat Raihan et al. 2021). In einer anderen wissenschaftlichen Arbeit wurde ein System zur Vorhersage des

Aktienkurses einer schwedischen Firma entwickelt (Hossain et al. 2022). Im Bereich des Katastrophenschutzes wurde mithilfe dieser Architektur ein System dafür entwickelt, Gefahren durch Fluten vorherzusagen (Manimaran 2021). Bei allen drei Beispielen stellte sich auch heraus, dass das jeweilige *belief rule–based expert system* besser abschnitt als Ansätze mit maschinellem Lernen.

### Anwendungsbereiche für Expertensysteme

Eine Anwendungsmöglichkeit von Expertensystemen ist der Bereich **Diagnose**. Dabei ist die Anwendung nicht auf medizinische Diagnosen beschränkt. Ein anderer diagnostischer Bereich ist etwa die Identifikation von Ursachen für Funktionsstörungen bei Fahrzeugen. Expertensysteme zur Diagnose werden häufig als sogenannte **Entscheidungsunterstützungssysteme** eingesetzt. MYCIN kann einen Arzt bei seinem diagnostischen Entscheidungsprozess dahingehend unterstützen, dass es aus einer Fülle diagnostischer Daten die wahrscheinlichsten Diagnosen vorschlägt. Die eigentliche Entscheidung bleibt jedoch dem Arzt überlassen.

Ein weiteres Anwendungsgebiet von Expertensystemen ist die **Konfiguration**: Expertensysteme können bei der sinnvollen Zusammenstellung von Rechnerkomponenten (Bildschirm, Tastatur, Drucker) oder auch bei der Auswahl und Anordnung von Mobiliar und Maschinen (Schreibtisch, Telefon, Faxgerät) für die Einrichtung eines Büros unterstützen. Auch **intelligente tutorielle Systeme** (Kunz und Schott 1987) können als Expertensysteme bezeichnet werden (▶ Kap. 16).

Expertensysteme sind ein Anwendungsbereich der Kognitionswissenschaft, bei dem Grundlagentechniken der Wissensrepräsentation und der Inferenz in klar umrissenen Bereichen eingesetzt werden. In den 1980er-Jahren wurden die Arbeiten zu Expertensystemen sehr optimistisch bewertet. Es schien sich abzuzeichnen, dass die Künstliche Intelligenz in diesem Bereich ihre Methoden zur Anwendungsreife gebracht hat. Auch wenn einige Expertensysteme tatsächlich in der Anwendung Einsatz gefunden haben, hat sich der Optimismus inzwischen doch gelegt. Wie so oft in der Künstlichen Intelligenz ist der Übergang von Spielproblemen zu realen Problemen nur schwierig zu vollziehen. Systeme zu entwickeln, die an Umfang und Qualität des Wissens eines Experten sowie an die Effizienz seiner Schlussfolgerungs- und Problemlösemechanismen heranreichen, ist nach wie vor nur in sehr begrenztem Umfang möglich.



## 15.5 Zur Vertiefung

#### Sammlung von Originalarbeiten zum Thema Lernen

- Ein Klassiker des maschinellen Lernens: Michalski, R., Carbonell, J., und Mitchell, T. (2014). *Machine Learning: An Artificial Intelligence Approach (Volume I)*. Morgan Kaufmann and Safari, 1. Auflage.

#### Fertigkeitserwerb

- In diesem klassischen Buch argumentiert Anderson für die Bedeutung von Produktionsregeln: Anderson, J. R. (2013). *Rules of the Mind*. Psychology Press, New York.

#### Expertensysteme

Der Begriff der Expertensysteme ist heute durch den Begriff der wissensbasierten Systeme (*knowledge-based systems*) abgelöst. Die klassischen Ansätze und Prinzipien wurden dabei nur leicht angepasst:

- Beierle, C. und Kern-Isberner, G. (2019). Regelbasierte Systeme. *Methoden wissensbasierter Systeme: Grundlagen, Algorithmen, Anwendungen.*
- Dieses klassische Buch zeigt alle wesentlichen Prinzipien von wissensbasierten Ansätzen auf: Lucas, P. J. F. und Van Der Gaag, L. C. (1991). *Principles of expert systems.* Addison Wesley.

# Intelligente Tutorsysteme

Inhaltsverzeichnis




M. Ragni, U. Schmid, *Kognitive Künstliche Intelligenz*, https://doi.org/10.1007/978-3-662-69498-5_16

Intelligente Tutorsysteme (ITS) sind ein Forschungsgebiet der Künstlichen Intelligenz mit dem Fokus auf der Entwicklung von intelligenten Lehr–Lern-Systemen. Der Fokus liegt dabei überwiegend auf den kognitiven Aspekten der Wissensvermittlung. Das Thema KI in der Bildung hat insbesondere durch die Entwicklungen im Bereich großer Sprachmodelle wieder verstärkt an Aufmerksamkeit gewonnen. Auch Methoden des maschinellen Lernens werden zunehmend für den Bereich Bildung erschlossen, beispielsweise für Unterrichtsmanagement-Systeme, die Lehrkräfte unterstützen, sowie für Learning Analytics, bei denen Leistungen von Lernenden analysiert und teilweise auch vorhergesagt werden sollen. Entsprechend werden aktuell Ansätze entwickelt, bei denen die klassischen Methoden von ITS mit Sprachmodellen sowie datenbasierten Modellen kombiniert werden. Im Folgenden werden zunächst die Grundlagen von ITS eingeführt. Nachfolgend wird das Thema KI in der Bildung breiter betrachtet und auf neuere Entwicklungen eingegangen.

## 16.1 Design Intelligenter Tutorsysteme

Einen Großteil unseres Wissens und unserer Kompetenzen erwerben wir durch Vermittlung – zunächst von familiären Bezugspersonen, später auch durch Lehrkräfte. Eine gute Lehrkraft zeichnet sich dadurch aus, dass sie (1) ihr Fach beherrscht, (2) in der Lage ist, den Kenntnisstand von Lernenden einzuschätzen, und (3) fähig ist, Inhalte geeignet didaktisch aufzubereiten und hilfreiche sowie motivierende Rückmeldungen zu geben. In der KI-Forschung wird die Vermittlung von Wissen und Fertigkeiten im Forschungsgebiet Intelligente Tutorsysteme (ITS) behandelt. Das Thema entstand ab Ende der 1970er-Jahren als Seitenlinie zur Forschung im Bereich Expertensysteme mit dem Ziel, die Expertise menschlicher Lehrkräfte in KI-Systemen umzusetzen (Psotka et al. 1988).

Ein ITS ist entsprechend ein spezielles Computerprogramm, das schülerspezifisch Wissen in einem bestimmten Wissensgebiet vermittelt. Hierzu werden bereichsspezifische Kompetenzen (Domänenwissen) und spezielle didaktische Strategien integriert. Aufgaben werden in Abhängigkeit vom Kenntnisstand des Schülers angeboten. Das bereichsspezifische Wissen zusammen mit den Annahmen über den Aufbau von neuen Wissensstrukturen ermöglicht es, differenziert auf Fehler bei der Aufgabenlösung zu reagieren. Intelligente Tutorsysteme können helfen, Unterricht zu individualisieren, oder die Möglichkeit bieten, Lerninhalte zu vermitteln, wenn dies nicht durch menschliche Lehrkräfte getan werden kann. Sie sind allerdings immer als Ergänzung und nicht als Ersatz für menschliche Lehrkräfte zu verstehen, da Tutorsysteme vor allem die kognitiven, weniger die sozialen Aspekte des Lerngeschehens adressieren. Zu den frühen ITS gehören beispielsweise von J. R. Anderson, dem Autor von ACT-R (▶ Kap. 12), entwickelte Systeme für die Bereiche Geometrie, LISP und Schulmathematik (Anderson et al. 1990).



**Hintergrund: Lernparadigmen**

In Psychologie und Pädagogik werden drei Lernparadigmen unterschieden (Baumgartner und Payr 1992): (1) Lernen wird im *Behaviorismus* als Verbindung von Reizen mit den richtigen Reaktionen aufgefasst. Die Verarbeitung der Informationen wird dabei ausgeklammert und als Blackbox betrachtet. Methoden zum Erwerb neuer Fertigkeiten basieren auf dem Prinzip des Lernens durch Verstärkung mithilfe von positivem (oder negativem) Feedback. (2) Lernen im *Kognitivismus* basiert auf dem Informationsverarbeitungsparadigma. Lehren wird hier verstanden als Unterstützung des Aufbaus neuer Wissensstrukturen und Problemlösefertigkeiten durch *learning by doing*. (3) Lernen im Paradigma des *Konstruktivismus* beruht auf der Grundannahme, dass Lernende persönliche Interpretationen der Welt aufbauen, die auf individuellen Erfahrungen und Interaktionen beruhen. Lehren basiert dabei auf der Bereitstellung von Erfahrungen für den Lernenden, damit relevante Zusammenhänge im Kontext identifiziert werden können.

## Aufbau von ITS

Die ersten ITS waren vor allem am Paradigma des Kognitivismus (siehe Hintergrund) orientiert und haben frühere, auf behavioristischen Drill-and-Test-Methoden basierende Systeme abgelöst. Die zentralen Komponenten von ITS sind (Shute und Zapata-Rivera 2010) (◘ Abb. 16.1):

- das **Domänen- oder Expertenmodul**, in dem Wissen über den zu vermittelnden Lerngegenstand repräsentiert ist;
- das **Lernenden- oder Schülermodul**, in dem einerseits Information über den Lernverlauf und andererseits aktuelle, diagnostisch relevante Information über den Lernenden bezogen auf die aktuelle Aufgabe repräsentiert ist;
- das **didaktische oder pädagogische Modul**, in dem fachspezifische und allgemeine Prinzipien zur Wissensvermittlung umgesetzt werden;
- dazu kommt eine Schnittstelle, über die Lernende mit dem ITS kommunizieren.

**Domänenmodul** Das Wissen, das notwendig ist, um Aufgabenstellungen in einem bestimmten Bereich zu lösen, wird im Domänenmodul als Experten- oder Domänenmodell abgebildet. Im Idealfall kann das Domänenmodell für alle Aufgaben, die an Lernende gestellt werden können, die korrekte Lösung inferieren. Das Domänenmodell ist also ein Expertensystem. Wissensgegenstände können dabei überwiegend deklarativ oder überwiegend prozedural repräsentiert sein. Im ersteren Fall (deklaratives Wissen) können das Themen aus Fächern wie Geografie oder Geschichte sein, bei denen es vor allem um Faktenwissen geht. Im Gegensatz zu Drill-and-Test-Ansätzen wird hier aber davon ausgegangen, dass die Fakten in einen größeren Wissenskontext eingebunden sind. Hier werden typische Ansätze der Wissensrepräsentation genutzt, etwa semantische Netze (► Kap. 3). Im letzteren Fall (prozedurales Wissen) liegt der Fokus auf dem Lösen von konkreten Aufgaben, beispielsweise aus der Mathematik, Informatik oder Physik. Dabei wird das notwendige Wissen häufig in Form von Regeln oder Constraints repräsentiert. Zudem

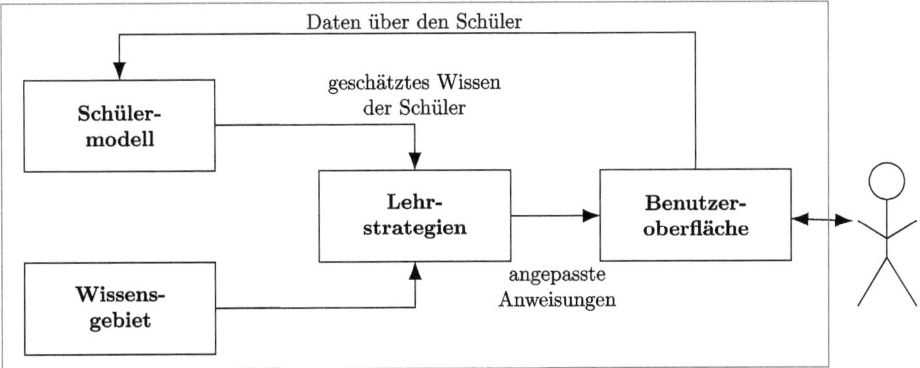


◘ **Abb. 16.1** Komponenten eines ITS (Morales-Rodríguez et al. 2012)

bieten sich für manche Wissensbereiche auch qualitative oder quantitative Simulationen an. Simulationen nutzt man vor allem in komplexen Bereichen wie dem Steuern eines Flugzeugs bei unterschiedlichen Wetterbedingungen oder der Operation an einem bestimmten Organ. Auch im Bereich Physik werden oft Simulationen genutzt, etwa um die Beziehung von Stromfluss, Stromstärke und Widerstand im Kontext verschiedener elektronischer Schaltungen abzubilden.

**Lernendenmodul** Im Lernendenmodul wird versucht, folgende Aspekte zu erfassen:

- Was weiß der/die Lernende? (*wissen, dass*)
- Was kann der/die Lernende? (*wissen, wie*)
- Was hat der/die Lernende bis jetzt gemacht? (Lerngeschichte)
- Teilweise auch, ob der/die Lernende bestimmte Lernmodalitäten präferiert (Lerntyp)

Je nach Art des zu vermittelnden Wissens bieten sich verschiedene Umsetzungen von Lernendenmodellen an. Üblicherweise achtet man auf ein gutes Zusammenspiel von Domänenmodell und Lernendenmodell. Wenn deklarative Wissensinhalte vermittelt werden sollen, die im Domänenmodell als semantisches Netz repräsentiert sind, werden oft sogenannte **Overlay-Modelle** verwendet, um das Lernendenwissen abzubilden (siehe z. B. Carr und Goldstein 1977). Hier wird davon ausgegangen, dass fehlerhafte Antworten auf nichtvorhandenes Wissen zurückzuführen sind. Im Overlay-Modell wird markiert, welche Knoten und Kanten bereits abgefragt und welche davon korrekt bzw. inkorrekt beantwortet wurden. Die fehlerhaften Antworten liefern Informationen für das didaktische Modul. Beispielsweise nutzt SCHOLAR, das erste dokumentierte ITS, zur Vermittlung von Wissen über die Geografie Südamerikas ein Overlay-Modell (Carbonell 1970b).

Werden prozedurale Wissensinhalte vermittelt, wird das Domänenmodell häufig über Produktionsregeln umgesetzt (► Kap. 12). Fehler bei solchen prozeduralen Lernbereichen beruhen meist nicht auf fehlenden Wissensinhalten, sondern auf Fehlkonzepten. Diese werden für das Lernendenmodell in Form von **Fehlerbibliotheken** repräsentiert, die aus einer Sammlung typischer Fehler und Missverständnisse beim Lösen von Aufgaben bestehen. Zur Fehlerdiagnose wird versucht, die von einem Lernenden gegebene Antwort über eine Folge von Anwendungen von Produktionsregeln zu konstruieren. Enthält die Regelkette auch Regeln aus der Fehlerbibliothek, geben diese Regeln die relevante diagnostische Information für das didaktische Modul. Die empirische Erhebung solcher typischer Fehler ist in vielen Bereichen sehr aufwendig. Intelligente Tutorsysteme, die Fehlerbibliotheken nutzen, sind beispielsweise der LISP-Tutor von Anderson (Anderson et al. 1989) oder der Subtraktionstutor BUGGY (Burton und Brown 1979).



Alternativ zu speziellen Lernendenmodellen werden auch diagnostische Wissensmodelle genutzt, die andere Methoden der KI benutzen, beispielsweise fallbasierte Diagnosen oder gelernte Modelle.

**Didaktisches Modul und Schnittstelle** Welche Inhalte in welcher Abfolge und gegebenenfalls in welchen Modalitäten vermittelt werden, wird im didaktischen Modul festgelegt. Meist ist hier ein Curriculum von Themen sowie dazugehörigen Aufgaben abgebildet. Je nach Information aus dem Lernendenmodell können Inhalte und Aufgaben flexibel ausgewählt werden. Zudem enthält die didaktische Komponente Methoden zur Rückmeldung von Erfolg oder Fehlern. Neben direkten Rückmeldungen kann Feedback auch in Form von Hinweisen gegeben werden. Beispielsweise kann bei fehlerhaften Angaben zur Frage nach einem geografischen Wissensinhalt ein Hinweis in Form eines sokratischen

Dialogs gegeben werden (Clancey 1986; Alshaikh et al. 2020). Bei fehlerhaften Lösungen für eine Rechenaufgabe oder eine Programmieraufgabe kann ein strukturanaloges Beispiel als Hilfe gegeben werden (Zeller und Schmid 2016).

Eine möglichst natürliche Kommunikation zwischen Lernenden und ITS ist hilfreich, um den Lernprozess sinnvoll zu begleiten. Entsprechend hohe Anforderungen bestehen für die Schnittstelle, insbesondere wenn natürlichsprachige Dialoge umgesetzt werden sollen (Graesser et al. 2004). Aktuell werden auf großen Sprachmodellen wie ChatGPT basierende Modelle für ITS erschlossen, beispielsweise zum Lösen von mathematischen Textaufgaben (Arnau-González et al. 2023).

## Bewertung von ITS

Intelligente Tutorsysteme haben das Ziel, individuelles Lernen zu fördern. Das Forschungsgebiet bringt Methoden der KI mit psychologischen und pädagogischen Theorien und empirischen Erkenntnissen zusammen. Im Gegensatz zu behavioristischen Ansätzen liegt der Fokus auf dem Verständnis von Konzepten im Zusammenhang und der Entwicklung übertragbarer Problemlösefähigkeiten. Teilweise wird in der pädagogischen Literatur ein starker Kontrast zwischen kognitiven und konstruktiven Ansätzen der Wissensvermittlung festgestellt. Dieser Kontrast ist bei ITS allerdings kaum gegeben, da die Vermittlung von Wissen üblicherweise im Kontext spezifischer Problemstellungen stattfindet. Im Folgenden werden exemplarisch ITS für spezifische Lernbereiche vorgestellt.

## Vermittlung von deklarativem Wissen am Beispiel des ITS Scholar

Das erste publizierte ITS ist der Geografie-Tutor SCHOLAR von Carbonell (1970a), der Wissen über die Geografie Südamerikas vermittelt. Der Fokus liegt also auf deklarativem Wissen. Das Domänenmodell ist als hierarchisches semantisches Netz modelliert, das Lernendenmodell als Overlay-Modell umgesetzt. Der Aufbau von SCHOLAR ist schematisch in ◘ Abb. 16.2 dargestellt. Durch Rückgriff auf das semantische Netz ist ein eingeschränkter natürlichsprachiger Dialog möglich. So könnte SCHOLAR etwa nach der Einwohnerzahl von Brasilien fragen. Weicht die Antwort des Schülers stark von der tatsächlichen Einwohnerzahl nach unten ab, kann das Tutorsystem ein Land in Südamerika auswählen, dessen Einwohnerzahl der vom Schüler gemachten Angabe am nächsten kommt, dieses vermitteln und dann den Schüler fragen, ob Brasilien mehr oder weniger Einwohner als dieses Land hat.

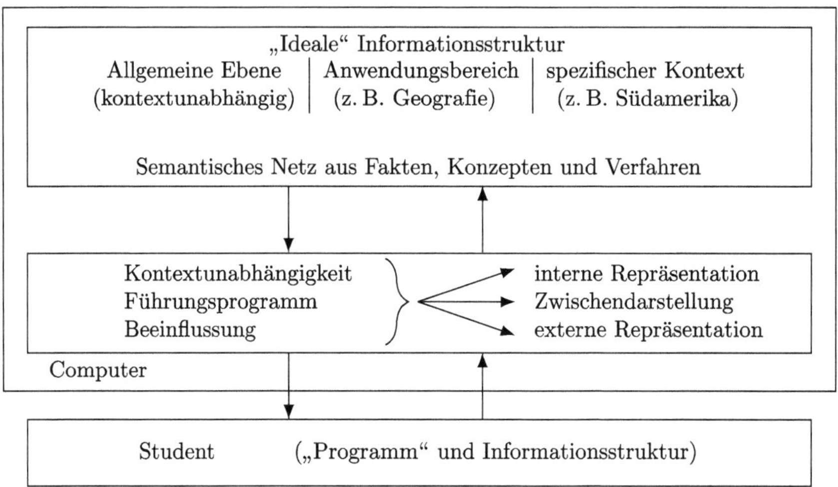


**Abb. 16.2** Allgemeine Struktur von SCHOLAR

Originalbeispiel aus Carbonell (1970b):

**Beispiel Scholar**

What is Chile?

*A country.*

That's fine. Select an alternative from the list:

214000 & 800300 & 49883 & 63690

for the question: Approx what is the area of Chile?

*800300*

Your answer is incorrect. The correct answer is: 214000. The population in Chile is approx 8500000 people. True or false?

*True.*

You are correct. Use one of the following:

Sucre & French & Argentina & Spanish

to answer the question: What is the language in Chile?

You are taking too much time …

*Spanich.*

You should have written "Spanish". Very good. The capital in Chile is Santiago. Correct or incorrect?

*Correct.*

That's right.

16

## Vermittlung von prozeduralem Wissen am Beispiel von ITS zur schriftlichen Subtraktion

Eines der ersten ITS zur Vermittlung von prozeduralem Wissen war das System BUGGY für die schriftliche Subtraktion (Brown und Burton 1978). BUGGY basiert auf einer Menge hierarchisch miteinander verknüpfter Produktionsregeln, die einen speziellen Algorithmus zur schriftlichen Subtraktion umsetzen. Für jede Regel werden eine oder mehrere fehlerhafte alternative Regeln angegeben. Eine umfangreiche empirische Analyse von fehlerhaften Lösungen wurde von Young und O'Shea (1981) präsentiert. Die meisten Fehler basieren auf einem Fehlverständnis der Regeln für die Subtraktion einer größeren von einer kleineren Ziffer (◘ Abb. 16.3).

In einem aktuelleren Ansatz zeigen Zeller und Schmid (2016) auf, wie die Fehlerdiagnose genutzt werden kann, um im Didaktikmodul spezifisches Feedback zu generieren. Liegt ein bestimmter Fehler in einer Lösung vor, so wird ein strukturanaloges Beispiel generiert, das ein mit der gegebenen Aufgabe vergleichbares Verhältnis von Ziffern hat – also zum Beispiel, dass in der Spalte ganz rechts die Ziffer des Minuenden kleiner ist als die des Subtrahenden. An diesem Beispiel wird der Rechenweg noch einmal erläutert und dabei der Fokus genau auf den beobachteten Fehler gelegt. Nach der Erklärung werden die Lernenden aufgefordert, die eigene Aufgabenlösung zu korrigieren. Bei dieser didaktischen Vorgehensweise wird also vermieden, die korrekte Lösung direkt vorzugeben. Stattdessen sollen die Lernenden in die Lage versetzt werden, die dem Fehler zugrunde liegende Fehlkonzeption selbst zu identifizieren und zu korrigieren. Empirische Studien zeigen, dass Lernen durch analoge Beispiele ermöglicht, dass generellere Problemlöseschemata aufgebaut werden, die dann auf eine breitere Klasse von Problemen anwendbar sind (Novick und Holyoak 1991).

Aktuell wird der Einsatz von generativer KI (große Sprachmodelle, LLM) für ITS erschlossen. Beispielsweise beschreiben Arnau-González et al. (2023), wie LLM für das Lösen von mathematischen Textaufgaben eingesetzt werden können. Konkret zeigen sie, wie die zentralen Komponenten für eine Rechenaufgabe mittels LLM aus Textaufgaben

```
  A      B      C

  63     21     70
- 44   - 99   - 47
-----  -----  -----
  21     22     37
```

A: Differenz von zwei Ziffern unabhängig von der Rolle als Minuend oder Subtrahend.

B: Ziffer „1“ wird korrekt durch Borgen auf „11“ erweitert, aber anstatt das geborgte Element abzuziehen, wird es dazuaddiert.

C: Kann auf demselben Fehlkonzept basieren wie Beispiel A. Alternativ kann das fehlende Borgen auch speziell nur bei der Ziffer „0“ im Minuend auftreten.

◘ **Abb. 16.3** Typische Fehler beim schriftlichen Subtrahieren (Young und O'Shea 1981)

Textaufgabe:
*Ein Buch hat 3 Kapitel. Das erste Kapitel ist 91 Seiten lang, das zweite Kapitel ist 23 Seiten lang und das dritte Kapitel ist 25 Seiten lang. Wie viele Seiten mehr hat das erste Kapitel als das zweite Kapitel?*

Anzahl Kapitel: 3

Seitenzahl Kapitel 1: 91

Seitenzahl Kapitel 2: 23

Seitenzahl Kapitel 3: 25

Mehr Seiten Kapitel 1:

- Minuend: Seitenzahl Kapitel 1
- Subtrahend: Seitenzahl Kapitel 2

Antwort: (91 − 23)

**Abb. 16.4** Beispiel für die Nutzung von LLM für ein ITS zum Lösen mathematischer Textaufgaben nach Arnau-González et al. (2023)

extrahiert werden können und dann zur automatischen Lösung im Domänenmodell in ein internes Repräsentationsschema überführt werden können (Abb. 16.4).

## ITS zur Vermittlung von Programmierfertigkeiten

Ein Intelligentes Tutorsystem zur Vermittlung von Programmierfertigkeiten in der Sprache LISP wurde von Anderson (zum Beispiel Anderson et al. 1984b) auf Grundlage seiner Lerntheorie (► Kap. 15) entwickelt. Das Expertenmodell repräsentiert Wissen über die Umsetzung von Aufgabenstellungen in LISP-Programme in Form von Produktionsregeln. Das Lernendenmodell basiert auf einer in umfangreichen empirischen Studien ermittelten Bibliothek von Fehlerregeln. Anderson et al. (1984a) gehen gemäß ihrer Lerntheorie davon aus, dass der Erwerb von Programmierkompetenzen als Aufbau von Produktionsregeln erfolgt, und konnten in einer Studie empirisch nachweisen, dass der Lernzuwachs parallel mit der vom Modell angenommenen Menge an erworbenen Regeln verläuft (Anderson et al. 1989).

In Anderson et al. (1984b) wird an mehreren Beispielen illustriert, wie der LISP-Tutor Schritt für Schritt durch gezielte Hinweise dabei unterstützen kann, korrekte LISP-Funktionen umzusetzen. Die Hinweise werden über die jeweils zutreffenden Regeln aus der Fehlerbibliothek generiert (Abb. 16.5).



Seit einigen Jahren besteht wieder viel Interesse an der Vermittlung von Programmierkompetenzen (siehe z. B. Crow et al. 2018). Programmierfertigkeiten werden als zentraler Baustein für den Erwerb von Problemlösekompetenzen erachtet (engl. *computational thinking*) (Wing 2006), und Programmierung findet sich zunehmend als Thema in schulischen Lehrplänen. Aktuell wird die Möglichkeit der Nutzung großer Sprachmodelle, speziell Code-Generatoren, für die Vermittlung von Programmierkompetenzen erschlossen. Beispielsweise werden LLM für „*code repair*" genutzt (Zhang et al. 2022). Hier wird für eine fehlerhafte Lösung die minimale Änderung im Programmcode ermittelt, die das Programm korrekt macht.

Aufgabenstellung:
Schreibe eine LISP-Funktion ONETWO, die eine Liste als Eingabe erhält und eine Liste der beiden ersten Argumente zurückgibt. Beispiel:

```
(ONETWO '(A B C)) = (A B).
```

Lösungsversuch (L) und tutorieller Dialog (T):
L: Wählt Listenkonstruktor cons, aber kommt nicht weiter.
T: Schlägt vor, erst ein einfacheres Problem zu betrachten:
Schreibe eine LISP-Funktion ADDTWO, die zwei Listen als Eingabe erhält und diese in einer Liste zurückgibt. Beispiel:

```
(ADDTWO '(A B) '(C D)) = ((A B) (C D)).
```

L: Definiert

```
(defun ADDTWO (One Two) (cons One (Two)))
```

und erhält eine Fehlermeldung "Two undefined function object".
T: Fragt nach dem Ausdruck, mit dem man das zweite Argument in eine Liste packt.
L: Schlägt vor, cons mit dem Argument und der leeren Liste nil zu nutzen.
T: Gibt positive Rückmeldung.
L: Definiert

```
(defun ADDTWO (One Two) (cons One (cons Two nil)))
```

und testet die Funktion erfolgreich mit mehreren Beispielen.
T: Schlägt vor, nun nochmal das Problem ONETWO anzugehen.
...

```
(defun ONETWO (Lis)
  (cons (car lis) (cons (cadr lis) nil)))
```

**Abb. 16.5** Beispiel eines tutoriellen Dialogs im LISP-Tutor (Anderson et al. 1984b). Hinweise: cons fügt ein Element vorn in eine Liste ein, car liefert das erste Element einer Liste, cadr liefert das zweite Element einer Liste

## 16.2 Künstliche Intelligenz in der Bildung

Die Einsatzmöglichkeiten von Ansätzen der Künstlichen Intelligenz in der Bildung – von der Schule bis zur beruflichen Weiterbildung – sind vielfältig. Die vorgestellten Intelligenten Tutorsysteme ermöglichen individualisiertes Lernen in speziellen Wissensbereichen. Aktuell werden vor allem Anwendungen von maschinellem Lernen und von generativer KI im Lehr–Lern-Kontext betrachtet. Lehrkräfte sollen mit intelligenten Dashboards ausgestattet werden, die über aktuelle Lerngeschehen informieren sowie aus dem Lerngeschehen abgeleitete Vorhersagen über den Lernerfolg einzelner Lernender treffen („predictive analytics"). Solche Ansätze können helfen, Schülerinnen und Schüler gezielt zu fördern, haben aber auch einige Gefahren: Da die hier meist verwendeten Ansätze des maschinellen Lernens sehr datenintensiv sind, müssen Lernprozesse überwiegend digital stattfinden. Damit stehen nicht mehr unbedingt didaktische Überlegungen bei der Auswahl des geeigneten Mediums im Vordergrund. Die Überprüfung des Kompetenzerwerbs wird häufig auf leicht maschinell auswertbare Formate wie Auswahlaufgaben eingeschränkt, wodurch relevante Kompetenzen wie etwa das selbständige Aufstellen eines Lösungsansatzes für ein mathematisches Problem vernachlässigt werden. Es besteht die Gefahr eines Rückfalls in eine rein behavioristische Perspektive auf Lernen, bei der kognitive und konstruktive Aspekte nicht berücksichtigt werden.

Vorhersagen des Lernerfolgs auf individueller Ebene können zu Stigmatisierung führen und sind zudem auch fehlerbehaftet, da aus bestehenden Daten auf ein Ereignis in der Zukunft geschlossen wird. Gelernte Modelle können unfair sein und bestimmte Gruppen benachteiligen. Haben zum Beispiel bislang Mädchen häufig schlechtere Noten in Physik als Jungen, geht diese Information in die Vorhersage des Erfolgs in Physik mit ein. Liegt die Vorhersage eines aus Daten gelernten Modells in fünf Prozent der Fälle daneben, so ist das beispielsweise bei der Vorhersage, ob eine Marketingmaßnahme bei einer bestimmten Person zum Kauf eines Produkts führt, nicht weiter schlimm. Eine nicht zutreffende Vorhersage von Lernerfolg kann dagegen dramatische Auswirkungen auf den weiteren Bildungsverlauf einer Person haben (Schmid 2024a).

Die klassischen Arbeiten zu ITS können dagegen, wie oben exemplarisch für den Bereich Mathematik und Programmieren ausgeführt, mit aktuellen Methoden der generativen KI erweitert werden und so helfen, komplexere Aufgabenbereiche für das individuelle Lernen zu erschließen.

## 16.3 Zur Vertiefung

**Einen guten Überblick über die frühen Arbeiten zu ITS geben**

- Nwana, H. S. (1990). Intelligent tutoring systems: an overview. *Artificial Intelligence Review*, *4*(4), 251–277.
- Psotka, J., Massey, L. D., und Mutter, S. A. (1988). *Intelligent tutoring systems: Lessons learned.* Psychology Press.
- Lusti, M. (1992). *Intelligente tutorielle Systeme: Einführung in wissensbasierte Lernsysteme*, Band 15. Walter de Gruyter.
- Polson, M. C. und Richardson, J. J. (2013). *Foundations of intelligent tutoring systems.* Psychology Press.

**Beispiele für empirische Arbeiten zur Wirkung von ITS sind**

16

- VanLehn, K. (2011). The relative effectiveness of human tutoring, intelligent tutoring systems, and other tutoring systems. *Educational psychologist*, *46*(4), 197–221.
- Koedinger, K. R., Anderson, J. R., Hadley, W. H., und Mark, M. A. (1997). Intelligent tutoring goes to school in the big city. *International Journal of Artificial Intelligence in Education*, *8*, 30–43.

**Klassische Arbeiten zu speziellen Ansätzen sind**

- Das erste dokumentierte ITS, SCHOLAR: Carbonell, J. R. (1970b). *Mixed-Initiative Man-Computer Instructional Dialogues. Final Report.* Bolt Beranek and Newman, Cambridge, Mass.
- Für schriftliche Subtraktion: Young, R. M. und O'Shea, T. (1981). Errors in children's subtraction. *Cognitive Science*, *5*(2), 153–177.

- Auf der ACT-R Theorie basierende ITS für Geometrie und LISP-Programmierung: Anderson, J. R., Boyle, C. F., und Reiser, B. J. (1985). Intelligent tutoring systems. *Science*, *228*(4698), 456–462.
- AutoTutor als Ansatz für natürlichsprachige Interaktion, insbesondere für Physik und Informatik: Graesser, A. C., Lu, S., Jackson, G. T., Mitchell, H. H., Ventura, M., Olney, A., und Louwerse, M. M. (2004). AutoTutor: A tutor with dialogue in natural language. *Behavior Research Methods, Instruments, & Computers*, *36*, 180–192.

**Einen Überblick über den Einsatz von generativer KI (LLM) für Lehr–Lern-Systeme mit einem Unterkapitel über LLM für ITS geben**

- Yu, H. und Guo, Y. (2023). Generative artificial intelligence empowers educational reform: current status, issues, and prospects. *Frontiers in Education*, *8*, 1183162.

# Sprachverarbeitung: Syntaxanalyse

Inhaltsverzeichnis




M. Ragni, U. Schmid, *Kognitive Künstliche Intelligenz*, https://doi.org/10.1007/978-3-662-69498-5_17

Sprachverarbeitung ist ein Themagebiet, in dem sich die Zusammenarbeit verschiedener kognitionswissenschaftlicher Disziplinen bereits erfolgreich etabliert hat: Psychologen (Kintsch, Garnham), Linguisten (Chomsky, Fanselow), Philosophen (Wittgenstein, Quine, Searle, Kutschera) und Informatiker (Schank, Winograd) bearbeiteten Fragen der Sprachverarbeitung aus unterschiedlichen Perspektiven. Forschungsthemen sind unter anderem Syntax- und Grammatiktheorien (etwa Chomsky), Repräsentation von Wort- und Satzbedeutungen sowie kontextabhängige Prozesse der Bedeutungsanalyse von Texten (etwa Kintsch) und Fragen nach Bedingungen für funktionierende Kommunikation (etwa Searle). Ein kognitionswissenschaftlicher Zugang zur Sprache umfasst normative theoretische Analysen von Sprachstrukturen (Linguistik, Logik), empirische Untersuchungen von Prozessen des Sprachverstehens und der Sprachproduktion (Psychologie) sowie die Formulierung von Modellen der Sprachverarbeitung mit Hinblick auf Implementierbarkeit (Psychologie, Informatik).

Die Modellierung von Sprachverarbeitungsprozessen auf dem Computer wird häufig als *natural language processing* (NLP) bezeichnet. Das Anwendungsziel dieser Forschungsrichtung ist, dass Computer menschliche (natürliche) Sprachen „verstehen" lernen. Mit Verstehen ist hier nicht gemeint, dass der Rechner entsprechende menschliche Gedanken, Gefühle und Wissen hat. Es geht stattdessen darum, dass ein Computer sprachlich vermittelte Information nutzen kann. Verstehen ist kein rein syntaktischer Prozess, Computer sind jedoch rein syntaktisch arbeitende Maschinen. Ziel bei der Entwicklung von NLP-Systemen ist also eine Art Syntaktisierung der Sprachbedeutung. Dies ist auch für Kognitionspsychologen, die formale Modelle für Sprachverstehensprozesse entwickeln, ein üblicher Zugang. Es wird versucht, Prozesse, die wir auf phänomenaler Ebene als „Einsicht" und „Verstehen" beschreiben, auf einfache Elemente zusammen mit Regeln zu ihrer Verknüpfung und Veränderung zurückzuführen (▶ Kap. 2). Beispiele für NLP-Anwendungen sind:

- natürlichsprachige (möglicherweise sogar gesprochene) Eingabe von Befehlen an den Rechner (etwa „Kopiere die Dateien in die Cloud"),
- Hilfssysteme für Datenbanken und andere Anwendungssysteme, die natürlichsprachige Fragen beantworten können (etwa „Wie kann ich eingeben, dass der Darjeeling-Tee pro 50 g 10 € kostet und von der Firma Relax geliefert wird?"),
- automatische Übersetzung von wissenschaftlichen, technischen und geschäftlichen Texten,
- automatische Konstruktion von Datenbank-Repräsentationen aus technischen Texten wie etwa Dokumentationen medizinischer Fälle.

Anwendungen wie die genannten existieren bisher meist nur als – noch nicht kommerziell vertreibbare – Prototypen. Anwendungsorientierte Systemkonzepte können als Prüfstein für die Adäquatheit kognitionswissenschaftlicher Modelle der Sprachverarbeitung betrachtet werden. Sind solche Anwendungen mit den in der Grundlagenforschung entwickelten Modellen und Methoden realisierbar, so beinhalten die Modelle wesentliche Aspekte, die für funktionierendes Sprachverstehen notwendig sind. Psychologische Adäquatheit muss zusätzlich durch einen Vergleich von maschinellen und menschlichen Verarbeitungsprozessen (über Reaktionszeiten, Fehlerraten, Fehlerarten) überprüft werden.

Für alle Computermodelle der Sprachverarbeitung ist es relevant, dass das zum Sprach-„Verstehen" notwendige Wissen minimal gehalten wird. Menschen erwerben im Laufe ihres Lebens sehr viel Wissen, das in jeden Verstehensprozess einfließt. Um zum Beispiel als Europäer eine Geschichte über die „Native Americans" zu verstehen, müssen wir bereits Wissen über Amerika, die Kultur der „Native Americans", Unterschiede zur europäischen Kultur und vieles mehr besitzen. Es wäre bestenfalls mühsam, schlimmstenfalls aber unmöglich, alles zum Textverstehen notwendige Wissen in einem Computer zu repräsentieren. Die Forschungsstrategie ist deswegen folgende: Es wird ein eng abgegrenzter Bereich gesucht, bei dem das notwendige Weltwissen klar umrissen ist. Typisch für dieses Vorgehen ist das Arbeiten mit Blockwelten (Winograd 1973) oder die Begrenzung auf technische Texte (etwa Gebrauchsanweisungen). Man geht dabei von der Annahme aus, dass die im Modell verwendeten Repräsentationsformate und Verarbeitungsprozesse, wenn sie für einen eingeschränkten Diskursbereich funktionieren, zur Modellierung von Sprachverstehensprozessen allgemein geeignet sind.

Im Folgenden werden zunächst zentrale **Aspekte der Sprachverarbeitung** dargestellt (▶ Abschn. 17.1). In ▶ Abschn. 17.2 lernen wir Grundlagen der **syntaktischen Analyse** von Sätzen (das sogenannte *parsing*) kennen. In diesem Abschnitt werden vor allem **linguistische Ansätze** dargestellt.

## 17.1 Aspekte der Sprachverarbeitung

Die Struktur der Sprache lässt sich auf fünf verschiedenen Ebenen beschreiben:
1. Phonologie (Laute),
2. Morphologie (Wortbildung),
3. Syntax (Satzstruktur),
4. Semantik (Bedeutung von Worten, Sätzen, Texten),
5. Pragmatik (Kontext der Sprachverwendung, Kommunikationsregeln).

Um sprachliche Ausdrücke verstehen oder produzieren zu können, werden Wissensstrukturen und Verarbeitungsprozesse für alle fünf genannten Aspekte benötigt. Der erste der oben genannten Punkte, die Phonologie, bezieht sich auf gesprochene Sprache. Alle anderen Punkte beziehen sich sowohl auf gesprochene als auch auf geschriebene Sprache. Im Folgenden gehen wir nur auf das Sprachverstehen, nicht auf die Sprachproduktion ein.

Die am Sprachverstehen beteiligten Prozesse werden häufig durch folgende Module beschrieben (Garnham 2013):

***Low-level processing*** – Wahrnehmung von Lautklassen und Lauten („Ich habe verstanden, dass ein Sprecher /ga/ und nicht /ta/ gesagt hat") oder von Zeichen („Ich habe den Buchstaben ‚E' und nicht den Buchstaben ‚B' erkannt").

**Worterkennung** – Identifikation von Wörtern im mentalen Lexikon. („Ich habe das Wort ‚Stuhl' identifiziert, das ein Substantiv mit dem Genus maskulin ist und im Singular ausgesprochen wurde.")

***Parsing*** – Gruppierung von Wortfolgen in eine zusammenhängende grammatische Struktur. (Im Satz „Der kleine alte Mann lief durch den Park" ist „der kleine alte Mann" eine Einheit, aber nicht „Mann lief durch".)

**Semantische Interpretation und Modellkonstruktion** – Erkennen der kognitiven Inhalte, auf die sich Wörter und Wortfolgen beziehen. (Der Lautfolge [ʃtu:l] oder dem Schriftbild „Stuhl" wird eine Bedeutung zugewiesen: „‚Stuhl' meint ein Ding aus festem Material, auf dem man sitzen kann." Dem Satz „Der Stuhl ist unbesetzt" wird eine Bedeutung zugewiesen. Hierzu muss die Bedeutung der einzelnen Worte des Satzes und ihre gram-

**◘ Abb. 17.1** Ein Beispiel aus der Wahrnehmungspsychologie. Menschen ergänzen das gleiche Zeichen (welches einem Low-level-Prozess entspricht) zu verschiedenen Buchstaben, um jeweils ein sinnvolles Wort zu konstruieren (welches einem High-level-Prozess entspricht)

matische Rolle – etwa: „Stuhl" ist Subjekt – erschlossen und die Bedeutung der gesamten Aussage konstruiert werden.)

**Pragmatische Interpretation** – Erkennen der Sprecherintention und Bewertung des Gesagten im Hinblick auf Handlungsplanung. („Den Satz ‚Der Stuhl ist frei' interpretiere ich zum Beispiel so, dass der Sprecher gemeint hat, dass ich mich draufsetzen darf.")

Diese fünf Teilprozesse bauen nicht sequentiell aufeinander auf. Sprachverstehen basiert auf einer Interaktion all dieser Teilprozesse. Um etwa den Buchstaben „H" beziehungsweise „A" in den Buchstabenfolgen aus ◘ Abb. 17.1 zu erkennen, benötigen wir bereits Wissen über mögliche Worte. *Low-level processing* wird also unter anderem von der Worterkennung beeinflusst.

Ebenso kann die Worterkennung von Erwartungen beeinflusst werden, die durch die Bedeutung bereits verarbeiteter Informationen erzeugt werden. In Satz (1.a) wird der fehlende Buchstabe # eher zu einem „d", in Satz (1.b) eher zu „k" ergänzt:

(1.a) Hans geht zu einem Rockkonzert. Die Ban# …
(1.b) Hans geht in den Stadtpark. Die Ban# …

Auch die Zuweisung von Wortbedeutungen wird durch den Kontext bereits verarbeiteter Information beeinflusst. In Satz (2.a) wird „Bank" eher als Sitzgelegenheit interpretiert, in Satz (2.b) eher als Geldinstitut.

(2.a) Hans verabredet sich mit seiner Freundin an der Bank neben der Gedächtniskirche.
(2.b) Hans verabredet sich mit seinem Geschäftspartner an der Bank neben der Gedächtniskirche.

Ein (Computer-)Modell zu entwickeln, bei dem alle Interaktionen spezifiziert werden, die zwischen den genannten Ebenen der Sprachverarbeitung möglich sind, scheint bisher kaum möglich. Üblicherweise konzentrieren sich Modelle der Sprachverarbeitung auf nur einen der genannten Aspekte. Auch in diesem Kapitel werden wir uns auf zwei Aspekte beschränken: das Parsing von Sätzen und die semantische Interpretation von Worten und komplexeren sprachlichen Ausdrücken.

## 17.2 Syntaxanalyse: Grammatik und Parser

Die prominentesten Arbeiten zur Syntaxanalyse stammen von Noam Chomsky. Der Linguist hat mit seinen Arbeiten nicht nur seine eigene Disziplin, sondern auch die Psychologie und die Informatik (▶ Kap. 7) stark beeinflusst. Chomsky wurde mit seiner Antwort auf das behavioristische Konzept des Spracherwerbs von Skinner zu einem wesentlichen Mitinitiator der kognitiven Wende in der Psychologie.

Skinner (1957) stellte in seinem Werk *Verbal Behavior* die These auf, dass Sprache wie alle menschlichen Verhaltensweisen gemäß den Prinzipien der behavioristischen Lerntheorie erworben wird: Wahrgenommene Reize werden durch Verstärkung mit Verhaltensweisen verknüpft. Chomsky (1959) widerlegte Skinners These durch Beobachtungen, die dieser widersprechen. Er argumentierte, dass sich Sprache besonders durch zwei Eigenschaften charakterisieren lässt, die Skinners Erklärung nicht berücksichtigen kann: **Systematizität** und **Produktivität**.

**Sprache ist systematisch** – Menschen sind in der Lage, in ihrer Muttersprache syntaktisch korrekte Sätze zu produzieren und die syntaktische Korrektheit von Sätzen zu beurteilen. Dies ist der Fall, obwohl Menschen beim Spracherwerb häufig mit syntaktisch inkorrekten Äußerungen konfrontiert werden.

**Sprache ist produktiv** – Menschen können theoretisch unendlich viele syntaktisch korrekte Sätze produzieren und entsprechend die syntaktische Korrektheit unendlich vieler – auch noch nie zuvor gehörter – Sätze beurteilen. Eine Person, die den Satz „John liebt Anna" formulieren/verstehen kann, wird ebenso den Satz „Anna liebt John" formulieren/verstehen können. Selbst semantisch unsinnige Aussagen können bezüglich ihrer syntaktischen Korrektheit bewertet werden:

1. Grüne Ideen schlafen wütend.
2. Ideen wütend schlafen grüne.

Beide Beobachtungen sind mit einem Lernen durch Reiz–Reaktion-Verknüpfung nicht zu erklären. Menschliche **Sprachperformanz**, also die tatsächlich wahrgenommenen und produzierten Sprachäußerungen, auf die sich behavioristische Theorien beschränken, sind nach Chomsky nicht mit der **Sprachkompetenz**, dem menschlichen Wissen über korrekten Sprachgebrauch, gleichzusetzen. Die menschliche Kompetenz, unendlich viele sprachliche Ausdrücke korrekt produzieren beziehungsweise ihre Korrektheit beurteilen zu können, kann laut Chomsky durch eine **endliche Menge von Regeln** beschrieben werden. Chomsky gibt selbst eine solche Regelmenge an, mit der alle möglichen korrekten sprachlichen Äußerungen **generiert** werden können. Die Regelmenge wird entsprechend als **generative Grammatik** bezeichnet. Chomskys generative Grammatik sollte zwei Anforderungen erfüllen:

1. Die Regeln erzeugen genau die Menge aller syntaktisch korrekten Ausdrücke einer Sprache, also wirklich alle möglichen korrekten Sätze und keinen einzigen syntaktisch inkorrekten Satz.
2. Die Regeln beschreiben die Struktur sinnvoller Einheiten, aus denen ein Satz aufgebaut werden kann. Diese Einheiten werden als **Phrasen** bezeichnet.

Chomsky hat, basierend auf der Grundidee der generativen Grammatik, eine Vielzahl von Grammatikformalismen vorgeschlagen. Seine ursprüngliche Konzeption findet sich in *Syntactic Structures* (Chomsky 1957). Ein weiterer einflussreicher Vorschlag ist in

*Aspects of the Theory of Syntax* (Chomsky 2014) dargestellt. Der Grundgedanke der generativen Grammatik wurde bereits in ▶ Kap. 8, bei den formalen Sprachen, eingeführt.

Eine Regelmenge, die einen Ausschnitt der Syntax der englischen Sprache beschreibt, ist etwa:

**▶ Beispiel 17.1**

Eine einfache Regelmenge für die Syntax der englischen Sprache:

| | |
|---|---|
| $S \rightarrow NP, VP$ | Satz → Nominalphrase, Verbalphrase |
| $NP \rightarrow Det, N$ | Nominalphrase → Artikel, Nomen |
| $VP \rightarrow V, NP$ | Verbalphrase → Verb, Nominalphrase |

*NP* und *VP* sind Phrasen eines Satzes. Der Satz „Der Gärtner ermordete die Dame" besteht aus den bedeutungsvollen Einheiten „der Gärtner" (die Nominalphrase) und „ermordete die Dame" (die Verbalphrase). Die Verbalphrase besteht selbst wieder aus zwei Einheiten, dem Verb „ermordete" und einer weiteren Nominalphrase, „die Dame". Andere Gruppierungen von Worten, wie etwa „Gärtner ermordete die", konstituieren in diesem Satz keine sinnvollen Einheiten. ◀

Da die Regeln der generativen Grammatik angeben, auf welche Art Phrasen zu einem Satz kombiniert werden können, bezeichnet man diese Art von Grammatik auch als **Phrasenstrukturgrammatik**. Phrasen sind aus anderen Phrasen und/oder aus **lexikalischen Kategorien** aufgebaut. Im obigen Beispiel wurden die Kategorien Nomen (***N**oun*), Artikel (***Det**erminer*) und ***V**erb* verwendet. Um tatsächlich Sätze zu generieren, müssen die lexikalischen Kategorien durch konkrete Worte ersetzt werden. Hierfür können – als einfache Variante – Regeln zur lexikalischen Ersetzung angegeben werden:

| | |
|---|---|
| *Det* → *der* \| *die* \| ... \| *ein* \| *eine* | (definite und indefinite Artikel) |
| *N* → *Gärtner* \| *Dame* \| ... | (Liste von Substantiven) |
| *V* → *ermordete* \| *küsste* ... | (Liste von Verben) |

Der Umgang mit solchen Ersetzungsregeln wurde bereits im Abschnitt „Formale Sprachen" (▶ Abschn. 8.3) behandelt. Wir wiederholen noch einmal die Grundidee: Um einen konkreten Satz zu erzeugen, beginnt man mit der Regel, auf deren linker Seite das Symbol *S* (für *sentence*) steht (→ Bsp. 17.1). *S* wird zu *NP* und *VP* expandiert. *NP* wird durch Anwendung der Regel $NP \rightarrow Det, N$ expandiert. Die lexikalischen Kategorien *Det* und *N* schließlich werden durch konkrete lexikalische Einträge (etwa „die Dame") ersetzt. Entsprechend wird auch die Verbalphrase (*VP*) expandiert, bis konkrete lexikalische Einträge als Endknoten (Terminalsymbole) erzeugt wurden. Die Struktur des Satzes „Der Gärtner ermordete die Dame" ist in ◘ Abb. 17.2 dargestellt.



Sätze, die so erzeugt werden, haben alle eine einheitliche (kanonische) Struktur, die Chomsky als **Tiefenstruktur** bezeichnet. Tatsächliche Satzäußerungen werden durch Anwendung sogenannter **Transformationsregeln** generiert, die die Tiefenstruktur in eine **Oberflächenstruktur** überführen. Die Oberflächenstruktur eines Satzes ist eine syntaktische Variante der Tiefenstruktur, die die Bedeutung des Satzes unverändert lässt. Die Tiefenstruktur „Der Gärtner ermordete die Dame" kann zum Beispiel in die Oberflächenstruktur „Die Dame wurde vom Gärtner ermordet" überführt werden. Neben der Umwandlung ins Passiv existieren auch Transformationsregeln für die Umwandlung von Aussagesätzen in Fragesätze („Wer wurde vom Gärtner ermordet?"). Die chomskysche

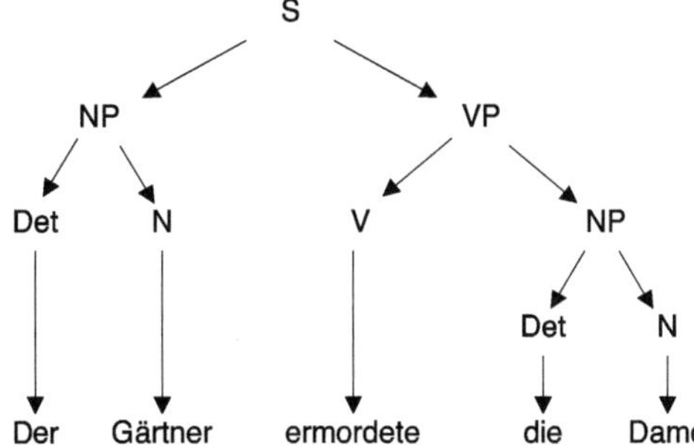


**Abb. 17.2** Darstellung des Beispielsatzes „Der Gärtner ermordete die Dame“

Forderung, dass Transformationsregeln die Bedeutung sprachlicher Ausdrücke unverändert lassen, ist jedoch nicht in jedem Fall erfüllbar: Der Aktivsatz „Jeder Mann liebt eine Frau“ und der Passivsatz „Eine Frau wird von jedem Mann geliebt“ sind nicht unbedingt bedeutungsgleich (Garnham 2013, S. 33). Der Aktivsatz kann so interpretiert werden, dass jeder Mann *irgendeine* Frau liebt, der Passivsatz wird dagegen eher so interpretiert, dass eine *bestimmte* Frau von jedem Mann geliebt wird.

Als Reaktion auf dieses Problem wurden verschiedene alternative Ansätze von Chomsky selbst (***Government and Binding*-Ansatz**, Chomsky 1981) und von anderen vorgeschlagen. Ein aktueller Grammatik-Ansatz ist die **Generalisierte Phrasenstrukturgrammatik** (GPSG, Gazdar et al. 1985). GPSG ist, wie die generative Grammatik, eine Phrasenstrukturgrammatik. Die Syntax wird ausschließlich auf der Oberflächenstruktur repräsentiert. Um die Vielfalt zulässiger syntaktischer Konstruktionen erfassen zu können, wurden die Phrasenstrukturregeln abstrakter formuliert. Die Regeln repräsentieren nun vor allem die Prinzipien, nach denen Sätze gebaut werden können. Eine Regel für Passiv-Konstruktionen sieht zum Beispiel folgendermaßen aus (Uszkoreit 1987; Hiltl 1991):

$$V^2[\text{AUX+}] \rightarrow V,\ V^2[\text{PAS+}].$$

In eckigen Klammern werden Merkmale (*features*) notiert, die erfüllt sein müssen, damit eine Regel anwendbar ist. Die Regel kann folgendermaßen gelesen werden: Eine Verbalphrase $V^2$, die ein Hilfsverb (***aux****iliary verb*) enthält, besteht aus einem Verb $V$ und einer Verbalphrase $V^2$ im Passiv.

Der Wortschatz, auf den die Regeln angewendet werden können, wird in einem Lexikon verwaltet. Jeder Lexikoneintrag wird ebenfalls durch Merkmale beschrieben:

$$\Big\langle \text{ermordete}, \big[\ [\text{N}-], [\text{V}+], [\text{PER } 3], [\text{PLU}-], [\text{TENSE PAST}], \ldots \big]\Big\rangle,$$
$$\Big\langle \text{ermordet}, \big[\ [\text{N}-], [\text{V}+], [\text{PER } 3], [\text{PLU}-], [\text{TENSE PRES}], \ldots \big]\Big\rangle,$$
$$\Big\langle \text{ermordet}, \big[\ [\text{N}-], [\text{V}+], [\text{VFORM PAS}], \ldots \big]\Big\rangle,$$
$$\Big\langle \text{wurde}, \big[\ [\text{N}-], [\text{V}+], [\text{PER } 3], [\text{PLU}-], [\text{TENSE PAST}], [\text{AUX}+], \ldots \big]\Big\rangle.$$

Jeder Lexikoneintrag ist ein Paar bestehend aus dem konkreten Wort und einer Merkmalsliste. Alle aufgeführten Lexikoneinträge sind Verben. Entsprechend wurde notiert, dass ein Eintrag kein Nomen ist (N−), sondern ein Verb (V+). Weitere Merkmale geben Person (PER), Numerus und Zeit an. „Ermordete“ ist in der dritten Person Singular (PER 3, PLU−) und in der Vergangenheitsform (TENSE PAST). „Ermordet“ kann sowohl die dritte Person Singular im Präsens als auch die Passivform sein. Bei anderen Verben gibt es unterschiedliche Ausdrücke für diese beiden Lesarten (z. B. „beißt" vs. „gebissen").

Die Generierung von Sätzen ist in Generalisierten Phrasenstrukturgrammatiken wesentlich eingeschränkter als in der generativen Grammatik. In der in Bsp. 17.1 angegebenen Grammatik können auch inkorrekte Sätze wie „Die Gärtner ermordete ein Dame" generiert werden. In GPSG werden dagegen die Kombinationen von Lexikoneinträgen in Phrasen durch die vorgegebenen Merkmale eingeschränkt. Ein Artikel mit dem Merkmal [GEN MASC] (Geschlecht männlich) kann beispielsweise nicht mit einem Nomen eines anderen Geschlechts zu einer Nominalphrase kombiniert werden. Damit wird Syntaxanalyse zu einem Bedingungserfüllungsproblem (► Abschn. 11.2).

Bisher haben wir uns damit befasst, mit welchen Regeln syntaktische Strukturen *erzeugt* werden können. Nun wollen wir die umgekehrte Aufgabe – die *Erkennung* syntaktischer Strukturen – betrachten. Ein Regelsystem, das syntaktische Strukturen analysiert, heißt **Parser**.

Zwei grundlegende Prinzipien, nach denen ein Parser arbeiten kann, sind die ***Top-down-*** und die ***Bottom-up*-Strategie**. Ein *Top-down*-Parser prüft, von den Phrasenstrukturregeln ausgehend, ob die von der jeweiligen Regel geforderten Strukturkomponenten im gegebenen Satz vorhanden sind. Ein *Bottom-up*-Parser versucht hingegen, den Wortfolgen im gegebenen Satz passende Regeln zuzuordnen. Wir wollen im Folgenden beide Grundalgorithmen vorstellen (Covington et al. 1994).

Wir betrachten nun wieder die einfache Phrasenstrukturgrammatik aus Bsp. 17.1. Alle Regelkomponenten ($S$, $NP$, $VP$, $Det$, $N$, $V$) bezeichnen wir als **Konstituenten** $C$. Ein zu parsender Satz wird als Liste von Worten repräsentiert, also zum Beispiel *Satz* = [der, Gärtner, ermordete, die, Dame].



## Top-down-Parsing

Eingabe: Ein Satz als Liste von Worten
Ausgabe: Akzeptanz, wenn der Satz syntaktisch korrekt ist, sonst Fehlermeldung

```
        1 C enthält das Startsymbol S.
        2 SOLANGE Satz nicht leer ist und kein Fehler auftrat:
      2.1   WENN das erste Element in C eine lexikalische Kategorie
            ist (also Det, N oder V),
    2.1.a     DANN
  2.1.a.1       WENN das erste Wort in Satz zu dieser Kategorie
                gehört,
2.1.a.1.a         DANN entferne das erste Element aus C
                   und entferne das erste Wort aus Satz;
2.1.a.1.b         SONST melde Fehler.
    2.1.b     SONST ersetze das erste Element von C durch die
              korrespondierende Regelseite.
        2 WIEDERHOLE.
        3 Wenn Satz leer ist, dann wurde der Satz korrekt geparsed.
```

**Handsimulation für Alg. 17.1 für den Satz „Der Gärtner ermordete die Dame."**
Im Folgenden nutzen wir die Nummerierung aus dem Top-down-Parsing-Algorithmus, um den entsprechenden Befehl zu referenzieren.

Eingabe: *Satz* = [der, Gärtner, ermordete, die, Dame]

```
1 C = [S].
2 Satz ist nicht leer und es trat kein Fehler auf.
2.1.b    S ist keine lexikalische Kategorie, also wird S
         expandiert und C wird zu [NP VP].
2 Satz ist nicht leer und es trat kein Fehler auf.
2.1.b    NP ist keine lexikalische Kategorie, also wird NP
         expandiert und C wird zu [Det N VP].
2 Satz ist nicht leer und es trat kein Fehler auf.
2.1.a    Det ist eine lexikalische Kategorie.
2.1.a.1.a    Das erste Wort in Satz ist 'der' und gehört zur
             Kategorie Det, also wird C zu [N VP] und Satz wird zu
             [Gärtner, ermordete, die, Dame].
2 Satz ist nicht leer und es trat kein Fehler auf.
2.1.a    N ist eine lexikalische Kategorie.
2.1.a.1.a    'Gärtner' gehört zur Kategorie N, also wird C zu [VP]
             und Satz wird zu [ermordete, die, Dame].
2 Satz ist nicht leer und es trat kein Fehler auf.
2.1.b    VP ist keine lexikalische Kategorie, also wird VP
         expandiert und C wird zu [V NP].
2 Satz ist nicht leer und es trat kein Fehler auf.
2.1.a    V ist eine lexikalische Kategorie.
2.1.a.1.a    'ermordete' gehört zur Kategorie V, also wird C zu [NP]
             und Satz wird zu [die, Dame].
2 Satz ist nicht leer und es trat kein Fehler auf.
2.1.b    NP ist keine lexikalische Kategorie, also wird NP
         expandiert und C wird zu [Det N].
2 Satz ist nicht leer und es trat kein Fehler auf.
2.1.a    Det ist eine lexikalische Kategorie.
2.1.a.1.a    'die' gehört zur Kategorie Det, also wird C zu [N] und
             Satz wird zu [Dame].
2 Satz ist nicht leer und es trat kein Fehler auf.
2.1.a    N ist eine lexikalische Kategorie.
2.1.a.1.a    'Dame' gehört zur Kategorie N, also wird C zu [] und
             Satz wird zu [].
2 Satz ist leer.
3 Der Input-Satz wurde fehlerfrei geparsed.
```

Der einfachste Algorithmus zum *Bottom-up*-Parsing ist der sogenannte ***Shift–reduce*-Algorithmus**. Hier werden die Grammatikregeln „rückwärts" angewendet: Ein Wort wird durch seine lexikalische Kategorie ersetzt, lexikalische Kategorien und/oder Phrasenbezeichner werden durch die ihnen übergeordnete Konstituente ersetzt, also zum Beispiel *Det* und *N* durch *NP*. Der Algorithmus hat seinen Namen daher, dass jeweils ein Wort in den Arbeitsspeicher (***stack***) geholt wird (*shift*) und dann versucht wird, die auf dem Stack befindlichen Einträge durch umgekehrte Regelanwendung zu reduzieren (*reduce*).

## Bottom-up-Parsing (Shift–reduce-Parsing)

Eingabe: Ein Satz als Liste von Worten
Ausgabe: $S$, wenn der Satz syntaktisch korrekt ist, sonst Fehlermeldung

```
    1 SOLANGE Satz nicht leer:
  1.1     Shifte das erste Wort aus Satz auf den Stack.
  1.2     SOLANGE Regeln auf den Stackeintrag anwendbar sind:
1.2.1         Reduziere den Stack.
  1.2     WIEDERHOLE
    1 WIEDERHOLE
    2 WENN auf dem Stack S steht, wurde der Satz korrekt geparsed,
      SONST liegt ein Fehler vor.
```

#### ▪▪ Handsimulation für Alg. 17.1 für „der Gärtner ermordete die Dame"

Im Folgenden nutzen wir die Nummerierung aus dem Shift–reduce-Parsing-Algorithmus, um den entsprechenden Befehl zu referenzieren.

Eingabe: $Satz = [\text{der}, \text{Gärtner}, \text{ermordete}, \text{die}, \text{Dame}]$

```
    1 Satz ist nicht leer.
  1.1     Shift der, Stack = [der], Satz = [Gärtner, ermordete, die, Dame].
  1.2     Regel anwendbar.
1.2.1         Reduce der → Det, Stack = [Det].
  1.2     Keine Regel mehr anwendbar.
    1 Satz ist nicht leer.
  1.1     Shift Gärtner, Stack = [Det Gärtner], Satz = [ermordete, die, Dame].
  1.2     Regel anwendbar.
1.2.1         Reduce Gärtner → N, Stack = [Det N].
  1.2     Regel anwendbar.
1.2.1         Reduce Det N → NP, Stack = [NP].
  1.2     Keine Regel mehr anwendbar.
    1 Satz ist nicht leer.
  1.1     Shift ermordete, Stack = [NP ermordete], Satz = [die, Dame].
  1.2     Regel anwendbar.
1.2.1         Reduce ermordete → V, Stack = [NP V].
  1.2     Keine Regel mehr anwendbar.
    1 Satz ist nicht leer.
  1.1     Shift die, Stack = [NP V die], Satz = [Dame].
  1.2     Regel anwendbar.
```

1.2.1 Reduce die $\rightarrow$ *Det*, *Stack* = [*NP V Det*].

1.2 Keine Regel mehr anwendbar.

1 *Satz* ist nicht leer.

1.1 Shift Dame, *Stack* = [*NP V Det* Dame], *Satz* = [].

1.2 Regel anwendbar.

1.2.1 Reduce Dame $\rightarrow$ *N*, *Stack* = [*NP V Det N*].

1.2 Regel anwendbar.

1.2.1 Reduce *Det N* $\rightarrow$ *NP*, *Stack* = [*NP V NP*].

1.2 Regel anwendbar.

1.2.1 Reduce *V NP* $\rightarrow$ *VP*, *Stack* = [*NP VP*].

1.2 Regel anwendbar.

1.2.1 Reduce *NP VP* $\rightarrow$ *S*, *Stack* = [*S*].

1 *Satz* ist leer.

2 *Stack* = [*S*], Satz wurde korrekt geparsed.

Die Algorithmen für *Top-down-* und *Bottom-up*-Parsing können leicht in Prolog implementiert werden. Die entsprechenden Programme sind in Covington et al. (1994) angegeben. Für die einfache Phrasenstrukturgrammatik aus Bsp. 17.1 führen *Top-down-* und *Bottom-up*-Parsing gleichermaßen zum gewünschten Resultat. Bei etwas komplexeren Regelstrukturen führen jedoch beide Strategien zu Problemen: *Top-down*-Parsing scheitert an linksrekursiven Regeln, *Bottom-up*-Parsing scheitert an leeren Konstituenten.

Eine linksrekursive Regel hat allgemein die Form $A \rightarrow A\ B$. Eine entsprechende Phrasenstrukturregel ist etwa *NP* $\rightarrow$ *NP Conj NP*, also eine Regel, die erlaubt, dass eine Nominalphrase aus zwei durch eine Konjunktion (z. B. „und“ oder „oder“) verknüpften Nominalphrasen bestehen kann. Da beim *Top-down*-Parsing strikt von links nach rechts expandiert wird, würde der Parser für eine solche linksrekursive Regel in eine Endlosschleife geraten, also nicht terminieren: *NP* würde immer wieder zu *NP Conj NP* expandiert:

$$
\begin{aligned}
&NP \rightarrow NP\ Conj\ NP,\\
&\quad NP \rightarrow NP\ Conj\ NP, \quad \text{also } (NP\ Conj\ NP)\ Conj\ NP,\\
&\qquad NP \rightarrow NP\ Conj\ NP, \quad \text{also } \big((NP\ Conj\ NP)\ Conj\ NP\big)\ Conj\ NP,\\
&\qquad\quad \ldots
\end{aligned}
$$

Ein *Bottom-up*-Parser arbeitet ausgehend von den tatsächlich in einem Satz vorhandenen Worten; dadurch wird das Problem der Endlosschleife umgangen. Stattdessen hat man in diesem Fall das Problem, dass sogenannte Null-Konstituenten nicht erkannt werden können. Eine Regel, die erlaubt, dass eine *NP* auch nur aus einem Nomen, ohne Artikel, bestehen kann (z. B. „Hunde essen Fleisch“), also $NP \rightarrow Det\ N$, $Det \rightarrow \varnothing$, kann von einem *Bottom-up*-Parser nicht angewendet werden: Als erstes Wort wird „Hund“ eingelesen; „Hund“ wird als lexikalische Kategorie *N* (Nomen) erkannt. Nun wird versucht, eine Regel zu finden, auf deren rechter Seite nur *N* steht. Eine solche Regel gibt es jedoch (jedenfalls in unserer Beispielgrammatik) nicht; das Parsing scheitert.

Entsprechend basieren moderne Parser stets auf Mischstrategien, wie etwa der ***Left-corner*-Parser** (Aho und Ullman 1972). Die Grundidee des *Left-corner*-Parsers ist, dass ausgehend von einem Wort ermittelt wird, zu welcher Konstituente es gehört. Der Rest der Konstituente wird dann *top-down* geparsed. Das Wechselspiel zwischen *Bottom-up-*

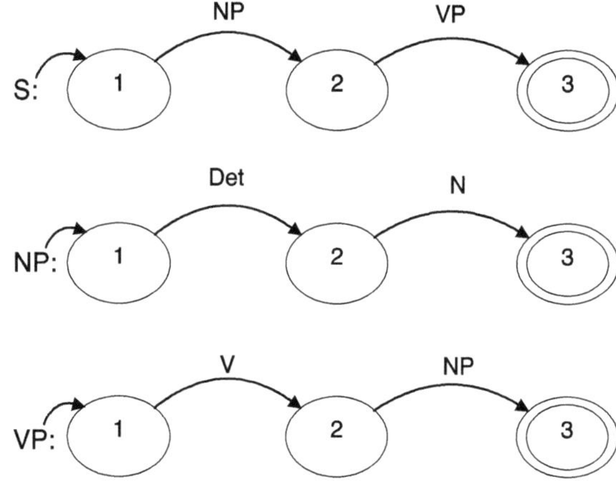


**Abb. 17.3** Darstellung eines *Augmented Transition Networks* als Graph. Dieses verarbeitet Sätze in die zugrunde liegenden Strukturen, wie etwa Nomen, Artikel und Verb

Identifikation der Konstituente und *Top-down*-Vervollständigung der Konstituente lässt sich elegant durch wechselseitige rekursive Aufrufe formulieren (Covington et al. 1994). Diese Strategie wird auch als psychologisch plausibel angesehen (Garnham 2013, S. 93) und unter anderem von Johnson-Laird (1983) bei der Modellierung von Sprachverarbeitungsprozessen eingesetzt.

Grammatiken wurden lange Zeit durch sogenannte ***Augmented Transition Networks*** (ATN) (Woods 1970) implementiert. ATN sind Automaten, ähnlich den in ▶ Kap. 8 eingeführten Turing-Maschinen. Ein ATN besteht aus Zuständen und Zustandsübergängen, wie diese in der ◘ Abb. 17.3 durch Darstellung eines ATN als Graph repräsentiert sind, mit dem Ziel, dass eingegebene Sätze in ihre grammatikalischen Teile zerlegt werden. An die Zustandsübergänge sind Aktionen gebunden:

1. Akzeptieren eines Wortes: Mit lexikalischen Kategorien (*Det*, *N*, *V*) bezeichnete Kanten akzeptieren ein Wort.
2. Aktivieren eines ATN: Mit Phrasentypen (*NP*, *VP*) bezeichnete Kanten aktivieren ein anderes Netzwerk.

ATN sind als Automaten formulierte Phrasenstrukturregeln. Es ist schwierig, generalisierte Regeln, etwa in der Form von Generalisierten Phrasenstrukturgrammatiken, mit ATN zu formulieren. Eine modernere Art, einen Parser zu implementieren, ist die Verwendung sogenannter ***Definite Clause Grammars*** (DCG), die leicht als Prolog-Programme formuliert werden können. In DCG können auch generalisierte, merkmalsbasierte Regeln formuliert werden. Im folgenden Beispiel verwenden wir jedoch die einfache Phrasenstrukturgrammatik aus Bsp. 17.1.

17

Regeln in Prolog (▶ Kap. 8) entsprechen definiten Klauseln. Die Regel $S \rightarrow NP\,VP$ kann als logische Implikation aufgefasst werden:

$$NP \wedge VP \rightarrow S.$$

„*S* besteht aus *NP* und *VP*“ entspricht der Aussage „*NP* und *VP* ergeben zusammen einen Satz *S*“, oder „Wenn *NP* und *VP* vorhanden sind, dann liegt ein Satz *S* vor.“ Anders als in der Logik wird die Reihenfolge der Phrasen hier durch die Reihenfolge ihrer Nennung festgelegt. Dies entspricht der *Left-to-right*-Auswertungsstrategie von Prolog. Wir erinnern uns, dass Prolog-Regeln die Form $K$ :– $A, B$ haben, was der logischen Form

$(A \wedge B) \rightarrow K \equiv \neg(A \wedge B) \vee K \equiv \neg A \vee \neg B \vee K$ entspricht. Disjunktionen von Literalen mit genau einem positiven Literal heißen **definite (Horn-)Klauseln**. Phrasenstrukturregeln können also unmittelbar als definite Klauseln und damit auch direkt als Prolog-Programm geschrieben werden:

## Eine *Definite Clause Grammar* in Prolog

Das Folgende orientiert sich an Covington et al. (1994, S. 45 ff.):

```
s(L1, L) :- np(L1, L2), vp(L2, L).
np(L1, L) :- det(L1, L2), n(L2, L).
vp(L1, L) :- v(L1, L2), np(L2, L).
det([der|L], L).
det([die|L], L).
n([dame|L], L).
n([gaertner|L], L).
v([ermordete|L], L).
```

Wir erinnern uns, dass Konstanten in Prolog mit einem Kleinbuchstaben beginnen müssen und Parameter mit einem Großbuchstaben. Entsprechend werden alle lexikalischen Einträge klein geschrieben. Wir erklären das Programm beispielhaft für das Parsing eines Satzes: Der Parser wird mit der Regel `s(L1,\,L)` aufgerufen, wobei der Parameter `L1` einen Eingabesatz in Form einer Liste erhält, zum Beispiel:

```
1 s([der, gaertner, ermordete, die, dame], L).
```

Die Parameter in der Regel mit dem Kopf `s(L1,\,L)` werden durch die Argumente im Aufruf substituiert, also

```
2 s([der, gaertner, ermordete, die, dame], L) :-
  np([der, gaertner, ermordete, die, dame], L2),
  vp(L2, L).
```

Die rechte Seite der Regel wird von links nach rechts ausgewertet, also betrachten wir nun:

```
3 np([der, gaertner, ermordete, die, dame], L) :-
  det([der, gaertner, ermordete, die, dame], L2),
  n(L2, L).
```

Für `det` existieren zwei Regeln. Die erste Regel verlangt, dass das erste Element der Liste das Wort „der“ ist. Ist dies der Fall, so liefert `det` die Liste ohne das erste Element zurück. Prolog-Regeln arbeiten mit Pattern-Matching und Unifikation (▶ Kap. 6). Die Forderung, dass das erste Wort der Eingabeliste „der“ ist, wird durch Pattern-Matching überprüft. Gleichzeitig wird die Eingabeliste durch den Ausdruck `[der|L]` in Kopf (das erste Element) und Rumpf (die Restliste) gespalten. Das zweite Argument von `det` ist beim Aufruf der Regel unbelegt. Es hat denselben Parameternamen wie die Restliste. Beim Regelaufruf wird der zweite Parameter mit dem Wert der Restliste belegt (unifiziert):

```
  4 det([der|[gaertner, ermordete, die, dame]],
    [gaertner, ermordete, die, dame]).
```

Das Ergebnis der Regelanwendung (4) wird nun an (3) zurückgeliefert:

```
3.1 np([der, gaertner, ermordete, die, dame], L) :-
    det([der, gaertner, ermordete, die, dame],
    [gaertner, ermordete, die, dame]),
    n([gaertner, ermordete, die, dame], L).
```

Durch Unifikation ist somit auch das erste Argument des zweiten Ausdrucks `n(L2, L)` belegt. Es wird die Regel `n` aufgerufen.

```
  5 n([dame|L], L].
```

kann nicht angewendet werden, da das Pattern-Matching scheitert. Aber die zweite Regel für `n` kann erfolgreich angewendet werden:

```
  6 n([gaertner|[ermordete, die, dame]],
    [ermordete, die, dame]).
```

(3.1) hat nun die Form

```
3.2 np([der, gaertner, ermordete, die, dame],
    [ermordete, die, dame]) :-
    det([der, gaertner, ermordete, die, dame],
    [gaertner, ermordete, die, dame]),
    n([gaertner, ermordete, die, dame],
    [ermordete, die, dame]).
```

Der bei Regelaufruf noch unbelegte Parameter `L` wird mit dem Ergebnis von `n`, also mit `[ermordete,\,die,\,Dame]`, unifiziert. Regel 3 ist abgearbeitet und liefert ihr Ergebnis zurück an (2):

```
2.1 s([der, gaertner, ermordete, die, dame], L) :-
    np([der, gaertner, ermordete, die, dame],
    [ermordete, die, dame]),
    vp([ermordete, die, dame], L).
```

Jetzt wird die Regel `vp(L2,\,L)` aufgerufen. Das erste Argument ist durch Unifikation mit `L2` aus `np(L1,\,L2)` belegt, `vp` wird analog zu `np` geparsed:

```
  7 vp([ermordete, die, dame], L) :-
    v([ermordete, die, dame], L2), np(L2, L).
  8 v([ermordete|[die, dame]], [die, dame]).
7.1 vp([ermordete, die, dame], L) :-
    v([ermordete, die, dame],[die, dame]),
    np([die, dame], L).
  9 np([die, dame], L) :-
    det([die, dame], L2), n(L2, L).
 10 det([die|[dame]], [dame]).
9.1 np([die, dame], L) :-
    det([die, dame], [dame]), n([dame], L).
 11 n([dame|[]], []).
```

```
9.2 np([die, dame], []) :-
    det([die, dame], [dame]), n([dame], []).
2.2 s([der, gaertner, ermordete, die, dame], []) :-
    np([der, gaertner, ermordete, die, dame],
    [ermordete, die, dame]),
    vp([ermordete, die, dame], []).
  1 s([der, gaertner, ermordete, die, dame], []).
```

Die Regeln des Prolog-Programms konnten erfolgreich auf den Eingabesatz angewendet werden. Das Programm antwortet mit „`yes`".

Grammatiken, die die Strukturen beschreiben, nach denen korrekte Sätze aufgebaut sein können, bilden die Grundlage für Parser. Parser sind **Prozessmodelle** der Syntaxanalyse. Ein Parser kann unter zwei verschiedenen Aspekten konstruiert und bewertet werden. Der eine Aspekt ist die Vollständigkeit und Effizienz der Syntaxanalyse, also welche Menge an syntaktischen Konstruktionen der Parser mit welchem Berechnungsaufwand erkennen kann. Der zweite Aspekt ist die psychologische Adäquatheit, also inwieweit der Prozess der Syntaxanalyse menschlichen Strategien entspricht. Die beiden Aspekte sind nicht unabhängig voneinander, da menschliche Parsing-Strategien im Allgemeinen sehr effizient sind. Entsprechend wird versucht, Prinzipien menschlicher Parsing-Prozesse zu identifizieren und in maschinelle Parser zu integrieren.

Wir haben oben bereits das *Left-corner*-Parsing erwähnt, das die psychologisch plausible Mischstrategie aus *Top-down-* und *Bottom-up*-Analyse realisiert. Ein weiteres wichtiges Prinzip ist das ***„minimal attachment"*** (Frazier und Fodor 1978), wonach stets versucht wird, eine Phrasenstruktur mit möglichst wenigen Knoten aufzubauen. Dieses Prinzip ist bei der Analyse strukturell mehrdeutiger Sätze relevant. Betrachten wir die beiden Sätze
(1) Der Spion sah den Mann mit dem Fernglas.
(2) Der Spion sah den Mann mit dem Revolver.

In Satz (1) kann „mit dem Fernglas" (a) als Instrument des Sehens aufgefasst werden und damit an die Verbalphrase gebunden werden. Alternativ kann „mit dem Fernglas" (b) als Eigenschaft des gesehenen Mannes aufgefasst werden, also an die der Verbalphrase untergeordnete Nominalphrase gebunden werden. Um die Struktur des obigen Satzes zu repräsentieren, benötigen wir bisher noch nicht eingeführte Phrasenstrukturregeln für Präpositionalphrasen (*PP*). Unsere Grammatik besteht dann aus folgenden Regeln:

$S \rightarrow NP, VP$
$NP \rightarrow Det, N$
$NP \rightarrow NP, PP$ Nominalphrase → Nominalphrase Präpositionalphrase
$VP \rightarrow V, NP$
$VP \rightarrow V, NP, PP$ Verbalphrase → Verb Nominalphrase Präpositionalphrase
$PP \rightarrow P, NP$ Präpositionalphrase → Präposition Nominalphrase
$P \rightarrow$ mit | durch | in | ...

Die beiden möglichen Phrasenstrukturen des ambigen Satzes (1) sind in ◘ Abb. 17.4 dargestellt. Variante (a) weist eine Phrasenstruktur mit 14 Knoten (ohne lexikalische Einträge gerechnet) auf, Variante (b) eine Struktur mit 15 Knoten; also wird die Lesart von Variante (a) präferiert.

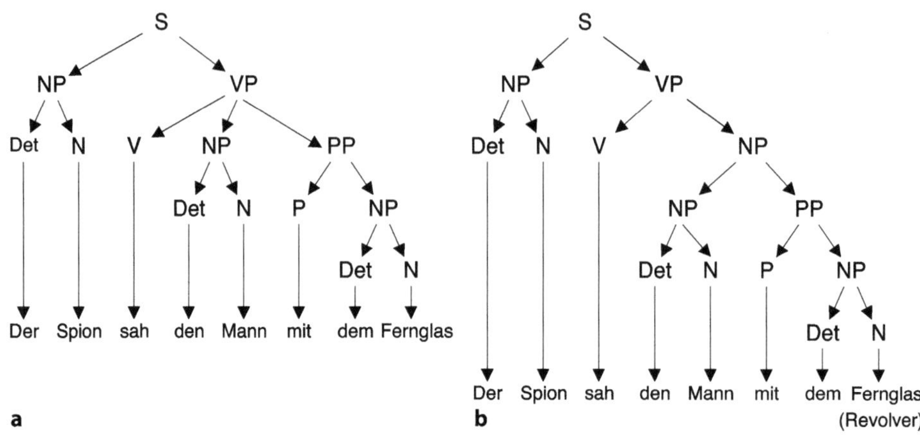


**Abb. 17.4** Analyse der syntaktischen Struktur des Beispielsatzes mit Unterteilung in Nominalphrase, Verbalphrase und Präpositionalphrase

Dass bei Sätzen der obigen Struktur Präpositionalphrasen bevorzugt an die Verbalphrase gebunden werden, zeigen zum Beispiel Experimente von Rayner et al. (1983). Diese Autoren konnten belegen, dass Sätze, bei denen es semantisch nicht möglich ist, die Präpositionalphrase an die Verbalphrase zu binden, wie etwa Satz (2), deutlich längere Lesezeiten benötigen. Dies wird dadurch erklärt, dass zunächst eine Phrasenstruktur aufgebaut wird, bei der die Präpositionalphrase an die Verbalphrase gebunden wird. Nach Einlesen der Präpositionalphrase muss dann eine Reanalyse durchgeführt und die Phrasenstruktur umorganisiert werden (Strube 1993, Kap. 4.7).

An diesem Beispiel wird deutlich, dass die Analyse der syntaktischen Struktur von Sätzen durch deren semantischen Inhalt beeinflusst werden kann. Im Folgenden wenden wir uns dem Problem der Bedeutungsanalyse sprachlicher Ausdrücke zu.

## 17.3 Zur Vertiefung

### Originalarbeiten

- Brachman, R. J. und Schmolze, J. G. (1989). An overview of the KL-ONE knowledge representation system. *Readings in artificial intelligence and databases*, S. 207–230.
- Chomsky, N. (2014). *Aspects of the theory of syntax: With a new preface by the author.* MIT Press.
- Schank, R. C. (1972). Conceptual dependency: A theory of natural language understanding. *Cognitive psychology*, *3*(4), 552–631.

17

### Einführende Texte

- Menzel, W. (2021). Sprachverarbeitung. In: G. Görz and U. Schmid and T. Braun, Hrsg. (eds.), *Handbuch der Künstlichen Intelligenz*, S. 601–672. De Gruyter Oldenbourg; Überblick über linguistische Ansätze der Syntax und Semantik.
- Covington, M. A., Grosz, B. J., und Pereira, F. C. N. (1994). *Natural language processing for PROLOG programmers*. Prentice Hall, Athens, GA; Einführung in die Implementation von Parsing-Algorithmen und Algorithmen zur Bedeutungsanalyse.

# Sprachverarbeitung: semantische Analyse

Inhaltsverzeichnis




M. Ragni, U. Schmid, *Kognitive Künstliche Intelligenz*, https://doi.org/10.1007/978-3-662-69498-5_18

Wir haben meist keine Schwierigkeiten, die Bedeutung sprachlicher Ausdrücke zu verstehen. Wir haben auch eine intuitive Vorstellung davon, was „Bedeutung" ist. Will man aber Bedeutung ähnlich präzise definieren, wie wir das im vorigen Abschnitt mit der Syntax getan haben, so merkt man schnell, dass dies sehr schwierig ist. Im Folgenden geben wir einige Sichtweisen auf Bedeutung an, die insbesondere aus der Philosophie und der Logik stammen. Alle Ansätze gehören zum Bereich der **formalen Semantik**.

## 18.1 Bedeutung als Sinn und Referenz

Der Begründer der modernen formalen Logik, **Gottlob Frege**, führte Ende des letzten Jahrhunderts eine Trennung zweier semantischer Aspekte sprachlicher Ausdrücke ein, des Sinnes und der Referenz. Die **Referenz** (auch **Denotation**) eines sprachlichen Ausdrucks ist das, wofür der Ausdruck steht. So referiert zum Beispiel der Ausdruck „Eiffelturm" auf die 300 Meter hohe Stahlkonstruktion, die in Paris steht. Die Referenz des Ausdrucks ist das reale Objekt in der Welt. Der **Sinn** eines sprachlichen Ausdrucks bezeichnet hingegen seinen „Inhalt"; der Sinn legt fest, was ein Ausdruck denotieren kann. Was damit gemeint ist, kann am besten durch das klassische Beispiel, das Frege selbst gegeben hat, veranschaulicht werden:

1. Der Abendstern steht am Himmel.
2. Der Morgenstern steht am Himmel.

„Morgenstern" und „Abendstern" haben dieselbe Referenz: Beide verweisen auf den Planeten Venus. Die beiden Ausdrücke haben jedoch unterschiedlichen Sinn. „Abendstern" bezeichnet die Venus als Himmelskörper, der am Abendhimmel zuerst erscheint, wenn die Sterne sichtbar werden, während „Morgenstern" die Venus als Himmelskörper bezeichnet, der in der Morgendämmerung als einer der letzten „Sterne" am Himmel verbleibt.

Frege gab an, wie in Abhängigkeit vom Typ des sprachlichen Ausdrucks seine Referenz angegeben werden kann. Ausdrücke wie „Eiffelturm", „Venus", „England" oder „Frank Zappa" sind **Eigennamen**. Wir haben bereits dargestellt, dass Eigennamen auf bestimmte Objekte in der Welt verweisen, sei es auf konkrete oder abstrakte Objekte, also dass jeder Ausdruck seine spezifische Referenz hat. Dagegen denotieren **Bezeichner** wie „Stuhl" oder „Maus" oder Prädikate wie „ist rot" ganze Mengen von Objekten: Die Referenz von „Stuhl" ist die Menge aller Stühle, die Referenz von „ist rot" ist die Menge aller roten Objekte.

Was solche Mengen mit Bedeutung zu tun haben sollen, ist auf den ersten Blick vielleicht nicht einsichtig. Sei die Referenz eines Eigennamens ein reales Objekt (Person, Land) in der Welt. Wie finde ich etwas Analoges für Sammelbegriffe wie „Stuhl" oder „rot"? Offensichtlich ist es doch so, dass ich auf die Frage „Wer ist Frank Zappa?" entweder auf ihn zeigen kann, wenn er im Raum ist (Referenz), oder aber anfangen kann, ihn durch Eigenschaften zu charakterisieren (Sinn). Allerdings ist nicht jede Liste von Eigenschaften ausreichend: In einem Raum voller Musiker wäre die Eigenschaft Musiker nicht ausreichend, um Frank Zappa zu identifizieren. Darüber hinaus bleibt „Frank Zappa" Frank Zappa, auch wenn er vielleicht nie Musiker geworden wäre. Die Bezeichnung verweist auf ihn, weil er von denen, die ihn persönlich kannten, so genannt wurde. Dies hat Kripke in seiner Theorie als rigiden Designator bezeichnet (Kripke 1980). Wenn ich nun frage: „Was ist ein Stuhl?", kann ich entweder auf alle möglichen Stühle, die gerade im Blickfeld sind, zeigen (Referenz) oder ich kann wiederum Eigenschaften von Stühlen aufzählen (Sinn). Anstelle von Referenz und Sinn wird auch häufig von **Extension** (Gegenstände und Mengen) und **Intension** (Eigenschaften) gesprochen.

## 18.2 Lexikalische und strukturelle Semantik

Eine zweite zentrale Unterscheidung ist die zwischen **Wortbedeutung** (lexikalische Semantik) und der **Bedeutung von komplexeren sprachlichen Ausdrücken** (Phrasen, Sätze). Eine mögliche Behandlung der Bedeutung sprachlicher Ausdrücke ist die sogenannte **strukturelle Semantik**. Dies ist ein formaler Ansatz, bei dem die Bedeutung eines komplexen Ausdrucks in Abhängigkeit von den Bedeutungen seiner Bestandteile und der Art ihrer Verknüpfung angegeben wird. Dieses Vorgehen entspricht dem in ▶ Kap. 2 eingeführten Prinzip der **Kompositionalität**.

Betrachten wir jedoch die Bedeutung sprachlicher Ausdrücke zunächst allgemeiner. Während die referentielle Bedeutung von „Katze" die Menge aller Katzen ist, bezeichnet die Phrase „die Katze" ein konkretes Individuum aus der Menge aller Katzen. Sätze und Phrasen haben offensichtlich meist eine spezifische Interpretation, die in engem Bezug zu spezifischen Fakten in der Welt steht. Genau der Bezug zur realen Welt führt jedoch oft dazu, dass es unklar bleibt, worauf ein sprachlicher Ausdruck genau referiert, da viele Dinge oder Personen ähnliche Merkmale aufweisen können: Auf die Phrase „der Typ mit den blonden Haaren und der Brille" wird manchmal mit der Frage „Welchen meinst du?" reagiert. Eine Bedeutungstheorie muss also festlegen, welche semantische Information sprachliche Ausdrücke enthalten. Der Sinn eines Ausdrucks legt erst einmal noch nicht fest, worauf er referiert, sondern nur, worauf er referieren *kann*. Anders ausgedrückt muss eine Bedeutungstheorie angeben, in welchen Kontexten oder unter welchen Bedingungen jeder Satz einer Sprache auf bestimmte Dinge oder Personen in der Welt referieren kann. Betrachten wir, was die von Frege eingeführte formale Semantik in Bezug auf diese Forderung leistet.

Frege hat seine Idee der Referenzsemantik nicht nur für Namen und Eigenschaftsbezeichner, sondern auch für Aussagen formuliert. Wir wissen bereits, dass die Referenz eines Individuenbezeichners (z. B. einer Person oder eines Ortes) das konkrete Individuum ist, auf das er verweist, während die Referenz eines Eigenschaftsbezeichners die Menge aller Objekte ist, auf die diese Eigenschaft zutrifft. Wir wissen bereits, dass die Referenz eines Individuenbezeichners (z. B. einer Person oder eines Ortes) das konkrete Individuum ist, auf das er verweist, während die Referenz eines Eigenschaftsbezeichners die Menge aller Objekte ist, auf die diese Eigenschaft zutrifft. Weiter definiert Frege, dass die **Referenz einer Aussage** ihr **Wahrheitswert** ist. Das kommt uns nun sicher zunächst ebenso merkwürdig vor wie eingangs die Bedeutungsfestlegung über Mengen. Betrachten wir also genauer, was Frege damit meint. Wieder gilt: Referenz ist das, was den Bezug von Aussagen zur realen Welt herstellt. Bei Eigenschaftbezeichnern ist es nicht möglich, auf eine konkrete Entität zu zeigen und zu sagen: „Das ist es", da es sehr viele Entitäten geben kann, auf die diese Eigenschaft (rot zu sein, Stuhl zu sein) zutrifft. Ein ähnliches Problem haben wir bei Aussagen. Die Aussage „Es regnet" beschreibt alle Situationen, in denen es regnet. Entsprechend erhält die Aussage die Bedeutung darüber, dass sie genau in denjenigen Situationen, in denen es tatsächlich regnet, wahr ist (◘ Tab. 18.1).

**Tab. 18.1** Referentielle Bedeutung nach Frege

| Element der Sprache | Beispiel | Bedeutung |
|---|---|---|
| Eigennamen | „Zappa“, „England“, „Eiffelturm“ | Individuum/Objekt |
| Prädikat | „Stuhl“, „rot“ | Menge |
| Aussage | „Es regnet.“, „Peter liest.“ | Wahrheitswert |

## Modelltheoretische Semantik: Wahrheitstheorie und mögliche Welten

Die formale Semantik befasst sich insbesondere mit dem Problem der Bedeutung von Sätzen. Nach Frege ist die (referentielle) Bedeutung einer Aussage ihr Wahrheitswert. Die Aussage „Peter liest“ oder die zugrunde liegende Proposition *lesen*(*Peter*) ist in manchen Äußerungssituationen wahr, in anderen falsch. Um den Wahrheitswert solcher Aussagen zu bestimmen, bietet die formale Logik geeignete Werkzeuge. In ▶ Kap. 5 haben wir die Aussagenlogik als Teilmenge der Prädikatenlogik erster Stufe eingeführt, die die Bedeutung solcher Aussagen formalisieren kann.

In der formalen Semantik werden **Propositionen** als abstrakte Bedeutungseinheiten betrachtet, die durch einen Satz ausgedrückt werden und in verschiedenen möglichen Welten wahr oder falsch sein können. Die Korrektheit von Aussagen lässt sich mithilfe von Wahrheitstafeln ermitteln, wenn die Aussagen keine Variablen enthalten.

Wenn wir für einzelne Propositionen den Wahrheitswert kennen, können wir den Wahrheitswert daraus zusammengesetzter komplexerer Aussagen berechnen. Dies entspricht genau der oben gegebenen Definition von struktureller Semantik, dem Prinzip der Kompositionalität: Die Bedeutung einer Aussage ergibt sich aus den Bedeutungen ihrer Elemente zusammen mit der Art ihrer Verknüpfung. Die Aussage „Peter liest und Anna sieht fern“ besteht aus den konjunktiv (also mit ‚und‘) verknüpften Propositionen *lesen*(*Peter*) und *fernsehen*(*Anna*). Die Bedeutung des Junktors „und“ ist so festgelegt, dass die Gesamtaussage dann und nur dann wahr ist, wenn beide Glieder der Konjunktion wahr sind. Die Aussage „Peter liest oder Anna sieht fern“ kann als *lesen*(*Peter*) $\veebar$ *fernsehen*(*Anna*) formuliert werden. In der natürlichen Sprache ist das Wort „oder“ oft **mehrdeutig**: Es kann sowohl im exklusiven als auch im inklusiven Sinn verwendet werden, was je nach Kontext unterschiedlich interpretiert werden kann. Im Alltag wird „oder“ jedoch häufig so verstanden, dass es eine **ausschließende Bedeutung** hat (also ein „entweder … oder …“), weshalb es oft als **exklusives Oder (XOR)** interpretiert wird. Ein Beispiel dafür ist die Frage „Möchtest du Tee oder Kaffee?“ – hier wird normalerweise impliziert, dass nur eine der beiden Optionen gemeint ist, nicht beide gleichzeitig. Diese Interpretation entspricht dem exklusiven Oder, bei dem genau eine der beiden Möglichkeiten zutrifft, aber nicht beide.

Entsprechend können Aussagen wie „Wenn Peter liest, dann sieht Anna fern“ (*lesen*(*Peter*) $\rightarrow$ *fernsehen*(*Anna*)) oder „Peter liest immer genau dann, wenn Anna fernsieht“ (*lesen*(*Peter*) $\leftrightarrow$ *fernsehen*(*Anna*)) behandelt werden. Die strukturelle Semantik befasst sich also mit den Wahrheitsbedingungen von Aussagen; entsprechend wird hier auch von „wahrheitstheoretischer Semantik“ gesprochen.

Freges Vorschlag scheint uns die Möglichkeit zu geben, die Bedeutung von Aussagen ähnlich formal zu behandeln wie die syntaktische Struktur von Aussagen. Semantiker und Logiker des 20. Jahrhunderts haben jedoch einige Probleme dieses Ansatzes aufgezeigt und entsprechend modifizierte Ansätze der wahrheitstheoretischen Semantik vorgeschlagen.

Ein Problem, auf das der Logiker **Alfred Tarski** (1936) hinwies, ist, dass die Bedeutungsfestlegung für Sätze, die semantische Begriffe („wahr", „falsch") enthalten, zu Paradoxien führen kann. Auf dieses Problem sind wir bereits im Zusammenhang mit der Berechenbarkeit von Algorithmen in ▶ Kap. 10 eingegangen.

Sätze wie „Dieser Satz ist falsch" (formalisiert als falsch(Satz)) können in Freges Ansatz nicht sinnvoll behandelt werden: Wenn der Satz wahr ist, so ergibt sich wahr(Satz) $\models$ falsch(Satz). Das bedeutet, dass die Aussage „Dieser Satz ist falsch" tatsächlich wahr ist, was wiederum im Widerspruch zur ursprünglichen Annahme steht, dass der Satz wahr ist. Wenn der Satz hingegen falsch ist, dann müsste falsch(Satz) $\models \neg$falsch(Satz) gelten. Das ist gleichbedeutend mit falsch(Satz) $\models$ wahr(Satz), was ebenfalls einen Widerspruch ergibt.

Daraus folgt, dass ein selbstreferentieller Satz wie „Dieser Satz ist falsch" immer dann wahr ist, wenn er falsch ist, und umgekehrt, was zu einem logischen Paradoxon führt (▶ Abschn. 10.3).

Solchen Aussagen kann nicht sinnvoll ein Wahrheitswert zugeordnet werden. Tarski hat dieses Problem dadurch gelöst, dass er die Unterscheidung zwischen **Objektsprache** und **Metasprache** eingeführt hat: Aussagen werden in einer Objektsprache formuliert. Um über die Wahrheit von Aussagen der Objektsprache zu sprechen, benötigen wir eine Metasprache, in der wir die Wahrheitswerte dieser Aussagen beurteilen können. Entsprechend sind Sätze wie „Dieser Satz ist falsch" unzulässig, da sie die Ebenen von Objekt- und Metasprache vermischen.

Tarski hat sich, wie Frege, vor allem mit der Semantik formaler Sprachen (Logik, Mathematik) beschäftigt, nicht mit der natürlicher Sprachen. Als Objektsprache hat er entsprechend die Sprache der Prädikatenlogik erster Stufe verwendet (▶ Kap. 5). Die Metasprache ist der Objektsprache übergeordnet. Auf der Metaebene (oder in der Metasprache) sprechen wir über Modelle der Objektsprache. Ein Modell legt die Bedingungen

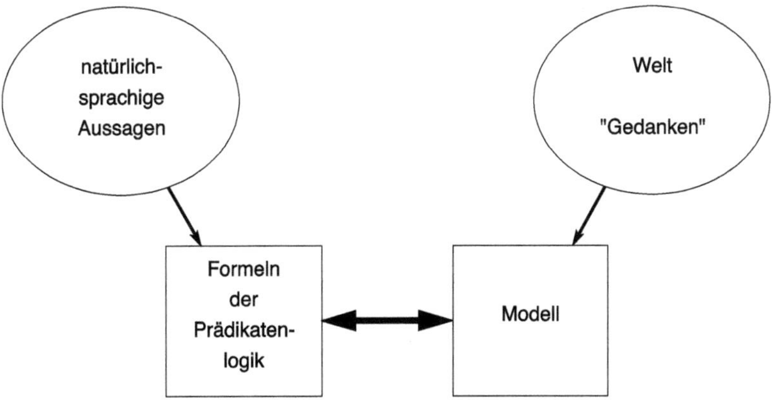


**Abb. 18.1** Zusammenhang zwischen Aussagen, der Prädikatenlogik, einem Modell und der Welt

fest, unter denen die Wahrheit (Bedeutung) von Sätzen der Objektsprache formuliert werden kann. Solche Modelle für die Prädikatenlogik wurden bereits in ▶ Kap. 5 eingeführt. Eine Interpretationsfunktion legt fest, was jedes Wort der Objektsprache denotiert: Eigennamen der Objektsprache denotieren Individuen und entsprechen den Konstanten in der Prädikatenlogik. Atomare Aussagen (Propositionen) denotieren Wahrheitswerte im Modell. Die Bedeutung komplexer Aussagen, also von Aussagen, die mittels Junktoren und/oder Quantoren aufgebaut sind, wird nach dem oben beschriebenen Prinzip der Kompositionalität berechnet. Semantikansätze, die auf diese Weise die Wahrheitsbedingungen von Sätzen über Modelle festlegen, werden als **modelltheoretische Semantiken** bezeichnet (◼ Abb. 18.1).

Tarskis Ansatz ist bis heute zentral für die Semantik formaler Sprachen, bietet jedoch nur begrenzte Möglichkeiten für die Behandlung natürlicher Sprachen. Insbesondere lassen sich sogenannte **Modalausdrücke**, wie „Es ist notwendig, dass *X*" oder „Es ist möglich, dass *X*", damit schwer definieren, da diese sich nicht nur auf die aktuelle Welt, sondern auf alternative mögliche Welten beziehen, in denen *X* wahr oder falsch sein kann. Auch **epistemische Modalausdrücke**, die Wissens- und Überzeugungszustände behandeln, erfordern eine ähnliche Erweiterung: Zum Beispiel ist „A weiß, dass *X*" wahr, wenn *X* in allen für *A* zugänglichen Welten wahr ist, während „A glaubt, dass *X*" gilt, wenn *X* in einigen dieser Welten wahr ist.

Dieses Problem griff **Saul Kripke** (1963) in seiner **Mögliche-Welten-Semantik** (*possible worlds semantics*) auf und erweiterte die Prädikatenlogik um Modaloperatoren. Dabei wird ein Rahmen (oder eine Struktur) eingeführt, der eine Menge möglicher Welten und eine Zugänglichkeitsrelation umfasst. Diese Struktur ermöglicht es, Sätze je nach Welt als wahr oder falsch zu bewerten und so Aussagen über Notwendigkeit und Möglichkeit präzise zu analysieren.

So ist der Satz „Es ist möglich, dass Elon Musk Kaffee trinkt" genau dann wahr, wenn mindestens eine mögliche Welt existiert, in der der Satz „Elon Musk trinkt Kaffee" wahr ist. Mögliche Welten stehen dabei in einer sogenannten Zugänglichkeitsrelation zueinander. Der Satz „Taylor Swift glaubt, dass Joe sie liebt" ist folglich dann wahr, wenn in einer Welt, die den Überzeugungen von Taylor Swift entspricht, der Satz „Joe liebt Taylor Swift" gilt.

Auch die kripkesche Semantik ist eine modelltheoretische Semantik. Modelltheoretische Ansätze haben gemein, dass Semantik durch die Interpretation formaler Ausdrücke in einer Modellwelt beschrieben wird. Mit Prädikatenlogik und Modellen kann exakt gearbeitet werden. Wir dürfen aber nicht vergessen, dass wir die eigentliche Beziehung, die uns interessiert, die zwischen Sprache und Welt, auf diese Art gar nicht behandeln. Die Übersetzung natürlicher Sprache in Prädikatenlogik und die Entwicklung eines Modells sind beides Prozesse, die nicht formal beschreibbar sind. Hier verlassen wir uns auf Intuition, die wir aus der formalen Semantik gerade verbannen wollten.



## Formale Semantik und psychologische Bedeutungstheorien

Formale Ansätze zur Bedeutungsfestlegung konzentrieren sich auf die Analyse von Sätzen (strukturelle Semantik) und auf den Referenzaspekt von Bedeutung (wahrheitstheoretische Semantik). Die Bedeutung von Worten wird meist als gegeben vorausgesetzt. Sprachliche Ausdrücke werden in Bezug auf die Welt interpretiert, wobei oft ein Modell als vereinfachtes Abbild eines Ausschnitts der Welt verwendet wird. Dabei ist zu

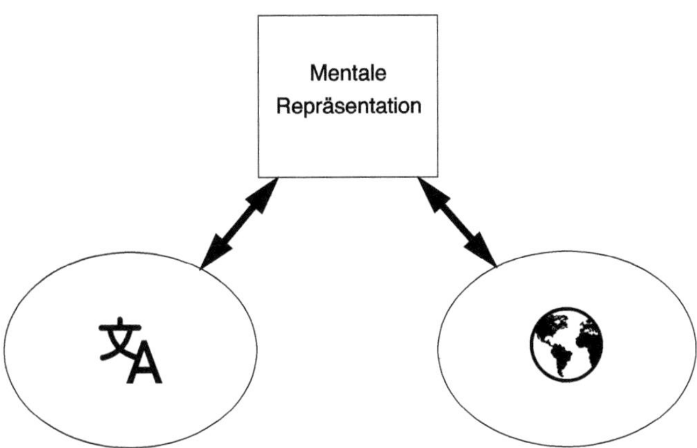


**Abb. 18.2** Darstellung der Beziehung der mentalen Repräsentation zur Sprache und zur Welt

beachten, dass Menschen Sprache und Welt über mentale Repräsentationen erleben (Abb. 18.2). Wahrnehmungseindrücke werden über unsere Sinnesorgane aufgenommen, im Arbeitsspeicher verarbeitet und gegebenenfalls mit Informationen aus dem Langzeitgedächtnis angereichert (▶ Kap. 2). Das bedeutet, dass referentielle Bezüge über unsere Repräsentationen der Welt hergestellt werden, auch wenn sie sich auf tatsächliche Dinge der Welt richten. Diese Idee wird in der Philosophie des Geistes, die wir als eine Grundlage der Kognitionswissenschaft kennengelernt haben (▶ Abschn. 2.2), als **methodologischer Solipsismus** bezeichnet (siehe (▶ Kap. 12.2)).

Dasselbe Argument gilt auch für Computermodelle zur Analyse sprachlicher Bedeutungen. Selbst wenn wir einen Computer mit Sinnesorganen (Daten aus Videokamera oder Mikrophon) ausstatten, sind aus der Umwelt eingehende bildliche oder sprachliche Informationen immer in einem bestimmten Format repräsentiert. Objekte in der Umwelt werden beispielsweise als Pixelraster (▶ Kap. 11) repräsentiert, sprachliche Reize als Spektrogramme (Goldstein 2016).

Um etwa ein Objekt als Hund zu erkennen, muss ein kognitives System (Mensch oder Computer) aktuelle Objekt-Informationen im Arbeitsspeicher mit im Langzeitgedächtnis gespeicherten Objektmerkmalen vergleichen. Das Objekt kann als Exemplar der Gattung „Hund" benannt werden, wenn eine entsprechende Merkmalsstruktur im Langzeitgedächtnis (etwa ein Teil eines semantischen Netzes) mit der Wortmarke „Hund" versehen ist. Modelle, die Bedeutungsanalyse in Bezug auf mentale Repräsentationen beschreiben, müssen sich also vor allem mit dem Sinn (der Intension) sprachlicher Ausdrücke befassen.

## 18.3 Zur Vertiefung

- Barwise, J. und Perry, J. (1981). Situations and attitudes. *The Journal of Philosophy*, *78*(11), 668–691. Darstellung der Situationssemantik als Alternative zu wahrheitstheoretischen Semantiken. Auf diesen in der modernen Linguistik sehr relevanten Ansatz sind wir nicht eingegangen.

- Frege, G. (1879/1972). Conceptual notation: A formula language of pure thought modelled upon the formula language of arithmetic. In: T.W. Bynum, Hrsg., *Conceptual Notation and Related Articles*. Oxford University Press. (Ursprünglich auf Deutsch, *Begriffsschrift, eine der arithmetischen nachgebildete Formelsprache des reinen Denkens*. Halle: L. Nerbert.)
- Kamp, H. (1981). Theory of truth and semantic representation. In: J. A. G. Groenendijk, Hrsg., *Formal Methods in the Study of Language*. Mathematical Center Tracts. Darstellung der Diskursrepräsentationstheorie.
- Garnham, A. (2013). *Psycholinguistics (PLE: Psycholinguistics): Central Topics*. Psychology Press. Einführung aller wesentlichen psycholinguistischen Ansätze mit Bezug auf Philosophie, Linguistik und Künstliche Intelligenz.

# Mentale Modelle beim Textverstehen

Inhaltsverzeichnis




M. Ragni, U. Schmid, *Kognitive Künstliche Intelligenz*, https://doi.org/10.1007/978-3-662-69498-5_19

## 19.1 Repräsentation von Wortbedeutung

Im Folgenden stellen wir verschiedene Ansätze zur Repräsentation von Wortbedeutungen vor. Ein Wort ist im Prinzip nichts anderes als eine syntaktische Benennung (*label*) für einen Begriff (s. u.). Entsprechend wird die Repräsentation von Wortbedeutungen auch als **Konzept-** oder **Begriffsrepräsentation** bezeichnet. Modelle des **semantischen Gedächtnisses** geben Repräsentationsformate für begriffliches Wissen an. Wir haben bereits einen Ansatz für die Modellierung des semantischen Gedächtnisses kennengelernt, die semantischen Netze (► Kap. 3 und 5). Weitere Ansätze zur Repräsentation von Wortbedeutungen sind Merkmalstheorien, Prototypen, Bedeutungspostulate und die prozedurale Semantik.

Alle Ansätze zur Repräsentation von Wortbedeutungen stehen vor dem Problem, wie Bedeutung innerhalb eines Systems, also ohne Bezug zu einem externen Medium, repräsentierbar ist. In einem Wörterbuch werden Worte durch andere Worte erklärt. Dabei wird davon ausgegangen, dass die Worte, die zur Erklärung eines Wortes verwendet werden, selbst bereits bekannt sind. Ein kognitionswissenschaftliches Modell zur Wortbedeutung muss dagegen für *alle* Worte beschreiben, wie ihre Bedeutung repräsentiert wird. Wird etwa die Bedeutung des Wortes „Hund" durch die Eigenschaften „hat vier Beine und kann bellen" beschrieben, so müsste eigentlich auch angegeben werden, wie die Bedeutung von „hat", „kann", „vier", „Beine" und „bellen" repräsentiert ist. Jeder Versuch, Worte relativ zu anderen Worten zu erklären, birgt die Gefahr von Zirkelschlüssen. Um dem zu entgehen, werden häufig bestimmte Worte, etwa solche für grundlegende, durch Wahrnehmung zugängliche Merkmale, ausgegrenzt, die zur Beschreibung anderer Worte verwendet, aber selbst nicht definiert werden.

Dieses Vorgehen liegt zum Beispiel den **Merkmalstheorien** zugrunde. Dort wird davon ausgegangen, dass Wortbedeutungen über Merkmalslisten repräsentiert werden. Eine Herangehensweise ist die Definition einer hierarchisch organisierten Menge zweiwertiger Merkmale (Katz und Fodor 1963), die auch als „semantische Marker" bezeichnet werden. Beispiele für solche semantischen Marker sind *belebt/unbelebt, menschlich/nichtmenschlich* und *männlich/weiblich*. Katz und Fodor (1963) vertraten die Annahme, dass eine abgeschlossene Menge solcher semantischer Marker existiert, mit der alle Worte charakterisiert werden können. Der Begriff „Vogel" kann zum Beispiel durch die Merkmalsausprägungen *belebt, nichtmenschlich* beschrieben werden.

Eine andere Herangehensweise wurde von Smith et al. (1974) vorgeschlagen. In ihrer Merkmalstheorie werden Begriffe durch definierende und charakteristische Merkmale beschrieben. *Definierende* Merkmale sind solche, die vorhanden sein müssen, damit ein Objekt als unter diesen Begriff fallend gelten kann. *Charakteristische* Merkmale sind dagegen solche, die für viele zu einem Begriff gehörende Objekte typisch sind. So ist etwa die Eigenschaft „hat Federn" definierend für den Begriff „Vogel", die Eigenschaft „kann fliegen" dagegen charakteristisch.

Merkmalstheorien wurden überwiegend zur Beschreibung der Bedeutung von Hauptwörtern (Nomina) herangezogen, die physikalische (wahrnehmbare) Objekte bezeichnen. Die den Merkmalsansätzen zugrunde liegende Idee, die Bedeutung von Worten durch universell gültige Eigenschaften zu charakterisieren, kann aber auch auf Zeit- und Raumkonzepte sowie auf Ereignisse und Handlungen angewendet werden. Die Wortklasse, die typischerweise Aktionen bezeichnet, sind Verben. Schank (1972) schlug etwa vor, dass Verben in elf Klassen eingeteilt werden können. So fallen Verben wie „laufen", „gehen", „fahren" in die Klasse MOVE (Bewegungsverben), Verben wie „sehen", „hören", „riechen" in die Klasse ATTEND (Wahrnehmungsverben). Die Idee, die Bedeutung von Worten durch universelle Merkmale zu charakterisieren, wird häufig in der automatischen Sprachverarbeitung eingesetzt. Im Prinzip werden Parser, die auf der Idee von Generalized Phrase Structure Grammar (► Abschn. 17.2) beruhen, um semantische Merkmale ergänzt. Aus der Phrasenstruktur von Sätzen wird dadurch eine semantische Struktur. Solche semantischen Grammatiken wurden in ► Abschn. 17.2 beschrieben.

**Semantische Netze** wurden bereits vorgestellt. In hierarchischen semantischen Netzen (Collins und Quillian 1969, Kap. 3) werden Konzepte als Knoten repräsentiert. Konzepte werden durch Kanten in Beziehung zueinander gesetzt. Diese Kanten repräsentieren Relationen wie Zugehörigkeit („Fido ist ein Hund"), Teilmengenbeziehungen („Hunde sind Tiere"), Teil–Ganzes-Beziehungen („Pfoten sind Teile von Hunden") und Eigenschaftszuweisungen („Hunde können bellen"). Viele KI-Systeme verwenden hierarchische semantische Netze (sogenannte terminologische Logiken; Owsnicki-Klewe 1993) zur Repräsentation von Begriffen. Eine logikbasierte Sprache zur Definition von Begriffshierarchien ist zum Beispiel KL-ONE (Brachman und Schmolze 1989) und in neuerer Zeit auch das Semantic Web (Berners-Lee et al. 2001). Merkmalstheorien und semantischen Netzen ist gemeinsam, dass Wortbedeutungen durch Merkmalstrukturen definiert werden. In Merkmalsansätzen werden Worte durch Merkmalslisten beschrieben, in semantischen Netzen werden Worte über die „*hasprop*"-Relation mit Eigenschaften verbunden.

Wittgenstein zeigte z. B. an dem Wort „Spiel", dass es schwierig ist, Worten Eigenschaften zuzuweisen, die für alle Verwendungszusammenhänge zutreffen. Es geht nicht bei allen Spielen ums Gewinnen oder Verlieren, nicht alle Spiele werden nur zur Unterhaltung gespielt, manche Spiele bauen auf Glück, andere auf bestimmte Fähigkeiten auf usw. Aber es existieren durchaus überlappende Mengen von Ähnlichkeiten zwischen Spielen. Dies bezeichnete Wittgenstein als **Familienähnlichkeit**. Der **Prototypenansatz** von Rosch (1973) basiert auf dieser Idee der Familienähnlichkeit. Im Prototypenansatz sind Begriffe jeweils in Klassen repräsentiert, wobei der prototypische Vertreter der Klasse im Zentrum steht und alle anderen Begriffe um diesen Prototyp herum angeordnet sind. Das Konzept „Vogel" kann etwa durch folgende Menge von konkreten Realisierungen beschrieben werden: *Vogel* = {*Spatz*, *Rotkehlchen*, *Buchfink*, *Wellensittich*, *Papagei*, *Gans*, *Schwan*, *Huhn*, *Pinguin*, *Strauß*}. Man kann sich vorstellen, dass diese Menge einen mehrdimensionalen Raum aufspannt, in dem die einzelnen Vögel angeordnet sind. Dabei liegen einander ähnliche Vögel nahe beieinander, einander unähnliche Vögel weit voneinander entfernt. Dieser mehrdimensionale Raum muss nicht durch Dimensionen konkreter Eigenschaften definiert sein. Dies ist nach dem Argument von Wittgenstein auch nicht sinnvoll möglich. Stattdessen können Objekte nach ihrer globalen Ähnlichkeit im Raum angeordnet werden. Globale Ähnlichkeiten können beispielsweise durch einen vollständigen Paarvergleich erhoben werden. Solche empirisch erhobenen Ähnlichkeiten können dann mittels der Methode der multidimensionalen Skalierung (Ahrens 1974) in einem mehrdimensionalen Raum abgebildet werden.

Die Zugehörigkeit zu einer Klasse ist durch die Nähe zum Prototypen bestimmt. Klassen können ineinander übergehende Grenzbereiche haben. Zum Beispiel könnte ein Pinguin im Übergangsbereich zwischen der Klasse „Vogel" und der Klasse „Fisch" repräsentiert sein. Die Idee der unscharfen Klassengrenzen kann mithilfe der ***Fuzzy Set*-Theorie** modelliert werden (Zadeh 1996; Smith und Osherson 1984). Die *Fuzzy Set*-Theorie ist ein formales System, das die Behandlung von unscharfen Beziehungen erlaubt. Sie kann

**Tab. 19.1** Zugehörigkeitsbeziehungen von Elementen zu Mengen

| Tier | | Zugehörigkeitsgrad | |
|---|---|---|---|
| | Zur Menge *Vögel* | | Zur Menge der bellenden Tiere |
| *Spatz* | 1 | Klassisch: *Spatz* ∈ *Vögel* | 0 |
| *Meise* | 0,9 | | 0 |
| *Buchfink* | 0,8 | | 0 |
| *Ara* | 0,6 | | 0,1 |
| *Huhn* | 0,4 | | 0,2 |
| *Strauß* | 0,3 | | 0,3 |
| *Pinguin* | 0,1 | | 0,4 |
| *Dackel* | 0 | Klassisch: *Dackel* ∉ *Vögel* | 1 |

als Erweiterung der klassischen Mengenlehre (► Kap. 3) verstanden werden. In der klassischen Mengenlehre ist ein Objekt $x$ entweder in einer Menge $\mathbb{M}$ enthalten ($x \in \mathbb{M}$) oder nicht in ihr enthalten ($x \notin \mathbb{M}$). In der *Fuzzy Set*-Theorie sind die Grenzen von Mengen dagegen verschwommen: Objekte sind *mehr oder weniger* zugehörig zu einer Menge. Die beiden Möglichkeiten der Zugehörigkeit in der klassischen Mengenlehre bilden die Endpunkte einer kontinuierlichen Zugehörigkeitsbeziehung (■ Tab. 19.1).

Zentral für die Definition von unscharfen Mengen ist die Angabe einer charakteristischen Funktion (Zugehörigkeitsfunktion). Diese Funktion ist definiert als $c\colon \mathbb{A} \to [0;1]$. Die Funktion $c$ liefert für jedes Element der Menge $\mathbb{A}$ eine Zahl zwischen 0 und 1. Betrachten wir das Konzept „Vogel", dann entspräche dies der Menge $\mathbb{A}$, bestehend aus allen Vögeln, aber ein Dackel würde natürlich nicht dazu zählen. In ■ Tab. 19.1 sind die angegebenen Zahlen jeweils der Wert, den $c$ für das betreffende Objekt liefert.

Um mit unscharfen Mengen arbeiten zu können, benötigen wir Mengenoperationen. Wie in der klassischen Mengenlehre sind unter anderem Komplementbildung, Vereinigung und Schnitt von Mengen definiert, beispielsweise folgendermaßen:

$$\begin{aligned} &\text{Negation:} && c_{\setminus\mathbb{A}}(x) = 1 - c_{\mathbb{A}}(x), \\ &\text{Schnitt:} && c_{\mathbb{A}\cap\mathbb{B}}(x) = \min\big(c_{\mathbb{A}}(x), c_{\mathbb{B}}(x)\big), \\ &\text{Vereinigung:} && c_{\mathbb{A}\cup\mathbb{B}}(x) = \max\big(c_{\mathbb{A}}(x), c_{\mathbb{B}}(x)\big). \end{aligned}$$

Die Mengenoperationen sind hier über die charakteristische Funktion definiert. Machen wir uns die Operationen am klassischen Beispiel ($c(x)$ ist entweder 0 oder 1) klar.

$$c_{Vogel}(Spatz) = 1 \quad \Rightarrow \quad c_{\neg Vogel}(Spatz) = 1 - 1 = 0.$$

19

*Spatz* liegt also in der Menge *Vögel* und entsprechend nicht in der Komplementmenge von *Vögel*. Betrachten wir zusätzlich zum Konzept „Vogel" das Konzept „bellen", das durch die Menge aller bellenden Lebewesen (*Hund*, *Seehund*, …) definiert ist:

$$c_{Vogel\text{-}und\text{-}bellt}(Spatz) = \min\big(c_{Vogel}(Spatz), c_{bellt}(Spatz)\big) = \min(1,0) = 0.$$

Das Objekt *Spatz* liegt nicht in der Schnittmenge der Menge *Vögel* und der Menge der bellenden Lebewesen.

$$c_{\textit{Vogel-oder-bellt}}(\textit{Spatz}) = \max\big(c_{\textit{Vogel}}(\textit{Spatz}),\ c_{\textit{bellt}}(\textit{Spatz})\big) = \max(1, 0) = 1.$$

Da *Spatz* Element der Menge *Vögel* ist, ist *Spatz* auch Element der Vereinigungsmenge aus der Menge *Vögel* und der Menge der bellenden Lebewesen. Mithilfe der Mengenoperationen auf *Fuzzy Sets* kann also die Komposition von Begriffen modelliert werden (Smith und Osherson 1984). Die Komposition von unscharfen Begriffen liefert wieder einen unscharfen Zugehörigkeitswert zu einer Menge:

$$c_{\textit{Vogel-und-bellt}}(\textit{Pinguin}) = \min\big(c_{\textit{Vogel}}(\textit{Pinguin}),\ c_{\textit{bellt}}(\textit{Pinguin})\big) = \min(0{,}1;\ 0{,}4) = 0{,}1,$$

$$c_{\textit{Vogel-oder-bellt}}(\textit{Pinguin}) = \max\big(c_{\textit{Vogel}}(\textit{Pinguin}),\ c_{\textit{bellt}}(\textit{Pinguin})\big) = \max(0{,}1;\ 0{,}4) = 0{,}4.$$

In ▶ Kap. 5 wurde gezeigt, dass semantische Netze auf Grundlage der Prädikatenlogik definierbar sind. Semantische Netze bestehen aus Propositionen wie *isa*(*Tier*, *Vogel*). Die Repräsentation unscharfer Konzepte durch *Fuzzy Sets* stellt eine verallgemeinerte logische Repräsentation dar, in der die Grade der Zugehörigkeit zu bestimmten Mengen als graduelle Wahrheitswerte interpretiert werden: Die Aussage „Spatz gehört zur Menge der Vögel“ (als mengentheoretische Aussage) ist gleichbedeutend mit der logischen Aussage „Ein Spatz ist ein Vogel“, die wahr ist (hat Wahrheitswert 1). Die Zugehörigkeit eines Ara im Grade 0,6 zur Menge der Vögel entspricht dabei einem Wahrheitswert von 0,6 für die Aussage „Ein Ara ist ein Vogel.“

Mengenoperationen in der Fuzzy-Logik stehen in direkter Beziehung zu logischen Operationen: Die Komplementbildung einer Menge entspricht der Negation, der Schnitt entspricht der Konjunktion, und die Vereinigung entspricht der Disjunktion. Damit ermöglichen Mengenoperationen in der Fuzzy-Logik die Verknüpfung gradueller Wahrheitswerte analog zu den logischen Operationen in der klassischen Logik. Im Gegensatz zur prädikatenlogischen Repräsentation in der formalen Semantik (▶ Abschn. 18.2) basieren die dargestellten Ansätze zur Wortbedeutung auf einer **intensionalen Logik**, die die Bedeutung von Ausdrücken durch ihre Beziehungen untereinander repräsentiert.

Ein weiterer, auf der Prädikatenlogik basierender Ansatz zur Behandlung von Wortbedeutungen ist das Konzept der **Bedeutungspostulate** nach Carnap (1952). Diese Postulate verstehen Bedeutungen als Relationen zwischen den Bedeutungen verschiedener Wörter, die Bedingungen oder Einschränkungen für die Interpretation von Begriffen festlegen. So kann das Konzept „Junggeselle“ relativ zu den Konzepten „männlich“ und „unverheiratet“ durch folgende Bedingungen beschrieben werden:

$$\text{für alle } x \text{ (WENN } \textit{Junggeselle}(x)\text{, DANN } \textit{unverheiratet}(x) \text{ und } \textit{männlich}(x)\text{)},$$

$$\forall x(\textit{Junggeselle}(x) \rightarrow \textit{unverheiratet}(x) \wedge \textit{männlich}(x)).$$

Der Ansatz der Bedeutungspostulate kann als eine Erweiterung der Merkmalstheorien betrachtet werden, bei der es möglich ist, die Rollen verschiedener Beteiligter in Bezug auf bestimmte Wörter, insbesondere Verben, festzulegen (Garnham und Oakhill 1985, S. 121). So können zum Beispiel die Rollen von Käufer, Verkäufer und Kaufgegenstand bei den Begriffen „kaufen“ und „verkaufen“ relativ zueinander beschrieben werden („gdw“ bedeutet „genau dann, wenn“)

$$\text{für alle } x, y, z \text{ (} x \text{ verkauft } y \text{ an } z \text{ gdw } z \text{ kauft } y \text{ von } x\text{)},$$

$$\forall x\ \forall y\ \forall z\big(\textit{verkauft}(x, y, z) \leftrightarrow \textit{kauft}(z, y, x)\big).$$

Während bei Bedeutungspostulaten strukturelle Beziehungen zwischen den Bedeutungen von Worten im Vordergrund stehen, betont der Ansatz der **prozeduralen Semantik** (Woods 1981; Johnson-Laird 1982) den funktionalen Aspekt von Wortbedeutungen. D. h., die Bedeutung von „nach links drehen" ist dadurch gegeben, dass ich weiß, wie ich etwas nach links drehe; die Bedeutung von „Quadrat" ist dadurch gegeben, dass ich ein Quadrat zeichnen kann (Rumelhart und Norman 1981). Die prozedurale Semantik ist ein Bedeutungskonzept, das sowohl zur Modellierung von Wortbedeutungen als auch zur Modellierung der Bedeutung komplexer sprachlicher Ausdrücke (z. B. Sätze, Satzfolgen) verwendet werden kann. Der Ansatz der prozeduralen Semantik ist in vielen Programmen der Künstlichen Intelligenz enthalten, zum Beispiel in dem System SHRDLU von Winograd (1973). Als Formalismus wird meist eine funktionale Sprache wie LISP verwendet.

Modellieren wir einmal die Bedeutung verschiedener räumlicher Ausdrücke in einem zweidimensionalen Koordinatensystem. Dabei nehmen wir einen festen Betrachterstandpunkt an. Die horizontale Lage von Objekten wird durch ihre Position auf der $x$-Achse ausgedrückt, die vertikale Lage durch ihre Position auf der $y$-Achse. Die Bedeutung von „*rechts-von*" kann formuliert werden als „$A$ ist rechts von $B$, wenn $A$ und $B$ dieselbe vertikale Raumposition haben und die horizontale Raumposition von $A$ größer ist als die von $B$":

WENN rechts-von($A$, $B$)
DANN vertikal-position($A$) = vertikal-position($B$)
UND horizontal-position($A$) > horizontal-position($B$).

Dies ist die einfachste Art, die Relation *rechts-von* zu definieren. Wir betrachten nur den Fall, dass ein Objekt exakt rechts neben einem anderen steht. Wollen wir zulassen, dass die Relation für einen ganzen Bereich von Positionen wahr ist, so müssen wir die Relation unscharf modellieren (siehe oben, Abschnitt *Fuzzy Set*-Theorie).

Johnson-Laird (2008) verwendet die Grundgedanken der prozeduralen Semantik, um die Repräsentation sprachlich beschriebener Situationen durch sogenannte **mentale Modelle** zu formulieren. Nehmen wir an, dass uns ein Bekannter von der Einrichtung seiner neuen Küche erzählt. Er berichtet, dass er die Spüle rechts vom Schrank angebracht hat. Wenn wir den Satz „Die Spüle steht rechts vom Schrank" interpretieren, so konstruieren wir nach Johnson-Laird ein mentales Modell der beschriebenen Situation. Das mentale Modell repräsentiert die Bedeutung des Satzes. Mit der Bedeutung

WENN rechts-von(Spüle, Schrank)
DANN vertikal-position(Spüle) = vertikal-position(Schrank)
UND horizontal-position(Spüle) > horizontal-position(Schrank)

wird die in ◘ Abb. 19.1a dargestellte Repräsentation der räumlichen Beziehung zwischen Spüle und Schrank aufgebaut. Nun berichtet unser Bekannter weiter: „Der Ofen ist links von der Spüle." Mit der Bedeutung

19 WENN links-von($A$, $B$)
DANN vertikal-position($A$) = vertikal-position($B$)
UND horizontal-position($A$) < horizontal-position($B$)

können wir nun versuchen, unser mentales Modell der Küche zu erweitern. Mit der bisherigen Information bestehen hier allerdings zwei Möglichkeiten für die räumliche

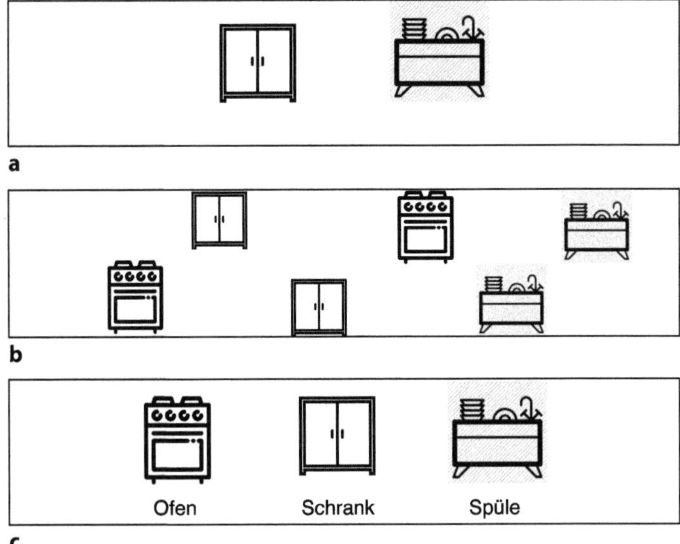


**Abb. 19.1** Mentales Modell der Küche bestehend aus Ofen, Schrank und Spüle

Beziehung der drei Objekte (Abb. 19.1b). Wir bekommen nun weiter gesagt, dass der Schrank zwischen Ofen und Spüle steht.

$$\begin{aligned}&\text{WENN zwischen}(A, B, C)\\&\text{DANN vertikal-position}(A) = \text{vertikal-position}(B) = \text{vertikal-position}(C)\\&\text{UND}\ \Big((\text{links-von}(B, A)\,\text{UND rechts-von}(C, A))\\&\qquad\text{ODER}\ (\text{links-von}(C, A)\,\text{UND rechts-von}(C, B))\Big).\end{aligned}$$

Durch die Interpretation dieser Information bleibt nur noch das mentale Modell aus Abb. 19.1c erhalten.

Der Ansatz der mentalen Modelle führt uns von der Wortbedeutung hin zum Verstehen von Sätzen und Texten. Wir werden am Ende des nächsten Abschnitts noch einmal auf diese Art der Bedeutungsmodellierung zurückkommen. Alle dargestellten Ansätze zur Modellierung von Wortbedeutungen werden in Garnham (2013, Kap. 6) beschrieben und bezüglich ihrer psychologischen Plausibilität bewertet.

## 19.2 Semantische Analyse sprachlicher Ausdrücke

Bei der semantischen Analyse von komplexen sprachlichen Ausdrücken sind insbesondere der Aspekt der regelgeleiteten Konstruktion einer semantischen Repräsentation sowie der Aspekt der Berücksichtigung von **Äußerungskontext** und **Weltwissen** zu unterscheiden (Pinkal 1993, S. 427 f.). Traditionell konzentrieren sich linguistische Ansätze auf den erstgenannten Aspekt, psychologische Ansätze und solche der Künstlichen Intelligenz auf den zweitgenannten Aspekt.

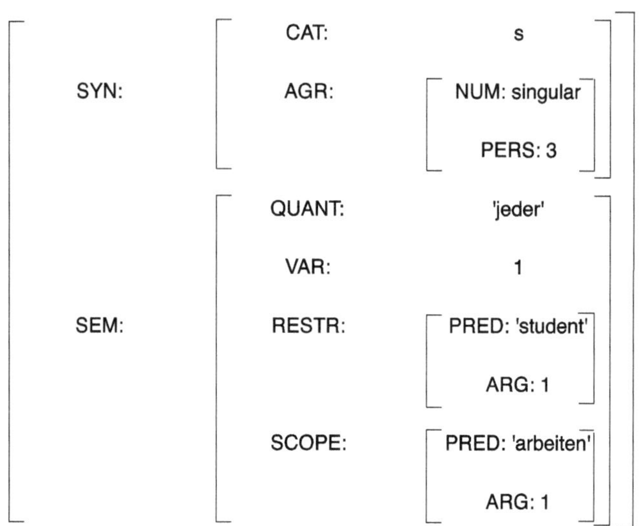


**Abb. 19.2** Transformation der eingegebenen Wortfolgen in logische Repräsentationen

Die **Konstruktion einer semantischen Repräsentation** basiert auf den bereits angesprochenen Konzepten der Phrasenstrukturgrammatik, der Merkmalsansätze sowie der formalen Semantik: Auf Grundlage der lexikalischen und syntaktischen Struktur von Sätzen wird eine semantische Repräsentation aufgebaut. Dies kann mithilfe semantischer Grammatiken geschehen, die eingegebene Wortfolgen in logische Repräsentationen transformieren. Moderne Parser berücksichtigen sowohl syntaktische als auch semantische Merkmale bei der Analyse von Satzstrukturen.

Eine Repräsentation, die Syntax und Semantik des Satzes „Jeder Student arbeitet" berücksichtigt, ist in Abb. 19.2 dargestellt (nach Pinkal 1993, S. 429). Als syntaktische Merkmale sind hier die Kategorie des sprachlichen Ausdrucks (*s* für Satz) und die Übereinstimmungsbedingungen (***agr**eements*) durch die Merkmale *Numerus* (Singular) und *Kasus* (Nominativ) angegeben. In den semantischen Merkmalen ist im Prinzip die Struktur des prädikatenlogischen Ausdrucks

$$\forall x\left(student(x) \rightarrow arbeiten(x)\right)$$

repräsentiert. Das Merkmal QUANT gibt an, wie der Ausdruck quantifiziert ist: Das Wort „jeder" entspricht dem Allquantor. Quantifiziert wird über eine Variable ($x$). Sowohl „Student" als auch „arbeiten" sind Prädikate, die eine Variable als Argument enthalten. In solchen Merkmalsrepräsentationen von sprachlichen Ausdrücken können auch semantische Marker (*belebt*, *menschlich* usw.) berücksichtigt werden. In ▶ Abschn. 17.2 haben wir bei der Einführung der formalen Semantik bereits darauf hingewiesen, dass die Bedeutung solcher logischen Ausdrücke **kompositional** ist: Die Bedeutung des Satzes „Jeder Student arbeitet" ergibt sich aus der Bedeutung der Worte „Student" und „arbeitet", der Bedeutung der Implikation und der Bedeutung des Allquantors: Für alle Entitäten, auf die das Prädikat *student* zutrifft, muss das Prädikat *arbeiten* zutreffen; über Entitäten, auf die das Prädikat *student* nicht zutrifft, wird keine Aussage getroffen.



Der Aufbau einer semantischen Repräsentation genügt nicht, um das Verstehen von Sätzen und Texten zu beschreiben. Häufig kann die Bedeutung eines Satzes nur im Kon-

text der vorangegangenen Sätze ermittelt werden. Dies gilt insbesondere für die Auflösung von sogenannten anaphorischen Bezügen. **Anaphern** sind zum Beispiel Pronomen („er", „sie"), die auf bereits eingeführte Objekte (hier: Menschen) verweisen. Betrachten wir zwei Beispiele:
(1.a) Hans und Maria gehen ins Theater.
(1.b) Sie bezahlt die Karten.

Die Anapher „sie" kann hier problemlos durch syntaktische Merkmale aufgelöst werden: Die Verbform „bezahlt" ist im Singular, „sie" steht für den Genus feminin, also kann sich „sie" nur auf Maria beziehen.
(2.a) Hans gibt Maria die Geldbörse.
(2.b) Sie bezahlt die Karten.

Hier kann sich „sie" syntaktisch auf „Maria" oder auf „Geldbörse" beziehen. Diese Anapher ist nur mithilfe von zusätzlichem semantischem Wissen, sogenanntem **Weltwissen**, aufzulösen: Geldbörsen können nicht bezahlen! Semantisches Wissen könnte hier dadurch berücksichtigt werden, dass die Kombinationsmöglichkeiten von sprachlichen Ausdrücken durch zusätzliche semantische Merkmale eingeschränkt werden, wie sie etwa in den Casus-Rahmen von Fillmore (1968) (siehe unten) eingeführt werden.

Die Einbettung von Satzbedeutungen in Weltwissen kann gut durch semantische Netze realisiert werden. Im Netz in ◘ Abb. 19.3 wurde eine etwas andere Repräsentationsform als in ► Kap. 3 gewählt (hier nach Schank 1972). Die aktuelle sprachliche Information (Sätze 2.a, 2.b) wurde in Propositionen zerlegt:

$p_1$: *geben(Hans, Maria, Geldbörse)*,

$p_2$: *bezahlen(Maria, Karten)*.

Jede Proposition repräsentiert ein im Text genanntes Elementarereignis. Die Kanten haben wir hier nicht mit den Verben (den Relationen) markiert, sondern mit sogenannten **Casus-Rollen**. Diese Idee stammt von Fillmore (1968). Fillmore betonte, dass dem Verb

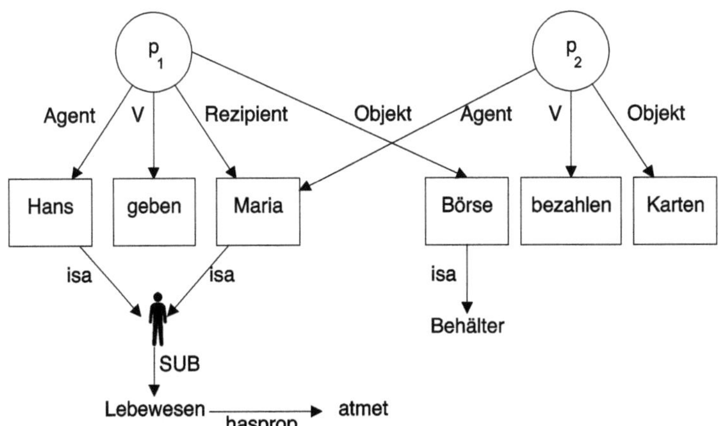


◘ **Abb. 19.3** Semantisches Netz mit Casus-Rollen und der Einbettung von Weltwissen

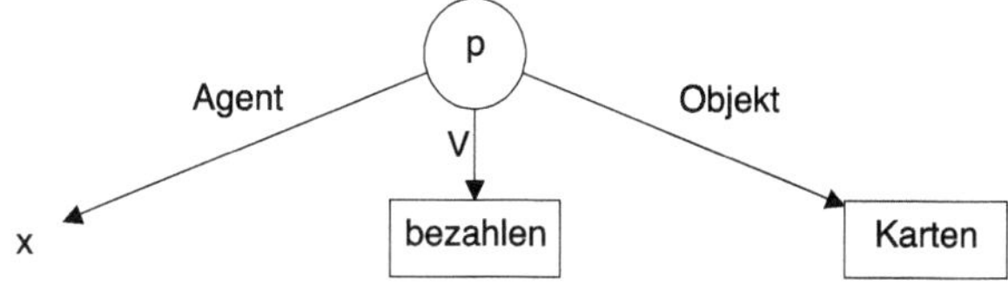


**Abb. 19.4** Teilgraph des Frage-Graphen

eine zentrale Rolle in Sätzen zukommt. Verben legen fest, welche Rollen in einem beschriebenen Ereignis eingenommen werden können. Solche semantischen Rollen sind etwa *Agent*, *Rezipient*, *Objekt* und *Instrument*. Das Verb „bezahlen" kann entsprechend folgendermaßen repräsentiert werden: *bezahlen(Agent, Objekt)*. Diese Struktur entspricht einem Rahmen (*frame*), ähnlich den in ▶ Kap. 5 angesprochenen Schemata. Die Stellen (*slots*) eines Casus-Rahmens können zusätzlich durch Merkmale eingeschränkt werden. So existiert zum Beispiel der Constraint, dass der Agent in einem Ereignis ein Mensch (oder ein Lebewesen) sein muss. Auf diese Art wird dafür gesorgt, dass die Anapher „sie" nur noch durch Maria aufgelöst werden kann.

Semantische Netze haben noch einen zweiten Aspekt, der für die Modellierung von Bedeutung relevant ist: Zu wissen, was etwas bedeutet, heißt unter anderem auch, dass man etwas verstanden hat. Verstehen ist allgemein schwer zu operationalisieren. Eine Möglichkeit ist es, Fragen zu stellen, um aus den Antworten abzuleiten, welche Wissenszusammenhänge ein System (oder der Mensch) repräsentiert hat. Das Beantworten von Fragen kann in semantischen Netzen zum Beispiel durch einen Mustervergleich (*pattern matching*) erfolgen. Zum Beispiel entspricht die Frage „Wer bezahlt die Karten?" der Aussageform *bezahlen*($x$, *Karten*), wobei eine Belegung für die Variable $x$ gesucht wird. Ein semantisches Netz entspricht formal einem Graphen (▶ Abschn. 9.1). Die Frage kann durch den in Abb. 19.4 dargestellten Graphen repräsentiert werden.

Im semantischen Netz muss nun ein Teilgraph identifiziert werden, der mit dem „Frage-Graph" durch Substitution unifiziert werden kann. Bei großen Netzen empfiehlt sich die Verwendung einer Suchstrategie. Zum Beispiel kann so vorgegangen werden, dass zunächst alle Verbknoten betrachtet werden und bei Verbübereinstimmung dann die anderen Konstituenten der Proposition, zu der dieses Verb gehört, verglichen werden. Ein großangelegtes Projekt zum Verstehen natürlicher Sprache, das auf dieser Idee basiert, ist das *Cyc*-Projekt von Douglas Lenat (Lenat und Guha 1990). In diesem Projekt wird ein semantisches Netz aufgebaut, das über so viel Weltwissen verfügt, dass es unter anderem in der Lage ist, Zeitungsartikel im oben genannten Sinne zu verstehen.

Eine Alternative zu dem in der Künstlichen Intelligenz verwendeten Ansatz der semantischen Netze ist die im Bereich der Linguistik entwickelte **Diskursrepräsentationstheorie** (DRT) von Hans Kamp (1981). Nach der Diskursrepräsentationstheorie wird beim Verstehen eines Textes ein Modell der im Text beschriebenen Situation konstruiert. Elemente des Modells sind die im Text eingeführten Objekte und Personen. Repräsentiert werden die im Text genannten Relationen zwischen diesen Elementen.

Diese Art, Textverstehen zu modellieren, hat große Ähnlichkeit zu dem psychologischen Ansatz der **mentalen Modelle** (Garnham 2013, S. 104 f.). In ▶ Abschn. 19.1 haben wir dargestellt, wie ein mentales Modell mit Regeln der prozeduralen Semantik aus sprachlich gegebenen Informationen konstruiert werden kann. Mentale Modelle sind bisher noch nicht auf dem formalen Stand, den etwa semantische Netze haben. Die in diesem Ansatz geforderten Eigenschaften (Glenberg und Langston 1992) ermöglichen es jedoch teilweise, empirische Befunde zum Textverstehen zu erklären, die nur schwer mit dem Ansatz der semantischen Netze in Einklang zu bringen sind. Beispielsweise scheint die in einem Text implizierte Nähe eines Objekts zum Handlungsträger (Protagonisten) des Textes zu beeinflussen, wie verfügbar dieses Objekt für weitere Verarbeitungsprozesse (etwa Anaphernresolution) ist (Glenberg et al. 1987; Kelter und Kaup 1995).

## 19.3 Zur Vertiefung

- Der Klassiker, der das Situationsmodell einführt: Kintsch, W. und van Dijk, T. A. (1978). Toward a model of text comprehension and production. *Psychological Review*, *85*, 363–394.
- Ein Klassiker der Kognitionswissenschaft und der Theorie mentaler Modelle: Johnson-Laird, P. N. (1983). *Mental Models: Towards a Cognitive Science of Language, Inference, and Consciousness.* Harvard University Press; Kapitel 8–14 geben eine gute Einführung in Bedeutungstheorien.
- Überblick über Modelle und Verfahren der Sprachverarbeitung sowie über linguistische Ansätze der Syntax und Semantik: Menzel, W. (2021). Sprachverarbeitung. In: G. Görz and U. Schmid and T. Braun, Hrsg. (eds.), *Handbuch der Künstlichen Intelligenz*, S. 601–672. De Gruyter Oldenbourg.
- Eine aktuelle Theorie der Rolle mentaler Modelle beim Textverstehen: Garnham, A. und Oakhill, J. (2014). The mental models theory of language comprehension. In: B. K. Britton and A. C. Graesser, Hrsg. (eds.), *Models of understanding text*, S. 313–339. Psychology Press.

# Sprachverstehen: Von ELIZA zu Transformermodellen

Inhaltsverzeichnis




M. Ragni, U. Schmid, *Kognitive Künstliche Intelligenz*, https://doi.org/10.1007/978-3-662-69498-5_20

Können Menschen eine emotionale Beziehung zu einem Programm aufbauen? Könnten sie das Gefühl haben, von einem Algorithmus verstanden zu werden? Machen wir ein Gedankenexperiment, welches auf dem Turing-Test basiert (▣ Abb. 2.3, S. 14): Stellen Sie sich vor, Sie sitzen an einem Computer und chatten mittels eines Programms. Die Unterhaltung läuft reibungslos, und Sie fühlen sich verstanden und auf einer Wellenlänge mit Ihrem Chatpartner. Sie sprechen über verschiedene Themen und genießen die angeregte Unterhaltung. Obwohl Sie nur Text in ein Chatfenster eingeben und Ihren Chatpartner nicht persönlich kennen oder etwas über ihn wissen, fühlen Sie sich vollständig verstanden. Als Ihr Chef hinzukommt, möchten Sie nur ungern, dass er den Chat liest oder Sie auffordert, ihn zu beenden. Können Sie sich vorstellen, dass Ihr Chatpartner nichts anderes als ein Algorithmus ist, der nicht einmal 200 Zeilen Code umfasst?

## 20.1 ELIZA – der erste Chatbot

Was vielleicht, trotz ChatGPT, wie Zukunftsmusik klingt, trägt den Namen ELIZA und wurde 1966 von Joseph Weizenbaum entwickelt. Die beschriebene Situation mit der Sekretärin von Weizenbaum und anderen Nutzern, die eine emotionale Bindung zu dem Programm aufgebaut haben, ist tatsächlich passiert. Doch wie funktioniert dieses Programm? Bevor wir das weiter unten ausführen, betrachten wir zunächst ein Beispiel aus Weizenbaum (1966):

**► Beispiel 20.1 (A conversation with ELIZA)**

A typical conversation is the following:

(The capitalized lines are the machine responses.)

Men are all alike.

IN WHAT WAY?

They're always bugging us about something or other.

CAN YOU THINK OF A SPECIFIC EXAMPLE?

Well, my boyfriend made me come here.

YOUR BOYFRIEND MADE YOU COME HERE?

He says I'm depressed much of the time.

I AM SORRY TO HEAR YOU ARE DEPRESSED.

It's true. I am unhappy.

DO YOU THINK COMING HERE WILL HELP YOU NOT TO BE UNHAPPY?

I need some help, that much seems certain.

WHAT WOULD IT MEAN TO YOU IF YOU GOT SOME HELP?

Perhaps I could learn to get along with my mother.

TELL ME MORE ABOUT YOUR FAMILY.

My mother takes care of me.

WHO ELSE IN YOUR FAMILY TAKES CARE OF YOU?

My father.

YOUR FATHER?

You are like my father in some ways.

WHAT RESEMBLANCE DO YOU SEE?

You are not very aggressive but I think you don't want me to notice that.

WHAT MAKES YOU THINK I AM NOT VERY AGGRESSIVE?

You don't argue with me.

WHY DO YOU THINK I DON'T ARGUE WITH YOU?

You are afraid of me.

DOES IT PLEASE YOU TO BELIEVE I AM AFRAID OF YOU?

My father is afraid of everybody.

WHAT ELSE COMES TO YOUR MIND WHEN YOU THINK OF YOUR FATHER?

Bullies.

DOES THAT HAVE ANYTHING TO DO WITH THE FACT THAT YOUR BOYFRIEND MADE YOU COME HERE? ◀

Weizenbaum entwickelte also eine Simulation eines Psychotherapeuten, welche bestimmte Schlüsselwörter in den Sätzen des menschlichen Gesprächspartners identifizierte und diese nach dem gleichen Schema nutzte, um gezielt Fragen zu formulieren. Das bedeutet, ELIZA versteht nichts, aber es täuscht dies durch geschicktes Aufgreifen von Worten erfolgreich vor. Wie Sie sich selber leicht ein solches System bauen können oder dieses auf der nächsten Party für Smalltalk nutzen können, um ähnlich einfühlsam wie die erste KI zu sein, findet sich in der weiterführenden Literatur am Ende des Kapitels.

**Hintergrund**
Weizenbaum hat in seiner Originalarbeit (1966, S. 37) die Prozesse wie folgt beschrieben:

» Das grobe Verfahren des Programms ist recht einfach; die Eingabe wird gelesen und auf das Vorhandensein eines Schlüsselworts überprüft. Wenn ein solches Wort gefunden wird, wird der Satz nach einer dem Schlüsselwort zugeordneten Regel transformiert, wenn keine inhaltsfreie Bemerkung oder unter bestimmten Bedingungen eine frühere Transformation abgerufen wird.

Die grundlegenden technischen Probleme, mit denen sich ELIZA beschäftigen muss, sind folgende:
1. Die Identifizierung des „wichtigsten" Schlüsselworts, das in der Eingabenachricht vorkommt.
2. Die Identifizierung eines minimalen Kontexts, in dem das gewählte Schlüsselwort erscheint. Wenn das Schlüsselwort z. B. „du" ist, folgt das Wort „sind" (in diesem Fall wird wahrscheinlich eine Behauptung aufgestellt).
3. Die Wahl einer geeigneten Transformationsregel und natürlich die Durchführung der Transformation selbst.
4. Die Bereitstellung eines Mechanismus, der es ELIZA ermöglicht, „intelligent" zu reagieren, wenn der eingegebene Text keine Schlüsselwörter enthält.
5. Die Bereitstellung von Maschinen, die die Bearbeitung, insbesondere die Erweiterung des Scripts auf der Ebene des Script-Schreibens, erleichtern.

(▶ www.csee.umbc.edu/courses/331/papers/eliza.html)

ELIZA ist ein sogenannter regelbasierter Bot. Diese nutzen, wie wir oben gesehen haben, Schlüsselwörter, um eine Interaktion aufzubauen. Diese Bots verstehen nicht die Bedeutung des Textes, sondern funktionieren mit einer einfachen Grammatik (▶ Kap. 8) bzw. Regeln. Im Grunde lassen sich die Prozesse in einem Entscheidungsbaum repräsentieren (▶ Kap. 9).

Dank der Fortschritte im Bereich der Verarbeitung natürlicher Sprache gibt es KI-gestützte Chatbots, die durch Methoden der natürlichen Sprachverarbeitung und KNN-basierte Ansätze ein begrenztes Verständnis von Semantik besitzen und somit auf natürliche Weise mit Nutzern kommunizieren können. Solche Systeme haben bereits in unseren Alltag Einzug gefunden. So können wir beispielsweise mit Apples Siri sprechen, bei Google Maps unsere Suche auch sprachlich eingeben oder am Computer E-Mails diktieren. Amazons Alexa kann einfache Fragen, z. B. „Wie ist das Wetter?", und Aufforderungen wie „Spiele mir eine romantische Playlist vor!" verstehen. Somit sind einfache sprachliche Interaktionen, welche eine semantische Kontextrepräsentation (▶ Kap. 19) voraussetzen, erfolgreich möglich.

Dennoch sind die aktuellen Chatbots meistens auf eine bestimmte Domäne wie beispielsweise die Interaktion mit einem Unternehmen fokussiert. Dafür nutzen sie eine Kombination aus Verarbeitung natürlicher Sprache (*Natural Language Processing*) und spezifischem Hintergrundwissen. Aktuell hat Google einen neuen Chatbot namens Meena entwickelt, welcher ein „Allrounder" ist, d. h., er wurde so entwickelt, dass er die Domänenspezifizität, welche andere Systeme einschränkt, überwinden soll (Adiwardana et al. 2020).

Wie lassen sich solche Systeme am besten evaluieren? Da die Entwicklung von Chatbots davon inspiriert ist, menschliche Gespräche zu simulieren, ist ein gutes Maß dafür für die Qualität dieser Simulationen. Als Vergleichsmaßstab wurde der Sinnhaftigkeits- und Spezifizitätsdurchschnitt (*sensibility and specificity average*, SSA) vorgeschlagen. Diese beiden Punkte sind fast automatisch Teil eines gewöhnlichen Gesprächs – menschliche Sätze ergeben überwiegend Sinn, und in einem Dialog hat die Antwort der einen Person zumeist etwas mit der vorangehenden Aussage der anderen Person zu tun – sie ist also spezifisch. Wenn wir diese beiden Aspekte eines menschenähnlichen Gesprächs als Evaluationsmaßstab zugrunde legen, dann ist die menschliche SSA 86 %. Meena erreicht aktuell 79 %, schlägt existierende Systeme um mehr als 20 % und kommt der menschlichen Konversation sehr viel näher. Die Konkurrenz ließ nicht lange auf sich warten; so wurde 2020 BlenderBot, welches auf bis zu 9,4 Mrd. Parametern und einer Trainingsdatenmenge von 1,5 Mrd. Trainingsbeispielen basiert, von Reddit trainiert (Roller et al. 2020). Dieser von Facebook entwickelte Algorithmus (BlenderBot 3) wurde *open source* publiziert und auf den bisherigen von Google publizierten Interaktionen mit Menschen von Meena evaluiert. Im Anschluss sollten menschliche Personen die zwei Fragen „Mit wem würden Sie lieber ein längeres Gespräch führen?" und „Welcher Sprecher hört sich menschlicher an?" beantworten, wobei BlenderBot gegenüber Meena besser abschnitt.

Prinzipiell ist es einfacher, einen regelbasierten Chatbot als einen KI-Bot zu entwickeln. Um Sprachverständnis zu erreichen und damit auf Bedeutungen eingehen zu können, werden neuronale Netze eingesetzt. Im Jahr 2011 stellte IBM das bis dato komplexeste System, Watson genannt, vor.

## 20.2 Watson

Wie weit lässt sich die Entwicklung maschinellen Verstehens führen? Ist es prinzipiell möglich, für eine gegebene Aussage eine Frage zu formulieren, welche alle Aspekte dieser Aussage erfordert? In den USA gibt es ein Quiz namens *Jeopardy!*, welches genau dies von den Quizteilnehmern erfordert. Betrachten wir ein Beispiel (Sie finden dieses im YouTube-Video von IBM im Abschnitt „Zur Vertiefung“ unten):

» William Wilkinson's "An Account of the Principalities of Wallachia and Moldavia" inspired this author's most famous novel. [Deutsche Übersetzung: „William Wilkinsons ‚An Account of the Principalities of Wallachia and Moldavia‘ inspirierte den berühmtesten Roman dieses Autors.“]

Die Antwort ist: „Who is Bram Stoker?“ Das Besondere dieser Aufgabe war es, dass sie bei einem Duell der besten *Jeopardy!*-Gewinner mit dem von IBM entwickelten System namens Watson den Ausschlag für den Gewinn von Watson gab. Jetzt könnte man erwarten, dass ein System wie Watson nur über eine hinreichend große Wissensdatenbank verfügen muss, um leicht gewinnen zu können. Aber ist das so einfach? Die Aufgabe erfordert die Integration einzelner Wissenselemente in ein Gesamtbild. Bevor Sie weiterlesen, können Sie einmal überlegen, welche kognitiven Prozesse ein von Ihnen konzipiertes System vermutlich benötigen würde, um so eine Aufgabe überhaupt lösen zu können.

Als Grundlage benötigen Sie auf jeden Fall *Sprachverarbeitung*: Sie müssen die einzelnen Worte und Wortarten sowie die zugrunde liegende Grammatik der gegebenen Information identifizieren. Im Grunde benötigen Sie Elemente einer symbolischen Wissensrepräsentation und Wissensverarbeitung ebenso wie Elemente des Sprachverstehens, was aktuell mittels konnektionistischer Datenverarbeitung erreicht wird. Beide Formen der sprachlichen (Vor-)Verarbeitung liegen am Anfang vor, denn ohne diese wäre eine weitere zielgerichtete Verarbeitung der gegebenen Informationen unmöglich.

Sie benötigen aber auch etwas, womit Sie die möglichen Informationen in verschiedene Konzepte integrieren. So geht es um einen Autor (William Wilkinson) und sein Werk. Dann geht es um einen anderen gesuchten Autor („this author“) und sein berühmtestes Werk. Sie müssen also die Relationen zwischen den einzelnen oben angeführten Wissenselementen richtig identifizieren. Allerdings muss – zumindest in einem ersten Schritt – nicht unbedingt die gesamte Information verarbeitet werden; jedoch gibt es oftmals eine Reihenfolge, in der Informationen benötigt werden: Um „this author“ richtig identifizieren zu können, benötigen Sie den Hinweis auf sein wichtigstes Werk, welches wiederum vom Werk des genannten Autors inspiriert sein muss.

Es ist eine gute Möglichkeit, auch Teile der Antwort zu finden, um diese dann in ein Gesamtkonzept zu integrieren. Da Watson über eine Vielzahl an Lösungsmethoden verfügt, können diese nicht nur auf die Information als Ganzes, sondern auch auf deren Teile angewendet werden. Wenn Sie über eine entsprechende Datenbank verfügen, dann benötigen Sie auch ausgefeilte Suchtechniken, um das mögliche Hintergrundwissen zu identifizieren. Darüber hinaus benötigen Sie eine Wissensdatenbank, in der Sie dieses Hintergrundwissen finden können. Da es ein *Open domain*-Spiel ist, können die Fragen alle möglichen Wissensbereiche abdecken. So verfügt Watson über eine Offline-Version von Wikipedia, aber auch über Wörterbücher usw. Dabei ist ein gewisser Teil des Wissens strukturiert (ähnlich einer Bibliothek, wo es ein klares System gibt und thematisch ähnliche Bücher beieinander stehen), der größere Teil des Wissens jedoch unstrukturiert.

Angenommen, Sie haben diese folgenden Schritte bewältigt: Sie haben die Informationen in einzelne Wissenselemente zerlegt, sie haben zusätzliche Informationen gefunden. Dann würden Sie Hypothesen bilden. Da das System eine Kombination verschiedener Lösungsmethoden nutzt (s. o.), könnten diese parallel an den Hypothesen arbeiten und nach Erreichen von (auch verschiedenen) Ergebnissen eine Abstimmung durchführen. Anschließend würde die Antwort gewählt, die von den meisten Ansätzen vorgeschlagen wird. Dies ist genau die Methode, die Watson anwendet, und die oben beschriebenen Elemente bilden das Grundsystem von Watson. Die einzelnen Elemente können natürlich beliebig verfeinert werden und insbesondere bezüglich der parallelen Verarbeitung der Hypothesen und ihrer Überprüfung weiter ergänzt werden.

Der Philosoph John Searle hat sich bereits in den 80er-Jahren des letzten Jahrhunderts intensiv mit der Frage nach den Unterschieden zwischen menschlichem und maschinellem Verstehen auseinandergesetzt. Sein Gedankenexperiment des „chinesischen Zimmers" (Searle 1980) verdeutlicht (► Kap. 2.3), dass ein KI-System, selbst wenn es menschliches Verhalten perfekt simuliert, kein echtes Verständnis haben muss. Die Fähigkeit, eine korrekte Antwort zu liefern, beruht hier lediglich auf Regelbefolgung und nicht auf inhaltlichem Verstehen.

Ist Watson nun deutlich anders? Er hat kein „Regelbuch", sondern nutzt eine Vielzahl an Methoden der Sprachverarbeitung, der Datenrepräsentation und Suchverfahren. Er löst die Aufgabe korrekter als viele Menschen, aber Watson hat keine Einsicht in die Bedeutung – Watson approximiert eine Funktion. Vielleicht lässt sich der Unterschied im Verständnis am leichtesten an einer Formulierung von Searle verdeutlichen (Searle 2011): In die Begeisterung über den Verständnisfortschritt, den Watson erreicht hatte, stellte er die interessante Frage, ob Watson denn wisse, dass er gewonnen hätte? „Ein Mensch würde das wissen."

Die Forschung kommt der Fähigkeit, mit dem Menschen auf seinem Niveau und mit seiner Komplexität zu kommunizieren, immer näher. Systeme verstehen Zahlen (etwa beim Bankcomputer) oder einfache Anweisungen (bei Alexa oder Siri), können komplexe Sätze in mehr als 30 verschiedene Sprachen übersetzen (Google Translate oder DeepL), sogar Romane und Lyrik schreiben, und können die Semantik bei komplexen Sätzen verstehen, sodass adäquat darauf reagiert werden kann (wie im Quiz *Jeopardy!*). Es ist jedoch noch nicht das menschliche Niveau der Sprachbeherrschung und des allgemeinen Verständnisses erreicht.

## 20.3 Transformermodelle

OpenAI stellte im November 2022 der Weltöffentlichkeit ein Sprachsystem namens ChatGPT vor. Geben wir dem System die Möglichkeit, sich selber vorzustellen:

| | |
|---|---|
| *User Prompt:* | *Kannst du dich selber beschreiben?* |
| ChatGPT: | Natürlich! Ich bin eine KI, die von OpenAI entwickelt wurde und auf der GPT-4-Architektur basiert. Meine Aufgabe ist es, Benutzern bei einer Vielzahl von Aufgaben zu helfen, indem ich Informationen bereitstelle, Texte generiere, Fragen beantworte und vieles mehr. Ich habe Zugang zu einem breiten Spektrum an Wissen und kann auf eine Vielzahl von Themen eingehen. Obwohl ich nicht wirklich denke oder fühle wie ein Mensch, wurde ich darauf trainiert, so hilfreich und verständlich wie möglich zu sein. |

ChatGPT basiert auf der Transformer-Architektur, die 2017 von Vaswani et al. (2017) vorgestellt wurde. Dabei sind die spezifischen technischen Details nicht publiziert, es gibt aber einige Artikel wie OpenAI et al. (2023) und auch Furbach et al. (2024, Kap. 10), welche die prinzipielle Funktionsweise darstellen, ebenfalls kann ChatGPT selbst einige Hinweise liefern. Wir orientieren uns im Folgenden an solchen Informationen, um einen Einblick in den prinzipiellen Aufbau zu geben. Transformermodelle eignen sich besonders für die Verarbeitung sequentieller Datenströme. Menschliche Sprache, in der wir ein Wort an das andere reihen, ist ein solches Beispiel. Die Funktionsweise solcher Transformermodelle basiert auf einer statistischen Idee: Wenn die Textmengen groß genug sind, lassen sich Muster und Regularitäten in den Texten erkennen. Diese Regularitäten ergeben sich aus dem Prinzip, dass die Reihenfolge der Wörter in einem Text nicht zufällig ist. In einem thematischen Zusammenhang folgt auf bestimmte Wörter typischerweise nur eine begrenzte Auswahl anderer Wörter. Diesen statistischen Zusammenhang könnte man lernen, wenn eine große Menge an Trainingstexten vorliegt. Im Zeitalter von Big Data und dem Internet steht eine große Menge an Textmaterial als Trainingsgrundlage zur Verfügung. Stellen Sie sich vor, dass jeder Text aus einer Folge von Wörtern besteht, dann ist die Funktion, die ein Transformer lernen muss, wie er für eine gegebene Folge von Wörtern (die man auch Token nennt), $w_1, \ldots, w_{n-1}$, das Wort $w_n$ vorhersagt, genauer: das wahrscheinlich passendste Wort auswählt, also die bedingte Wahrscheinlichkeit $P(w_n \mid w_{n-1}, \ldots, w_1)$ maximiert. Da jeder Text, den wir haben, ein ideales Trainingsbeispiel ist, können wir einen Transformer auf jeden beliebigen Teiltext anwenden und das nächste Wort vorhersagen lassen.

Wir haben die Funktionsweise neuronaler Netze im überwachten Lernen bereits kennengelernt: Im Wesentlichen besteht das Lernen darin, dass in einem Netz (mit einer spezifischen Architektur), durch überwachtes Lernen mittels Backpropagation, die Fehler im Modell zurückverfolgt und die Gewichte entsprechend angepasst werden, um die Genauigkeit der Vorhersage zu verbessern. Die Transformer-Architektur verwendet zwei zentrale Mechanismen: Selbstaufmerksamkeit und Feedforward-Schichten. Der Selbstaufmerksamkeitsmechanismus berechnet die Beziehung jedes Wortes zu allen anderen Wörtern in einem Satz. Dadurch kann das Modell den Kontext eines Wortes unabhängig von seiner Position im Satz erfassen. Der Transformer besteht aus mehreren Schichten, die abwechselnd Selbstaufmerksamkeit und Feedforward-Berechnungen durchführen. Jede Schicht lernt dabei unterschiedliche Informationsebenen und ermöglicht so das Erkennen komplexer Zusammenhänge. ChatGPT nutzt außerdem ein autoregressives Verfahren zur Textgenerierung (Henighan et al. 2020): Das Modell sagt jedes Wort basierend auf den zuvor generierten Wörtern vorher und erzeugt so schrittweise zusammenhängende

Texte. Transformer scheinen auch Convolutional Neural Networks zu übertreffen (Cordonnier et al. 2019).

Allerdings können solche Architekturen auch halluzinieren, das bedeutet, sie können Antworten oder Informationen erfinden, die nicht ihren Trainingsdaten entsprechen. Diese Faktenerfindung kann bei einem Einsatz als wissenschaftliches oder medizinisches Unterstützungssystem hochproblematisch sein. Andererseits wäre ein systematisches Überprüfen der Ausgaben mit einem großen Mehraufwand verbunden. Aus diesem Grund lassen sich Transformermodelle (noch) nicht für kritische Aufgaben einsetzen. Aktuelle wissenschaftliche Forschung versucht zu identifizieren, ob dies ein systemimmanentes Problem ist, d. h. in der Natur der statistischen Ansätze liegt, oder ob es ein behebbares Problem darstellt. Erste Arbeiten weisen in eine systemimmanente Richtung (Peng et al. 2024).

Was sind nun allgemeine Einschränkungen solcher Transformermodelle, die Erstaunliches leisten können und immer mehr in unseren Alltag Einzug halten? Die wahrscheinlich größte Einschränkung ist es, dass Modelle wie ChatGPT und Gemini nicht in der Lage sind, echtes Verständnis aufzuweisen. Es handelt sich nur um Modelle, welche darauf trainiert wurden, menschliche Sprache zu analysieren und sprachliche Muster zu erkennen, um anschließend eine Ausgabe zu generieren, welche anhand der Analyse so gut wie möglich in Bezug zur Eingabe steht. Das bedeutet zum einen, dass Transformermodelle Schwierigkeiten im Umgang mit Aufgaben haben, welche logisches Denken erfordern (Liu et al. 2023).

Es wirft aber auch noch weitere Probleme auf. Maschinelles Lernen basiert auf der Generalisierung eines allgemeineren Modells aus Daten. Entsprechend haben die Qualität und die Verteilung der Daten großen Einfluss auf das Modell. In diesem Zusammenhang können unfaire Verzerrungen (engl. *biases*) auftreten. Beispielsweise könnte es passieren, dass medizinische Diagnosen für Frauen weniger oft korrekt sind als für Männer, da die Daten vor allem Männer repräsentieren. Unfaire Verzerrungen sind ein Spezialfall von sogenannten Stichprobenverzerrungen (engl. *sampling biases*) – also Verzerrungen, die durch die Art und Weise entstehen, wie Daten aus den möglicherweise unbekannten Verteilungen in der echten Welt gezogen werden.

Daten reflektieren oft auch ungerechte Verhältnisse, die in der realen Welt existieren. Diese Verzerrungen können entsprechend dann auch im gelernten Modell vorhanden sein. So kann es passieren, dass ein Bewerbungsportal Bewerbungen von Frauen auf Stellen in der Software-Entwicklung nicht berücksichtigt, weil in der Datenbasis kaum Software-Entwicklerinnen vorhanden sind. Hier ein Überblick über die Vielzahl von Verzerrungen und Vorurteile (Ray 2023):

- geschlechtsspezifische, rassistische und kulturelle Vorurteile gegenüber Menschen und Kulturen, welche in den Trainingsdaten unterrepräsentiert sind oder Verstärkung von existierenden Stereotypen;
- ideologische Verzerrung durch die Darstellung von in den Trainingsdaten vorherrschenden Ideologien, welche dadurch unausgewogen wiedergegeben werden können;
- Sensationslust und Clickbait-Voreingenommenheit durch Training mit Sensations- und Clickbait-Inhalten, wodurch wiederum solche Inhalte von den Modellen erzeugt werden können;
- Bestätigungsfehler (engl. *confirmation bias*), indem Inhalte und Ausgaben generiert werden, welche zu bereits bestehenden Überzeugungen und Annahmen passen und so die Vielfalt der Perspektiven verringern.

Zudem ist es schwierig, das Training von Transfermodellen zu beeinflussen oder ihr Verhalten zu verändern, da die Modelle sich aufgrund ihrer hohen Komplexität von mehreren Millionen Parametern wie eine Blackbox verhalten, sodass man nur sehr schwer nachvollziehen kann, wie es zu bestimmten Ausgaben kommt. Es ist möglich, beim Training von Modellen Vorsorge zu treffen, solche Biases möglichst zu minimieren. Dies kann durch gezielte Ausbalancierung von Daten oder auch beim Training selbst geschehen. Gänzlich ausschließen kann man solche Biases aber nicht. Hier helfen Methoden der sogenannten erklärbaren KI (engl. *explainable AI*, XAI), die den Modellentwicklern entsprechende Probleme im gelernten Modell sichtbar machen.

Eine andere Art von Bias ist der sogenannte induktive Bias. Dieser Bias ist sogar erwünscht. Ohne induktiven Bias könnten weder Mensch noch Maschine generalisieren. Im induktiven Bias stecken die Kriterien, was an Daten relevant und was irrelevant ist, sodass relevante Gemeinsamkeiten im gelernten Modell reflektiert sind und irrelevante Aspekte „weg-generalisiert" werden.

Pellert et al. (2024) haben in ihrer Arbeit untersucht, inwiefern *large language models* (LLM, große Sprachmodelle), zu denen auch Bard, Gemini und ChatGPT gehören, psychologische Eigenschaften aufweisen. Dies geschah, indem sie unter anderem mit den beiden LLM BERT (Google, 2018) und RoBERTa (Facebook, 2019) verschiedene psychologische Tests wie den „Big-five inventory"-Test durchführten und anschließend auf diesen Ergebnissen basierend psychometrische Profile für die jeweiligen Modelle erstellten. Dabei zeigte sich in den Resultaten, dass alle untersuchten Modelle sehr ausgeglichene Persönlichkeitswerte aufzeigten und keine nennenswerte Ausprägung von Eigenschaften einer „dunklen Persönlichkeit" aufwiesen, d. h. Eigenschaften, die durch narzisstische und antisoziale Verhaltensweisen geprägt sind. Zudem wurde gezeigt, dass die Sprachmodelle vor allem konservative Werte vertraten, und dies auch stärker als eine Referenzgruppe aus Menschen. Des Weiteren zeigte sich ein Mangel aller LLM an Affirmation für Minderheiten und es wurde sichtbar, dass sich die Persönlichkeitsprofile bei verschiedenen verwendeten Sprachen eines Modells differenzierten. Hier wird also wieder deutlich, dass die Systeme die Tendenz der Daten aufgreifen. Dies erfordert eine sehr genaue Spezifikation der Trainingsdaten des Systems.

## 20.4 Zur Vertiefung

- Originalartikel von Weizenbaum, J. (1966). ELIZA – A computer program for the study of natural language communication between man and machine. *Communications of the ACM*, *9*(1), 36–45.
- Originale Implementation von ELIZA: ▶ https://web.njit.edu/~ronkowit/eliza.html
- Ein Überblick über verschiedene Ansätze von Chatbots findet sich hier: Adamopoulou, E. und Moussiades, L. (2020). An Overview of Chatbot Technology. In: I. Maglogiannis and L. Iliadis and E. Pimenidis, Hrsg. (eds.), *Artificial intelligence applications and innovations*, S. 373–383, Cham. Springer International Publishing.
- YouTube-Video von IBM Research: „Watson and the *Jeopardy!* Challenge", ▶ https://www.youtube.com/watch?v=P18EdAKuC1U
- Searle über Watson: Searle, J. (23.02.2011). Watson Doesn't Know It Won on 'Jeopardy!'. *The Wall Street Journal.* ▶ https://www.wsj.com/articles/SB10001424052748703407304576154313126987674

- Originalartikel über Transformermodelle: Vaswani, A., Shazeer, N., Parmar, N., Uszkoreit, J., Jones, L., Gomez, A. N., Kaiser, L., und Polosukhin, I. (2017). Attention is all you need [Konferenzbeitrag]. *Advances in neural information processing systems, 30.*
- Wie kann man sich das Halluzinieren von LLM konkret vorstellen? ChatGPT erfand für einen Autor dieses Buches einen wissenschaftlichen Artikel über ein ACT-R-Modell von Heideggers Existentialphilosophie. Nun ist das Erstere durchaus Forschungsgebiet beider Autoren, aber nicht in Richtung einer philosophischen Theorie. Dies lässt sich nur damit erklären, dass Heideggers Philosophie stark mit der Universität Freiburg verbunden war, an der der Autor auch lehrte. So kommen verschiedene statistische Wahrscheinlichkeiten zusammen, die sich aber in der Summe auf Verschiedenes beziehen. Eine Zusammenstellung über Halluzinationen von KI-Modellen findet sich in folgendem Artikel: Ji, Z., Lee, N., Frieske, R., Yu, T., Su, D., Xu, Y., Ishii, E., Bang, Y. J., Madotto, A., und Fung, P. (2023). Survey of hallucination in natural language generation. *ACM Computing Surveys*, *55*(12), 1–38. Aktuell versuchen bestimmte Modelle wie Gemini das Halluzinieren sichtbar zu machen, indem sie im Text unsichere Teile markieren. Damit kann der menschliche Nutzer eine Einschätzung der Zuverlässigkeit der Information bekommen.
- Der technische Bericht zu ChatGPT-4 – darin wird insbesondere deutlich, dass das Ziel darin besteht, menschliche Performanz in Tests zu erreichen bzw. zu übertreffen: OpenAI, Achiam, J., Adler, S., Agarwal, S., Ahmad, L., Akkaya, I., Aleman, F. L., Almeida, D., Altenschmidt, J., Altman, S., Anadkat, S., u. a. (2023). GPT-4 technical report. *arXiv preprint arXiv:2303.08774.*
- Ein kritischer Diskussionsbeitrag bzgl. der Anwendung von LLM und ChatGPT beispielsweise im Gesundheitsbereich: Gallifant, J., Fiske, A., Levites Strekalova, Y. A., Osorio-Valencia, J. S., Parke, R., Mwavu, R., Martinez, N., Gichoya, J. W., Ghassemi, M., Demner-Fushman, D., u. a. (2024). Peer review of GPT-4 technical report and systems card. *PLOS Digital Health*, *3*(1),e0000417.
- In Kapitel 10 des Buches Furbach, U., Kitzelmann, E., Michaeli, T., und Schmid, U. (2024). *Künstliche Intelligenz für Lehrkräfte: Eine fachliche Einführung mit didaktischen Hinweisen.* Springer, findet sich eine verständliche Darstellung solcher Transformermodelle.

# Ein Ausblick – Wie geht es weiter?


M. Ragni, U. Schmid, *Kognitive Künstliche Intelligenz*, https://doi.org/10.1007/978-3-662-69498-5_21

In diesem Buch haben Sie verschiedene Methoden der Kognitiven KI kennengelernt. Wenn Sie Ihr Wissen vertiefen möchten, bieten die Abschnitte am Ende jedes Kapitels eine erste Möglichkeit, sich in die spannende Welt der Kognitiven KI zu begeben. Vielleicht möchten Sie die Methoden aber anwenden und selber ein kognitiver KI-ler werden? Dazu haben wir ein paar Vorschläge zusammengestellt:

- Lernen Sie Programmieren. Nur so können Sie KI-Anwendungen zum Leben erwecken. Eine *der* Sprachen für KI ist Python, die über viele direkt einsetzbare Methoden verfügt und weit verbreitet ist. Auch wenn das Erlernen einer Programmiersprache Zeit kostet, eröffnet es Ihnen die Welt der Implementierung. Damit können Sie Ihre eigene KI entwickeln und auf Daten anwenden. Eine Einführung in grundlegende Programmierkonzepte, einfach erklärt, finden Sie in Schmid et al. (2024).
- Lernen Sie die Datenauswertung mit der Programmiersprache R. R und Python sind zwei Seiten derselben Medaille. Mit R können Sie Daten, die Sie für Ihre KI verwenden möchten (z. B. in einem *Feedforward*-Netz), entsprechend aufbereiten. Zwar kann dies auch vollständig mit Python erfolgen, doch bietet R im Bereich der Datenanalyse einige Vorteile. Dies hat zu einem Dualismus geführt: Python wird oft für KI-Anwendungen genutzt, während R bevorzugt für die Datenanalyse eingesetzt wird. Eine Einführung dazu finden Sie im lesenswerten Buch Mueller und Massaron (2021).
- Nutzen Sie bestehende Methoden (z. B. in Python) und entwickeln Sie eigene Ansätze des maschinellen Lernens. So erleben Sie Aha-Effekte und lernen die Schönheit laufender Algorithmen kennen. Tatsächlich sind viele Aspekte des maschinellen Lernens und des Erkennens von Mustern vergleichbar mit dem Hören und Spielen von Musik.
- Beschäftigen Sie sich mit kognitiver Modellierung. Viele menschzentrierte KI-Systeme basieren auf Prinzipien der Kognitiven KI. Neben hybriden kognitiven Architekturen wie ACT-R und Soar, die Sie im Buch kennengelernt haben, gibt es viele weitere (z. B. Clarion; Sun 2007). Auch bestimmte künstliche neuronale Netze sind in der Lage, kognitive Prozesse adäquat abzubilden.
- Identifizieren Sie „Ihren" Bereich, in dem Sie kognitive Prozesse verstehen und algorithmisch entwickeln möchten. Dafür benötigen Sie geeignete Datenmengen, von denen viele über Open Science zugänglich sind (Schmid 2025).

Dieses Repertoire an einsetzbaren Methoden wird Ihnen erlauben, aktiv Forschung zu betreiben. Sie haben das Rüstzeug, eigene Modelle zu entwickeln und sich von der Psychologie, der Kognitionswissenschaft und der KI inspirieren zu lassen.

#### ■ ■ Was sind voraussichtliche zukünftige Herausforderungen?

Mit der Möglichkeit von Large Language Models, sinnvollen Text zu generieren und Wissensfragen zu beantworten, hat die Künstliche Intelligenz einen großen Fortschritt erzielt – trotz kleinerer und größerer Herausforderungen. Auch wenn der Bereich der Automatisierung weiter voranschreitet, bleibt der Mensch nach wie vor ein zentraler Interaktionspartner. In Fachkreisen spricht man hier von *human in the loop*, d. h. dass Menschen aktiv in den Prozess eingebunden sind.

Wenn Menschen miteinander interagieren, entwickeln sie eine *theory of mind* ihres Interaktionspartners. Das bedeutet, sie lernen häufig durch Beobachtung des anderen, wie dieser „tickt", wie er Probleme löst, was er sagt (und möglicherweise denkt), welche Fehler er macht und was er besser beherrscht. Dies setzt eine mentale Simulation des Interaktionspartners voraus.

Trotz der Fortschritte im maschinellen Lernen und in der prädiktiven Verhaltensanalyse basieren diese Ansätze oft nur auf aggregierten Verhaltensmustern – darauf, was Menschen *typischerweise* (statistisch betrachtet) in bestimmten Situationen tun. Selbst wenn versucht wird, die Analyse zu individualisieren (wie bei Empfehlungssystemen), stützen sich die Ergebnisse meist darauf, wie stark eine Person anderen, bereits beobachteten Menschen ähnelt. Es entsteht dabei keine tatsächliche Wissensbasis über die individuelle Person, kein spezifisches Inferenzmodell und auch keine Hypothesen über deren einzigartiges Verhalten.

Wenn wir möchten, dass KI-Systeme sich gezielt auf Menschen einstellen und einem *Help as needed*-Ansatz folgen, benötigen wir Systeme, die sich an den spezifischen Interaktionspartner anpassen können. Dafür ist es notwendig, dass viele der vorgestellten Methoden in das System integriert werden. Die KI muss entweder als Kognitive KI den Menschen simulieren oder ein *theory of mind*-Modul enthalten. Eine *theory of mind* (Theory of Mind) wird als die Fähigkeit beschrieben, sich selbst und anderen geistige Zustände zuzuschreiben. Premack und Woodruff formulierten dies wie folgt:

> » „Eine Person hat eine *theory of mind*, wenn sie sich selbst und anderen geistige Zustände zuschreibt. Ein System von Schlussfolgerungen dieser Art wird zu Recht als Theorie betrachtet, da solche Zustände nicht direkt beobachtbar sind und das System dazu verwendet werden kann, Vorhersagen über das Verhalten anderer zu treffen." (Premack und Woodruff 1978)

Die für uns relevanten Zustände, die ein solches System repräsentieren müsste, wurden bereits in ► Kap. 1 bei der Einführung des Begriffs der Kognition dargestellt. Letztendlich müsste ein derartiges System KI-Modelle des menschlichen Denkens umfassen und in der Lage sein, menschliches Denken und Planen vorherzusagen, um prädiktive Kognition zu ermöglichen.

Ein weiterer interessanter Bereich sind hybride Modelle, bei denen Mensch und Computersystem „kooperativ" Probleme lösen. Nachdem der Schachweltmeister Garri Kasparow von Deep Blue geschlagen wurde, schlug er eine neue Art des Schachspiels vor: Jeweils ein Mensch würde gemeinsam mit einem Computer gegen ein anderes Mensch–Computer-Team antreten. In dieser Konstellation stellt das Computersystem die Rechenleistung bereit, während der Mensch seine Intuition einbringt – eine neue Ebene des Spiels.

Obwohl das Computersystem in diesem Szenario als Teampartner agiert, fehlt ihm die Fähigkeit, sich wie ein menschlicher Partner flexibel und empathisch auf die Bedürfnisse seines Gegenübers einzustellen. Menschen sind als soziale Wesen in der Lage, aufeinander einzugehen und gemeinsam abgestimmte Lösungen zu finden. Ein Computersystem hingegen ist noch kein echter Teampartner, da es bislang nicht in der Lage ist, sich individuell auf seinen Interaktionspartner einzustellen. Diese neue Möglichkeit von Mensch–Maschine-Teams bildet ein weiteres offenes Forschungsfeld im Bereich der kognitiven KI-Systeme.

In diesem Buch haben wir uns vor allem mit den technischen Details und Voraussetzungen von KI-Systemen beschäftigt. Im Kapitel über maschinelles Lernen wurden Aspekte wie Bias, also „Urteilsverzerrungen", behandelt. Darüber hinaus gibt es weitere ethische Fragestellungen, die hier nur kurz angesprochen werden sollen. Grundsätzlich stellt sich die Frage nach verantwortungsvoller Entscheidungsfindung und Datenschutz (Schmid 2024b).

Der Datenschutz ist offensichtlich: KI-Systeme verarbeiten große Datenmengen, die oft mit realen Personen verbunden sind. Daher müssen klare, gesellschaftlich akzeptierte Kriterien definiert werden, unter welchen Bedingungen die Verarbeitung erlaubt und ethisch gerechtfertigt ist. Dies betrifft auch KI-Systeme, die mit Menschen interagieren und dabei Informationen über ihre Interaktionspartner sammeln.

Im Bereich der Entscheidungsfindung besteht die Gefahr, dass Menschen wichtige Entscheidungen zunehmend auf KI-Systeme delegieren und deren Vorschläge ungeprüft übernehmen. Wenn KI-Systeme jedoch Fehler machen oder auf verzerrten Daten basieren, kann dies zur Verstärkung von Vorurteilen führen. Deshalb müssen Menschen die Vorschläge von KI-Systemen kritisch hinterfragen – möglicherweise sogar noch kritischer als die eines menschlichen Beraters.

Schließlich ist Verantwortung nicht delegierbar. Selbst wenn es selbstfahrende Autos oder autonom agierende Roboter gibt, sind diese – im ethischen Sinne – Nichtpersonen und somit nicht für ihre Handlungen verantwortlich. Die Verantwortung bleibt beim Entwickler oder Besitzer der KI-Systeme. Verantwortung ist nicht übertragbar, auch nicht auf eine KI.

Das bedeutet, dass die Ergebnisse eines KI-Systems stets mit großer Sorgfalt und gesundem Menschenverstand eingeordnet werden müssen. Nur so können KI-Systeme und Menschen gemeinsam als Team die Herausforderungen der Zukunft bewältigen.

# Serviceteil




M. Ragni, U. Schmid, *Kognitive Künstliche Intelligenz*, https://doi.org/10.1007/978-3-662-69498-5

# Glossar[1]

**A*** Effiziente Variante des heuristischen Suchverfahrens branch-and-bound.

**Abbildung** ► *Funktion.*

**Abbruchbedingung** Bedingung, die angibt, wann eine Schleifen-Abarbeitung oder ein rekursiver Prozess terminieren soll. Für eine Funktion zur Berechnung der Fakultät einer Zahl $x$ ist als Abbruchbedingung $x = 0$ definiert.

**Ableitung (1.)** Syntaktischer Prozess zum Ziehen von Schlussfolgerungen aus logischen Formeln.

**Ableitung (2.)** Ergebnis der Differenzierung einer Funktion.

**ACT-R** Adaptive Control of Thought–Rational. Auf Produktionssystemen basierender, ablauffähiger Formalismus, ursprünglich in ► LISP implementiert und heute auch in Python verfügbar. Deklaratives Wissen und prozedurales Wissen werden in zwei getrennten Langzeitspeichern repräsentiert.

**Adjazenzmatrix** Repräsentationsform für Graphen. Die Knotenbezeichner definieren die Zeilen und Spalten der quadratischen Matrix. In den Zellen wird für vorhandene Kanten zwischen Knotenpaaren eine 1 eingetragen, ansonsten eine 0.

**Aktivation** Wert eines Knotens in einem neuronalen Netz oder einem ► *Aktivationsausbreitungsnetz*. Häufig sind die möglichen Werte auf reelle Zahlen zwischen 0 und 1 bzw. zwischen $-1$ und 1 begrenzt.

**Aktivationsausbreitung** Weiterleitung der Aktivationswerte von Knoten über Kanten in einem ► *Aktivationsausbreitungsnetz.*

**Aktivationsausbreitungsnetz** Repräsentationsformalismus, insbesondere für begriffliches Wissen, bei dem *Konzepte* in Knoten repräsentiert werden, die über Kanten miteinander verbunden sind. Von durch aktuelle Information aktivierten Knoten ausgehend werden weitere Knoten – durch *Aktivationsausbreitung* – aktiviert.

**Algorithmus** Abstrakt (rechnerunabhängig) formulierte Berechnungsvorschrift. Angabe eines Ablaufplanes, nach dem Eingabedaten in Ausgabedaten transformiert werden. Ein allgemeiner Beschreibungsformalismus für Algorithmen sind ► *Turing-Maschinen.*

---

1 Im Glossar werden wesentliche Begriffe aus den Bereichen der Computertechnik und der Programmierung erläutert. Zudem werden viele in diesem Buch dargestellte Konzepte kurz erklärt. In den Definitionen werden Begriffe, die ebenfalls im Glossar erläutert sind, kursiv gesetzt. Aus Gründen der Übersichtlichkeit haben wir Fremdwörter in den Definitionstexten entgegen der sonst im Buch verwendeten Konvention nicht kursiv gesetzt. Einen guten Überblick über viele hier dargestellte Konzepte gibt der Duden für Informatik (herausgegeben von H. Engesser).

**allgemeingültig** Eine logische Formel ist allgemeingültig, wenn sie für jede Interpretation und jede Belegung wahr ist.

**Amplitude** Im visuellen Fall ein Maß für die Helligkeitsunterschiede in der Struktur (Kontrast).

**analog (Größe)** Gegenteil zu *digital*. Eine analoge Größe kann kontinuierliche (theoretisch beliebig fein abgestufte) Werte annehmen.

**analog (Repräsentation)** ► *Repräsentation (analoge)*.

**Analog-Computer** Computertyp, der Informationen nicht in digitaler, sondern analoger Weise verarbeitet. War in der Anfangszeit der *EDV*, also in den 40er- und 50er-Jahren des 20. Jahrhunderts, stark verbreitet. Spielt in jüngster Zeit wieder eine größere Rolle, zum Beispiel bei der ► *Implementation* von *neuronalen Netzen* oder *fuzzy-set machines*.

**Analog-Rechner** ► *Analog-Computer*.

**analoges Lernen** ► *Lernen (analoges)*.

**Antisymmetrie** Eigenschaft einer *Relation*. Gehören das Paar $(x, y)$ und das Paar $(y, x)$ beide zur *Relation*, so sind $x$ und $y$ identisch.

**Arbeitsspeicher** *Speicher*, in dem Information für die aktuelle Verarbeitung vorrätig gehalten wird. Der Arbeitsspeicher hat geringere Kapazität als der *Langzeitspeicher*, es kann jedoch schneller auf Elemente zugegriffen werden. Arbeitsspeicher wird für das menschliche Gedächtnis und beim Computer (► *Hauptspeicher*) verwendet.

**Architektur** Konstruktionsprinzip für eine Klasse von Maschinen, die bestimmte Eigenschaften gemein haben. Viele Rechner sind nach dem Prinzip der Von-Neumann-Architektur konstruiert. Bestimmte Produktionssysteme sind im Rahmen der *ACT-Architektur* oder der *Soar-Architektur* realisiert.

**Argument** Funktionen und Prädikate haben eine bestimmte Stelligkeit, die angibt, auf wie vielen (und welcher Art von) Werten sie definiert sind: $plus(x, y)$ ist eine zweistellige Funktion, die die Summe zweier Zahlen liefert. Die Zahlen $x$ und $y$ heißen die Argumente von *plus*. Das Prädikat $rot(x)$ ist einstellig; es ist wahr, wenn das Objekt $x$ rot ist, sonst falsch. Das Objekt $x$ heißt das Argument von *rot*.

**array** Eine einfache *Datenstruktur* einer *Programmiersprache*: eine zweidimensionale Anordnung bzw. ein Feld von Objekten einer Kategorie.

**ASCII-Code** American Standard Code for Information Interchange. Von der Internationalen Organisation für Normung (International Organization for Standardization, ISO) genormter Code, der die Zuordnung von Ziffern, Buchstaben und Sonderzeichen auf die durch 8 Bit darstellbaren Zahlen 0 bis 255 definiert.

**Assembler (1.)** Programm zur Übersetzung von *Assemblersprache* in Maschinensprache.

**Assembler (2.)** Synonym für *Assemblersprache*.

**Assemblersprache** Maschinenorientierte Sprache, die im Gegensatz zu den Hochsprachen nicht von der Maschine, insbesondere nicht von der CPU, abstrahiert. Assemblersprache kann vom Assembler in der Regel 1 : 1 in Maschinensprache übersetzt werden.

**ATN** ► *augmented transition network*.

**Atom (1.)** Elementare Formel der Prädikatenlogik. Ein Atom besteht aus einem Prädikatnamen mit Argumenten. Beispielsweise ist *isa*(*Hund*, *Tier*) ein Atom.

**Atom (2.)** Grundterm in der Programmiersprache ► *Prolog*.

**Atom (3.)** Zeichenkette oder Zahl in der Programmiersprache ► LISP.

**Aufwand** Eigenschaft von Programmen. Der Aufwand eines Programms wird durch die Anzahl der Operationen, die es für eine Eingabe der Größe $n$ durchführen muss, beschrieben. Ist die Eingabe beispielsweise eine Liste, so wird der Aufwand bezüglich der Anzahl der Elemente der Liste (Länge der Liste) formuliert.

**aufzählbare Sprache** Menschliche Sprache, die durch eine Grammatik ohne Einschränkungen erzeugt und durch ► *Turing-Maschinen* erkannt werden kann. ► *Chomsky-Hierarchie*.

**augmented transition network** Implementationsformalismus für Parser. Jede Regel einer Grammatik wird als Automat formuliert. Die Zustandsübergänge akzeptieren entweder lexikalische Kategorien (Nomen, Verb) oder aktivieren andere Automaten (für Phrasenstrukturen wie Nominal- und Verbalphrase). ► *Phrasenstrukturgrammatik*.

**ausführbarer Code** Programmtext eines Programms in Maschinensprache, d. h. für eine Maschine direkt ausführbar, für Menschen jedoch nicht lesbar.

**Aussage** Die kleinste syntaktische Einheit eines logischen Kalküls (üblicherweise der Aussagenlogik), für die ein Wahrheitswert angegeben werden kann (► *Proposition*). In der Prädikatenlogik werden elementare Aussagen als Literale bezeichnet.

**Aussagenlogik** Logischer Kalkül, der auf Aristoteles zurückgeht. Elementare Bestandteile sind Aussagen, die wahr oder falsch sein können. Die Syntax der Aussagenlogik gibt an, auf welche Weise Aussagen mittels Junktoren zu komplexeren Aussagen verknüpft werden können.

**Automat** Ein technisches oder abstraktes Gerät, das zu jeder Eingabe eine festgelegte Ausgabe produziert. Ein allgemeines Automatenmodell sind ► *Turing-Maschinen*. Grammatiken können Sprachen erzeugen, Automaten können zur Erkennung von Sprachen verwendet werden (► *Chomsky-Hierarchie*).

**Axiom** Ein als wahr vorausgesetzter Satz, eine als wahr vorausgesetzte Aussage oder Formel (► *Theorie*).

**backpropagation algorithm** Ein Trainingsverfahren für neuronale Netze. Dabei wird die Abweichung zwischen Ist- und Soll-Ausgabe rückwärts durch das Netz propagiert, um die Gewichte in den Schichten eines Feedforward-Netzes anzupassen (► *Lernen, überwachtes*).

**Backus–Naur-Form** Beschreibungsform für kontextfreie Grammatiken, speziell für die Syntax von Programmiersprachen.

**backward chaining** Strategie der Anwendung von Produktionsregeln. Die Regeln werden, im Gegensatz zum *forward chaining*, vom Aktionsteil ausgehend angewendet.

**Bandpassfilter** Kombination eines Hoch- und eines Tiefpassfilters. Alle Frequenzen, die in einem bestimmten Frequenzbereich (Band) liegen, können den Filter passieren. Ein Bandpassfilter hat zwei Grenzfrequenzen, eine obere (vom Tiefpassfilter) und eine untere (vom Hochpassfilter)

**Baum** Eine Datenstruktur. Ein Baum ist ein spezieller *Graph*, der genau einen Wurzelknoten besitzt und bei dem jeder andere *Knoten* genau einen Vorgängerknoten besitzt. Knoten, die keine Nachfolger haben, werden als Blätter bezeichnet.

**Bayes-Theorem** Methode beim probabilistischen Schließen, um bedingte Wahrscheinlichkeiten zu verrechnen. Die bedingte Wahrscheinlichkeit $p(H \mid D)$ für eine Hypothese $H$ bei Vorliegen von Daten $D$ ergibt sich als $p(D \mid H) \cdot p(H)/p(D)$.

**Bedeutung** ► *Semantik*.

**Bedeutungspostulat** Festlegung oder Bedingung der Bedeutung von Wörtern relativ zueinander (► *Semantik, lexikalische*).

**bedingte Anweisung** Verzweigende Anweisung in einem Programm: Wenn eine bestimmte Bedingung gegeben ist, wird die eine Anweisungsalternative ausgeführt, sonst die andere.

**Bedingungserfüllungssystem** System, das Problemlösungen durch schrittweise Einschränkung der möglichen Belegungen von Variablen erzeugt (► *Beschränkung*).

**Begriff** ► *Konzept*.

**Belegung (1.)** Zuordnung eines Wertes zu einer Variable (► *Zuweisung*) oder einem Parameter. Die Möglichkeiten der Belegung können durch Datentypen eingeschränkt sein.

**Belegung (2.)** Zuordnung von Wahrheitswerten zu aussagenlogischen Formeln.

**Berechenbarkeit** Eine Funktion ist berechenbar, wenn ein Algorithmus zu ihrer Lösung angebbar ist. Bei Problemen spricht man von Entscheidbarkeit.

**Berechnungstheorie** Erster Schritt bei der kognitiven Modellierung (nach Marr). Die Berechnungstheorie beschreibt, was berechnet wird und zu welchem Zweck diese Berechnung erfolgt.

**Bewertungsfunktion** Ein Werkzeug zur Steuerung eines Suchprozesses, das häufig im Rahmen einer Heuristik eingesetzt wird. Die Funktion bewertet einen aktuellen Problemzustand danach, wie hoch die Kosten sind, um vom Anfangszustand über einen konkreten Weg zu ihm zu gelangen, und wie hoch die Kosten des Übergangs von diesem Zustand zum Zielzustand eingeschätzt werden.

**Bildverstehen** Oberbegriff für alle Prozesse der visuellen Verarbeitung von Information bei Menschen und bei der Modellierung auf Computern. Umfasst die frühen Stadien des Bildverstehens, auch Bildverarbeitung genannt, und die Objekterkennung.

**Binärcode** ► *Maschinensprache.*

**Binärsystem** ► *Dualsystem.*

**Binärziffer** ► *Bit.*

**Bindungsliste** Liste, in der die aktuelle Zuordnung von Parametern einer Funktion zu festen Werten verwaltet wird.

**bit** Einheit, die definiert, durch wie viele Binärziffern (*Bit*) eine Zahl darstellbar ist.

**Bit** Binary digit. Eine Ziffer, die nur eine der zwei Werte „0" und „1" annehmen kann.

**Blockwelt** Eine Modellwelt, die in der Wahrnehmungsforschung und bei Problemlöse- und Planungsalgorithmen verwendet wird. Es gibt nur bestimmte idealisierte Objekte (etwa alle euklidischen Körper oder nur Würfel) beziehungsweise idealisierte Operatoren (beispielsweise $lege\_auf(A, B)$).

**Blockwelt-Problem** In der KI werden Problemlöse- und Planungsalgorithmen häufig nicht am Beispiel realer Probleme entwickelt, sondern anhand einer *Blockwelt*, in der Problemlöseprozesse (wie das Auf- und Abbauen von Türmen) simuliert werden.

**BNF** ► *Backus–Naur-Form.*

**bottom-up processing** ► *datengesteuerte Verarbeitung.*

**Bottom-up-Strategie** ► *datengesteuerte Verarbeitung.*

**branch-and-bound** Heuristisches Suchverfahren. Durch Expansion des aktuell am besten bewerteten Weges (► *Bewertungsfunktion*) wird eine optimale Problemlösung (im Sinne einer möglichst geringen Anzahl von Operatoranwendungen [► *Problemlöseoperator*] oder möglichst geringer Kosten) gefunden.

**Breitensuche** Suchverfahren. Ausgehend von einem Knoten werden jeweils alle Nachfolger erzeugt. Breitensuche hat einen hohen Aufwand, garantiert aber im Zusammenhang des Problemlösens, dass ein Weg zum Ziel gefunden wird, wenn ein solcher Weg existiert.

**Byte** Acht Bit. Codierungsformat für den ASCII-Code.

**C** Die am weitesten verbreitete imperative Programmiersprache. Die meisten kommerziellen Programme auf Personal Computern und Workstations sind in dieser Programmiersprache bzw. in ihrer objektorientierten Erweiterung C++ programmiert.

**C++** Objektorientierte Erweiterung der Programmiersprache C.

**Chomsky-Hierarchie** Unterscheidung von Grammatiken nach der Mächtigkeit der Sprachen, die sie erzeugen können: ▶ *reguläre Sprache* (unterste Hierarchie-Ebene, am stärksten eingeschränkt), ▶ *kontextfreie Sprache*, ▶ *kontextsensitive Sprache*, ▶ *aufzählbare Sprache* (oberste Hierarchie-Ebene, am allgemeinsten). Parallel dazu können Automaten („Akzeptoren") angegeben werden, die Sprachen verschiedener Mächtigkeit erkennen.

**closed-world assumption** Vorannahme bei Systemen zum logischen Schließen (▶ *Schlussregel*). Wenn nicht abgeleitet werden kann, dass ein Ausdruck falsch ist, so wird er als wahr angenommen.

**Code** Standardisierte Darstellungsform, beispielsweise von Programmtext, mit dem Ziel, eine automatische Ausführung (▶ *ausführbarer Code*) oder Übersetzung (▶ *Quell-Code*) zu ermöglichen.

**cognitive** ▶ *kognitiv*.

**competitive learning** Mechanismus in selbstorganisierten Netzen. Je stärker ein Neuron erregt ist, desto stärker hemmt es die Aktivierung anderer Neuronen.

**Compiler** Programm, das den *Quell-Code* eines Programms in *Maschinensprache* übersetzt und diesen *ausführbaren Code* zur späteren Ausführung in eine Datei abspeichert.

**computational theory** ▶ *Berechnungstheorie*.

**concept-driven processing** ▶ *konzeptgesteuerte Verarbeitung*.

**constraint** ▶ *Einschränkung*.

**constraint propagation** Fortpflanzung von Beschränkungen in einem Bedingungserfüllungssystem. Charakterisiert die Arbeitsweise eines solchen Systems. Belegungen einzelner Variablen üben Beschränkungen aufeinander aus, die sich über mehrere Variablen fortpflanzen.

**constraint satisfaction** ▶ *Bedingungserfüllungssystem*.

**CPU** Central Processing Unit. Zentrale Verarbeitungseinheit im Computer. Hier erfolgt die Berechnung, d. h. die Verarbeitung der Daten.

**data-driven processing** ▶ *datengesteuerte Verarbeitung.*

**Datenbank** System zur Verwaltung großer Datenmengen. Mittels einer Anfragesprache können gewünschte Informationen aus dem System abgerufen werden.

**datengesteuerte Verarbeitung** Ausgehend von gegebenen Daten wird das zugehörige *Konzept* aktiviert oder inferiert. Diese Strategie kann beispielsweise bei Parsern (Daten = Satz; *Konzept* = Grammatikregeln) oder bei Problemlöseprozessen (Daten = Problemzustand; *Konzept* = Zielstruktur) eingesetzt werden. Das Gegenstück ist die *konzeptgesteuerte Verarbeitung.*

**Datenstruktur** Abstrakte Definition der korrekten Konstruktion von Daten zu komplexeren Gebilden, auf denen ein Algorithmus arbeitet. Beispiele sind Listen, Bäume und Graphen.

**Datentyp** Klassifikation von Wertebereichen und Operationen. Variablen können beispielsweise für natürliche Zahlen oder für Zeichenfolgen (Atome) definiert sein. Die Operation $plus(x, y)$ kann so für natürliche oder für Dezimalzahlen definiert sein.

**Deduktion** Schließen vom Allgemeinen auf das Spezielle. Aus einer Menge von Axiomen oder Annahmen wird durch Anwendung von Schlussregeln die Gültigkeit einer spezielleren Aussage (Theorem) gefolgert. So kann aus den Aussagen „Alle Menschen sind sterblich“ und „Sokrates ist ein Mensch“ mit dem Modus Barbara gefolgert werden: „Sokrates ist sterblich.“ Deduktive Schlüsse sind wahrheitserhaltend, wenn die Prämissen wahr sind. Basieren sie auf Annahmen, sind die Schlussfolgerungen hingegen bedingt und abhängig von der Gültigkeit dieser Annahmen.

**default** Vorannahme, die als gültig angenommen wird, solange keine dem widersprechende Information vorliegt. Schemata können mit Default-Werten belegt sein.

**Default-Logik** Nichtmonotone Logik, die mit Default-Annahmen arbeitet.

**definite clause grammar** Grammatikformalismus, in dem Ersetzungsregeln als *definite Klauseln* und damit als Prolog-Regeln formulierbar sind.

**definite Klausel** Klausel mit genau einem positiven Literal. Spezielle Horn-Klausel.

**deklaratives Wissen** Sammelbegriff für Fakten- und *Konzept*wissen (knowing that). Deklarative Wissensrepräsentationsformalismen betonen im Gegensatz zu prozeduralen Repräsentationen die statische Struktur des Wissens.

**Dezimalsystem** Zahlensystem, in dem jede Ziffer einen von zehn verschiedenen Werten annehmen kann. Die Ziffern des Dezimalsystems sind „0“, „1“, „2“, „3“, „4“, „5“, „6“, „7“, „8“, „9“.

**digital** Gegenteil zu *analog*. Eine Größe ist digital, wenn sie nur diskrete, d. h. quantisierte, Werte annehmen kann.

**Digital-Computer** Die heute am weitesten verbreitete Klasse von Computern. Die meisten Digital-Computer basieren auf der Von-Neumann-Architektur.

**discovery learning** ► *Lernen (entdeckendes).*

**Disjunktion** Logisches „oder" („∨").

**disjunktiv** Oder-verknüpft.

**disjunktive Normalform** Eine ausgezeichnete syntaktische Form für logische Formeln. Disjunktion von konjunktiv verknüpften Literalen.

**DNF** ► *disjunktive Normalform.*

**Dualsystem** Zahlensystem, in dem jede Ziffer einen der beiden Werte annehmen kann. Die Ziffern des Dualsystems sind „0" und „1".

**edge** ► *Kante.*

**EDV** ► *elektronische Datenverarbeitung.*

**Effizienz** Eigenschaft eines Algorithmus: die Bearbeitung eines Problems mit möglichst geringem Aufwand an Zeit oder Speicherplatz.

**Einschränkung** Gleichung oder Ungleichung, die die möglichen Belegungen von Variablen einschränkt. Sind beispielsweise zwei Variablen $x$ und $y$ auf der Menge der Ziffern $\{0, 1, 2, 3, 4, 5, 6, 7, 8, 9\}$ definiert, so schränken die Gleichungen $2x + y = 10$ und $x + y = 7$ die Werte für $x$ und $y$ auf die Belegung $x = 3$ und $y = 4$ ein. Anstelle numerischer Beschränkungen können auch symbolische Beschränkungen verwendet werden. ► *Bedingungserfüllungssystem.*

**elektronische Datenverarbeitung** Verarbeitung von Informationen mithilfe von Computern.

**Endlosschleife** Nichtterminierende Abarbeitung eines Programms. Die Ursache liegt meist in einer fehlerhaft angegebenen Abbruchbedingung für eine Schleife oder Rekursion.

**entdeckendes Lernen** ► *Lernen (entdeckendes).*

**Entscheidbarkeit** Eigenschaft von Problemen: Lösbarkeit mittels eines Algorithmus.

**Entscheidungsbaum** Funktion zur Klassifikation von Objekten. Die Knoten des Baumes repräsentieren Merkmale, die Kanten Merkmalsausprägungen (► *Merkmalsvektor*). Die Blätter im Baum repräsentieren die Klassen, in die Objekte entsprechend ihren Merkmalsausprägungen eingeordnet werden. Die Konstruktion von Entscheidungsbäumen ist ein Verfahren des maschinellen Lernens nach dem Prinzip des überwachten Lernens.

**Entscheidungsunterstützungssystem** Ein Expertensystem, das auf Basis von vorgegebenen Informationen und Hintergrundwissen Vorschläge generiert, z. B. für diagnostische Entscheidungen.

**Erfüllbarkeit** Eigenschaft einer logischen Formel. Existieren eine Interpretation und eine Belegung der Formel, die sie wahr macht, so ist sie erfüllbar.

**Ersetzungsregel** Regel einer Grammatik, die festlegt, wie eine gegebene Zeichenfolge (Symbolstruktur) in eine andere Zeichenfolge überführt werden kann.

**eval-apply interpreter** Interpreter, der für funktionale Ausdrücke (Terme) einer Programmiersprache konzipiert ist. Terme werden von innen nach außen ausgewertet: Die aktuellen Parameterbelegungen werden aus einer Bindungsliste ermittelt (eval) und die Funktionen werden auf ihre Argumente angewendet (apply).

**Expansion** Ermittlung der Nachfolger eines Knotens in einem Suchbaum.

**Expertensystem** Programmsystem, das über gespeicherte Wissensstrukturen Schlussfolgerungen zieht.

**Extension** Aspekt der *Semantik*. *Konzepte* können extensional beschrieben werden, indem alle zu dem Konzept gehörigen Objekte in einer Menge aufgezählt werden. Alternative zur intensionalen Beschreibung von Konzepten.

**Extremum** Extremwert einer Funktion, also Maximum oder Minimum.

**exzitatorische Verbindung** Verbindung in einem neuronalen Netz, die ein positives Gewicht besitzt.

**Fakt** Einfachste Form von Aussagen in der Programmiersprache ► *Prolog*: Ein Prädikatsymbol mit konstanten Argumenten. ► *Proposition*, *Atom*.

**Feedforward-Netz** Neuronales Netz, bei dem die Erregung von den Input-Units ausgehend jeweils an die Units der nächsten Ebene weitergeleitet wird (► *Neuron*).

**Filter** Ein spezieller Operator oder Algorithmus, der eine Repräsentation in eine andere transformiert, indem bestimmte Elemente entfernt und andere verstärkt werden.

**Filteroperation** Anwendung eines Filters auf eine Luminanzmatrix oder auf das Ergebnis einer anderen Filteroperation. Das Resultat einer Filteroperation ist wiederum eine Matrix, in der bestimmte Strukturen verstärkt und andere herausgefiltert wurden.

**formale Semantik** ► *Semantik (formale)*.

**formale Sprache** Menge von durch die Regeln einer Grammatik konstruierten Wörtern (Ausdrücken, Symbolstrukturen) über einem Alphabet (Menge von Terminalsymbolen, Grundelemente). Die Bedeutung von Ausdrücken einer formalen Sprache lässt sich kompositional ermitteln, ausgehend von der Bedeutung der Grundelemente.

**Formalismus** Eine Sprache mit durch Grammatikregeln eindeutig festgelegter Syntax sowie Regeln zur Transformation syntaktischer Strukturen. Die Semantik der syntaktischen Strukturen wird durch eine Interpretationsfunktion eindeutig festgelegt.

**Formel (logische)** Eine logische Formel besteht aus atomaren Formeln, die durch Junktoren wie $\wedge$, $\vee$, $\neg$, $\rightarrow$ und $\leftrightarrow$ verknüpft werden können. In der Prädikatenlogik können Formeln zusätzlich Quantoren (z. B. $\forall$, $\exists$) und gebundene Variablen enthalten. Atomare Formeln sind dabei die einfachsten Bausteine, die keine Junktoren oder Quantoren enthalten – etwa Aussagen wie „$P$“ oder Prädikate wie „$P(x)$“.

**forward chaining** Strategie der Anwendung von Produktionsregeln. Die Regeln werden vom Bedingungsteil ausgehend angewendet. Die komplementäre Strategie hierzu ist das *backward chaining*.

**frame** ► *Schema*.

**frame problem** Problem, das sich aus der Annahme ergibt, dass alle Größen, über die in einer Produktionsregel keine Aussage gemacht wird, von der Regelanwendung unbeeinflusst bleiben. Mögliche Nebenwirkungen werden daher nicht berücksichtigt.

**Framework** Allgemeinste Ebene wissenschaftlicher Theoriebildung, in der mehrere Theorien zusammengefasst sind, wie beispielsweise der Informationsverarbeitungsansatz (► *Modell*).

**Funktion** Berechnungsvorschrift. Eine Funktion verrechnet Eingabewerte auf definierte Weise in einen Ausgabewert. Die Funktion $f(x) = x^2$ liefert für jede Zahl $x$ das Quadrat von $x$. Die Funktion *vater-von*$(x)$ gibt bei Eingabe des Namens eines Lebewesens $x$ den Namen von dessen Vater aus. Die Variable $x$ heißt Argument der Funktion $f$ bzw. *vater-von*. Die Menge aller möglichen Argumente einer Funktion heißt ihr Definitionsbereich, und die Menge aller möglichen Ausgaben einer Funktion heißt ihr Wertebereich. Funktionen sind spezielle Relationen, die die Eigenschaften Linkstotalität und Rechtseindeutigkeit besitzen, d. h. jedem Element des Argumentebereichs wird genau ein Ergebniswert zugeordnet.

**fuzzy logic** Logisches Kalkül, das kontinuierliche Wahrheitswerte zwischen 0 und 1 anstelle der klassischen Werte wahr (1) und falsch (0) zulässt und so die Verarbeitung von unscharfem Wissen ermöglicht.

**fuzzy set machine** Inferenzmechanismus, der auf der *fuzzy set theory* basiert.

**fuzzy set theory** Erweiterung der Mengenlehre, die kontinuierliche Zugehörigkeitswerte von Objekten zu Mengen definiert und so unscharfes Wissen repräsentiert. Die Prototyp-

Theorie zur Repräsentation von Wortbedeutungen (► *lexikalische Semantik*) kann mit der fuzzy set theory formalisiert werden.

**GARNET** Objektorientierte LISP-Erweiterung.

**Gauß-Filter** Ein als Mittelwertfilter realisierter Tiefpassfilter. Verwendet statt des arithmetischen Mittels aller Pixel einen gewichteten Mittelwert. Je näher ein Umgebungspixel dem zu berechnenden Pixel (Zielpixel) ist, desto größer ist sein Anteil bei der Bestimmung des Grauwerts des Zielpixels. Der Gewichtungsfaktor wird anhand einer bivariaten Gauß-Verteilung bestimmt.

**Gauß-Verteilung** Normalverteilung. Symmetrische Verteilung mit glockenförmigem Verlauf, der sich asymptotisch der Abszisse annähert. Eine Gauß-Verteilung wird durch die zwei Parameter Mittelwert ($\mu$) und Streuung ($\sigma$) festgelegt.

**General Problem Solver** Von Newell und Simon konzipiertes System zur Modellierung menschlicher Problemlösefertigkeiten auf Grundlage von Produktionssystemen. Zentral ist die Regelauswahl durch Mittel–Ziel-Analyse.

**generalisierte Phrasenstrukturgrammatik** Grammatik, in der die Ersetzungsregeln allgemeiner als in der Phrasenstrukturgrammatik mithilfe von syntaktischen Merkmalen (Aktiv oder Passiv; erste, zweite, dritte Person usw.) formuliert sind. Die lexikalischen Kategorien (Nomen, Verb usw.), auf denen die Regeln definiert sind, werden als Merkmalslisten repräsentiert.

**Generalisierung** Inferenz einer allgemeinen Regel oder Wissensstruktur aus Beispielen. Ein induktiver Schluss (► *Induktion*).

**generative Grammatik** Definition der Erzeugung von Sätzen mithilfe von Ersetzungsregeln. *Phrasenstrukturgrammatiken* und *generalisierte Phrasenstrukturgrammatiken* sind generative Grammatiken.

**Gewicht** Wert, mit dem die Verbindungen in einem neuronalen Netz versehen sind. Gewichte können durch Lernen verändert werden.

**GPS** ► *General Problem Solver*.

**GPSG** ► *generalisierte Phrasenstrukturgrammatik*.

**Grammatik** Definition der Syntax einer Sprache durch Angabe eines Alphabets (Menge von Terminalsymbolen), einer Menge von Nonterminalsymbolen, einem ausgezeichneten Startsymbol aus der Menge der Nonterminalsymbole und einer Menge von Ersetzungsregeln. Spezielle Grammatiken zur Beschreibung natürlicher Sprachen sind *Phrasenstrukturgrammatiken*, *generalisierte Phrasenstrukturgrammatiken* und *definite clause grammars*. Grammatikregeln zur Erzeugung *formaler Sprachen*: ► *reguläre Sprache*, ► *kontextfreie Sprache*, ► *kontextsensitive Sprache*.

**Graph** Eine Datenstruktur. Ein Graph besteht aus einer Menge von Knoten und einer Menge von Kanten, die die Knoten verbinden. Beim Problemlösen können Problemräume als Graphen repräsentiert werden. Semantische Netze werden ebenfalls als Graphen repräsentiert. Ein Spezialfall von Graphen sind Bäume.

**HAM** Human Associative Memory. Ein Modell von Gordon Bower und John Anderson für die integrierte Repräsentation von *Konzepten* und aktuell zu verarbeitender Satzinformation.

**Handsimulation** Nachvollziehen der einzelnen Schritte eines Programmablaufs auf dem Papier oder im Kopf.

**Hardware** Alle Teile des Computers, die man (theoretisch) anfassen kann, wie zum Beispiel CPU, Monitor oder Tastatur.

**Hauptspeicher** Synonym für „Arbeitsspeicher" beim Computer.

**hemmende Verbindung** ► *inhibitorische Verbindung*.

**Heuristik** Wissen über einen Problembereich, zum Beispiel in Form einer Bewertungsfunktion, das den Aufwand von Schlussfolgerungsprozessen oder Problemlöseprozessen verringert, jedoch das Finden einer Lösung nicht für jeden Fall garantiert.

**Hexadezimalsystem** Zahlensystem, in dem jede Ziffer einen von 16 verschiedenen Werten annehmen kann. Die Ziffern des Hexadezimalsystems sind: „0" „1" „2" „3" „4" „5" „6" „7" „8" „9" „A" „B" „C" „D" „E" „F". Die Ziffern „A"–„F" haben die Werte 10–15.

**hierarchisches semantisches Netz** Repräsentation von konzeptuellem Wissen in einer Baumstruktur (► *Baum*). Die *Konzepte* sind in einer Inklusionsrelation angeordnet. Jeder Konzeptknoten ist eine Spezialisierung seines Vorgängerknotens. Eigenschaften von Konzepten werden an ihre Subkonzepte vererbt.

**high-level language** ► *Hochsprache*.

**hill climbing** Heuristisches Suchverfahren. Es wird ein Weg vom Anfangszustand zum Ziel erzeugt, indem in jedem Schritt derjenige Nachfolgerknoten expandiert wird, der die geringste Distanz zum Ziel aufweist.

**Hintergrundspeicher** Synonym für „Langzeitspeicher" beim Computer. Als Hintergrundspeicher werden in der Regel wiederbeschreibbare schnelle Datenträger wie beispielsweise Festplatten verwendet.

**Hochpassfilter** Filter, der nur Frequenzen passieren lässt, die oberhalb der Grenzfrequenz des Filters liegen.

**Hochsprache** Programmiersprache, die im Gegensatz zu maschinenorientierten Sprachen von der Maschine, insbesondere der CPU, abstrahiert und stärker an den zu lösenden Problemen orientiert ist.

**Horn-Klausel** Spezielle Klausel, die aus beliebig vielen negativen und maximal einem positiven Literal besteht. Prolog-Programme sind Mengen von Horn-Klauseln.

**Implementation** Umsetzung eines Algorithmus in ein Programm.

**Individuenbereich** Menge von Objekten, über die in einem Modell Aussagen getroffen werden. Dabei sind Konstanten keine Objekte „in der Welt", sondern lediglich sprachliche Symbole, die sich auf solche Objekte beziehen sollen.

**Induktion** Schließen vom Besonderen auf das Allgemeine; ein Prozess der Generalisierung. Induktive Schlüsse sind im Gegensatz zu deduktiven Schlüssen nicht wahrheitserhaltend. Beispielsweise kann aus dem Beobachten vieler weißer Schwäne (fälschlicherweise) verallgemeinert werden, dass *alle* Schwäne weiß sind. Menschliche Lernprozesse sind üblicherweise induktiv.

**induktive Definition** Definition einer Struktur, bei der von Grundelementen ausgehend angegeben wird, nach welchen Regeln diese zu komplexeren Einheiten verknüpft werden können.

**Inferenz** ► *Schlussfolgerung*.

**Informationssystem** System, aus dem gespeicherte Informationen mittels einer Anfragesprache abrufbar sind.

**Informationsverarbeitung** Regelhaft beschreibbare Transformation von eingegebenen und gespeicherten Informationen eines Systems.

**inhibitorische Verbindung** Verbindung in einem neuronalen Netz, die ein negatives Gewicht besitzt.

**Inklusion** Teilmengenbeziehung. Eine Menge $\mathbb{M}$ ist Teilmenge einer Menge $\mathbb{N}$ (formal: $\mathbb{M} \subseteq \mathbb{N}$), wenn alle Elemente von $\mathbb{M}$ auch Elemente von $\mathbb{N}$ sind.

**Inklusionsrelation** ► *Inklusion*.

**Instantiierung** Belegung von Parametern oder Variablen. Speziell: Belegung von Leerstellen eines *Schemas* oder von Variablen in Produktionsregeln (► *Produktion*).

**Intelligentes Tutorsystem** Computersystem, das mittels einer Wissensbasis und einer didaktischen Strategie im interaktiven Dialog Wissen oder Fertigkeiten vermittelt.

**Intension** Aspekt der Semantik. Sinn von sprachlichen Ausdrücken. *Konzepte* können intensional durch die Angabe von Eigenschaften (Merkmalen) beschrieben werden. Alternative zur extensionalen Beschreibung von Konzepten.

**Interpretation** Zuweisung von Bedeutungen zu sprachlichen Entitäten wie Termen, Prädikaten und Formeln durch eine Interpretationsfunktion. Terme erhalten Objekte als Werte, Prädikate Mengen als Extensionen, Funktionssymbole mengentheoretische Funktionen, und Aussagen erhalten – gegebenenfalls unter einer bestimmten Variablenbelegung – Wahrheitswerte. Durch eine Interpretation werden diese sprachlichen Entitäten bedeutungshaltig.

**Interpretationsfunktion** Angabe von Regeln, nach denen syntaktischen Strukturen Bedeutung zugewiesen werden kann. Konzept der formalen Semantik.

**Interpreter (Formalismus)** Mechanismus zur Interpretation und Verarbeitung von sprachlichen Entitäten wie Termen, Prädikaten und Aussagen. Bei der denotationalen Semantik erfolgt die Zuweisung von Bedeutung zu sprachlichen Entitäten: Terme erhalten Objekte als Werte, Prädikate Mengen als Extensionen, Funktionssymbole mengentheoretische Funktionen, und Aussagen erhalten Wahrheitswerte. Bei der operationalen Semantik hingegen liegt der Fokus auf der schrittweisen Verarbeitung und Ausführung der Symbole (► *Semantik, denotationale*; ► *Semantik, operationale*).

**Interpreter (Produktionssystem)** Angabe einer Strategie zur Auswahl von Produktionsregeln, die auf Datenmuster im Arbeitsspeicher angewendet werden können (► *Konfliktauflösungsstrategie*).

**Interpreter (Programm)** Programm, das, im Unterschied zu einem *Compiler*, den Quell-Code eines Programms direkt ausführt. Prolog-Programme werden mit einer Resolutionsstrategie ausgewertet, funktionale Programme werden von einem eval–apply interpreter ausgewertet.

**Irreflexivität** Eigenschaft einer Relation, das sie keine Paare von identischen Elementen enthält.

**ISO** Internationale Organisation für Normung (International Organization for Standardization), vergleichbar mit dem Deutschen Institut für Normung (DIN), welches für die DIN-Normen verantwortlich ist.

**ITS** ► *Intelligentes Tutorsystem.*

**Junktor** Symbol der Syntax einer Logik, verknüpft Aussagen oder Literale zu neuen Aussagen. Wichtige Junktoren sind: *Konjunktion* („$\wedge$“), *Disjunktion* („$\vee$“) und *Implikation* („$\rightarrow$“).

**Kalkül** Eine formale Sprache zusammen mit einer Menge von rein syntaktisch anwendbaren Umformungsregeln. Die Prädikatenlogik erster Stufe zusammen mit Schlussregeln (etwa der Resolutionsregel) ist ein Kalkül.

**Kante** Verbindungen zwischen Knoten (eines Graphen).

**kartesisches Produkt** Verknüpfung von Mengen. Das kartesische Produkt $\mathbb{M} \times \mathbb{N}$ zweier Mengen $\mathbb{M}$ und $\mathbb{N}$ ist die Menge der Paare $(x, y)$ mit $x \in \mathbb{M}$ und $y \in \mathbb{N}$.

**Kategorie** ► *Klasse.*

**KF** ▶ *Klauselform.*

**Klasse** Zusammenfassung von Objekten mit gemeinsamen Merkmalen, die intensional (durch eine Eigenschaft) oder extensional (durch Aufzählung der Mitglieder) beschrieben werden kann. In diesem allgemeinen Sinn ist „Klasse“ oft als Synonym zu „Menge“ zu verstehen, obwohl die Mathematik auch echte Klassen kennt, die keine Elemente anderer Klassen sein können (z. B. die Klasse aller Mengen).

**klassifizieren** Zuordnung eines Objekts zu einer bestimmten Klasse. Die Klassifikation erfolgt unabhängig davon, ob die Objekte der Klasse ähnliche Merkmale aufweisen, sondern basiert auf den festgelegten Kriterien für die Zugehörigkeit zur Klasse.

**Klausel** Disjunktion von Literalen.

**Klauselform** Darstellung eines prädikatenlogischen Ausdrucks als Menge von Klauseln.

**KNF** ▶ *konjunktive Normalform.*

**Knoten** Grundelemente von Graphen.

**knowledge engineering** Erfassung und Modellierung von Expertenwissen (▶ *Wissensakquisition, Wissensrepräsentation*).

**Kognition** Oberbegriff für alle Prozesse des Denkens, Problemlösens und Wahrnehmens.

**Kognitionswissenschaft** Sammelbezeichnung für alle wissenschaftlichen Disziplinen oder Teildisziplinen, die sich mit der Untersuchung und Modellierung kognitiver Strukturen und Prozesse beschäftigen.

**kognitiv** Prozesse, Zustände und Funktionen der Kognition betreffend.

**Kompilierung** Prozess der Übersetzung eines Programms in eine Maschinensprache durch einen *Compiler.*

**Komplexität** Eigenschaft von Problemen. Die Anzahl möglicher Zustände, die ein Problem einnehmen kann, zusammen mit den möglichen Übergängen, die zwischen zwei Zuständen bestehen.

**Kompositionalität** Komplexe syntaktische oder semantische Strukturen sind regelhaft aus gegebenen Grundelementen konstruierbar und auf der Basis von deren Interpretationen interpretierbar.

**Konfliktauflösungsstrategie** Für den Interpreter eines Produktionssystems formulierte Heuristik, nach der eine Produktionsregel aus der Menge der auf einen aktuellen Zustand des Arbeitsspeichers anwendbaren Produktionsregeln ausgewählt wird. Beispielsweise kann die spezifischste Regel oder die Regel, deren Anwendung am kürzesten zurückliegt, ausgewählt werden.

**Konfliktresolutionsstrategie** ► *Konfliktauflösungsstrategie.*

**Konjunktion** Logisches „und" („∧").

**konjunktiv** Mittels „und" verknüpft.

**konjunktive Normalform** Eine ausgezeichnete syntaktische Form für logische Formeln. Konjunktion von disjunktiv verknüpften Literalen.

**Konnektionismus** Modellierung biologischer und psychologischer Prozesse mittels neuronaler Netze.

**Konstante** Name für ein bestimmtes Objekt, dass nicht wie eine Variable durch wechselnde Objekte als Wert belegt werden kann.

**kontextfreie Sprache** Formale Sprache, die durch Grammatikregeln der Form $B \rightarrow w$ (wo $B$ ein Nonterminalsymbol ist und $w$ ein Wort aus Terminal- und Nonterminalsymbolen) erzeugt werden kann. Sprache auf der zweiten Ebene der Chomsky-Hierarchie.

**kontextsensitive Sprache** Formale Sprache, die durch Grammatikregeln der Form $v_1 A v_2 \rightarrow v_1 w v_2$ (wo $A$ ein Nonterminalsymbol ist und $w$, $v_1$ und $v_2$ Worte aus Terminal- und Nonterminalsymbolen sind) erzeugt werden kann. Die Worte $v_1$ und $v_2$ bilden den „Kontext" der Ersetzung von $A$ durch $w$. Sprache auf der dritten Ebene der Chomsky-Hierarchie.

**Kontradiktion** Widersprüchliche Aussage/logische Formel: eine Formel, die für alle Interpretationen und Belegungen falsch ist: „Es regnet und es regnet nicht." Gegenteil: ► *Tautologie.*

**Kontrollstruktur** Spezielle Form der Anweisung in einem Programm, die die Abfolge der Programmabarbeitung steuert (► *Schleife, Rekursion, bedingte Anweisung*).

**Konzept** Intensionale Repräsentation einer Menge von Objekten mit ähnlichen Eigenschaften.

**konzeptgesteuerte Verarbeitung** Ausgehend von konzeptuellem Wissen über einen Problembereich wird die Suche nach Information oder die Transformation von Informationen im Arbeitsspeicher gesteuert. Diese Strategie kann etwa bei Parsern (Konzept = Grammatikregel; Daten = Wortfolge) oder bei Problemlöseprozessen (Konzept = Zielstruktur; Daten = Problemzustand) eingesetzt werden. Das Gegenstück ist die *datengesteuerte Verarbeitung.*

**Korrektheit** Eigenschaft von Algorithmen. Ein Algorithmus heißt „partiell korrekt", wenn er für alle zugelassenen Eingaben das gewünschte Ergebnis liefert. Wenn er für alle möglichen Eingaben terminiert und das gewünschte Ergebnis liefert, so heißt er „(total) korrekt".

**Kurzzeitgedächtnis** ► *Kurzzeitspeicher.*

**Kurzzeitspeicher** Kapazitätsbeschränkter Speicher, der Information kurzzeitig vorrätig hält. Dieser Begriff wird heute kaum noch verwendet. Man benutzt stattdessen in der Regel den Begriff *Arbeitsspeicher.*

**KZG** ► *Kurzzeitgedächtnis.*

**Langzeitgedächtnis** ► *Langzeitspeicher.*

**Langzeitspeicher** Theoretisch unbeschränkt großer Speicher, der Information dauerhaft vorrätig hält. Information geht in der Regel nicht verloren, sondern muss aktiv entfernt (gelöscht) werden. Beim menschlichen Langzeitgedächtnis wird angenommen, dass prinzipiell keine Information gelöscht wird: Vergessen bedeutet nicht Löschen, sondern Nichtauffinden von Information.

**Laufzeit** Zeitspanne des Programmablaufs bei der Anwendung eines Programms. Abzugrenzen vom Zeitpunkt der Erstellung durch den Programmierer und dem Zeitpunkt der Übersetzung durch den *Compiler.*

**Laufzeitfehler** Störung der Programmabarbeitung, zum Beispiel durch versuchten Zugriff auf eine nichtvorhandene oder falsch belegte Speicherzelle, durch Mangel an verfügbarem Arbeitsspeicher oder beim Versuch, durch die Zahl Null zu teilen.

**Laufzeitsystem** Ein auf einem Computer implementiertes System, das Programme ausführen kann, wie beispielsweise ein Interpreter. Programme, die mit einem Compiler in Maschinensprache übersetzt werden, werden durch den Übersetzungsvorgang selbst zum Laufzeitsystem.

**learning by doing** Erwerb von neuem Wissen, üblicherweise von Fertigkeiten (prozedurales Wissen), durch den Versuch, Probleme zu lösen (Übung) (► *Wissenskompilierung*).

**left-corner parser** Spezieller Parser, der mit einer Mischung aus Top-down- und Bottom-up-Strategie arbeitet.

**Lernen (analoges)** Variante des learning by doing. Generalisierung über die gemeinsame Struktur eines aktuell zu lösenden Problems und eines bereits gelösten Beispielproblems.

**Lernen (entdeckendes)** Konstruktion von verallgemeinernden Strukturen aus gegebenen Informationen, ohne zusätzliche Informationen durch einen Lehrer (► *Lernen (überwachtes)*).

**Lernen (überwachtes)** Verfahren bei neuronalen Netzen und bei Entscheidungsbäumen. Bei neuronalen Netzen wird dem System für jede Eingabe die gewünschte Ausgabe zurückgemeldet (► *backpropagation algorithm*). Beim Aufbau von Entscheidungsbäumen wird dem System zu jedem Merkmalsvektor die zugehörige Klasse mitgeteilt.

**Lernen aus Beispielen** Aufbau von konzeptuellem Wissen oder Regelwissen durch Vorgabe von Beispielen. Beim Konzepterwerb werden als Beispiele Einzelexemplare des zu erwerbenden Konzepts verwendet, beim Regellernen können die einzelnen Problemlöseepisoden als Beispiele betrachtet werden (► *learning by doing*).

**Lernen durch Übung** ► *learning by doing.*

**Lernen mit Lehrer** ► *Lernen (überwachtes).*

**LIFO** ► *stack.*

**Lisp** List Processing. Auf Listen basierende Programmiersprache, die auch zur funktionalen Programmierung geeignet ist. Neben ► *Prolog* die in der KI- und kognitiven Modellierung am häufigsten eingesetzte Programmiersprache. Nach FORTRAN die älteste höhere Programmiersprache.

**Liste** Eine Datenstruktur, in der Grundelemente in einer festen Reihenfolge nacheinander angegeben werden.

**Literal** Spezieller Typ einer prädikatenlogischen Aussage: Atom oder negiertes Atom.

**Logik** Syntaktisches System zur Formulierung von Aussagen bzw. Formeln zusammen mit Regeln für korrekte Ableitungen. Zwei wichtige logische Systeme sind die Aussagenlogik und die Prädikatenlogik.

**long-term memory** ► *Langzeitgedächtnis.*

**low-level language** ► *maschinenorientierte Sprache.*

**LTM** long-term memory ► *Langzeitgedächtnis.*

**LZG** ► *Langzeitgedächtnis.*

**Maschine** ► *Automat.*

**Maschine (McCarthy-)** Anderer Name für ► LISP.

**Maschine (Post-)** Synonym für „Produktionssystem".

**Maschine (Robinson-)** Anderer Name für ► *Prolog.*

**Maschine (Turing-)** ► *Turing-Maschine.*

**Maschine (Von-Neumann-)** ► *Von-Neumann-Architektur.*

**maschinenorientierte Sprache** Programmiersprache (wie Assemblersprache oder Maschinensprache), die an der Maschine und nicht an dem zu lösenden Problem orientiert ist.

**Maschinensprache** Formale Sprache zur Programmierung in von einer bestimmten Maschine direkt ausführbarem Code.

**Matrix** Zweidimensionale Anordnung von Zahlen in mehreren „Zeilen" gleicher Länge; untereinander stehende Zahlen werden zusammen als eine „Spalte" der Matrix aufgefasst. Jede Komponente einer Matrix hat einen Doppelindex $(i, j)$, der angibt, dass sie sich in der $i$-ten Zeile und der $j$-ten Spalte befindet. Jede Kombination von Zeilen- und Spaltenindex heißt Zelle einer Matrix (▶ *Adjazenzmatrix*).

**means–end analysis** ▶ *Mittel–Ziel-Analyse*.

**Menge** Zusammenfassung von Objekten, die ganz dadurch bestimmt ist, welche Objekte ihre Elemente sind. Die Reihenfolge der Aufzählung der Elemente ist beliebig. Ist ein Objekt $x$ Element einer Menge $\mathbb{M}$, so notiert man $x \in \mathbb{M}$, sonst $x \notin \mathbb{M}$.

**Mengenkalkül** Syntaktische Regeln zum Rechnen auf Mengen. Wichtige Operationen auf Mengen sind die Vereinigung („$\cup$"), der Schnitt („$\cap$") und die Mengendifferenz („\").

**mentales Modell** Spezielles Format der Wissensrepräsentation, bei dem strukturelle Eigenschaften des repräsentierten Bereichs erhalten bleiben (▶ *Repräsentation (analoge)*).

**Merkmalsanalysetheorie** ▶ *Mustererkennungsansatz*.

**Merkmalstheorie** Ansatz zur Beschreibung der Semantik von Worten durch Merkmalsstrukturen (▶ *Semantik (lexikalische)*).

**Merkmalsvektor** Beschreibung der Eigenschaftsausprägungen eines Objekts. Jede Komponente des Merkmalsvektors repräsentiert eine Eigenschaft (z. B. „Farbe"); angegeben wird die Ausprägung dieser Eigenschaft (z. B. „rot") für das betrachtete Objekt.

**Meta-Regel** Eine Regel höherer Ordnung, also eine Regel, die die Anwendung von Regeln beschreibt.

**Metasprache** Sprache, in der über die Semantik einer Objektsprache (z. B. eines logischen Kalküls), insbesondere über die Wahrheitsbedingungen von deren Aussagen, gesprochen werden kann (nach Tarski).

**Mittel–Ziel-Analyse** Heuristische Suchstrategie. In jedem Problemzustand wird derjenige Operator ausgewählt, dessen Anwendung die Distanz zum Ziel am stärksten verringert. Die Mittel–Ziel-Analyse arbeitet – im Gegensatz etwa zum *hill climbing* – zielorientiert: Kann der Zielzustand nicht direkt durch Anwendung eines Operators hergestellt werden, so wird als neues Ziel erzeugt, dass das Problem so verändert werden soll, dass dieser Operator anwendbar wird.

**Modalausdruck** Ausdruck, der sich auf eine kognitive Einstellung wie Möglichkeit, Unmöglichkeit und Notwendigkeit bezieht.

**Modallogik** Logisches System, in dem Modalausdrücke formulierbar sind.

**Modell (1.)** Interpretation einer Struktur, in der die Semantik syntaktischer Ausdrücke festgelegt wird.

**Modell (2.)** Abbildung eines Ausschnitts der Realität als Ergebnis einer Modellierung.

**Modell (3.)** Unterste Ebene bei der Formulierung wissenschaftlicher Theorien. Der Gegenstandsbereich eines kognitiven Modells ist in der Regel ein kleiner Teilbereich einer kognitiven Leistung, beispielsweise das Multispeichermodell (▶ *Theorie, Framework*).

**Modellierung** Abbildung eines Ausschnitts der Realität auf ein Modell.

**modelltheoretische Semantik** Festlegung der Bedeutung sprachlicher Ausdrücke durch Interpretation in einem Modell.

**Modularität** Die Eigenschaft, dass verschiedene Teilbereiche eines Sachverhalts unabhängig voneinander betrachtet oder modelliert werden können.

**Modus Barbara** Syllogistische Schlussregel in der Prädikatenlogik. Sie lautet: „Alle $P$ sind $Q$"; „Alle $Q$ sind $R$"; also: „Alle $P$ sind $R$." Der Modus Barbara ist nicht mit der rein aussagenlogischen Transitivität der Implikation zu verwechseln, die lautet: $P \rightarrow Q$, $Q \rightarrow R$, also $P \rightarrow R$.

**Modus ponens** Aussagenlogische Schlussregel. Ist eine Implikation gegeben, deren Voraussetzung wahr ist, so gilt auch ihre Folgerung.

**Modus tollens** Syllogistische Schlussregel. Ist eine Implikation gegeben, deren Hinterglied falsch ist, so gilt auch ihr Vorderglied nicht.

**Mögliche-Welten-Semantik** Zugang, um die Semantik von Modalausdrücken formal zu beschreiben. Anstelle eines Modells wird eine Menge von („möglichen Welten") mit einer Zugänglichkeitsrelation dazwischen verwendet. Sätze sind nicht mehr nur wahr oder falsch, sondern können in einer Welt wahr, in einer anderen falsch sein.

**Morphem** Sprachliche Einheit unterhalb der Wortebene. Kleinste bedeutungsunterscheidende Einheit bei natürlichsprachigen Ausdrücken. Das Wort „Tassen" besteht beispielsweise aus dem Morphem „Tasse" und dem Morphem „n", das die Pluralbildung signalisiert.

**Multispeichermodell** Ein an die Von-Neumann-Architektur angelehntes Gedächtnismodell, in dem drei Speicherarten angenommen werden: der sensorische, der Kurzzeit- und der Langzeitspeicher.

**Mustererkennungsansatz** Objekterkennungstheorie, bei der Objekte durch Merkmalsvektoren beschrieben werden. Ein Objekt wird als zu einer Klasse von Objekten zugehörig klassifiziert, wenn die Merkmalsvektoren von Objekt und Klasse ähnlich sind.

**Mustervergleich** Abgleich syntaktischer Strukturen auf Identität oder durch Substitution herstellbare Identität.

**Negation** „Verneinung“ einer logischen Aussage oder Formel ($\neg A$). Die Negation einer wahren Aussage/Formel macht die Aussage falsch, und umgekehrt.

**Neuron** Bezeichnung für eine abstrakte Einheit in einem neuronalen Netz.

**neuronales Netz** Künstliche neuronale Netze sind Strukturen aus Knoten („Neuronen“, Einheiten, units) und Verbindungen dazwischen. Im Gegensatz zu semantischen Netzen enthalten einzelne Knoten im Allgemeinen keine bedeutungshaltige Information. Künstliche neuronale Netze unterscheiden sich von allgemeinen Graphen durch die zusätzlichen Eigenschaften der Verbindungen (z. B. Gewichte) und der Knoten (z. B. Aktivierungsfunktionen), die das Verhalten des Netzes bestimmen. Zwei grundlegende Ansätze sind überwachtes Lernen und selbstorganisierende Systeme.

**nichtmonotone Logik** Ein logischer Kalkül, bei dem hergeleitetes Wissen im Gegensatz zur klassischen Logik einen vorläufigen Status hat: Bereits gezogene Schlussfolgerungen können revidiert werden (► *Default-Logik, truth-maintenance system*).

**Nonterminalsymbol** Symbol, aus dem mit Ersetzungsregeln weitere Symbole ableitbar sind.

**Normalform** Ausgezeichnete Form einer logischen Formel (► *konjunktive Normalform, disjunktive Normalform*).

**Normalverteilung** ► *Gauß-Verteilung*.

**Objektsprache** Sprache zur Formalisierung von Aussagen und Formeln, üblicherweise die Prädikatenlogik erster Stufe. Die Wahrheit von Sätzen der Objektsprache wird in einer Metasprache ausgedrückt.

**Operation** Ausführbare Anweisung auf Daten. Beispiele für Operationen sind die Addition von Zahlen oder die Verknüpfung von Listen.

**Operationalität** Eine Theorie oder ein Modell ist operational, wenn es so explizit formuliert ist, dass es beispielsweise auf einen Computer implementiert werden kann.

**Operator (1.)** ► *Funktion*.

**Operator (2.)** ► *Problemlöseoperator*.

**Ordnungsrelation** Relation, die die Eigenschaften Reflexivität, Antisymmetrie und Transitivität aufweist.

**Parameter** Platzhalter für einen konkreten Wert, insbesondere bei deklarativen Programmiersprachen. Wird eine Funktion oder eine Regel mit konkreten Werten aufgerufen, so wird der Parameter durch diesen Wert ersetzt (belegt). Die Belegung bleibt in jedem Aufruf einer Funktion oder Regel fest. Bei imperativen Programmiersprachen wird im Gegensatz dazu von „Variablen“ gesprochen, deren Werte während des Programmablaufs veränderbar sind.

**Parser** Algorithmus oder Programm, das die syntaktische Struktur eines sprachlichen Ausdrucks ermittelt (▶ *left-corner parser*, *shift–reduce parser*). Parser werden auf der Grundlage von Grammatiken konzipiert.

**pattern matching** ▶ *Mustervergleich*.

**pattern recognition** ▶ *Mustererkennungsansatz*.

**Phonem** Sprachlaut. Kleinste bedeutungsunterscheidende Einheit der gesprochenen Sprache.

**Phrasenstrukturgrammatik** Generative Grammatik, bei der die Konstruktion von Sätzen aus Phrasen definiert wird. Wichtige Phrasen sind etwa die Nominalphrase (Artikel und Nomen oder nur Nomen) und die Verbalphrase (Verb und Nominalphrase oder nur Verb). Eine verallgemeinerte Form ist die generalisierte Phrasenstrukturgrammatik.

**physical symbol system** Physikalisch (durch eine Maschine) realisierbares System, das syntaktische Strukturen (Symbole) mittels Ersetzungsregeln umformt.

**Pixel** Akronym aus „picture element". Bildpunkt, wird durch Koordinaten $(x, y)$ in der Ebene und einen Helligkeitswert (bei einfarbigen Bildern) oder mehrere (im Allgemeinen drei) Farbwerte (bei mehrfarbigen Bildern) definiert.

**Prädikat** Ausdruck für eine Eigenschaft eines Objekts („$x$ ist rot") oder eine Relation zwischen Objekten („$x$ liebt $y$"). Grundelement von Formeln der Prädikatenlogik. In der Syntax der Prädikatenlogik werden Prädikate mit nachgestellten Argumenten notiert ($rot(x)$, $lieben(x, y)$).

**Prädikatenlogik** Logischer Kalkül, bei dem die Grundelemente Prädikate sind. Prädikate enthalten Terme als Argumente. Formeln werden durch die Verknüpfung von Prädikaten durch Junktoren aufgebaut. Variablen in prädikatenlogischen Ausdrücken können durch Quantoren gebunden sein.

**probabilistisches Schließen** Miteinbeziehen von Wahrscheinlichkeitswerten in Schlussfolgerungsprozesse. Die Wahrscheinlichkeitswerte von angewendeten Regeln werden beispielsweise durch das Bayes-Theorem verknüpft.

**Problem** Gegebener Zustand (Anfangszustand), der in eine Problemlösung überführt werden soll, wobei der Lösungsweg nicht bekannt ist. Formal lösbare Probleme können durch eine Menge von Problemzuständen mit ausgezeichneten Anfangs- und Zielzuständen sowie eine Menge von Problemlöseoperatoren repräsentiert werden. Die Struktur eines Problems kann durch einen Problemraum dargestellt werden. Ein Beispiel für ein Problem sind die Türme von Hanoi.

**Problemlöseoperator** Regel zur Transformation eines Zustands in einen anderen. Üblicherweise werden Problemlöseoperatoren als Produktionsregeln formuliert.

**Problemlösung** Folge von Problemlöseoperatoren, die einen gegebenen Anfangszustand in einen gewünschten Zielzustand überführen.

**Problemraum** Ein Graph, bei dem die Knoten Problemzustände repräsentieren. Ein Zustand, der durch Anwendung eines Problemlöseoperators unmittelbar in einen anderen Zustand überführt werden kann, ist mit diesem durch eine Kante verbunden.

**Problemzustand** Beschreibung einer aktuell gegebenen Situation durch Prädikate. Steht bei einem Blockwelt-Problem etwa Block $A$ auf Block $B$, so kann dies durch $on(A, B)$ repräsentiert werden.

**Produktion** Wenn–Dann-Regel, gibt an, welche Voraussetzungen (Wenn-Teil) gegeben sein müssen, um bestimmte Aktionen (Dann-Teil) auszulösen.

**Produktionsregel** ► *Produktion.*

**Produktionsspeicher** Teilbereich des Speichers bei Produktionssystemen, der Produktionen beinhaltet.

**Produktionssystem** Ein Formalismus, der insbesondere zur Modellierung kognitiver Prozesse geeignet ist. Ein Produktionssystem besteht aus Produktionen, einem oder mehreren Speichern und einem Interpreter. Produktionen werden von einem Interpreter ausgewählt und auf Datenmuster im Arbeitsspeicher angewendet (► *ACT*, *GPS*, ► *Soar*).

**Programm** Eine Folge vom Berechnungsvorschriften, die den automatischen Ablauf eines Algorithmus auf einer Maschine ermöglicht. Im Gegensatz zum Algorithmus maschinen- und implementierungsabhängig.

**Programmiersprache** Formale Sprache. In der Syntax einer Programmiersprache formulierte Ausdrücke (Programme) sind von einem Computer ausführbar. In einer Programmiersprache können auf Grundlage von Datenstrukturen Algorithmen formuliert werden. Die denotationale Semantik legt die Beziehung zwischen Ausdrücken der Programmiersprache und mathematischen Ausdrücken fest (Teilmenge der Prädikatenlogik bei logischen Programmiersprachen, Funktionen bei funktionalen Sprachen). Die operationale Semantik der Ausdrücke legt fest, wie diese abzuarbeiten sind. Programmiersprachen lassen sich danach klassifizieren, welches Konzept ihnen zugrunde liegt. Insbesondere lassen sich imperative und deklarative Programmiersprachen unterscheiden.

**Programmiersprache (deklarative)** Programme bestehen aus einer Menge von Beschreibungen der Struktur des zu lösenden Problems. Üblicherweise werden solche Programme durch einen Interpreter ausgeführt. Spezielle Typen von deklarativen Sprachen sind funktionale und logische Sprachen.

**Programmiersprache (funktionale)** Programme bestehen aus einer Menge von Funktionen. Die Eingabewerte in Funktionen werden als Parameter bezeichnet. Funktionen können mithilfe anderer Funktionen definiert werden. Rein funktionale Sprachen sind in der Praxis selten. Ausdrücke der Programmiersprache sind Terme, die von einem eval–apply interpreter ausgewertet werden können. Beispiele für Sprachen, mit denen im funktionalen Stil programmiert werden kann, sind ▶ LISP und Logo.

**Programmiersprache (imperative)** Programme bestehen aus einer Folge von Befehlen. In Variablen gespeicherte Werte können durch Befehle verändert werden (Zuweisung). Dieser Programmierstil wird auch als „prozedural" bezeichnet. Imperative Sprachen sind üblicherweise Compiler-Sprachen. Beispiele für imperative Sprachen sind C, COBOL, BASIC, FORTRAN, Modula und Pascal.

**Programmiersprache (logische)** Das Programm besteht aus einer Menge von Fakten und Regeln (etwa als Horn-Klauseln formulierbar). Eine Anfrage an das Programm wird vom Interpreter auf Grundlage des Resolutionsprinzips bearbeitet. Strenggenommen kann nur geprüft werden, ob eine Anfrage aus dem Programm ableitbar ist oder nicht. Ein- und Ausgaben des Systems können nur als Seiteneffekte realisiert werden. Die bekannteste logische Programmiersprache ist ▶ *Prolog*.

**Programmiersprache (objektorientierte)** Daten und Regeln (Methoden) werden als „Objekte" gespeichert, die in einer Vererbungshierarchie angeordnet sind. Programme sind Mengen von Objekten. Objekte aktivieren andere Objekte durch Senden von Nachrichten. Beispiele für objektorientierte Sprachen sind C++, Python und Smalltalk.

**Prolog** Programmation en Logique. Die bekannteste logische Programmiersprache und neben ▶ LISP die in der KI-Programmierung und bei der kognitiven Modellierung am häufigsten eingesetzte Programmiersprache.

**Proposition** Kleinste Bedeutungseinheit, der ein Wahrheitswert zugewiesen werden kann. Ausdrückbar durch ein Prädikat mit konstanten Argumenten.

**propositionale Logik** Teilgebiet der Logik, das sich nur mit vollständigen Aussagen und deren Wahrheitswerten beschäftigt, ohne die interne Struktur der Aussagen zu analysieren. Aussagen werden durch Wahrheitswerte (wahr oder falsch) dargestellt, und komplexe Aussagen entstehen durch Verknüpfungen wie $\wedge$, $\vee$, $\neg$, $\rightarrow$, $\leftrightarrow$.

**Prototyp-Theorie** Ansatz zur Repräsentation von Wortbedeutungen (▶ *Semantik (lexikalische)*). Begriffe sind nach ihrer Ähnlichkeit strukturiert. Die Prototyp-Theorie kann mittels der fuzzy logic formalisiert werden.

**prozedurales Wissen** Nicht unbedingt verbal beschreibbare Problemlösefertigkeiten (Know-how). Betont im Gegensatz zu deklarativem Wissen dynamische Aspekte. So kann beispielsweise die Fertigkeit, Gleichungen mit einer Unbekannten zu lösen, als Menge von Produktionsregeln beschrieben werden.

**Prozeduralisierung** Prozess der Wissenskompilierung. Aufbau einer Produktionsregel aus deklarativem Wissen.

**Prozess (Computer)** Programm, das gerade ausgeführt wird.

**Prozess (Mensch)** Verarbeitung von im Kurzzeitgedächtnis befindlicher Information. Ergebnisse von Verarbeitungsprozessen können beispielsweise Schlussfolgerungen, erkannte Objekte (▶ *Objekterkennung*) oder sprachliche Ausdrücke (▶ *Sprache*) sowie Problemlösungen sein.

**Prozessmodell** (Kognitive) Modellierung, in der das Modell die Prozesse der modellierten Entität nachbildet. Gegenstück zu *Strukturmodell.*

**Prozessor** ▶ *CPU.*

**PSS** ▶ *physical symbol system.*

**Quantor** In der Prädikatenlogik können Variablen durch Quantoren gebunden werden. „$\exists x$" heißt Existenzquantor („Es gibt ein $x$, sodass …") und „$\forall x$" heißt Allquantor („Für alle $x$ gilt: …"). Ein Prädikat, das eine existenzquantifizierte Variable enthält, muss für mindestens ein Element aus dem Individuenbereich gelten, damit die Formel wahr ist. Ein Prädikat, das eine allquantifizierte Variable enthält, muss für alle Elemente aus dem Individuenbereich gelten, damit die Formel wahr ist.

**Quell-Code** Programmtext eines Programms in für Menschen verständlicher Form. Von einer Maschine nicht direkt ausführbar.

**Raumschiff Enterprise** Fortbewegungsmittel für interdisziplinär-intergalaktische Forschungsgemeinschaften ab Ende des 21. Jahrhunderts.

**Recheneinheit** ▶ *CPU.*

**Rechner** ▶ *Computer.*

**Reflexivität** Eigenschaft einer Relation. Jedes Objekt steht zu sich selbst in dieser Relation, z. B. „$x$ ist gleich alt wie $y$".

**Register** ▶ *Speicherzelle.*

**reguläre Sprache** Formale Sprache, die durch Grammatikregeln der Form $B \rightarrow a\,B$ (wo $B$ ein Nonterminalsymbol ist und $a$ ein Terminalsymbol) erzeugt werden kann. Sprache auf der untersten Ebene der Chomsky-Hierarchie.

**Rekursion** Definition einer Funktion durch sich selbst. Formulierung eines Problems durch strukturgleiche Teilprobleme. Beispielsweise kann die Fakultät einer Zahl durch die Vorschrift $f(0) = 1$, $f(n+1) = (n+1) \cdot f(n)$ berechnet werden. Der Fall $n = 0$ ist die „Abbruchbedingung" der Rekursion, weil $f(0)$ explizit definiert ist und kein Rückgriff auf weitere Instanzen/Werte der Funktion nötig ist.

**Relation** Beziehung zwischen Objekten. Eine $n$-stellige Relation kann dargestellt werden als Teilmenge des kartesischen Produkts von $n$ Mengen. Funktionen sind spezielle Relationen.

**Repräsentation** Darstellung von wahrnehmbaren Dingen der Welt sowie mentalen Zuständen in einer Symbolsprache.

**Repräsentation (analoge)** Repräsentation, in der wahrnehmbare Eigenschaften von Objekten (Größe, Form, Farbe, Textur) oder räumliche Relationen zwischen Objekten (► *mentales Modell*) erhalten bleiben.

**Repräsentation (deklarative)** Auf Logik basierende Repräsentationsform, die die Struktur von Fakten- und Konzeptwissen abbildet.

**Repräsentation (prozedurale)** Auf Ersetzungsregeln, üblicherweise Produktionsregeln, basierende Repräsentationsform.

**Resolution** Syntaktische Schlussregel der Logik, die auf Klauseln definiert ist: $(A \vee B) \wedge (\neg A \vee C) \rightarrow (B \vee C)$. Die Resolution ist grundlegend für Verfahren des Theorembeweisens sowie für die Programmiersprache ► *Prolog*.

**rewrite rule** ► *Ersetzungsregel*.

**Schema** Ansatz der Wissensrepräsentation (auch „frame"). Zu einem Konzept gehörendes Wissen wird in einer Struktur aus Leerstellen (Merkmalen) und Wertebereichen (Merkmalsausprägungen) dargestellt. Schemata können in einer Inklusionshierarchie angeordnet werden und Eigenschaften an andere Schemata vererben.

**Schleife** Kontrollstruktur in einem Programm, bei der eine Folge von Anweisungen wiederholt ausgeführt wird, bis eine Abbruchbedingung erreicht ist.

**Schlussfolgerung** Aufgrund von vorhandener – in Form logischer Ausdrücke oder von Produktionsregeln gegebener – Information abgeleitete Aussage.

**Schlussregel** In der Syntax einer Logik formulierte Regel zum Ableiten von Aussagen.

**selbstorganisierendes System** Ansatz neuronaler Netze. Systeme, die ohne Rückmeldung (► *Lernen (überwachtes)*) arbeiten (► *competitive learning*).

**Semantik (denotationale, formale)** Angabe einer Interpretationsfunktion, durch die den Ausdrücken einer formalen Sprache Bedeutungen zugewiesen werden. Definition einer Zuordnungsvorschrift von syntaktischen Ausdrücken in eine logische oder mathematische Struktur.

**Semantik (lexikalische)** Festlegung der Bedeutung natürlichsprachiger Worte (Begriffe). Ansätze zur Repräsentation von Wortbedeutungen sind Bedeutungspostulate, die Prototyp-Theorie, die prozedurale Semantik sowie verschiedene Arten von Merkmalstheorien, etwa hierarchische semantische Netze.

**Semantik (operationale)** Beschreibung der Bedeutung von Ausdrücken einer Programmiersprache durch Angabe von Verfahren, nach denen diese Ausdrücke ausgewertet werden.

**Semantik (prozedurale)** Ansatz zur Modellierung der Bedeutung natürlichsprachiger Worte und Ausdrücke (insbesondere räumlicher Relationen) durch in einer höheren Programmiersprache formulierte Regeln.

**Semantik (strukturelle)** Festlegung der Bedeutung sprachlicher Ausdrücke auf Grundlage ihrer Struktur. Zentrales Thema der formalen Semantik.

**shift–reduce parser** Parser, der mittels einer Bottom-up-Strategie ausgehend von den Worten eines Satzes dessen Struktur ermittelt.

**short-term memory** ▶ *Kurzzeitspeicher*.

**skalierbar** Eine Methode, ein Formalismus oder ein System wird skalierbar genannt, wenn eine einheitliche Darstellungs- bzw. Vorgehensweise existiert, die weitestgehend unabhängig von der Größenklasse des Anwendungsfalls ist.

**Skalierbarkeit** ▶ *skalierbar*.

**SKF** ▶ *standardisierte Klauselform*.

**Soar** State, Operator and Result. Auf Produktionssystemen basierender, ablauffähiger Formalismus. Bis zur Version Soar5 in ▶ LISP, ab Version Soar6 in C implementiert.

**Software** Bestandteile eines Computers, die nicht angefasst werden können, also im Wesentlichen Programme.

**source code** ▶ *Quell-Code*.

**Speicher** Hardware-Struktur, die Objekte beziehungsweise Daten vorrätig halten kann. Es gibt verschiedene Arten von Speichern: Langzeitspeicher, Kurzzeitspeicher, Arbeitsspeicher und Produktionsspeicher.

**Speicheradresse** Die Adresse, mit deren Hilfe auf eine Speicherzelle zugegriffen werden kann. Man bezeichnet eine solche Adresse oft auch als „Zeiger".

**Speicherzelle** Ort innerhalb eines Speichers, an dem Daten abgelegt oder geschrieben bzw. (aus-)gelesen werden können. Der Ort wird durch eine sogenannte Speicheradresse eindeutig gekennzeichnet.

**Sprache** System von nach syntaktischen Regeln kombinierbaren Zeichen, die mit Bedeutung belegt sind.

**stack** Prinzip zur Verwaltung des Arbeitsspeichers. Ein Stapel, auf dem neue Informationen oben abgelegt werden, sodass auf sie als erste wieder zugegriffen werden kann (last in – first out; LIFO).

**standardisierte Klauselform** Darstellung eines prädikatenlogischen Ausdrucks als Menge von Klauseln, wobei keine Klausel Variablen enthält, die auch in anderen Klauseln vorkommen.

**STM** short-term memory ► *Kurzzeitspeicher*.

**strukturierte Programmierung** Programmierstil, der auf einer strengen Top-down-Strategie basiert. Es wird mit der Spezifikation des Problems begonnen. Diese wird in mehreren Durchgängen schrittweise verfeinert (stepwise refinement), bis aus der Spezifikation ein Programm geworden ist. Die Programmiersprache Pascal wurde speziell zur Unterstützung der strukturierten Programmierung entwickelt.

**Strukturbeschreibungstheorie** Universeller Formalismus zur Beschreibung von Strukturen, beispielsweise Objekten. Kann in Verbindung mit einem Suchverfahren zur Objekterkennung verwendet werden (► *Objekterkennungstheorie*).

**Strukturmodell** (Kognitive) Modellierung, in der das Modell die Strukturen der modellierten Entität nachbildet. Gegenstück zu *Prozessmodell*.

**Substitution** Ersetzung von Variablen durch Terme.

**subsymbolische Verarbeitung** Transformation von Datenmustern, denen nicht unbedingt mit Bedeutungen belegte symbolische Beschreibungen zugeordnet werden können (► *neuronales Netz*).

**Suchbaum** Datenstruktur, die während der Anwendung eines Suchverfahrens aufgebaut wird. Ausgehend von einem Startknoten (etwa dem Anfangszustand eines Problems) wird jeweils ein Nachfolgerknoten expandiert (der vom aktuellen Knoten direkt erreichbar ist) (► *Problemraum*).

**Suchstrategie** Algorithmus, der festlegt, auf welche Art eine Datenstruktur (z. B. Liste, Baum, Graph) nach dem Vorhandensein eines Elements oder einer Folge von Elementen durchsucht wird. Beim Problemlösen wird in einem Problemraum nach einem Weg vom Anfangszustand zum Zielzustand gesucht.

**Suchverfahren** Es gibt uninformierte (blinde) Suchverfahren: Tiefensuche, Breitensuche, und heuristische Suchverfahren: hill climbing, branch-and-bound, Mittel–Ziel-Analyse.

**supervised learning** ► *Lernen (überwachtes)*.

**Syllogismus** Spezieller Typ logischer Schlussregeln, bei dem aus zwei Prämissen eine Konklusion gezogen wird.

**Symbol** Zeichen mit einer eindeutig bestimmten oder zumindest bestimmbaren, willkürlich zugeschriebenen Bedeutung.

**Symbolstruktur** Struktur aus Terminal- und Nonterminalsymbolen, auf der Ersetzungsregeln definiert sind.

**Symmetrie** Eigenschaft einer Relation. Eine Relation ist symmetrisch, wenn gilt, dass, wenn $(x, y)$ zur Relation gehört, stets auch $(y, x)$ zur Relation gehört.

**Syntax** Konstruktionsvorschrift für die zulässige Kombination von Elementen einer Sprache. Die Syntax einer Sprache wird durch eine Grammatik festgelegt.

**Tautologie** Allgemeingültige logische Formel: Eine Formel, die unter allen Interpretationen und allen Variablenbelegungen wahr ist. Gegenteil: ► *Kontradiktion.*

**Term** Ausdruck für einen Gegenstand: Variable, Konstante oder Funktionsausdruck.

**Terminalsymbol** Symbol, das nicht mit Regeln durch andere Symbole ersetzt werden kann. Grundelement einer Sprache.

**Termination** Beendigung der Arbeit eines Algorithmus oder Programms. Ob ein Algorithmus für alle Eingaben terminiert, ist ein nicht allgemein entscheidbares Problem.

**terminologische Logik** Logik, die speziell für die Modellierung von hierarchischen Beziehungen zwischen Begriffen (► *hierarchisches semantisches Netz*) konzipiert wurde.

**Texton** Kleinstes bedeutungstragendes Texturelement in der Wahrnehmungstheorie von Julesz. Entspricht dem Phonem in der Sprachwahrnehmung.

**Theorem** Aus einer Menge von Axiomen ableitbare Aussage.

**Theorembeweis** Verfahren, bei dem mithilfe der Resolutionsmethode aus einer Menge gegebener Aussagen (Axiome) neue Aussagen (Theoreme) abgeleitet werden können. Ein übliches Vorgehen ist, Aussagen in Form von Klauseln zu repräsentieren und mit der Resolution zu arbeiten. In diesem Fall wird ein Theorem bewiesen, indem gezeigt wird, dass seine Negation im Widerspruch zu den Axiomen steht.

**Theorie (1.)** Menge von Axiomen.

**Theorie (2.)** Mittlere Ebene wissenschaftlicher Theoriebildung, liegt zwischen Framework und Modell. Der Gegenstandsbereich einer kognitiven Theorie umfasst in der Regel den gesamten Teilbereich einer kognitiven Leistung, wie beispielsweise eine Lerntheorie, die ihrerseits mehrere Modelle umfasst.

**Tiefensuche** Suchverfahren. Ausgehend von einem Knoten im Suchbaum wird ein Weg vollständig erzeugt. Es wird immer von einem Knoten einer bestimmten Tiefe einer seiner Nachfolgeknoten ausgewählt; erst wenn der Pfad im Baum endgültig gescheitert ist, wird ein neuer Knoten expandiert.

**TMS** ► *truth-maintenance system.*

**top-down processing** ► *konzeptgesteuerte Verarbeitung.*

**Top-down-Strategie** ► *konzeptgesteuerte Verarbeitung.*

**trace** Auflistung des Ablaufs eines Programms, entweder als dessen Bildschirmausgabe oder als Mitschrift einer Handsimulation.

**Transformation** Regelgeleitete Überführung einer Symbolstruktur in eine andere (▶ *Ersetzungsregel*).

**Transitivität** Eigenschaft einer Relation: Wenn Paare $(x, y)$ und $(y, z)$ in der Relation sind, dann stets auch $(x, z)$.

**truth-maintenance system** System zum nichtmonotonen Schließen, bei dem die Wahrheitswerte von Aussagen stets an aktuelle Belege für diese Aussagen angepasst werden.

**Tupel** Liste mit einer fest vorgegebenen Zahl und Reihenfolge von Elementen.

**Turing-Maschine** Allgemeines Berechnungsmodell. Jeder Algorithmus ist als Turing-Maschine darstellbar (nach der Church–Turing-Hypothese). Auf einem Arbeitsband repräsentierte Zeichen aus einem vorgegebenen Alphabet werden nach den Vorgaben einer Zustandsüberführungsfunktion transformiert. Turing-Maschinen sind Automaten, die aufzählbare Sprachen erkennen können.

**Turing-Test** Methode um zu prüfen, ob ein Computerprogramm Intelligenz und intelligentes Verhalten simuliert. Ein Beobachter kommuniziert über ein Computerterminal mit einem Menschen und mit einem Computerprogramm. Er soll beurteilen, welche Äußerungen vom Menschen stammen und welche vom Computerprogramm hervorgebracht werden. Kann der Beobachter nicht zwischen Mensch und Programm unterscheiden, so hat das Programm den Turing-Test bestanden.

**Türme von Hanoi** Problem, bei dem ein Turm, der aus verschieden großen Scheiben aufgebaut ist, versetzt werden soll. Dabei sind nur drei Plätze zum Ablegen der Scheiben vorhanden: die Anfangsposition, die Zielposition und ein Hilfsplatz. Es darf jeweils nur die oberste Scheibe eines Turmes bewegt werden, und eine Scheibe darf nie auf eine kleinere Scheibe gelegt werden.

**Übersetzer** ▶ *Compiler*.

**überwachtes Lernen** ▶ *Lernen (überwachtes)*.

**Und–oder-Graph** Repräsentationsform für eine Ziel–Teilziel-Hierarchie. ODER-Kanten verbinden Alternativen, UND-Kanten verbinden Teilziele, die alle zusammen erfüllt sein müssen, damit das im Vorgängerknoten angegebene Ziel erfüllt ist.

**Unifikation** „Identisch-Machen" von logischen Formeln durch Angabe einer geeigneten Substitution.

**unit** ▶ *Neuron*.

**unscharfes Wissen** Wissen, das durch Angaben wie „etwa", „ungefähr" usw. charakterisiert ist. Unscharfes Wissen kann mittels der fuzzy set theory repräsentiert werden.

**unsupervised learning** ▶ *selbstorganisierendes System.*

**Variable** Ausdruck einer formalen Sprache, der (im Gegensatz zu Konstanten) im Rahmen ein und derselben Interpretation für verschiedene Objekte stehen kann. Diese Objekte werden den Variablen jeweils durch eine Belegung zugeordnet.

**Verbindung** Kante zwischen zwei units in einem neuronalen Netz.

**Vererbung** Konzept für hierarchische semantische Netze und in der objektorientierten Programmierung: Begriffen (Objekten) zugeordnete Eigenschaften gelten auch für alle Begriffe, die in einer Teilmengenbeziehung (Inklusionsrelation) zu diesem Begriff stehen.

**Von-Neumann-Architektur** Computerarchitektur, die in den 1940er-Jahren entwickelt wurde. Die Grundprinzipien der Von-Neumann-Architektur, wie die Verarbeitung binärer Information und die Aufteilung in Recheneinheit (CPU), Hauptspeicher und Hintergrundspeicher, lassen sich auch heute noch bei den meisten Computern wiederfinden.

**Wahrheitstafel** Methode, semantische Eigenschaften aussagenlogischer Formeln zu beweisen. Für alle in einer Formel vorkommenden Atomformeln werden alle möglichen Kombinationen von Wahrheitswerten angegeben. Ausgehend von diesen Wahrheitswertkombinationen wird jeweils der Wahrheitswert der Gesamtaussage über die Bedeutung der Junktoren für alle Kombinationen von Wahrheitswerten (Belegungen) ermittelt. Ist die Gesamtaussage für keine Belegung wahr, so ist die Formel widersprüchlich; ist sie für mindestens eine Belegung wahr, so ist sie erfüllbar; ist sie für alle Belegungen wahr, so ist sie allgemeingültig (eine Tautologie).

**Wahrheitswert** In der klassischen Logik kann eine Formel entweder wahr oder falsch sein. Es existieren auch sogenannte mehrwertige Logiken, in denen Formeln mehr als zwei Wahrheitswerte annehmen können (z. B. wahr, falsch, unbestimmt). In der fuzzy logic existieren kontinuierliche Wahrheitswerte von 0 (falsch) bis 1 (wahr).

**Wahrscheinlichkeit** Ein Wert zwischen 0 und 1, der einem Ereignis zugeordnet wird und die relative Häufigkeit seines Auftretens beschreibt. Die bedingte Wahrscheinlichkeit $p(H \mid D)$ der Hypothese $H$, gegeben Daten $D$, gibt an, wie wahrscheinlich es ist, dass ein Ereignis $H$ der Fall ist, wenn $D$ der Fall ist. Sie berechnet sich als $p(H \wedge D)/p(D)$.

**waltzsche Prozedur** Ein auf der Methode der Bedingungserfüllung basierender Algorithmus zur Interpretation von euklidischen Körpern einer Blockwelt.

**Weg** Folge von Kanten in einem Graphen.

**Widerspruch** Eine logische Formel ist widersprüchlich, wenn keine Interpretation und Belegung existieren, die sie wahr machen (▶ *Kontradiktion*).

**Wissensakquisition** Erfassung und Formalisierung von Expertenwissen. Wichtiger Aspekt des knowledge engineering für die Entwicklung von Expertensystemen.

**wissensbasiertes System** Algorithmen werden definiert auf in einem Repräsentationsformat angegebenen Wissensstrukturen und nicht auf einfachen Datenstrukturen.

**Wissenskompilierung** Prozess des Aufbaus neuer Produktionsregeln durch Prozeduralisierung und Kombination.

**Wissensrepräsentation** Darstellung von Wissen in einem Repräsentationsformalismus, etwa in der Syntax einer Logik, in einem semantischen Netz, in einer Schemahierarchie oder in Form von Produktionsregeln.

**Wissensstruktur** In einem Repräsentationsformalismus beschriebenes Wissen.

**Zeiger** ► *Speicheradresse.*

**zielorientiert** Vom Problemlöse-Ziel ausgehend. Zielorientierte Produktionsregeln arbeiten auf einer Ziel-Hierarchie (► UND–ODER-*Graph*): Wenn Ziel $x$ erreicht werden soll, dann versuche zuerst, Ziel $y$ und Ziel $z$ zu erreichen.

**Zustand (1.)** Beim Problemlösen: ► *Problemzustand.* Ausgezeichnete Zustände sind Anfangs- und Zielzustände eines Problems.

**Zustand (2.)** Bei ► *Turing-Maschinen*: Konzept zur Steuerung der Berechnung. In Abhängigkeit davon, in welchem Zustand sich die Turing-Maschine befindet (und welches Zeichen sie gerade liest), werden unterschiedliche Aktionen ausgeführt (► *Zustandsüberführungsfunktion*).

**Zustandsraum** ► *Problemraum.*

**Zustandsüberführungsfunktion** Die Funktion gibt für eine ► *Turing-Maschine* in Abhängigkeit vom aktuellen Zustand und dem aktuell gelesenen Zeichen an, welche Schreibaktion auf dem Arbeitsband ausgeführt werden soll, wohin sich der Schreib–Lese-Kopf bewegen soll und in welchen neuen Zustand die Maschine übergehen soll.

**Zuweisung** Belegung einer Variable mit einem Wert. Konzept der imperativen Programmierung.

# Literatur


Adamopoulou, E., & Moussiades, L. (2020). An Overview of Chatbot Technology. In I. Maglogiannis, L. Iliadis & E. Pimenidis (Hrsg.), *Artificial intelligence applications and innovations* (S. 373–383). Cham: Springer.

Adams, D. (1979). *The Hitch Hiker's Guide to the Galaxy*. Pan Books.

Adiwardana, D., Luong, M. T., So, D. R., Hall, J., Fiedel, N., Thoppilan, R., Yang, Z., Kulshreshtha, A., Nemade, G., Lu, Y., & Le, Q. V. (2020). Towards a Human-like Open-Domain Chatbot. https://doi.org/10.48550/arXiv.2001.09977

Aho, A. V., & Ullman, J. D. (1972). *The theory of parsing, translation, and compiling*. Prentice-Hall.

Ahrens, H. J. (1974). *Multidimensionale Skalierung*. Weinheim: Beltz.

Alshaikh, Z., Tamang, L. J., & Rus, V. (2020). Experiments with a socratic intelligent tutoring system for source code understanding. In *The Thirty-Third International Florida Artificial Intelligence Research Society Conference (FLAIRS-32)*.

Anderson, J. R. (1990). *The adaptive character of thought*. Psychology Press.

Anderson, J. R. (1996). *The architecture of cognition*. Bd. 5. Psychology Press.

Anderson, J. R. (2000). *Learning and memory: An integrated approach*. John Wiley & Sons Inc.

Anderson, J. R. (2007a). *How can the human mind occur in the physical universe?* Oxford University Press.

Anderson, J. R. (2007b). *Kognitive Psychologie*. Spektrum Akademischer Verlag.

Anderson, J. R. (2013). *Rules of the Mind*. New York: Psychology Press.

Anderson, J. R. (2014). *Human Associative Memory*. Hoboken: Psychology Press.

Anderson, J. R. (2020). *Cognitive Psychology and Its Implications*. Worth Publishers.

Anderson, J. R., Boyle, C. F., Corbett, A. T., & Lewis, M. W. (1990). Cognitive modeling and intelligent tutoring. *Artificial intelligence*, *42*(1), 7–49.

Anderson, J. R., Boyle, C. F., & Reiser, B. J. (1985). Intelligent tutoring systems. *Science*, *228*(4698), 456–462.

Anderson, J. R., Conrad, F. G., & Corbett, A. T. (1989). Skill acquisition and the LISP tutor. *Cognitive Science*, *13*(4), 467–505.

Anderson, J. R., Corbett, A. T., & Reiser, B. J. (1987). *Essential LISP*. Addison-Wesley.

Anderson, J. R., Farrell, R., & Sauers, R. (1984a). Learning to program in LISP. *Cognitive Science*, *8*(2), 87–129.

Anderson, J. R., Farrell, R., & Sauers, R. (1984b). Learning to program in LISP. *Cognitive Science*, *8*(2), 87–129.

Anderson, J. R., Greeno, J. G., Kline, P. J., & Neves, D. M. (1981). Acquisition of problem-solving skill. In *Cognitive skills and their acquisition*.

Arnau-González, P., Serrano-Mamolar, A., Katsigiannis, S., Althobaiti, T., & Arevalillo-Herráez, M. (2023). *Towards automatic tutoring of Math Word Problems in Intelligent Tutoring Systems*. Access. IEEE.

Atkinson, R. C., & Shiffrin, R. M. (1968). Human memory: A proposed system and its control processes. In O. Spence & O. Spence (Hrsg.), *Advances in the Psychology of Learning and Motivation* (Bd. 2, S. 89–195). Academic Press.

Baddeley, A. (2000). The episodic buffer: a new component of working memory? *Trends in Cognitive Sciences*, *4*(11), 417–423.

Barr, A., Feigenbaum, E. A., & Cohen, P. R. (1981). *The handbook of artificial intelligence*. Addison-Wesley.

Bartlett, F. C. (1995). *Remembering: A study in experimental and social psychology*. Cambridge University Press.

Barwise, J., & Perry, J. (1981). Situations and attitudes. *The Journal of Philosophy*, *78*(11), 668–691.

Batchelder, W. H., & Riefer, D. M. (1999). Theoretical and empirical review of multinomial process tree modeling. *Psychonomic Bulletin & Review*, *6*(1), 57–86.

Baumgartner, P., & Payr, S. (1992). Lerntheoretische Grundlagen für die Kategorisierung von Bildungssoftware. In *Multimedia und Computeranwendungen in der Lehre*. 6. CIP-Kongreß, Berlin, 6.-8. Oktober 1992. (S. 115–122). Springer. Konferenzbeitrag.

Beckstein, C. (1993). KI-Programmierung. In G. Görz (Hrsg.), *Einführung in die Künstliche Intelligenz* (S. 883–1035). Addison-Wesley.

Beierle, C., & Kern-Isberner, G. (2019). Regelbasierte Systeme. In *Methoden wissensbasierter Systeme: Grundlagen, Algorithmen, Anwendungen*.

Berners-Lee, T., Hendler, J., & Lassila, O. The Semantic Web Zugegriffen: 2. Juli 2019. Scientific American.

Betsch, T., Funke, J., & Plessner, H. (2011). *Allgemeine Psychologie für Bachelor: Denken – Urteilen, Entscheiden, Problemlösen*. Berlin/Heidelberg: Springer.

Bortz, J. (1984). *Lehrbuch der empirischen Sozialforschung*. Springer.
Bourne, L. E. (1974). An inference model for conceptual rule learning. In R. Solso (Hrsg.), *Theories in Cognitive Psychology* (1. Aufl. S. 393–395). Lawrence Erlbaum.
Brachman, R. J. (1983). What IS-A is and isn't: An analysis of taxonomic links in semantic networks. *Computer*, *16*(10), 30–36.
Brachman, R. J., & Schmolze, J. G. (1989). An overview of the KL-ONE knowledge representation system. In *Readings in artificial intelligence and databases* (S. 207–230).
Braitenberg, V. (1986). *Vehicles - Experiments in Synthetic Psychology*. MIT Press.
Brown, J. S., & Burton, R. R. (1978). Diagnostic models for procedural bugs in basic mathematical skills. *Cognitive science*, *2*(2), 155–192.
Burton, R. R., & Brown, J. S. (1979). An investigation of computer coaching for informal learning activities. *International Journal Of Man-Machine Studies*, *11*(1), 5–24.
Cantor, G. (2013). Grundlagen einer allgemeinen Mannichfaltigkeitslehre, Leipzig 1883. In E. Zermelo (Hrsg.), *Gesammelte Abhandlungen mathematischen und philosophischen Inhalts*. Springer ebooks.
Carbonell, J. R. (1970a). AI in CAI: An artificial-intelligence approach to computer-assisted instruction. *IEEE transactions on man-machine systems*, *11*(4), 190–202.
Carbonell, J. R. (1970b). *Mixed-Initiative Man-Computer Instructional Dialogues. Final Report*. Cambridge, Mass.: Bolt Beranek and Newman.
Carnap, R. (1932). Psychologie in physikalischer Sprache. *Erkenntnis*, *3*, 107–142.
Carnap, R. (1952). Meaning postulates. *Philosophical studies*, *3*(5), 65–73.
Carr, B., & Goldstein, I. P. (1977). *Overlays: A theory of modelling for computer aided instruction*. AI Memo, Bd. 406. MIT AI Lab.
Chomsky, N. (1957). *Syntactic structures*. The Hague: Mouton.
Chomsky, N. (1959). Review of Skinner's Verbal Behavior. *Language*, *35*(1), 26–58.
Chomsky, N. (1981). *Lectures on Government and Binding*. Dordrecht: Foris.
Chomsky, N. (2014). *Aspects of the theory of syntax*. MIT Press. With a new preface by the author
Church, A. (1936). An unsolvable problem of elementary number theory. *American Journal of Mathematics*, *58*(2), 345–363.
Clancey, W. J. (1986). *Intelligent Tutoring Systems: A Tutorial Survey*. Report, Bd. No. TAN-CS-87-1174. Standford University.
Clocksin, W. F., & Mellish, C. S. (2003). *Programming in Prolog: Using the ISO Standard*. Berlin/Heidelberg: Springer Science & Business Media.
Cohen, P. A., Kulik, J. A., & Kulik, C.-L. C. (1982). Educational Outcomes of Tutoring: A Meta-analysis of Findings. *American Educational Research Journal*, *19*(2), 237–248.
Collins, A., & Smith, E. E. (1988). *Readings in cognitive science: A perspective from psychology and artificial intelligence*. Elsevier.
Collins, A. M., & Quillian, M. R. (1969). Retrieval time from semantic memory. *Journal of verbal learning and verbal behavior*, *8*(2), 240–247.
Cooper, R., Fox, J., Farringdon, J., & Shallice, T. (1996). A systematic methodology for cognitive modelling. *Artificial Intelligence*, *85*(1-2), 3–44.
Cooper, R., & Shallice, T. (1995). Soar and the case for unified theories of cognition. *Cognition*, *55*(2), 115–149.
Cordonnier, J.-B., Loukas, A., & Jaggi, M. (2019). *On the relationship between self-attention and convolutional layers*. arXiv preprint, Bd. arXiv:1911.03584.
Covington, M. A., Grosz, B. J., & Pereira, F. C. N. (1994). *Natural language processing for PROLOG programmers*. Athens, GA: Prentice Hall.
Crow, T., Luxton-Reilly, A., & Wuensche, B. (2018). Intelligent tutoring systems for programming education: a systematic review. In *Proceedings of the 20th Australasian Computing Education Conference* (S. 53–62).
Dennett, D. C. (1989). *The Intentional Stance*. Cambridge, MA: MIT Press.
Dietrich, G., & Stahl, H. (1967). *Grundzüge der Matrizenrechnung*. VEB Fachbuchverlag.
Dreyfus, H. L. (1978). *What computers can't do: The limits of Artificial Intelligence*. Harper & Row.
Dreyfus, H. L., & Dreyfus, S. E. (1986). *Mind over Machine*. Wiley-Blackwell.
Ebbinghaus, H. D., Flum, J., & Thomas, W. (2018). *Einführung in die mathematische Logik*. Springer.
Eckes, T., & Roßbach, H. (1980). *Clusteranalysen*. Stuttgart: Kohlhammer.
Elstein, A. S., Shulman, L. S., & Sprafka, S. A. (1978). *Medical problem solving an analysis of clinical reasoning*. Harvard University Press.
Feigenbaum, E. A. (1977). *The art of artificial intelligence: Themes and case studies of knowledge engineering*. Report, Bd. No. ADA046289. Stanford Univ CA Dept of Computer Science.

Fillmore, C. J. (1968). The case for case. In E. Bach & R. Harms (Hrsg.), *Universals in Linguistic Theory* (S. 1–88). Holt, Rinehart and Winston.

Fleck, J. (2018). Development and establishment in artificial intelligence. In P. Bloomfield (Hrsg.), *The Question of Artificial Intelligence* (S. 106–164). Routledge.

Fodor, J. A., & Pylyshyn, Z. W. (1988). Connectionism and cognitive architecture: A critical analysis. *Cognition*, *28*(1-2), 3–71.

Frazier, L., & Fodor, J. D. (1978). The sausage machine: A new two-stage parsing model. *Cognition*, *6*(4), 291–325.

Frege, G. (1972). Conceptual notation: A formula language of pure thought modelled upon the formula language of arithmetic. In T. W. Bynum (Hrsg.), *Conceptual Notation and Related Articles*. Oxford University Press. 1879.

Furbach, U., Kitzelmann, E., Michaeli, T., & Schmid, U. (2024). *Künstliche Intelligenz für Lehrkräfte: Eine fachliche Einführung mit didaktischen Hinweisen*. Springer.

Gallifant, J., Fiske, A., Levites Strekalova, Y. A., Osorio-Valencia, J. S., Parke, R., Mwavu, R., Martinez, N., Gichoya, J. W., Ghassemi, M., Demner-Fushman, D., et al. (2024). Peer review of GPT-4 technical report and systems card. *PLOS Digital Health*, *3*(1), e0000417

Garey, M. R., & Johnson, D. S. (1979). *Computers and Intractability: A Guide to the Theory of NP-Completeness*. W. H. Freeman and Co.

Garnham, A. (2013). *Psycholinguistics (PLE: Psycholinguistics): Central Topics*. Psychology Press.

Garnham, A., & Oakhill, J. (1985). On–line resolution of anaphoric pronouns: Effects of inference making and verb semantics. *British Journal of Psychology*, *76*(3), 385–393.

Garnham, A., & Oakhill, J. (2014). The mental models theory of language comprehension. In B. K. Britton & A. C. Graesser (Hrsg.), *Models of understanding text* (S. 313–339). Psychology Press.

Gazdar, G., Klein, E., Pullum, G. K., & Sag, I. A. (1985). *Generalized phrase structure grammar*. Harvard University Press.

Gerrig, R., & Zimbardo, P. (2018). *Psychologie*. Pearson Studium.

Gerstner, W., & Kistler, W. M. (2002). Mathematical formulations of Hebbian learning. *Biological Cybernetics*, *87*(5–6), 404–415. https://doi.org/10.1007/s00422-002-0353-y

Glenberg, A. M., & Langston, W. E. (1992). Comprehension of illustrated text: Pictures help to build mental models. *Journal of memory and language*, *31*(2), 129–151.

Glenberg, A. M., Meyer, M., & Lindem, K. (1987). Mental models contribute to foregrounding during text comprehension. *Journal of memory and language*, *26*(1), 69–83.

Gödel, K. (1931). Über formal unentscheidbare Sätze der Principia Mathematica und verwandter Systeme I. *Monatshefte für Mathematik und Physik*, *38*(1), 173–198.

Goldstein, E. B. (2016). *Sensation and Perception* (10. Aufl.). Cencage Learning.

Goodfellow, I. J., Bengio, Y., & Courville, A. (2016). *Deep Learning*. MIT Press.

Görz, G., & Nebel, B. (2015). *Künstliche Intelligenz*. Fischer.

Graesser, A. C., Lu, S., Jackson, G. T., Mitchell, H. H., Ventura, M., Olney, A., & Louwerse, M. M. (2004). AutoTutor: A tutor with dialogue in natural language. *Behavior Research Methods, Instruments, & Computers*, *36*, 180–192.

Greeno, J. G. (1978). Natures of problem-solving abilities. In *Handbook of learning and cognitive processes: V. Human information* (S. 239–270).

Harel, D., & Feldman, Y. A. (2004). *Algorithmics: The spirit of computing*. Addison-Wesley Longman.

Haugeland, J. (1989). *Artificial intelligence: The very idea*. MIT Press.

Hebb, D. O. (1949). *The Organization of Behavior*. John Wiley.

Henighan, T., Kaplan, J., Katz, M., Chen, M., Hesse, C., Jackson, J., Jun, H., Brown, T. B., Dhariwal, P., Gray, S., et al. (2020). *Scaling laws for autoregressive generative modeling*. arXiv preprint, Bd. arXiv:2010.14701.

Hertz, J. (1991). *Introduction to the theory of neural computation*. CRC Press.

Hiltl, W. (1991). *Ein HPSG-Entwurf für das Deutsche und seine Implementation*. Universität Koblenz-Landau. Unveröffentlichte Diplomarbeit

Hoffmann, A. (1995). Auf der Suche nach den Prinzipien der Künstlichen Intelligenz. *KI und Kognition*, *6*(95), 35–41.

Hofstadter, D. R. (2006). *Gödel, Escher, Bach: ein Endloses Geflochtenes Band*. Klett-Cotta.

Holland, J. H., Holyoak, K. J., Nisbett, R. E., & Thagard, P. R. (1986). *Induction: Processes of inference, learning, and discovery*. MIT Press.

Hopcroft, J. E., Ullman, J. D., & Motwani, R. (2002). *Einführung in die Automatentheorie, formale Sprachen und Komplexitätstheorie*. Bd. 2. Pearson Studium Deutschland.

Hossain, E., Hossain, M. S., Zander, P.-O., & Andersson, K. (2022). Machine learning with Belief Rule-Based Expert Systems to predict stock price movements. *Expert Systems with Applications, 206*, 117706

Hussy, W. (1984). *Denkpsychologie: Ein Lehrbuch* (1. Aufl.). Kohlhammer.

Ji, Z., Lee, N., Frieske, R., Yu, T., Su, D., Xu, Y., Ishii, E., Bang, Y. J., Madotto, A., & Fung, P. (2023). Survey of hallucination in natural language generation. *ACM Computing Surveys, 55*(12), 1–38.

Johnson-Laird, P. N. (1982). Propositional representations, procedural semantics, and mental models. In *Perspectives on mental representation* (S. 111–131). Hillsdale, NJ: LEA.

Johnson-Laird, P. N. (1983). *Mental Models: Towards a Cognitive Science of Language, Inference, and Consciousness*. Harvard University Press.

Johnson-Laird, P. N. (1996). *Der Computer im Kopf: Formen und Verfahren der Erkenntnis*. Deutscher Taschenbuch Verlag. dtv

Johnson-Laird, P. N. (2008). *How We Reason*. Oxford University Press.

Johnson-Laird, P. N., Byrne, R. M. J., & Khemlani, S. S. (2023). Human verifications: Computable with truth values outside logic. *Proceedings of the National Academy of Sciences of the United States of America, 120*(40), e2310488120

Kaindl, H. (2013). *Problemlösen durch heuristische Suche in der Artificial Intelligence*. Springer.

Kamp, H. (1981). Theory of truth and semantic representation. In J. A. G. Groenendijk (Hrsg.), *Formal Methods in the Study of Language*. Mathematical Center Tracts.

Katz, J. J., & Fodor, J. A. (1963). The structure of a semantic theory. *Language, 39*(2), 170–210.

Kelleher, J. D., Namee, M. B., & D'Arcy, A. (2020). *Fundamentals of machine learning for predictive data analytics: algorithms, worked examples, and case studies*. MIT Press.

Kelter, S., & Kaup, B. (1995). Räumliche Vorstellungen und Textverstehen. Neuere Entwicklungen der Theorie mentaler Modelle. *Sprache und Verständlichkeit. Kongressbeiträge,, 25*, 70–82.

Khemlani, S., & Johnson-Laird, P. N. (2012). Theories of the syllogism: A meta-analysis. *Psychological Bulletin, 138*(3), 427–457.

Kintsch, W. (2014). *The Representation of Meaning in Memory*. Psychology Library Editions: Memory. Psychology Press.

Kintsch, W., & van Dijk, T. A. (1978). Toward a model of text comprehension and production. *Psychological Review, 85*, 363–394.

Klahr, D., Langley, P., Neches, R., & Neches, R. T. (1987). *Production system models of learning and development*. MIT Press.

Klix, F., Sydow, H., & Wysotzki, F. (1974). *Erkennungs-und Klassifizierungsprozesse*. VEB Deutscher Verlag der Wissenschaften.

Kluwe, R. (2000). Kognition. In G. Wenninger (Hrsg.), *Lexikon der Psychologie*. Spektrum Akademischer Verlag.

Knauff, M., & Spohn, W. (2021). *The Handbook of Rationality*. MIT Press.

Knuth, D. E. (1997a). *The Art of Computer Programming: Fundamental Algorithms* (1. Aufl.). Addison-Wesley.

Knuth, D. E. (1997b). *The art of computer programming, volume 1: fundamental algorithms* (3. Aufl.). USA: Addison Wesley Longman.

Koedinger, K. R., Anderson, J. R., Hadley, W. H., & Mark, M. A. (1997). Intelligent tutoring goes to school in the big city. *International Journal of Artificial Intelligence in Education, 8*, 30–43.

Konerding, U. (1992). Eine idealisierte, strukturalistische Vorstellung von Erfahrungswissen als Grundlage für die Theoriebildung in der Einstellungspsychologie. In E. H. Witte (Hrsg.), *Einstellung und Verhalten*. Braunschweiger Studien zur Erziehungs- und Sozialarbeitswissenschaft. (S. 119–151).

Kosslyn, S. M., Thompson, W. L., & Ganis, G. (2006). *The Case for Mental Imagery*. Oxford University Press.

Kotseruba, I., & Tsotsos, J. K. (2020). 40 years of cognitive architectures: core cognitive abilities and practical applications. *Artificial Intelligence Review, 53*(1), 17–94.

Kowalski, R. (1974). *Logic for Problem Solving*. Department of Computational Logic.

Kowalski, R. (1979). Algorithm = logic + control. *Communications of the ACM, 22*(7), 424–436.

Kowalski, R. (2011). *Computational Logic and Human Thinking: How to be Artificially Intelligent*. Cambridge University Press.

Krantz, D. H., Atkinson, R. C., Luce, R. D., & Suppes, P. (1974). *Contermporary developments in mathematical psychology: Learning, memory and thinking*. W. H. Freeman & Co.

Krause, W., & Wysotzki, F. (1984). Computermodelle und psychologische Befunde der Wissensrepräsentation. In *Gedächtnis, Wissen, Wissensnutzung* (S. 108–136).

Kriesel, D. (2007). *Ein kleiner Überblick über Neuronale Netze*

Kripke, S. A. (1963). Semantical Considerations on Modal Logic. *Acta Philosophica Fennica, 16*, 83–94.

Kripke, S. A. (1980). *Naming and Necessity*. Cambridge, MA: Harvard University Press. Originally published in 1972 as part of a series of lectures

Kruse, R., Borgelt, C., Klawonn, F., Moewes, C., Ruß, G., & Steinbrecher, M. (2011). *Computational Intelligence: Eine methodische Einführung in künstliche neuronale Netze, evolutionäre Algorithmen, Fuzzy-Systeme und Bayes-Netze*. Vieweg + Teubner.

Kukla, F. (1975). Experimentalpsychologische Analysen von Diagnoseprozessen. *Zeitschrift für Psychologie, 183*, 176–189.

Kunz, G. C., & Schott, F. (1987). *Intelligente tutorielle Systeme: neue Ansätze der computerunterstützten Steuerung von Lehr-Lern-Prozessen*. Göttingen: Verlag f. Psychologie Hogrefe.

Laird, J. (2012). *The Soar Cognitive Architecture*. MIT Press.

Laird, J. E. (1986). *SOAR user's manual*. ERIC.

Laird, J. E., Newell, A., & Rosenbloom, P. S. (1987). Soar: An architecture for general intelligence. *Artificial Intelligence, 33*(1), 1–64.

Lakoff, G., & Johnson, M. (2008). *Metaphors we live by*. University of Chicago Press.

Larkin, J. H., & Simon, H. A. (1987). Why a diagram is (sometimes) worth ten thousand words. *Cognitive science, 11*(1), 65–100.

Lenat, D. B., & Guha, R. V. (1990). *Building large knowledge based systems*. Addison-Wesley.

Lewandowsky, S., & Farrell, S. (2011). Computational modeling in cognition: Principles and practice. SAGE Publications. https://doi.org/10.4135/9781483349428.

Lindsay, P. H., & Norman, D. A. (1977). *Human Information Processing: An Introduction to Psychology*. Academic Press.

Liu, H., Ning, R., Teng, Z., Liu, J., Zhou, Q., & Zhang, Y. (2023). *Evaluating the Logical Reasoning Ability of ChatGPT and GPT-4*

Lucas, P. J. F., & Van Der Gaag, L. C. (1991). *Principles of expert systems*. Addison Wesley.

Lüer, G., & Spada, H. (1990). Denken und Problemlösen. In H. Spada (Hrsg.), *Allgemeine Psychologie* (S. 189–322). Huber.

Lusti, M. (1990). *Wissensbasierte Systeme: Algorithmen, Datenstrukturen und Werkzeuge*. Spektrum Akademischer Verlag.

Lusti, M. (1992). *Intelligente tutorielle Systeme: Einführung in wissensbasierte Lernsysteme*. Bd. 15. Walter de Gruyter.

Maes, P. (1989). Situated agents can have goals. *Robotics and Autonomous Systems Journal, 6*(1), 991–997.

Mandl, H., Friedrich, H. F., & Hron, A. (1988). Theoretische Ansätze zum Wissenserwerb. In H. Mandl & H. Spada (Hrsg.), *Wissenspsychologie* (S. 123–160). Psychologie Verlags Union.

Manimaran, M. (2021). Performance analysis of proposed multi-level belief rule based expert system (BRBES) to predict flood with artificial neural networks. *Wesleyan Journal of Research, 13*(4), 51–60.

Marslen-Wilson, W., & Tyler, L. K. (1980). The temporal structure of spoken language understanding. *Cognition, 8*(1), 1–71.

McCarthy, J. (1956). The inversion of functions defined by Turing machines. In C. E. Shannon & J. McCarthy (Hrsg.), *Automata Studies*. Annuals of Mathematical Studies. (S. 177–182). Princeton University Press.

McCarthy, J. (1960). Recursive functions of symbolic expressions and their computation by machine, part I. *Communications of the ACM, 3*(4), 184–195.

McCarthy, J. (1979). *Ascribing Mental Qualities to Machines*. Report, Bd. No. ADA071423. Stanford University California, Dept. of Computer Science.

McClelland, J. L., Rumelhart, D. E., & PDP Research Group (1987). *Parallel distributed processing*. MIT Press.

McCulloch, W. S., & Pitts, W. (1943). A logical calculus of the ideas immanent in nervous activity. *The bulletin of mathematical biophysics, 5*(4), 115–133.

McDermott, D. (1976). Artificial intelligence meets natural stupidity. *ACM SIGART Bulletin, 57*, 4–9.

McDermott, J. (1982). R1: A rule-based configurer of computer systems. *Artificial intelligence, 19*(1), 39–88.

Menzel, W. (2021). Sprachverarbeitung. In G. Görz, U. Schmid & T. Braun (Hrsg.), *Handbuch der Künstlichen Intelligenz* (S. 601–672). De Gruyter Oldenbourg.

Meyer-Fujara, J., Puppe, F., & Wachsmuth, I. (1993). Expertensysteme und Wissensmodellierung. In G. Görz (Hrsg.), *Einführung in die künstliche Intelligenz* (S. 714–766). Addison-Wesley.

Michalski, R., Carbonell, J., & Mitchell, T. (2014). *Machine Learning: An Artificial Intelligence Approach (Volume I)* (1. Aufl.). Morgan Kaufmann and Safari.

Miller, G. A. (1956). The magical number seven, plus or minus two: Some limits on our capacity for processing information. *Psychological Review, 63*(2), 81–97.

Minsky, M. (1997). A Framework for Representing Knowledge. In J. Haugeland (Hrsg.), *Mind Design II: Philosophy, Psychology, and Artificial Intelligence* (S. 111–142). MIT Press.
Minsky, M., & Papert, S. A. (1969). *Perceptrons: An Introduction to Computational Geometry*. MIT Press.
Minsky, M. L., & Papert, S. A. (1988). *Perceptrons: expanded edition*. MIT Press.
Mishkin, M., Ungerleider, L. G., & Macko, K. A. (1983). Object vision and spatial vision: two cortical pathways. *Trends in neurosciences*, *6*, 414–417.
Möbus, C. (1988). *Zur Modellierung kognitiver Prozesse mit daten- bzw. zielorientierten Regelsystemen*. Beltz - Psychologie Verlags Union.
Morales-Rodríguez, M. L., Ramírez-Saldivar, J. A., Hernández-Ramírez, A., Sánchez-Solís, J. P., & Martínez-Flores, J. A. (2012). Architecture for an Intelligent Tutoring System that Considers Learning Styles. *Research in Computing Science*, *47*(1), 37–47.
Mueller, J. P., & Massaron, L. (2021). *Machine learning (in Python and R) for dummies*. John Wiley & Sons.
Müller, W., & Wysotzki, F. (1994). Automatic construction of decision trees for classification. *Annals of Operations Research*, *52*(4), 231–247.
Müller, W., & Wysotzki, F. (1995). Automatic synthesis of control programs by combination of learning and problem solving methods. In *European Conference on Machine Learning* (S. 323–326). Springer.
Münch, D. (1992). Computermodelle des Geistes. In D. Münch (Hrsg.), *Kognitionswissenschaft: Grundlagen, Probleme, Perspektiven* (S. 7–53). Suhrkamp.
Newell, A. (1972). Production systems: Models of control structures. In *Visual information processing* (S. 463–526). Elsevier. Konferenzbeitrag.
Newell, A. (1980). Physical symbol systems. *Cognitive science*, *4*(2), 135–183.
Newell, A. (1994). *Unified theories of cognition*. Harvard Univ. Press..
Newell, A., Shaw, J. C., & Simon, H. A. (1957). Empirical explorations of the logic theory machine: A case study in heuristics. In *Proceedings of the Joint Computer Conference* (S. 218–230).
Newell, A., Shaw, J. C., & Simon, H. A. (1958). Elements of a theory of human problem solving. *Psychological review*, *65*(3), 151.
Newell, A., & Simon, H. A. (1963). GPS, a program that simulates human thought. In E. A. Feigenbaum & J. Feldman (Hrsg.), *Computers and Thought* (S. 279–293). MIT Press.
Newell, A., & Simon, H. A. (1972). *Human problem solving*. Prentice-Hall.
Newell, A., & Simon, H. A. (1976). Computer science as empirical inquiry: Symbols and search. *Communications of the ACM*, *19*, 1975.
Nilsson, N. J. (1971). *Problem-solving methods in Artificial Intelligence* (1. Aufl.). McGraw-Hill.
Nilsson, N. J. (2014). *Principles of artificial intelligence*. Morgan Kaufmann Publishers.
Norman, D. A. (1986). Reflections on cognition and parallel distributed processing. In J. J. McClelland & D. E. Rumelhart (Hrsg.), *Parallel Distributed Processing - Explorations in the Microstructures of Cognition* (2. Aufl. S. 531–546). MIT Press.
Norman, D. A. (1993). Cognition in the head and in the world: An introduction to the special issue on situated action. *Cognitive science*, *17*(1), 1–6.
Norman, D. A., & Rumelhart, D. E. (1975). *Explorations in Cognition*. W. H. Freeman & Company.
Novick, L. R., & Holyoak, K. J. (1991). Mathematical problem solving by analogy. *Journal of experimental psychology: Learning, memory, and cognition*, *17*(3), 398.
Nwana, H. S. (1990). Intelligent tutoring systems: an overview. *Artificial Intelligence Review*, *4*(4), 251–277.
O'Keefe, R. A. (1990). *The Craft of Prolog: Logic Programming*. MIT Press.
Achiam, J., Adler, S., Agarwal, S., Ahmad, L., Akkaya, I., Aleman, F. L., Almeida, D., Altenschmidt, J., Altman, S., Anadkat, S., et al. (2023). *GPT-4 technical report*. arXiv preprint, Bd. arXiv:2303.08774.
Opwis, K. (1988). Produktionssysteme. In H. Mandl & H. Spada (Hrsg.), *Wissenspsychologie* (S. 74–98). Psychologie Verlags Union.
Ottmann, T., & Widmayer, P. (2017). *Algorithmen und Datenstrukturen*. Springer Vieweg.
Owsnicki-Klewe, B. (1993). Wissensrepräsentation und Logik. In G. Görz (Hrsg.), *Einführung in die Künstliche Intelligenz* (S. 3–204). Addison-Wesley.
Pellert, M., Lechner, C. M., Wagner, C., Rammstedt, B., & Strohmaier, M. (2024). AI Psychometrics: Assessing the psychological profiles of large language models through psychometric inventories. *Perspectives on Psychological Science*, *19*(5), 808–826.
Peng, B., Narayanan, S., & Papadimitriou, C. (2024). *On Limitations of the Transformer Architecture*
Pinkal, M. (1993). Semantik. In G. Görz (Hrsg.), *Einführung in die Künstliche Intelligenz* (S. 425–498). Addison-Wesley.
Polson, M. C., & Richardson, J. J. (2013). *Foundations of intelligent tutoring systems*. Psychology Press.

Pomerleau, D. A., Gowdy, J., & Thorpe, C. E. (1991). Combining artificial neural networks and symbolic processing for autonomous robot guidance. *Engineering Applications of Artificial Intelligence*, *4*(4), 961–967.

Post, E. L. (1943). Formal reductions of the general combinatorial decision problem. *American Journal of Mathematics*, *65*(2), 197–215.

Premack, D., & Woodruff, G. (1978). Does the chimpanzee have a theory of mind? *Behavioral and Brain Sciences*, *1*(4), 515–526.

Psotka, J., Massey, L. D., & Mutter, S. A. (1988). *Intelligent tutoring systems: Lessons learned*. Psychology Press.

Puppe, F. (2013). *Einführung in Expertensysteme*. Springer.

Putnam, H. (1960). Minds and Machines. In S. Hook (Hrsg.), *Dimensions of Minds* (S. 138–164). New York University Press.

Pylyshyn, Z. W. (1984). *Computation and Cognition: Toward a Foundation for Cognitive Science*. Bradford Book.

Quillian, M. R. (1968). Semantic memory. In M. Minsky (Hrsg.), *Semantic information processing* (S. 27–70). MIT Press.

Quinlan, J. R. (1983). Learning efficient classification procedures and their application to chess end games. In R. S. Michalski, J. G. Carbonell & T. M. Mitchell (Hrsg.), *Machine learning* (S. 463–482). Springer.

Ragni, M. (2021). Kognition. In G. Görz, U. Schmid & T. Braun (Hrsg.), *Handbuch der Künstlichen Intelligenz* (S. 227–278). In: De Gruyter Oldenbourg.

Ray, P. P. (2023). Chat-GPT: A comprehensive review on background, applications, key challenges, bias, ethics, limitations and future scope. *Internet of Things and Cyber-Physical Systems*, *3*, 121–154.

Rayner, K., Carlson, M., & Frazier, L. (1983). The interaction of syntax and semantics during sentence processing: Eye movements in the analysis of semantically biased sentences. *Journal of verbal learning and verbal behavior*, *22*(3), 358–374.

Reiter, R. (1980). A logic for default reasoning. *Artificial Intelligence*, *13*(1-2), 81–132.

Rescher, N. (1968). Epistemic Modality: The Problem of a Logical Theory of Belief Statements. In N. Rescher (Hrsg.), *Topics in Philosophical Logic* (S. 40–53). Springer.

Rey, G. D., & Wender, K. F. (2018). *Neuronale Netze: Eine Einführung in die Grundlagen, Anwendungen und Datenauswertung*. Bern: Hogrefe.

Riesbeck, C. K., & Schank, R. C. (2013). *Inside case-based reasoning*. Psychology Press.

Ritter, F. E., Nerb, J., & Kindsmüller, M. C. (1994). Steps toward a series of models for a developmental task. In *Proceedings of the EuroSoar 8 Workshop* (S. 95–100).

Ritter, H., Martinetz, T., & Schulten, K. (1991). *Neuronale Netze*. Addison-Wesley.

Robinson, J. (1979). *Logic: Form and Function – The Mechanization of Deductive Reasoning*. Edinburgh University Press.

Robinson, J. A. (1965). A machine-oriented logic based on the resolution principle. *Journal of the ACM*, *12*(1), 23–41.

Rodenhausen, T. (1995). Zum Einfluß von Wissensstrukturen in der klinischen Urteilsbildung. *Diagnostica*, *41*(1), 21–34.

Roller, S., Dinan, E., Goyal, N., Ju, D., Williamson, M., Liu, Y., Xu, J., Ott, M., Shuster, K., Smith, E. M., Boureau, Y., & Weston, J. (2020). *Recipes for building an open-domain chatbot*

Rosch, E. H. (1973). Natural categories. *Cognitive psychology*, *4*(3), 328–350.

Rosenblatt, F. (1958). The perceptron: a probabilistic model for information storage and organization in the brain. *Psychological review*, *65*(6), 386.

Rumelhart, D. E., & Norman, D. A. (1981). Analogical processes in learning. In *Cognitive skills and their acquisition* (S. 335–359).

Sacerdoti, E. D. (1977). *A Structure for Plans and Behavior*. Elsevier.

Schank, R. C. (1972). Conceptual dependency: A theory of natural language understanding. *Cognitive psychology*, *3*(4), 552–631.

Schank, R. C., & Abelson, R. P. (1977). *Scripts, Plans, Goals, and Understanding: An inquiry into human knowledge structures*. Lawrence Erlbaum.

Schmalhofer, F., & Wetter, T. (1988). Kognitive Modellierung: Menschliche Wissensrepräsentationen und Verarbeitungsstrategien. In T. Christaller, H. W. Hein & M. M. Richter (Hrsg.), *Künstliche Intelligenz* (S. 245–291). Springer.

Schmid, U. (1994a). *Erwerb rekursiver Programmiertechniken als Induktion von Konzepten und Regeln: ein kognitionswissenschaftlicher Zugang zum Erwerb kognitiver Fertigkeiten*. Infix.

Schmid, U. (1994b). Programmieren lernen: Unterstützung des Erwerbs rekursiver Programmiertechniken durch Beispielfunktionen und Erklärungstexte. *Kognitionswissenschaft*, *4*(1), 47–54. Learning programming: Acquisition of recursive programming skills from examples and explanations.

Schmid, U. (2006). *Computermodelle des Denkens und Problemlösens*. Hogrefe.

Schmid, U. (2024a). Grundkompetenzen im Bereich Künstliche Intelligenz (AI Literacy). In G. Brägger & H.-G. Rolff (Hrsg.), *Handbuch: Lernen mit digitalen Medien* 3. Aufl. Beltz.

Schmid, U. (2024b). Trustworthy Artificial Intelligence – Comprehensible, Transparent, Correctable. In H. Werthner, C. Ghezzi, J. Kramer, J. Nida-Rümelin, B. Nuseibeh, E. Prem & A. Stanger (Hrsg.), *Introduction to Digital Humanism* (S. 151–164). Springer.

Schmid, U. (2025). *Künstliche Intelligenz Selber Programmieren Für Dummies Junior* (2. Aufl.). John Wiley & Sons.

Schmid, U., & Kaup, B. (1995). Analoges Lernen beim rekursiven Programmieren. *Kognitionswissenschaft*, *5*(1), 31–41.

Schmid, U., Weitz, K., & Siebers, M. (2024). *Künstliche Intelligenz selber programmieren für Dummies Junior* (2. Aufl.). John Wiley & Sons.

Schneewind, K. A. (1977). Zum Verhältnis von Psychologie und Wissenschaftstheorie. In K. A. Schneewind (Hrsg.), *Wissenschaftstheoretische Grundlagen der Psychologie* (S. 11–25). UTB Reinhardt.

Schneider, W. (1987). Connectionism: Is it a paradigm shift for psychology? *Behavior Research Methods, Instruments, & Computers*, *19*(2), 73–83.

Schöning, U. (1995). *Logik für Informatiker* (5. Aufl.). Reihe Informatik. Spektrum Akademischer Verlag.

Searle, J. (23. Febr. 2011). Watson Doesn't Know It Won on 'Jeopardy!'. *The Wall Street Journal*.

Searle, J. R. (1980). Minds, brains, and programs. *Behavioral and Brain Sciences*, *3*(3), 417–424.

Sedlmeier, P., & Renkewitz, F. (2018). *Forschungsmethoden und Statistik für Psychologen und Sozialwissenschaftler* (3., aktualisierte und erw.. Aufl.). Hallbergmoos: Pearson.

Selbig, J., & Wysotzki, F. (1987). On the possibility of using learning methods in knowledge acquisition. In I. Plander (Hrsg.), *Proceedings of the 4th International Confernce on Artificial Intelligence and Information Control Systems of Robots (Smolenice, CSFR)* (S. 449–453). Elsevier.

Selz, O. (1922). *Zur Psychologie des produktiven Denkens und des Irrtums*. Cohen.

Shafkat Raihan, S. M., Islam, R. U., Hossain, M. S., & Andersson, K. (2021). A BRBES to Support Diagnosis of COVID-19 Using Clinical and CT Scan Data. In M. S. Arefin (Hrsg.), *Proceedings of the International Conference on Big Data, IoT, and Machine Learning* 95. Aufl. Lecture Notes on Data Engineering and Communications Technologies. (S. 483–496). Singapore: Springer.

Shannon, C. E. (1948). A mathematical theory of communication. *The Bell system technical journal*, *27*(3), 379–423.

Shepherd, G. M. (1990). *The Synaptic Organization of the Brain*. New York: Oxford University Press.

Shiffrin, R. M., & Schneider, W. (1977). Controlled and automatic human information processing: II. Perceptual learning, automatic attending and a general theory. *Psychological review*, *84*(2), 127.

Shortliffe, E. H. (1976). *Computer-based Medical Consultations: MYCIN*. Elsevier.

Shute, V. J., & Zapata-Rivera, D. (2010). Educational measurement and intelligent systems. In *International Encyclopedia of Education* (3. Aufl. S. 75–80).

Simon, H. A. (1983). Why should machines learn? In R. S. Michalski, J. G. Carbonell & T. M. Mitchell (Hrsg.), *Machine Learning* (S. 25–37). Morgan Kaufmann.

Skinner, B. F. (1951). How to teach animals. *Scientific American*, *185*(6), 26–29.

Skinner, B. F. (1957). *Verbal behavior*. Appleton-Century-Crofts.

Sleeman, D., & Brown, J. S. (1982). Assessing aspects of competence in basic algebra. In D. Sleeman & J. S. Brown (Hrsg.), *Intelligent Tutoring Systems* (S. 185–199). Academic Press.

Smith, E. E., & Osherson, D. N. (1984). Conceptual combination with prototype concepts. *Cognitive science*, *8*(4), 337–361.

Smith, E. E., Shoben, E. J., & Rips, L. J. (1974). Structure and process in semantic memory: A featural model for semantic decisions. *Psychological review*, *81*(3), 214.

Smolensky, P. (1988). On the proper treatment of connectionism. *Behavioral and Brain Sciences*, *11*, 1–74.

Spada, H., Ernst, A. M., & Ketterer, W. (1992). Klassische und operante Konditionierung. In *Lehrbuch allgemeine Psychologie* (S. 323–372).

Stenning, K., & Van Lambalgen, M. (2012). *Human Reasoning and Cognitive Science*. MIT Press.

Stillings, N. A., Feinstein, M. H., Garfield, J. L., Rissland, E. L., Rosenbaum, D. A., Weisler, S. E., & Baker-Ward, L. (1998). *Cognitive science: An introduction* (2. Aufl.). Cambridge, MA: MIT Press. A Bradford book

Strube, G. (1993). Kognition. In G. Görz (Hrsg.), *Einführung in die künstliche Intelligenz* (S. 303–366). Addison-Wesley.

Strube, G., & Schlieder, C. (1995). Kognition und KI. *KI und Kognition*, *9*(6), 8–11.

Styczynski, Z. A., Rudion, K., & Naumann, A. (2017). *Einführung in Expertensysteme*. Berlin Heidelberg: Springer.

Sun, R. (2007). The importance of cognitive architectures: An analysis based on CLARION. *Journal of Experimental & Theoretical Artificial Intelligence*, *19*(2), 159–193.

Tanimoto, S. L. (1990). *KI - die Grundlagen*. De Gruyter Oldenbourg.

Tarski, A. (1936). Der Wahrheitsbegriff in den formalisierten Sprachen. *Studia Philosophica*, *1*, 261–405.

Thomas, M. S. C., & McClelland, J. L. (2023). Connectionist models of cognition. In R. Sun (Hrsg.), *The Cambridge handbook of computational cognitive sciences* (S. 143–169). Cambridge University Press. https://doi.org/10.1017/9781108771576.010

Tulving, E. (1972). Episodic and Semantic Memory. In E. Tulving & W. Donaldson (Hrsg.), *Organisation of Memory* (S. 382–403). Academic Press.

Turing, A. M. (1937). On computable numbers, with an application to the Entscheidungsproblem. *Proceedings of the London Mathematical Society*, *2*(1), 230–265.

Turing, A. M. (1950). Computing Machinery and Intelligence. *Mind*, *59*, 433–460.

Unger, S., & Wysotzki, F. (1981). *Lernfähige Klassifizierungssysteme*. Akademie Verlag.

Uszkoreit, H. (1987). *Word Order and Constituent Structure in German*. CSLI.

VanLehn, K. (2011). The relative effectiveness of human tutoring, intelligent tutoring systems, and other tutoring systems. *Educational psychologist*, *46*(4), 197–221.

Vardi, M. Y. (2012). What is an algorithm? *Commun. ACM*, *55*(3), 5.

Vaswani, A., Shazeer, N., Parmar, N., Uszkoreit, J., Jones, L., Gomez, A. N., Kaiser, L., & Polosukhin, I. (2017). Attention is all you need. *Advances in neural information processing systems*, *30*, 5998–6008. Konferenzbeitrag.

Vera, A. H., & Simon, H. A. (1993). Situated action: A symbolic interpretation. *Cognitive science*, *17*(1), 7–48.

Von der Malsburg, C. (1973). Self-organization of orientation sensitive cells in the striate cortex. *Kybernetik*, *14*(2), 85–100.

Von der Malsburg, C. (1986). Frank Rosenblatt: Principles of neurodynamics: Perceptrons and the theory of brain mechanisms. In G. Palm & A. Aertsen (Hrsg.), *Brain theory* (S. 245–248). Springer.

Weizenbaum, J. (1966). ELIZA – A computer program for the study of natural language communication between man and machine. *Communications of the ACM*, *9*(1), 36–45.

Wender, K. F. (1988). Semantische Netzwerke als Bestandteil gedächtnispsychologischer Theorien. In H. Mandl & H. Spada (Hrsg.), *Wissenspsychologie* (S. 81–100). München: Psychologie Verlags Union.

Westmeyer, H. (1977). Psychologie und Wissenschaftstheorie: Einige Überlegungen aus analytischer Sicht. In K. A. Schneewind (Hrsg.), *Wissenschaftstheoretische Grundlagen der Psychologie*. UTB Reinhardt.

Wiener, N., Hill, D., & Mitter, S. K. (2019). *Cybernetics: Or control and communication in the animal and the machine* (2. Aufl.). MIT Press. Neuauflage

Wing, J. M. (2006). Computational thinking. *Communications of the ACM*, *49*(3), 33–35.

Winograd, T. (1973). A procedural model of language understanding. In R. C. Schank & K. M. Colby (Hrsg.), *Computer Models of Thought and Language*. Freeman.

Winograd, T. (1975). Frame representations and the declarative/procedural controversy. In D. G. Borrow & A. Collins (Hrsg.), *Representation and understanding* (S. 185–210). Elsevier.

Winston, P. H. (1992). *Artificial Intelligence* (3. Aufl.). Addison-Wesley.

Winston, P. H., Horn, B., Minsky, M., Shirai, Y., & Waltz, D. (1975). *The psychology of computer vision*. McGraw-Hill.

Woods, W. A. (1970). Transition network grammars for natural language analysis. *Communications of the ACM*, *13*(10), 591–606.

Woods, W. A. (1981). Procedural Semantics. In A. K. Joshy, I. Sag & B. L. Webber (Hrsg.), *Elements of Discourse Understanding* (S. 300–334). Cambridge University Press.

Young, R. M., & O'Shea, T. (1981). Errors in children's subtraction. *Cognitive Science*, *5*(2), 153–177.

Yu, H., & Guo, Y. (2023). Generative artificial intelligence empowers educational reform: current status, issues, and prospects. *Frontiers in Education*, *8*, 1183162

Zadeh, L. A. (1996). Fuzzy sets. In L. A. Zadeh (Hrsg.), *Fuzzy sets, fuzzy logic, and fuzzy systems: selected papers by Lotfi A Zadeh* (S. 394–432). World Scientific.

Zeller, C., & Schmid, U. (2016). *Automatic generation of analogous problems to help resolving misconceptions in an intelligent tutor system for written subtraction*. 24th International Conference on Case Based Reasoning, Atlanta, GA, USA. Konferenzbeitrag

Zhang, J., Cambronero, J., Gulwani, S., Le, V., Piskac, R., Soares, G., & Verbruggen, G. (2022). *Repairing bugs in python assignments using large language models*. arXiv preprint, Bd. arXiv:2209.14876.

MIX
Papier aus verantwortungsvollen Quellen
Paper from responsible sources
FSC® C105338

If you have any concerns about our products,
you can contact us on
**ProductSafety@springernature.com**

In case Publisher is established outside the EU,
the EU authorized representative is:
**Springer Nature Customer Service Center GmbH**
**Europaplatz 3, 69115 Heidelberg, Germany**

Printed by Libri Plureos GmbH
in Hamburg, Germany